U0261614

BIM

BIM
应用案例集

张江波　主编
尹贻林　主审

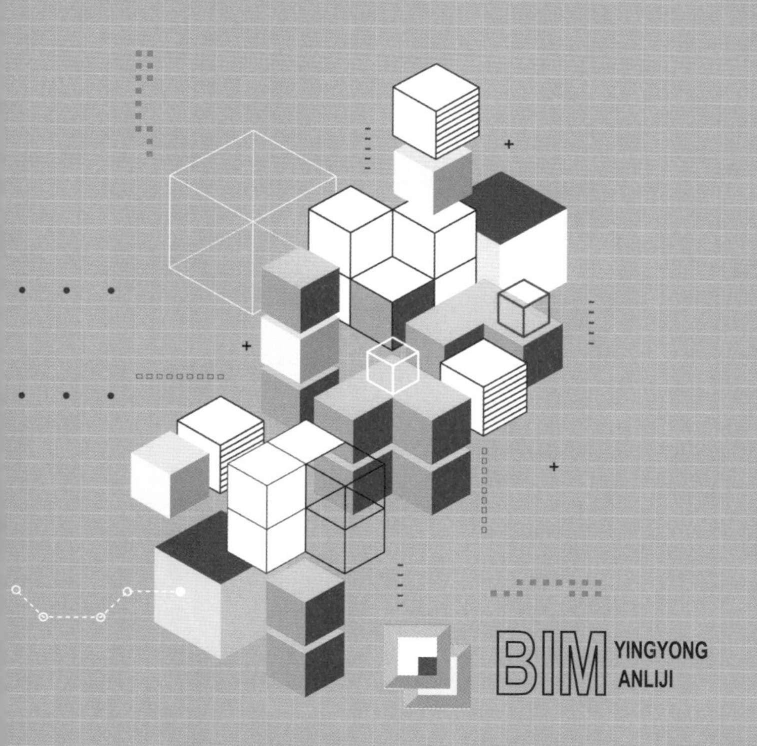

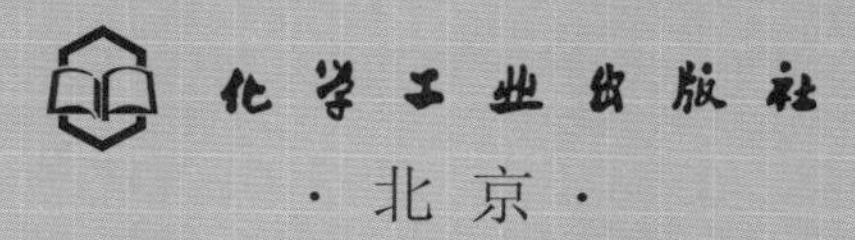

·北京·

本书主要介绍2016–2017年我国BIM应用案例，共21个真实的实施方案，涉及设计、施工、成本管理、综合运维等方面，内容原创，图片精美，实用性强。

本书适用于所有BIM领域从业人员，所有有意向学习BIM技术的人员，也可作为高校BIM课程的教材。

图书在版编目（CIP）数据

BIM应用案例集/张江波主编. —北京：化学工业出版社，2018.11

ISBN 978-7-122-33068-0

Ⅰ.①B… Ⅱ.①张… Ⅲ.①建筑设计-计算机辅助设计-应用软件 Ⅳ.①TU201.4

中国版本图书馆CIP数据核字（2018）第216992号

责任编辑：李仙华 吕佳丽 装帧设计：王晓宇
责任校对：王 静

出版发行：化学工业出版社（北京市东城区青年湖南街13号 邮政编码100011）
印 装：北京瑞禾彩色印刷有限公司
787mm×1092mm 1/16 印张15 字数393千字 2019年1月北京第1版第1次印刷

购书咨询：010-64518888 售后服务：010-64518899
网 址：http：//www.cip.com.cn
凡购买本书，如有缺损质量问题，本社销售中心负责调换。

定 价：158.00元

前言

FOREWORD

随着十多年来 BIM 基础理论和技术应用的不断发展和实践应用的推广，我国工程类企业对 BIM 的认识已经从过去的 BIM 概念的辨识转变到如何发挥 BIM 价值的阶段，各类企业和工程项目集中精力研究 BIM 如何提升工程质量以及为企业创造效益，BIM 技术的应用对企业信息化、工业化的发展以及项目实施过程的精细化管理提供了巨大支撑，顺应国家大力发展工程建设现代化的潮流和目标，提升了建设工程领域的总体水平。

为充分掌握 BIM 技术的应用状况，在行业众多优秀企业的支持下，汉宁天际工程有限公司于 2017 年开展了面向全国工程建设领域 BIM 应用状况的调研，并同步征集了优秀的 BIM 案例。这个活动能较为全面地反映工程建设 BIM 应用的现状，展示 BIM 技术的功能和绩效，又较为深入的总结 BIM 技术应用的路线图和各类成功案例的做法，造就典型、树立标杆、引领示范、激发建筑业企业、团队、个人在 BIM 技术应用方面的热情。

当前，我国 BIM 技术应用和发展如火如荼，越来越多的大型项目在不同阶段开展了 BIM 应用，本次活动就是一个明证。本次活动历经 8 个月，前后共征集案例 120 多项，参与活动的单位超过 100 家，来自施工企业、设计企业、咨询企业、高校等多方。经过资格审查、初审、终审三个阶段，本着公平、公正、公开的原则，从 BIM 技术应用的深度、过程控制、协同创新、团队素质、项目总结等方面综合考量，最终筛选出优秀案例 21 个。本次活动评选优秀案例时本着两个基本原则：其一、只评判 BIM 应用水平，不考虑软硬件的厂家、品牌；其二、只关注 BIM 为项目带来的实际效益和价值，不关注具体的应用点和操作技巧。

为了让更多的企业和从业人员能够从本次活动的成果中受益，进一步推进 BIM 技术在工程建设领域的普及应用，充分发挥 BIM 技术对提升行业水平的作用，特意组织出版了本书，将选评出的 21 个优秀项目进行展示。这些优秀成果基本涵盖了当前工程建设项目应用 BIM 的范围和过程目标，具有很强的代表性和指导性。值得从业人士的学习、应用和推广，是一本 BIM 领域极其有价值的参考书。

本案例集按照原申报成果编排，除了个别案例按照征集的格式做出局部调整外，主要内容未做重大变动，请同行在借鉴时统筹考虑。

编者

2018 年 5 月

目录 CONTENTS

目录 CONTENTS

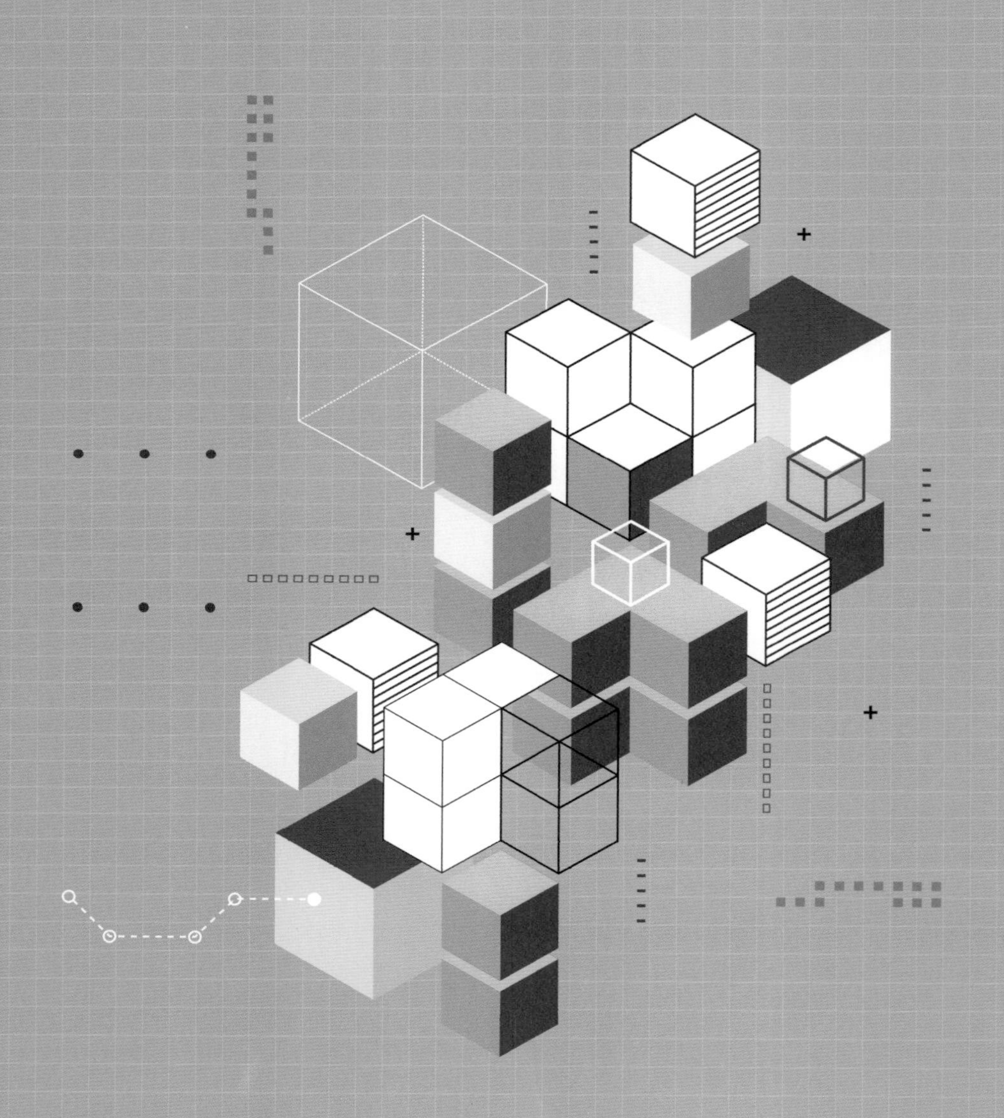

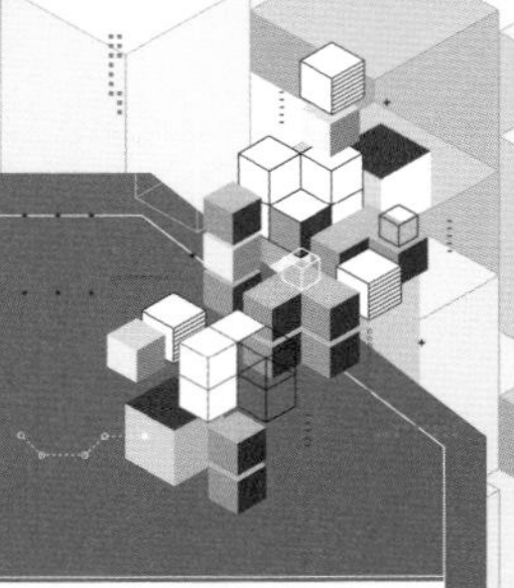

案例一

丰宁抽水蓄能电站设计阶段BIM应用

中国电建集团北京勘测设计研究院有限公司

一、项目概况

1. 工程概况

丰宁抽水蓄能电站地处河北省承德市丰宁满族自治县境内，距北京市区的直线距离180km，距承德市的直线距离150km。电站的供电范围为京、津及冀北电网。电站建成后，将和十三陵等先期建设的抽水蓄能电站及其他调峰电源，共同解决京、津及冀北电网调峰能力不足、调节风电负荷等问题。同时，根据电网需求，电站还可承担系统调频、调相、负荷备用和紧急事故备用等任务，维护电网安全、稳定运行。

丰宁抽水蓄能电站总装机容量3600MW，电站分两期开发，一、二期工程装机容量均为1800MW。枢纽建筑物主要由上水库、下水库、一、二期工程输水系统和发电厂房及开关站组成。

2. 业主信息

国网新源控股有限公司成立于2005年3月，注册资本金102.86亿元，目前由国家电网公司持股70%，中国长江三峡集团公司持股30%，与国家电网公司2011年9月成立的全资子公司国网新源水电有限公司实施一体化管理模式，主要负责开发建设和经营管理抽水蓄能电站和常规水电站，承担着保障电网安全、稳定、经济、清洁运行的基本使命，是全球最大的调峰调频专业运营公司。

3. 项目开展阶段

本项目从2010年7月开始，通过全生命周期管理研究，建立了项目全区域、全专业的数字化模型，在设计的可研、招标、施工详图阶段进行应用，提高了设计效率和质量；建立了基于数字化模型的工程档案管理系统，解决设计施工过程中档案文件传递、管理等问题，利用三维技术手段，标准化、流程化、高效化组织设计施工过程中的文件传递，并为后期运维提供基础资料；建立了基于地下厂房数字化模型的施工管控系统，通过系统对施工期质量、进度、安全进行管控，提高施工期项目管控的精细化程度。在项目竣工后，通过数字移交，将施工期的数字化模型及相关信息、施工过程中的档案资料全部整合，在电站的运维阶段进行进一步集成，实现电站的全生命周期全过程管理。

二、BIM 团队介绍

1. 公司简介

中国电建集团北京勘测设计研究院有限公司（以下简称“北京院”）始建于 1953 年，是大型综合性勘测设计研究单位，现为中国电力建设集团有限公司（世界 500 强企业）的全资子企业。

北京院主要从事水电、水利、工民建、新能源、市政、路桥等领域的规划、测绘、勘察、设计、科研、咨询、监理、环保、水保、监测、岩土治理、工程总承包、投资以及文物保护工程勘察、设计、施工等业务。

北京院拥有工程勘察综合甲级，测绘甲级，电力、水利、水运、建筑等行业工程设计甲级，工程咨询甲级，工程造价咨询企业甲级，建设项目环境影响评价甲级，水文、水资源调查评价甲级，建设项目水资源论证甲级，水土保持方案编制甲级，地质灾害治理工程勘查、设计甲级，工程总承包甲级，水利、电力、市政、房屋建筑、人防等工程监理甲级，文物保护工程勘察设计甲级、施工一级等近 20 项国家甲级资质证书，具有对外经营资格证书、进出口资格证书，以及 CMA 计量证书。

北京院致力于科技创新和科技创新平台建设，获批设立国家水能风能研究中心北京分中心、北京市设计创新中心，并为北京市科学技术委员会、北京市财政局、北京市国家税务局和地方税务局联合认定的高新技术企业；近三十年来，北京院先后获得 230 余项技术成果奖，其中国家级奖 24 项，省部级奖 114 项；获得专利 59 项，软件著作权 21 项，负责或参与编写了 44 项国家和行业规程规范和技术标准，在业界的影响力不断扩大。

2. 团队简介

北京院信息与数字工程中心，目前共有成员 50 余人，由水电各专业技术骨干及外部信息技术企业引进的高端人才组成。在提供数字化产品定制、BIM 设计与咨询、信息化及 IT 整体解决方案等服务的同时，还在积极开拓智慧水务、智慧城市等新兴市场，是一支既“懂水熟电”，又一专多能的专业化队伍。

表 1-1 为参与本项目的主要成员的名单。

表 1-1 参与丰宁抽水蓄能电站项目主要成员名单

序号	姓名	性别	年龄	职务 / 职称	参加起止时间	项目角色
1	王建华	男	52	项目经理 / 教高	2010 年 7 月至今	项目经理
2	欧阳明鉴	男	36	主任 / 高工	2010 年 7 月至今	项目主管主任
3	赫雷	男	36	专总 / 高工	2010 年 7 月至今	项目三维负责人
4	赵贺来	男	30	室主任 / 工程师	2014 年 3 月至今	项目数字工程负责人
5	蔡鸥	男	33	室主任 / 工程师	2014 年 3 月至今	项目机电负责人
6	胡亮	男	30	室主任 / 工程师	2014 年 3 月至今	项目地质工程师
7	杨旭	男	29	工程师	2014 年 3 月至今	项目机电工程师
8	车大为	男	32	工程师	2011 年 7 月至今	项目测量工程师
9	赵静雅	女	31	工程师	2014 年 3 月至今	项目水工工程师
10	宋朝	男	28	工程师	2012 年 7 月至今	项目施工工程师

3. 团队业绩情况介绍

目前，北京院已在丰宁一期、丰宁二期、文登、敦化、沂蒙、清原、芝瑞、苏洼龙、大华桥、松塔、旬阳、山西小浪底引黄、山西中部引黄等项目上，全阶段、全专业、全过程进行 BIM 技术应用。

2016 年，北京院参加由中国勘察设计协会举办的第七届欧特克创新杯 BIM 设计大赛。其中，“BIM 技术在丰宁抽水蓄能电站中的设计与应用”获得水利电力优秀 BIM 应用奖，“丰宁抽水蓄能电站设计施工一体化应用”获得最佳拓展应用 BIM 应用奖，北京院获得最佳 BIM 应用企业奖。

同样在 2016 年，北京院参加由中国电力规划设计协会举办的第二届中国电力工程数字化设计（EIM）大赛。其中“丰宁抽水蓄能电站数字化设计与综合应用”获得水力发电工程组第三名，“丰宁抽水蓄能电站工程档案管理系统数字化设计应用”、“沂蒙抽水蓄能电站地下厂房数字化设计与应用”、“沂蒙抽水蓄能电站工程地质数字化建模与分析”、“虚拟现实技术在苏洼龙水电站中的研究与应用”获得水力发电工程组优秀奖，如图 1-1 所示。

荣誉证书

北京勘测设计研究院有限公司：

由你单位完成的 丰宁抽水蓄能电站数字化设计与综合应用，获得第二届中国电力工程数字化设计（EIM）大赛水力发电工程组 第三名。

中国电力规划设计协会
二〇一六年九月

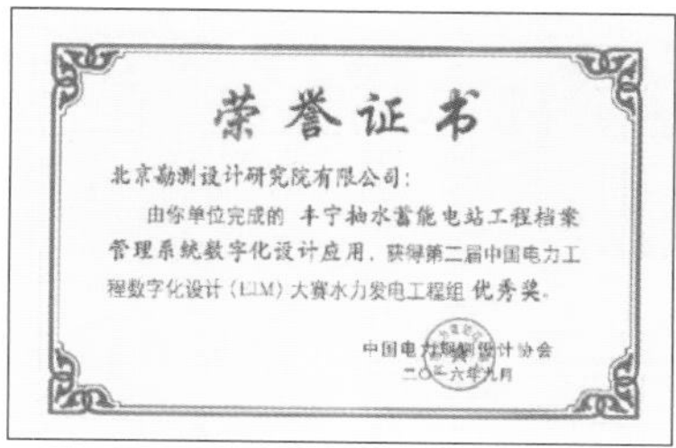

荣誉证书

北京勘测设计研究院有限公司：

由你单位完成的 丰宁抽水蓄能电站工程档案管理系统数字化设计应用，获得第二届中国电力工程数字化设计（EIM）大赛水力发电工程组 优秀奖。

中国电力规划设计协会
二〇一六年九月

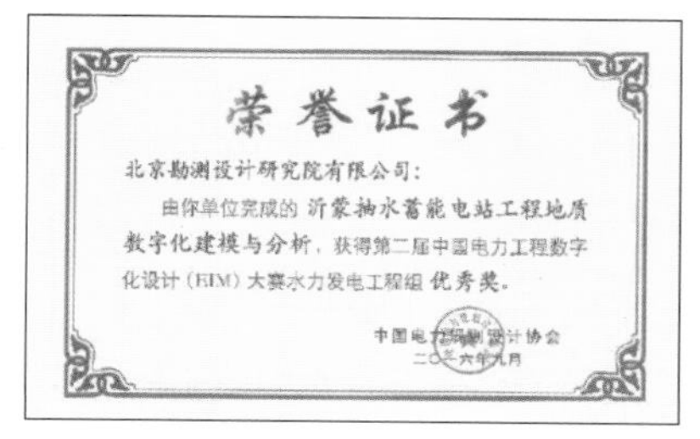

荣誉证书

北京勘测设计研究院有限公司：

由你单位完成的 沂蒙抽水蓄能电站工程地质数字化建模与分析，获得第二届中国电力工程数字化设计（EIM）大赛水力发电工程组 优秀奖。

中国电力规划设计协会
二〇一六年九月

荣誉证书

北京勘测设计研究院有限公司：

由你单位完成的 虚拟现实技术在苏洼龙水电站中的研究与应用，获得第二届中国电力工程数字化设计（EIM）大赛水力发电工程组 优秀奖。

中国电力规划设计协会
二〇一六年九月

图 1-1　第二届中国电力工程数字化设计（EIM）大赛的获奖证书

北京院还在 2016 年获得欧特克公司颁发的授权培训中心牌匾、证书及认证讲师胸牌，自此北京院就成为了北京地区唯一一家经欧特克官方授权的，针对水利电力工程设计的，能够对外开展最前沿 BIM 技术培训及相关考试的专业机构，如图 1-2 所示。

图 1-2　欧特克公司颁发的授权培训中心证书

三、项目应用介绍

1. 项目应用难点

丰宁抽水蓄能电站是目前世界上最大的抽水蓄能电站。水电站在应用BIM技术的过程中，有以下难点问题。

① 对天然地形地貌高精度还原难度大、数据量大；

② 对地下地质情况只能根据有限控制条件进行判断得出，在后期需要不断进行修正调整（图 1-3、图 1-4）；

图 1-3 电站地表三维模型

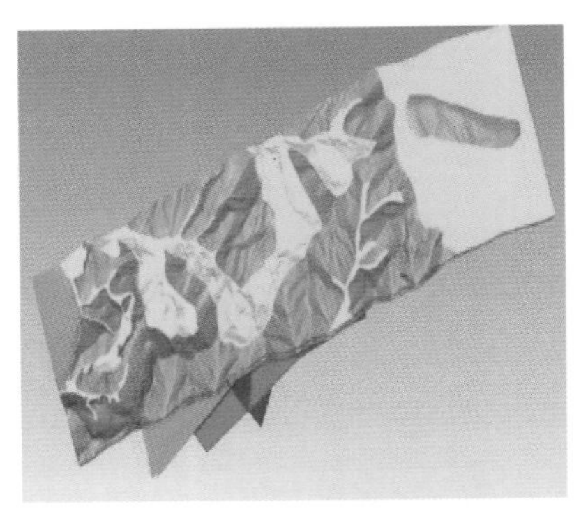

图 1-4 电站地质三维模型

③ 水工建筑物依地形地质条件设计，多为非标准异形结构；

④ 机电设备、金属结构、建筑设备多为小尺寸和精细的零件、管路设备，并且数据量庞大；

⑤ 施工总布置建立在大尺寸工程区地形上，涵盖所有专业建筑物，数据量也十分庞大；

⑥ 水电站三维设计涉及几十个专业，多专业协同难度高，模型结构复杂及大数据量，对软件和平台要求高（图 1-5）。

图 1-5 电站施工总布置三维模型

2. 生产管理体系

北京院通过近十年的研究和积累，目前已拥有较为完善的三维数字化协同设计生产组织和管理体系：建立了以项目为中心、专业为基础、数字工程中心为技术保障的矩阵式生产组织架构（图 1-6），制定了三维协同设计工作流程，职责明确、分工合理、逻辑正确。北京院通过项目生产实践总结，将国家、行业、企业设计规范、标准、规则和知识融入到 BIM 设计中，发布了一系列企业级三维管理文件，规范设计过程，实现知识复用，提高设计效率。北京院为推动 BIM 设计工作，建立了实施保障机制，出台了一系列三维考核标准，建立了完善的奖惩机制。通过定期组织三维软件培训、三维认证考试，为 BIM 设计提供技术支撑。

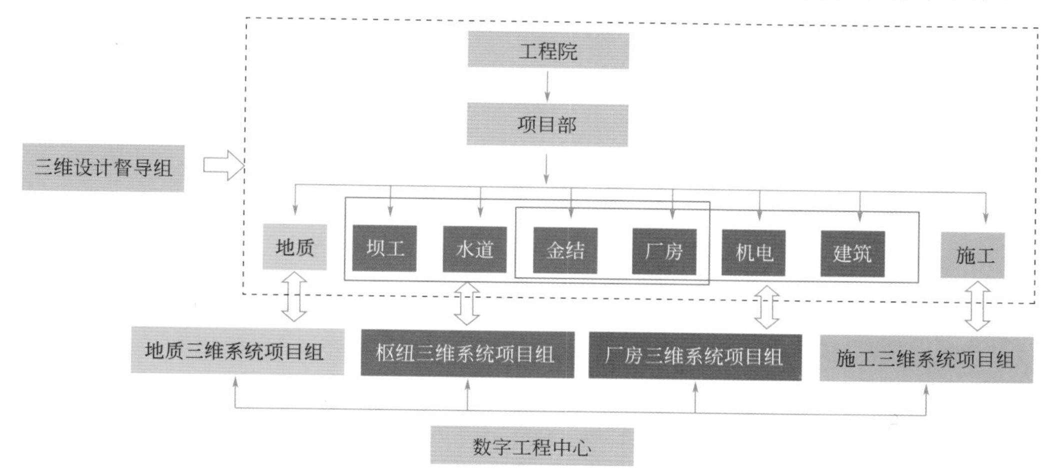

图 1-6　BIM 设计生产组织架构图

3. 项目解决方案及应用流程

根据软件平台的功能，结合水电工程特点，将项目分为地质、枢纽、厂房、施工四个子系统。地质子系统主要以 Civil 3D 为主，建立测量地质专业三维模型，并进行各专业开挖设计；枢纽子系统主要以 Inventor 为主，建立枢纽布置中各专业建筑物模型，进行结构体型设计；厂房子系统主要以 Revit 为主，建立厂房内部土建结构、机电设备、建筑装修模型，进行结构、管路、设备布置设计；施工子系统主要以 Infraworks 及 Infraworks 360 为主，建立和集成施工总布置中各种建筑物、施工场地、设施模型，进行场地布置设计。各子系统均在统一的 Vault 协同平台上进行数据交互，在 Navisworks 软件中进行项目整体模型整合，进行三维可视化校审、碰撞检查、进度模拟等工作。借助 BIM360 云平台，开展项目参建各方的信息共享与协同工作，如图 1-7 所示。

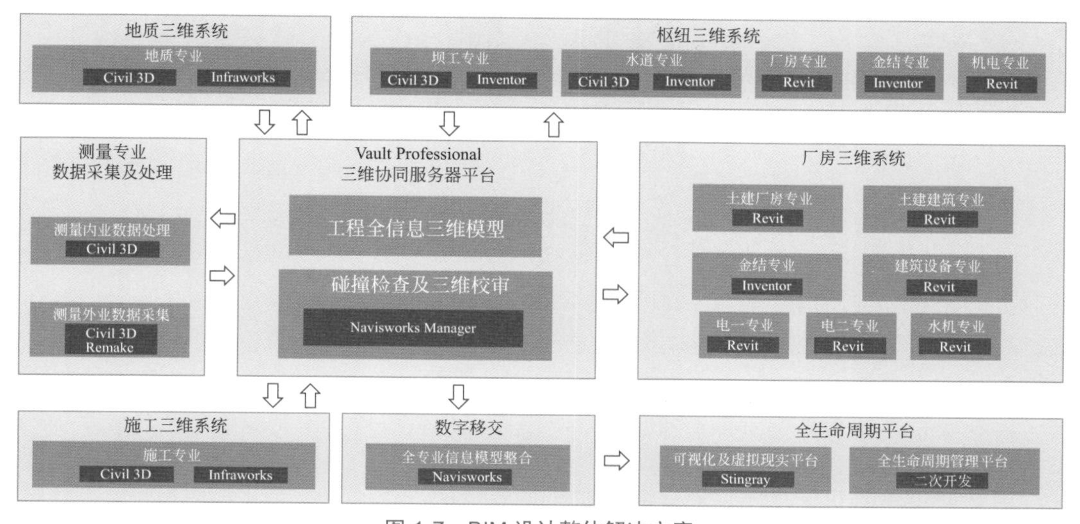

图 1-7　BIM 设计整体解决方案

4. 三维设计价值点

通过 BIM 设计，其价值点如下。

（1）模型与图纸的关联 设计人员能够根据三维模型自动生成各类工程图纸和文档，并始终与模型保持逻辑关联。当模型发生变化时，与之关联的图纸和文档将自动更新，避免了修改内容在某些图纸中被遗漏的情况，有效保证了设计的质量。

在地质子系统中，利用 Civil 3D 下自主开发模块，可以实现一键成图，并与模型关联，解决地质模型需要不断更新产生后序工作量大的难题。

在 Inventor 和 Revit 中，各专业出图也与模型关联，设计调整修改模型后，图纸也随之自动更新。如图 1-8 所示为 Civil 3D 三维地质模型。

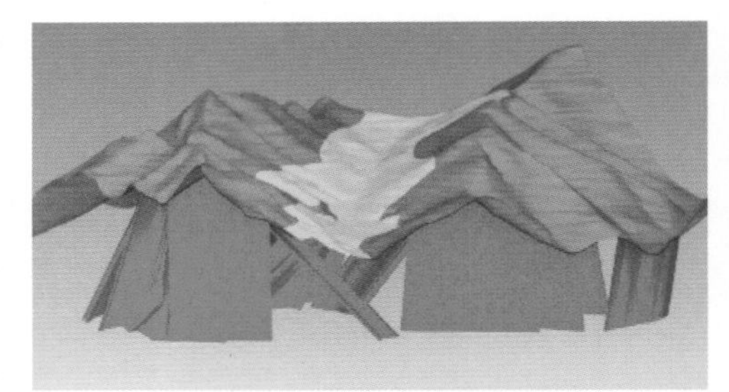

图 1-8 Civil 3D 三维地质模型图

（2）可视化校审 基于三维模型可模拟工程完建场景，实现可视化漫游和多角度审查，提高设计方案的可读性和项目校审的精度。

传统二维设计图纸表达有死角，如：二维图纸对于管路、桥架爬升、翻折、交叉、穿墙开孔等布置多重重叠区域为平面线型表达，无法反映空间位置关系，常常造成对图纸的理解错误。三维模型设计可以生成平、立、剖及三维轴测图纸，准确表达重叠位置的上下层位置关系、表达直观形象更易于理解。

在各个软件中，均可以实现三维模型可视化浏览，特别是 Navisworks 和 Infraworks 中，实现对项目整体模型大场景、大数据量的轻量化承载，保证漫游的流畅度，如图 1-9、图 1-10 所示。

图 1-9 Revit 模型可视化漫游

图 1-10 Infraworks 施工总布置模型漫游

（3）智能碰撞检测 在 Navisworks 中，可智能实现各专业模型间的碰撞检测，生成检测报告，有效地减少工程“错、漏、碰、缺”的问题。

（4）优化设计 利用三维数字化成果，可通过多视角审视和虚拟漫游等手段，实现工程问题前置，进而完成错误排查和设计优化的工作，如图 1-11 所示。

（5）可视化沟通 直观可视化的三维模型将以一种所见即所得的方式表达设计方案意图，可有效提高工程参建各方间的沟通效率。同时，基于移动端技术可将设计成果上传至网络服务器，工程现场通过 Ipad、智能手机等移动端即可浏览最新发布的设计成果。如图 1-12 所示。

（6）协同设计和并行设计 各专业设计均在统一的 Vault 协同平台上实时交互，所需的设计参数和相关信息可直接从平台获得，保证数据的唯一性和及时性，减少了专业间信息传递

图 1-11　Revit 可视化漫游进行校审和优化设计

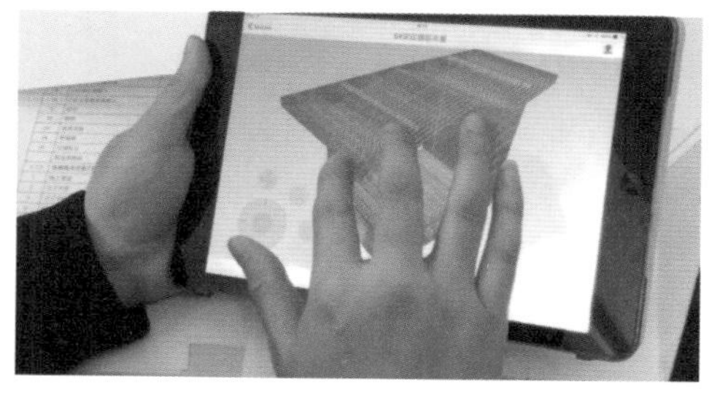

图 1-12　通过 BIM360 在移动端查看三维模型

差错，提高了设计效率和质量。各专业数据共享、参照及关联，能够实现模型更新实时传递和并进行设计，极大节约了专业间配合时间和沟通成本，如图 1-13 所示。

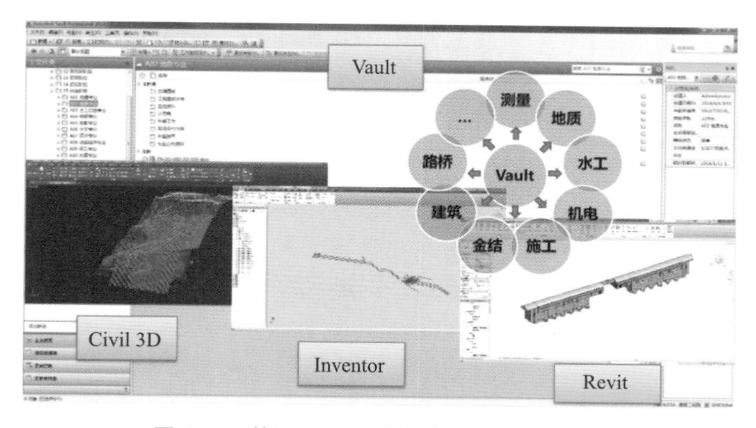

图 1-13　基于 Vault 平台各专业软件协同设计

（7）设计成果复用　通过参数化、关联性及模板化设计，可以实现参数驱动下的模型适应变形，可通过模板的调用实现设计成果的复用。

Inventor 参数化模型、Revit 参数化模型均可以制作成模版，通过项目应用不断累积和丰富模型库，实现类似项目的成果复用，提高效率和质量。

（8）工程材料表提取　通过精细化 BIM 模型设计，框选模型部分区域可快速生成其对应的材料量清单。材料量统计高效精确，减少了人工统计材料量的偏差，极大地降低了工程建设成本。

（9）项目全流程展示　采用场景模拟、渲染、校色、配音及后期处理等专业化制作技术，对工程进行多角度、全方位模拟展示，全面提高项目展示宣传效果、提高项目知名度与影响力，如图 1-14 所示。

图 1-14　模型渲染效果图

5. BIM 成果展示

（1）项目整体总装效果图（图 1-15）

（2）工程三维图（图 1-16 ～图 1-20）

图 1-15 项目整体总装效果图

图 1-16 上水库三维图

图 1-17 上水库施工区三维图

图 1-18 下水库 3 号公路旁施工区三维图

图 1-19 业主营地三维图

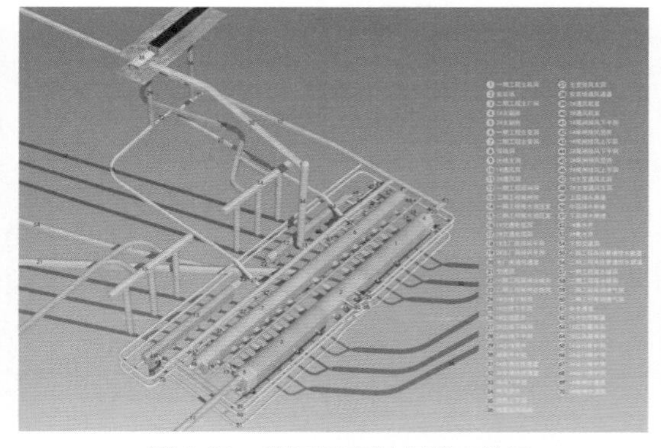

图 1-20 地下厂房洞室群三维图

（3）工程 Revit 三维图纸（图 1-21 ～图 1-28）

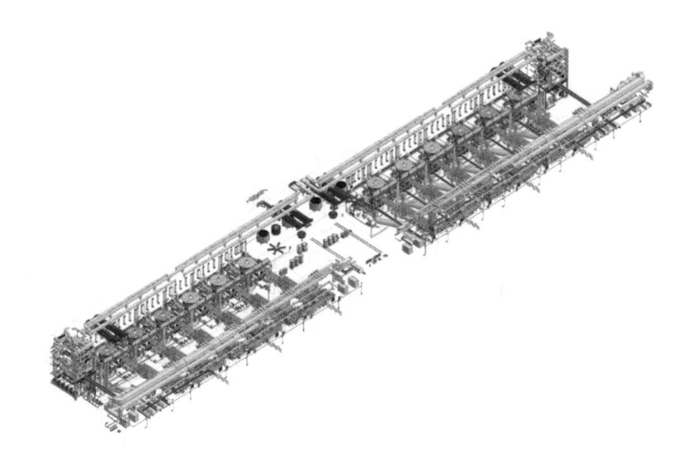

图 1-21　机电设备全景图

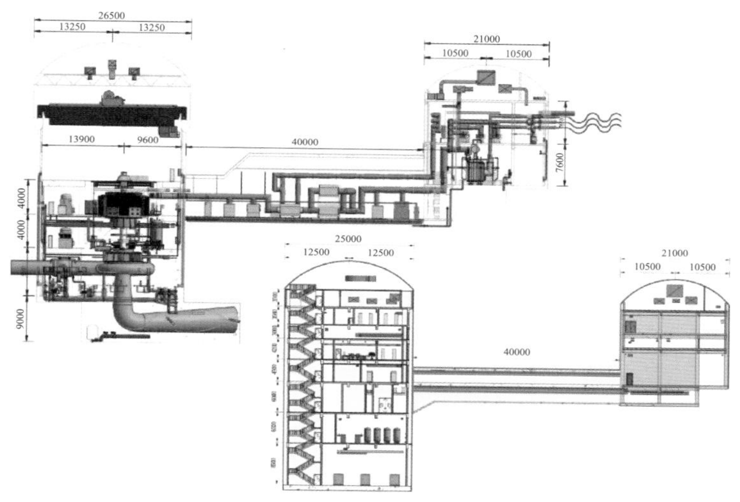

图 1-22　主厂房及主变洞纵剖图

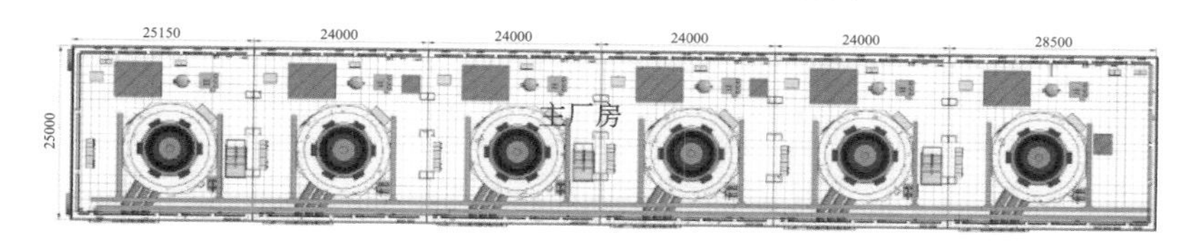

主厂房母线层设备布置

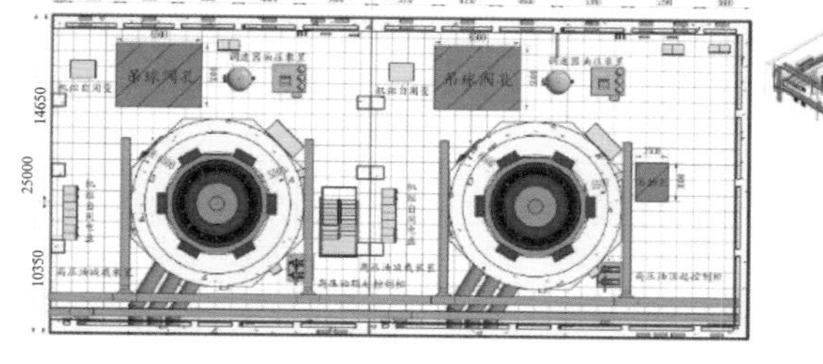

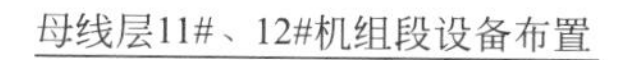

母线层11#、12#机组段设备布置

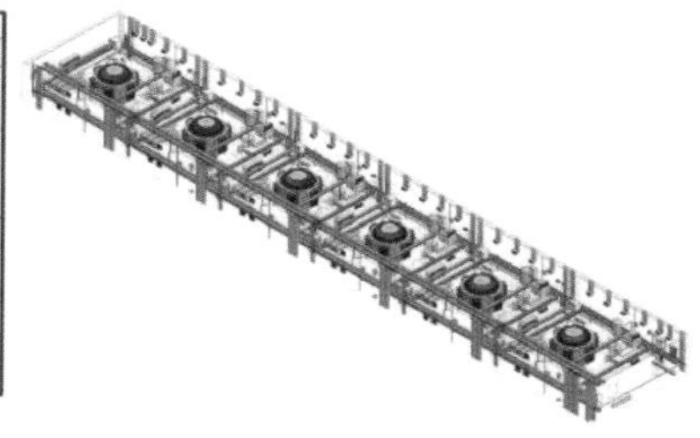

母线层设备布置三维视图

图 1-23　主厂房母线洞布置图

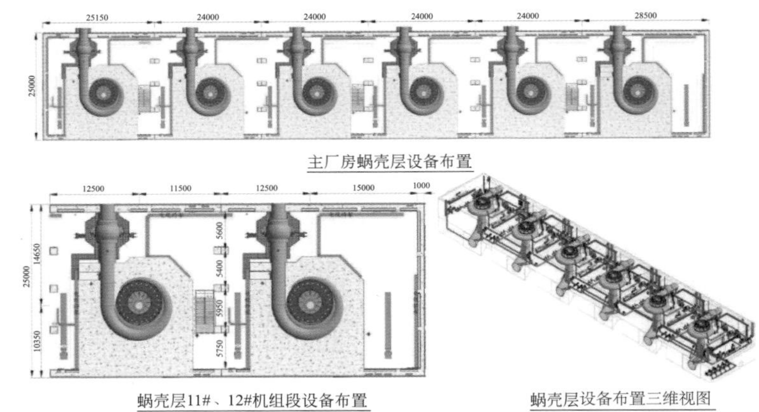

图 1-24　主厂房蜗壳层布置图

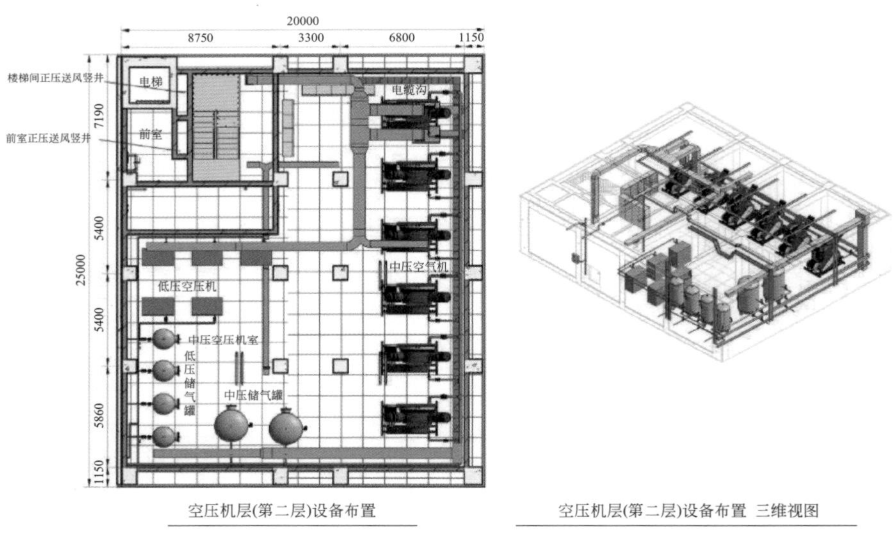

图 1-25　主副厂房第二层布置图

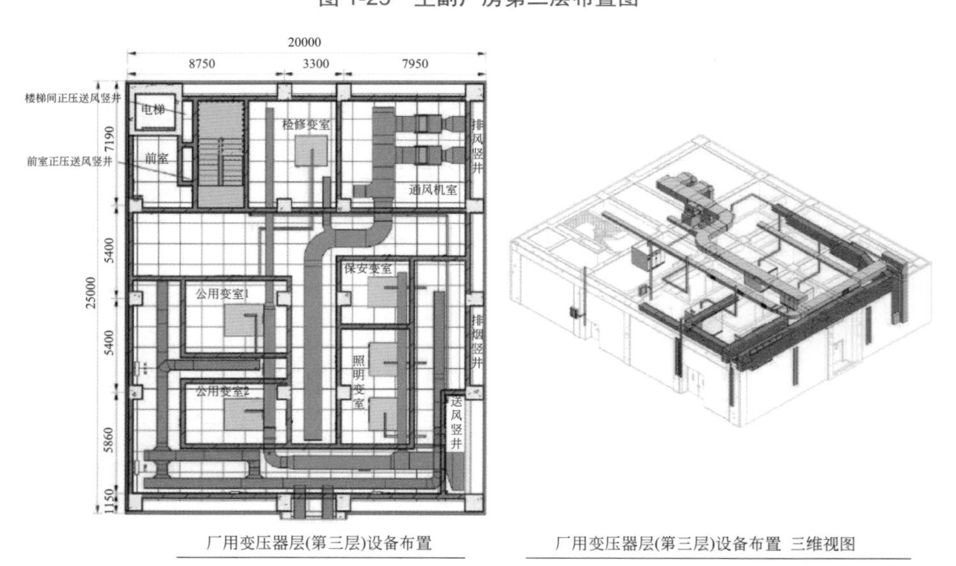

图 1-26　主副厂房第三层布置图

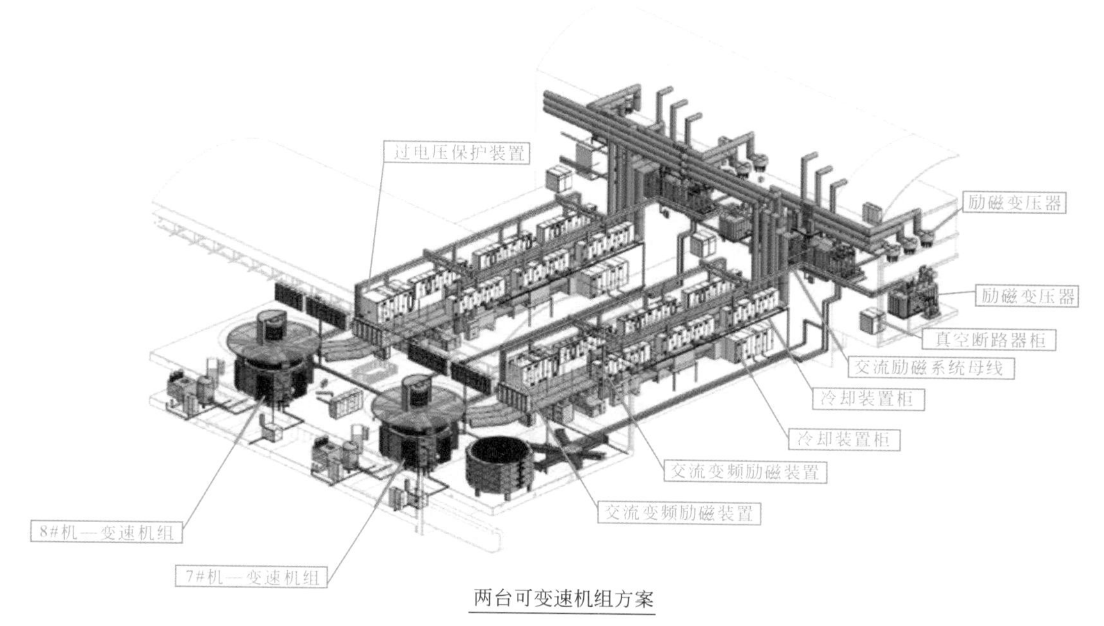

两台可变速机组方案

图 1-27　可变速机组布置图

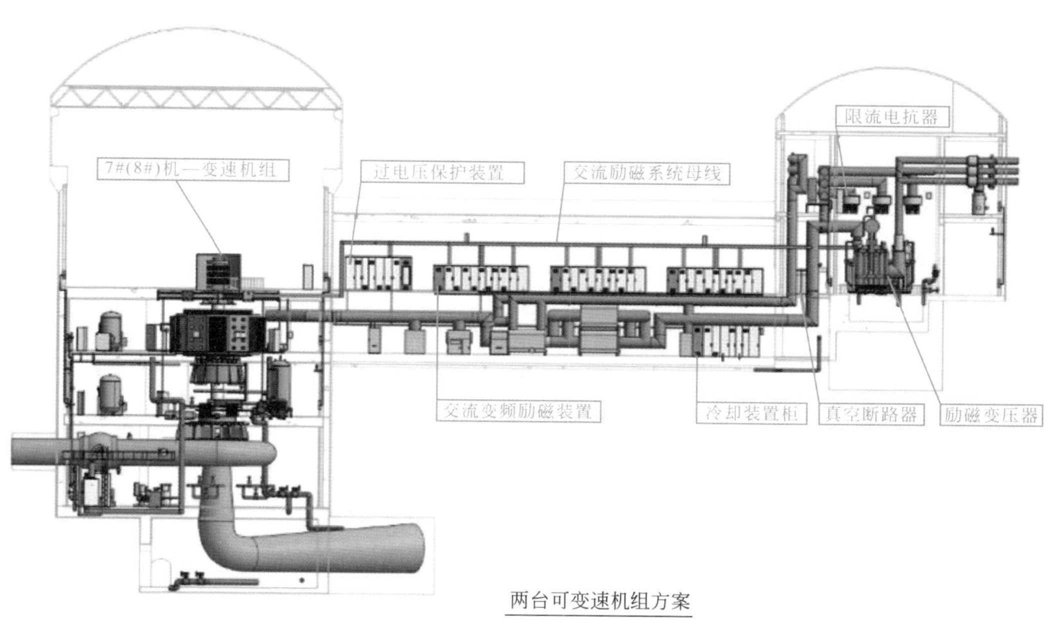

两台可变速机组方案

图 1-28　可变速机组剖面图

四、应用效益分析

1. 经济效益分析

本工程通过BIM技术设计及综合应用，提高了设计和施工质量和效率，取得了如下效益。

① 通过项目应用不断累积和丰富参数化模型库，实现类似项目的设计复用，提高效率和质量。在前期阶段可降低重复性工作量约50%，在施工阶段可降低重复性工作量约35%。

② 设计人员能够根据三维模型自动生成各类工程图纸和文档，工程量直接提取，并始终与模型保持逻辑关联。当模型发生变化时，与之关联的图纸和文档将自动更新，避免了修改内容在某些图纸中被遗漏的情况，有效保证了设计的质量，提高工作效率30%，减少返工工作量50%。

③ 各专业设计均在统一的Vault协同平台上实时交互，所需的设计参数和相关信息可直接从平台获得，保证数据的唯一性和及时性，减少了专业间信息传递差错，提高了设计效率和质量。各专业数据共享、参照及关联，能够实现模型更新实时传递和并行设计，极大节约了专业间配合时间和沟通成本。

④ 数字化模型的可视化漫游和多角度审查，提高设计方案的可读性和项目校审的精度。通过碰撞检测，有效减少“错漏碰缺”约90%左右。通过数字化模型进行三维可视化设计交底，可有效提高工程参建各方间的沟通效率。

⑤ 全生命周期管理平台通过可视化的界面进行交互，简单易懂，系统易用性和可操作性强，便于建设各参与方使用。

⑥ 工程档案管理系统统一管理工程各阶段数据与资料等信息，减少信息差错、遗漏等问题，可视化查阅与可追溯性功能提高了效率和质量，对项目建设可产生可观的投资节约。

⑦ 施工管控系统通过在施工期对质量、进度、安全等方面的精细化管控，系统自动触发相关警告进行提醒，做到及时有效处理。过程动态管控，可实现各环节的可追溯性和实时性，确保管控到位，提高施工期的管控效率和质量，有效减少质量、进度、安全问题，节约投资。

2. 社会效益分析

本工程采用BIM技术形成的三维数字化模型，可以使整个工程各参与方及其他相关人员在短时间内对整个电站取得直观的了解。除此之外，利用数字化模型制作形成的效果图和视频展示，不仅可以作为新员工了解工程的培训材料，加快人才的培养；还可以在对外交流中，作为一项先进的生产力，成为企业的核心竞争力，提高企业形象。

运用BIM技术在三维数字化模型中集成各类工程信息，从而保障信息数据的有效性、准确性和一致性。同时，利用三维数字化模型为载体，可视化地开展设计、施工、运维等相关工作，可进一步提高各业务的开展效率和人员的工作沟通效率。

本项目运用BIM技术形成的阶段成果还为全生命周期管理系统提供基础支撑。全生命周期管理系统是对目前工程项目现有系统的全面升级，是对国家“两化融合”战略的进一步落实，也使BIM技术得到进一步延伸应用，从而形成基于BIM模型的可视化管理系统。

五、BIM应用评价

在设计阶段，Vault协同优质高效地解决了多专业数据交叉引用的问题，统一了数据接口，保证了各专业相互引用数据的唯一性和及时性。三维出图优质高效地解决了设计方案调整带来的图纸和工程量更新的问题，减少了图纸修改调整的工作量，有效避免图纸各视图修改错漏的问题。三维校审优质高效地解决了厂房内部多专业交叉区域复杂结构、设备、管路集中布置时二维图纸无法表达清楚带来的校审问题，三维可视化直观的表达，清晰展示设计方案布置和空间位置关系，提高了校审的精度。

在施工建造期，通过全生命周期管理平台对质量、进度、安全做到事先预可视、事中实时可视、事后回溯可视，提高施工期管控的效率和质量，减少问题的发生，降低工程费用。

六、BIM 应用环境

1. 软件应用环境（表 1–2）

表 1-2 软件应用环境

序号	软件名称	应用的软件功能
1	AutoCAD	CAD 三维建模，二维图纸合成
2	AutoCAD Civil 3D	各专业开挖设计、道路设计
3	Autodesk Inventor	水工、施工、路桥等各专业建筑物结构建模及出图
4	Autodesk Revit	厂房结构、机电、建筑各专业建模
5	Autodesk Navisworks	项目整体模型整合、校审、碰撞检查、漫游、施工模拟及动画制作
6	Autodesk InfraWorks	项目整体模型整合、渲染、施工总布置、效果图及动画制作
7	Autodesk Vault	项目多专业协同设计、项目文件管理、人员权限管理
8	BIM 360 Glue	云端共享协同工作、模型轻量化、碰撞检查、漫游、文件共享
9	Autodesk 3ds Max	项目整体模型整合、渲染、效果图及动画制作

2. 硬件应用环境（表 1–3）

表 1-3 硬件应用环境

	基本配置	标准配置	高级配置
BIM 应用	1）局部设计建模 2）模型构件建模 3）专业内冲突检查	1）多专业协调 2）专业间冲突检查 3）精细展示	大规模集中展示
适用范围	适用大多数人员使用	适合骨干人员、展示人员使用	适合少数高端人员使用
Autodesk 配置需求	操作系统：微软 Win7 32 位	操作系统：微软 Win7 64 位	操作系统：微软 Win7 64 位
	CPU：单核或多核 Intel Pentium、Xeon 或 i-Series 处理器或性能相当的 AMD SSE2 处理器	CPU：多核 Intel Pentium、Xeon 或 i-Series 处理器或性能相当的 AMD SSE2 处理器	CPU：多核 Intel Pentium、Xeon 或 i-Series 处理器或性能相当的 AMD SSE2 处理器
	内存：8GB RAM	内存：16GB RAM	内存：32GB RAM
	显示器：1280×1024 真彩	显示器：1680×1050 真彩	显示器：1920×1200 真彩或更高
	基本显卡：支持 24 位彩色 高级显卡：支持 DirectX 10 及 Shader Model3 显卡	显卡：支持 DirectX 10 及 Shader Model3 显卡	高级显卡：支持 DirectX 10 及 Shader Model3 显卡

为更好地进行 BIM 设计工作，单位还架设了云平台，利用高性能硬件资源，为 BIM 设计创造优越的硬件应用环境。

七、工程项目中 BIM 技术应用的心得体会

通过近十年的 BIM 技术研究，积累了丰富的设计经验和成果。在多个项目上已实现了全面的 BIM 设计，目前在北京院所有项目中有超过 60% 的项目均开展 BIM 设计，主要专业一线青年员工均已采用 BIM 设计，总比例约为 70%。

通过 BIM 设计，提升了设计和出图效率。数字化模型通过标准化的视图模版，依据行业

规范进行定制，将三维视图、二维平立剖面视图、工程量明细表进行标准化制作，实现一键剖切成图，并符合行业规范要求，图纸美观，基本无后期工作量。对于标注、说明文字等附加信息，通过参数化标准化模块，实现桩号的自动生成、设备名称属性参数的自动提取标注，自动化程度高，后期处理工作量小，大大提高了出图的效率。设计施工一体化平台通过定制开发，可自动生成各种表单，实际生产作用突出。

地质三维设计应用 Civil 3D 软件，并自主开发功能模块，建立的工程地质建模系统，符合相关规程规范的要求，模型与各类勘察数据动态关联，整体数据结构完整合理。通过该系统，可以对各类勘察数据进行统计、分析，导出各类报表、图表。基于工程地质三维模型，抽取指定位置的平切图、剖面图和各类地质界面的等值线图，系统自动根据规程规范绘制图框、图签、图名、图例等标准化图面内容，真正实现了一键智能化出图。剖面图上，还自动绘制有各类风化界线、岩性界线、各类地质体界线、勘探钻孔位置与钻孔试验数据、平硐位置与平硐试验数据等勘察数据，使得工地现场问题处理能够得到快速响应，如：当地质条件发生改变，通过 Vault 协同，上传并更新地质模型，下序专业也随之更新引用的地质模型，并对本专业设计进行及时调整和修改。

三维协同设计将各专业设计统一到协同平台上实时进行交互，各专业模型相互参照关联，真正做到各专业并行协同设计，相比传统的上下序专业之间的串行设计，大大提高了设计的效率和质量。

利用数字化模型的三维可视化特点，通过多视角审视和虚拟漫游等手段，实现工程问题前置，进而完成错误排查和设计优化的工作。另外，数字化模型以一种所见即所得的方式表达设计方案意图，有效提高了工程参建各方间的沟通效率。

在全生命周期管理平台中，数字化模型及信息集成在平台服务器上，工程现场通过 Ipad、智能手机等移动端即可浏览，指导现场施工，对解决工程实际问题和设计方案优化具有突出作用。

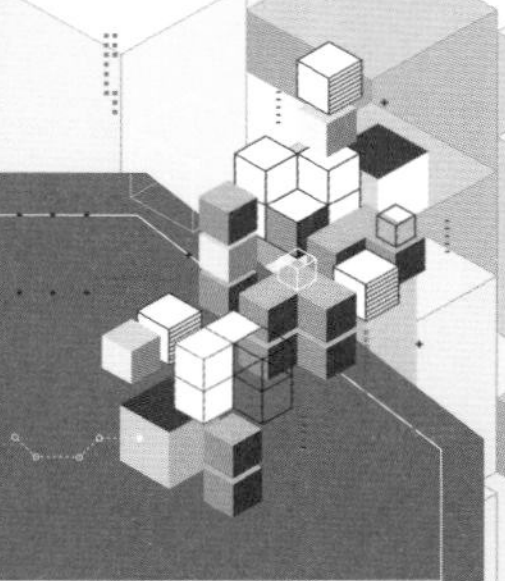

案例二

深圳地铁 11 号线桥头站设计阶段 BIM 应用

深圳市市政设计研究院有限公司

一、项目概况

1. 项目背景及依据

桥头站为 11 号线工程的第 12 座车站，桥头站位于宝安大道与大洋路交叉路口的南侧，沿宝安大道呈南北向布置，为高架三层标准站。车站有效站台中心里程处轨面高程（绝对值）为 17.300m。车站形式为 10m 岛式高架车站，采用框架结构形式，本站共三层，分为地面设备层、站厅层和站台层。本站总长 186m，标准段总宽 18.2m，标准段线间距 13.2m，站台宽 10m，有效站台长度为 186m。车站地下电缆夹层埋深 2.600m，车站总高 20.670m（含屋盖高度）。

业主单位为深圳市地铁集团，经营范围为城市轨道交通项目的建设运营、地铁资源和地铁物业的综合开发。项目效果图如图 2-1 所示。

图 2-1　项目效果图

2. 项目开展阶段

项目开展阶段为初步设计到施工图设计阶段。

二、BIM 团队介绍

1. 团队基本情况

人员构成如图 2-2 所示。

① BIM 项目总协调侯铁，其主要职责是以 BIM 项目为核心，对 BIM 项目进行综合评估，协调项目的 BIM 资源投入，协调第三方 BIM 顾问咨询团队资源，对 BIM 项目实施进行总体

规划。管理专业间的BIM协作，掌控BIM项目实施计划与进度，审核项目的BIM交付，协助BIM应用相关标准制定等。

② BIM项目经理何莹，其主要职责是以BIM项目为核心，管理专业间的BIM协作，掌控BIM项目实施计划与进度。

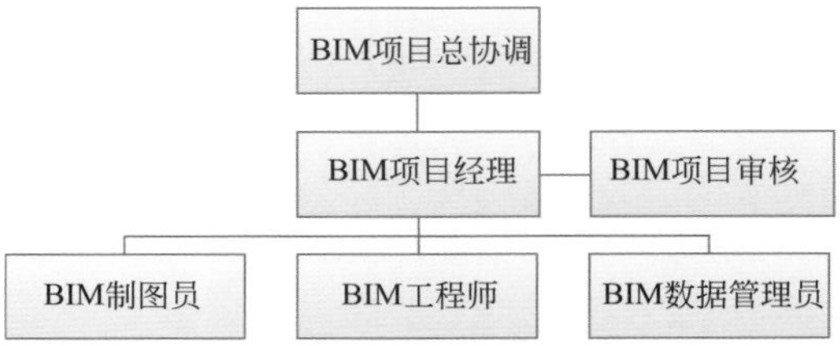

③ BIM项目审核王瑞军，审核项目的BIM交付。

图 2-2 人员构成

④ BIM工程师（黄鸿达、张锐、张纲纲），主要负责专业设计，创建BIM模型，并辅助完成干涉检查、建筑性能分析、管线综合、专业协调等与BIM相关的工作。

⑤ BIM制图员（王大铭），主要负责协助BIM工程师完成BIM模型，导出二维图纸并进行调整，以达到现行制图交付的标准要求。

⑥ BIM数据管理员（李文东），主要负责BIM资源库的管理和维护，BIM模型构件的质量检查及入库。

2. 团队业绩情况介绍

深圳地铁安保区地下管线与地质资料三维信息管理系统：中国地理信息科技进步奖三等奖、深圳市第十六届优秀工程勘察设计BIM专项二等奖。

BIM技术在深圳地铁11号线桥头站的应用：深圳市第十六届优秀工程勘察设计BIM专项二等奖、广东省第十六届优秀工程勘察设计BIM专项三等奖。

特大跨径波形钢腹板组合桥梁BIM技术应用：深圳市第十七届优秀工程勘察设计BIM专项一等奖。

深圳地铁7号线沙尾站装修及BIM设计应用：深圳市第十七届优秀工程勘察设计BIM专项二等奖。

三、BIM应用的总体介绍

1. BIM应用目标和应用点

（1）BIM应用目标

① 高架站结构与一般车站相比结构复杂，通过三维设计模型，可以检查高架桥与车站的空间关系，复核图纸，验证施工。

② 创建空间模型，避免图纸反复修改，提高设计效率。

③ 构建地铁车站的族库，制定地铁车站设计规范及模版。

（2）BIM应用点

建模：参数化、构件库；碰撞检查；二维图纸生成；工程数量的统计；施工模拟；效果展示与漫游；地铁站内摄像头模拟。

2.BIM项目应用流程

（1）族库及参数化　在项目实施的过程中，为提高设计建模的效率，深圳市市政设计研究院在建立及补充族库时，按照不同专业划分为不同类型，族库中族的建立经过精心设计，可以适应不同的变化，为后续的BIM项目作为铺垫。

（2）碰撞检查 对各专业进行碰撞检查，优化工程设计，对优化后的三维管线方案进行施工交底，如图 2-3 所示。

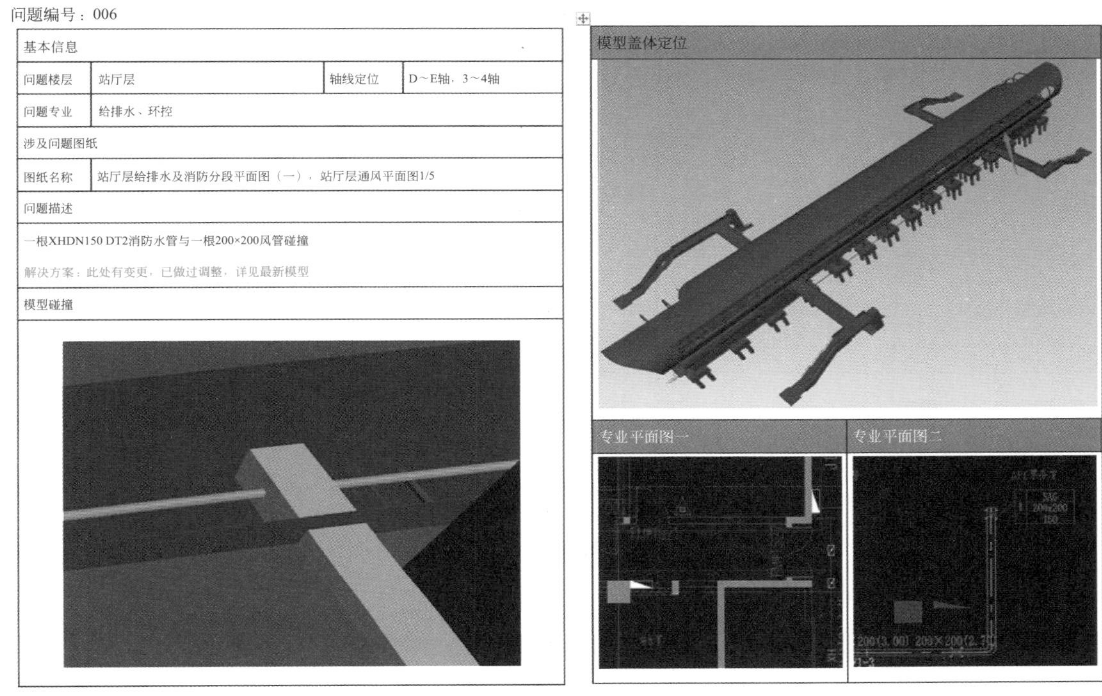

问题编号：006

基本信息			
问题楼层	站厅层	轴线定位	D～E轴，3～4轴
问题专业	给排水、环控		
涉及问题图纸			
图纸名称	站厅层给排水及消防分段平面图（一），站厅层通风平面图1/5		
问题描述			
一根XHDN150 DT2消防水管与一根200×200风管碰撞 解决方案：此处有变更，已做过调整，详见最新模型			
模型碰撞			

模型盖体定位

专业平面图一

专业平面图二

图 2-3 碰撞报告表

（3）二维图纸生成 根据项目要求，对某些节点进行二、三维出图，更直观地查看图纸。

（4）工程量统计 模型完成后对模型进行工程数量统计，提升施工预算的精度与效率，如图 2-4 所示。

<楼板明细表>

A	B	C	D	E
族与类型	标高	周长（毫米）	体积（立方米）	面积（平方米）
楼板 常规 - 3	地下室结构标高 (3.780)	114599	163.08	543.59
楼板 常规 - 3	地下室结构标高 (3.780)	89600	111.13	370.44
楼板 常规 - 3	地下室结构标高 (3.780)	217402	48.24	160.80
楼板 常规 - 2	站厅层结构标高 (12.230)	123200	120.36	601.81
楼板 常规 - 2	站厅层结构标高 (12.230)	95400	62.71	313.57
楼板 常规 - 2	站厅层结构标高 (12.230)	166620	203.73	1018.63
楼板 常规 - 2	站厅层结构标高 (12.230)	193400	171.38	856.90
楼板 常规 - 3	站厅层结构标高 (12.230)	21580	8.01	26.69
楼板 常规 - 3	站厅层结构标高 (12.230)	21680	8.06	26.88
楼板 常规 - 3	站厅层结构标高 (12.230)	12620	2.98	9.93
楼板 常规 - 1	铁道层结构标高 (16.650)	580123	430.89	2672.61
总计:11		1636224	1330.57	6601.85

<窗明细表>

A	B	C	D	E
类型	底高度	宽度	高度	合计
BYC0812	1200	800	1200	1
BYC0822	1200	800	2200	11
LC0822	1200	800	2200	6
LC0915	900	900	1500	3
LC1215	900	1200	1500	12
LC1512	900	1500	1200	1
LC1515		1500	1500	2
甲级防火窗FC1212	2020	1200	1200	1
甲级防火窗FC4215	2020	4200	1500	1
总计：38				

<门明细表>

A	B	C	D
类型标记	宽度	高度	合计
BFM1121W右	1100	2100	2
BFM1121W司	972	2000	1
BFM1527W′	1500	2700	7
BPM1021N右	1000	2100	3
BPM1021N左	1000	2100	2
BPM1021N巨	4600	2700	4
BPM1021W右′	1000	2100	1
BPM1524W′	1500	2400	1
BYPM1021N右	1000	2100	2
BYPM1021N左	1000	2100	4
BYPM1024W右	1000	2400	1
FDJM3027	3000	2700	1
FM0721W右	700	2100	9
FM0721W左	700	2100	7
FM1121N右	1100	2100	6
FM1121N左	1100	2100	1
FM1121N左′	1100	2100	1
FM1121W右	1100	2100	9
FM1121W右′	1100	2100	1
FM1121W左	1100	2100	11
FM1224W	1200	2400	2
FM1224W′	1200	2400	3
FM1227W′	1200	2700	3
FM1521N	1500	2100	1
FM1521W	1500	2100	1
FM1521W′	1500	2100	2
FM1524W	1500	2400	1
FM1527W′	1500	2700	6
M1221CC	800	2100	1
M1221W	1200	2100	1
总计：95			

图 2-4 工程量出图示意图

（5）施工模拟　模型完成后，对模型进行施工工序的模拟，保证施工顺序的正确性，如图 2-5 所示。

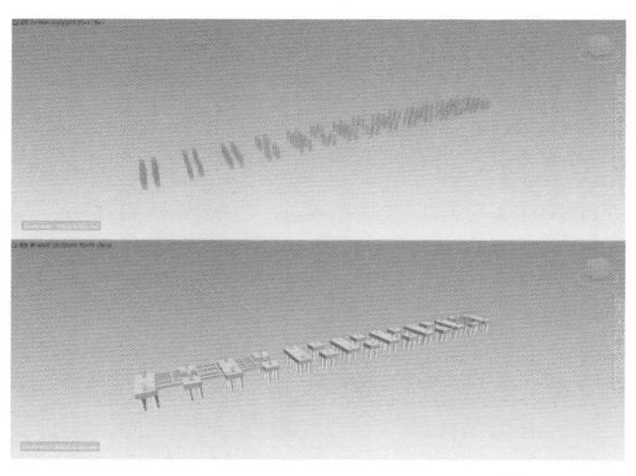
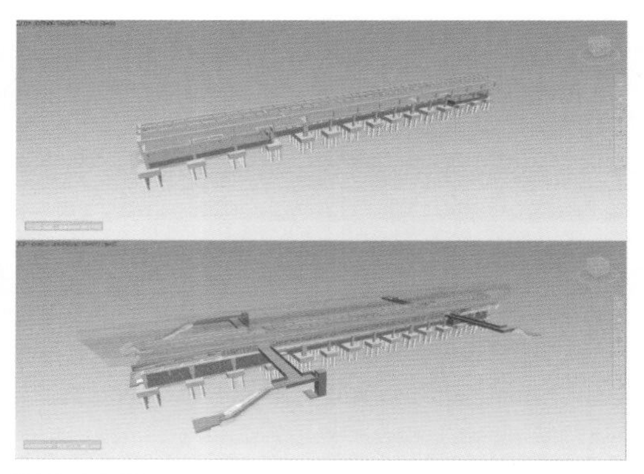

图 2-5　施工模拟示意图

（6）三维场景虚拟漫游　BIM 模型建成后，模型可以用于进行项目展示和基于模型的虚拟漫游。业主、专家、公众可以通过在模型中的查看、漫游、行走等操作来了解自己所关切的内容，真实地了解工程全貌和细节，如图 2-6 所示。

（7）地铁站内摄像头模拟　通过模拟摄像头，可检查出摄像头的盲点，优化摄像管理，如图 2-7 所示。

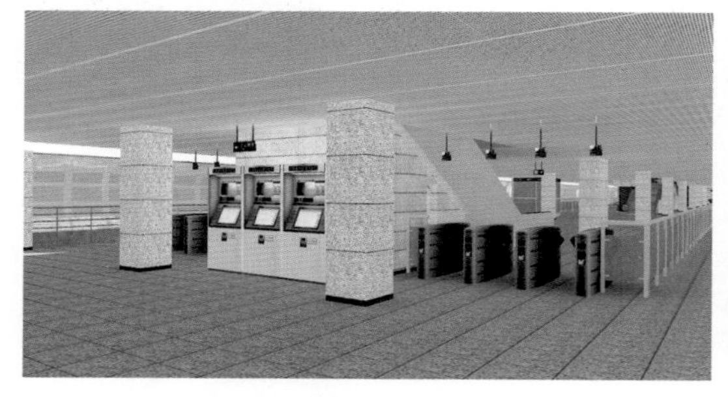

图 2-6　虚拟漫游示意图

图 2-7　摄像头模拟

四、应用效益分析

1. 经济效益分析

运用 BIM 碰撞检测技术，共检测出管线碰撞问题 88 处，可规避的问题 58 处，解决问题 30 处，减少了各专业之间的工序交叉，避免了返工、误工现象的发生，相对以前项目节省费用近 20% 左右，经济效益显著。

2. 社会效益分析

在与社会各阶层、业主方等相关单位相对接时，可以非常形象直观、三位一体、透视化、多角度化、精细化、节点化地对施工过程进行全方位的展示，在展现现场管理与软件管理相协调的基础上，更加展示出了在 BIM 技术应用上的雄厚实力，以及 BIM 技术指导现场施工的强有力的现场管控作用。

五、BIM 应用总体评价

在工作集以及 PW 协同平台的支持下，完成车站各专业模型的搭建，并出具部分二维图纸。设备构建参数化，项目族文件分类管理，定义参数，方便后续车站项目的持续利用，提高设计效率。进行碰撞检查，优化工程设计，减少在建筑施工阶段可能存在的错误、损失和返工的可能性，优化管线排布方案。直接利用模型，根据我国国标清单规范和全国各地定额工程量计算规则，直接在 Revit 平台上完成工程量计算分析，快速输出计算结果，可供计价软件直接使用。

三维渲染动画，给人以真实感和直接的视觉冲击。建好的 BIM 模型可以作为二次渲染开发的模型基础，大大提高了三维渲染效果的精度与效率，给业主更为直观的宣传介绍，提高汇报效率。

六、BIM 应用环境

项目采用的软硬件及所使用功能如下。

本项目使用 Autodesk 平台的 AutoCAD、Revit、Navisworks、3D MAX、PW 协同平台。

AutoCAD：出图局部修改。

Revit：建模及碰撞检查。

Navisworks：施工动画模拟及可视化。

3D MAX：效果图及可视化表现。

PW 协同平台：协同文件管理。

七、工程项目中 BIM 技术应用的心得体会

BIM 将为整个建筑产业带来巨大的效益，它可以改善传统的工作流程，打破信息传递的沟通障碍，使得规划设计、工程施工、运营管理乃至整个工程的质量和管理效率得到显著提高。BIM 技术可以在设计阶段通过 3D 可视化模型的建立，避免传统多图纸会审时发生的“错、漏、碰、缺”等问题，提高了项目中参与各方的沟通效率。BIM 技术的应用可以让大家在统一的 BIM 平台下协同工作，大家通过统一的 BIM 模型来进行各自的工作，可以清楚看到本阶段或本专业的工作状况与成果。同时，利用多方协同与联动性让各方随意进行编辑与修改，达成模型的统一。建立以 BIM 应用为载体的项目管理信息化，加强从建筑物建设开始到拆除的全生命周期管控，尤其是作为一体化管理从质量、安全、进度、创新全方面对全生命周期过程中的分包队伍的管控，提升一体化项目的生产效率，提高整个建筑的质量、缩短工期、降低建造成本，建筑信息模型将给一体化管理以及建筑行业的管理带来全方位的改革。

案例三

海门市科技馆施工阶段 BIM 应用

江苏中南建筑产业集团有限责任公司

一、项目概况

1. 工程概况

海门市科技馆（图 3-1）项目位于海门汇智路南侧、圩角河东侧，由江苏省海门市政府投资建设，项目总建筑面积 22385m^2，其中地上部分 17080m^2，地下部分为 5305m^2。地上 6 层，地下 1 层，建筑高度 31.787m。结构为框架结构和钢结构网壳，桩筏基础。质量目标为江苏省扬子杯、优质工程。本项目正处于装修施工阶段，BIM 技术自 2015 年 10 月份投标开始应用。

图 3-1　海门市科技馆项目效果图

2. 工程难点

本工程为海门市科技馆，为政府投资建设，集科普展览、教育培训、实验研究、学术交流和科技娱乐功能为一体的大型综合载体，服务社会。工程由市妇女儿童活动中心、市青少年活动中心、市科技馆三部分组成，造型独特，专业性较强，结构要求高，是市重点工程，社会影响力大。工程上部为网架屋面，外部曲形玻璃幕墙，呈巨大鼠标造型，结构、管线、幕墙以弧形布置，综合性较强。

3. 工程 BIM 应用

海门市科技馆（图 3-2）项目自 2016 年作为公司 BIM 应用推广项目，通过 BIM 5D 平台，以模型为载体，关联施工过程中的进度、成本、质量、安全、合同等信息，为项目管理提供数据支撑，采用 5D 手机端、PC 端、网页端达到了互联网共享，实现了协同的目的，提高项目管理能力。在专业协调、商务成本管控、质量安全管理方面效果显著。

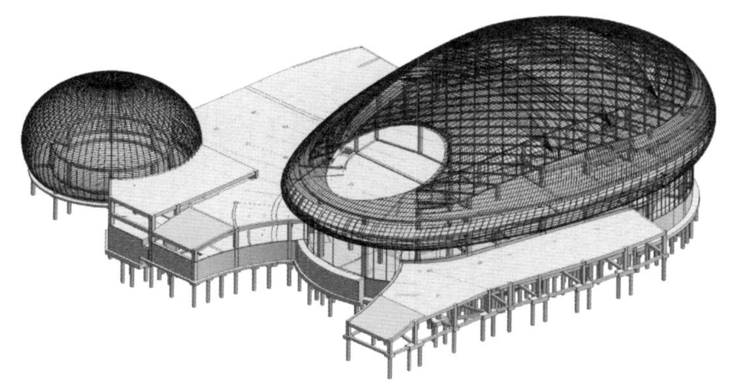

图 3-2 海门市科技馆项目 BIM 模型

二、BIM 团队介绍

1. 公司简介

江苏中南建筑产业集团有限责任公司拥有中华人民共和国住房和城乡建设部授予的国家房屋建筑施工总承包特级资质、建筑行业设计甲级资质，同时还拥有一系列专业一级资质。

公司起步于 1988 年，经过 26 年的发展，已成为具有土木工程、土建、市政、钢结构、装饰、安装、设计、物业管理全产业链的优秀总承包企业，被中国施工协会授予全国优秀企业，江苏省人民政府授予省先进建筑企业，江苏省住建厅授予科技先进和科技创新企业。

公司参编住建部信息中心组织编写的《中国建筑施工行业信息化发展报告（2014）——BIM 应用与发展》中的预制装配式建筑 BIM 应用篇。

团队建设：集团高度重视 BIM 技术发展，通过在总部建立核心团队，各子分公司及专业公司、项目部建立 BIM 技术应用团队，形成适合集团发展的 BIM 组织管理体系（图 3-3）。

集团 BIM 发展荣誉：

（1）海门市人民医院门急诊医技楼项目荣获中国建筑业协会首届 BIM 大赛 BIM 卓越工程项目三等奖。

（2）海门市科技馆项目先后荣获第十五届中国住博会 • 2016 年中国 BIM 技术交流暨优秀案例作品展示会最佳 BIM 综合应用优秀奖、中国建筑业协会第二届 BIM 大赛 BIM 卓越工程项目二等奖、2016 年中国勘察设计协会“创新杯”总承包管理 BIM 普及应用奖、陕西省首届“华春杯”BIM 大赛施工组优秀奖。

（3）南通军山被动房项目先后荣获第十五届中国住博会 • 2016 年中国 BIM 技术交流暨优秀案例作品展示会最佳 BIM 专项应用二等奖、江苏省勘察设计协会最佳 BIM 协同设计奖第二名。

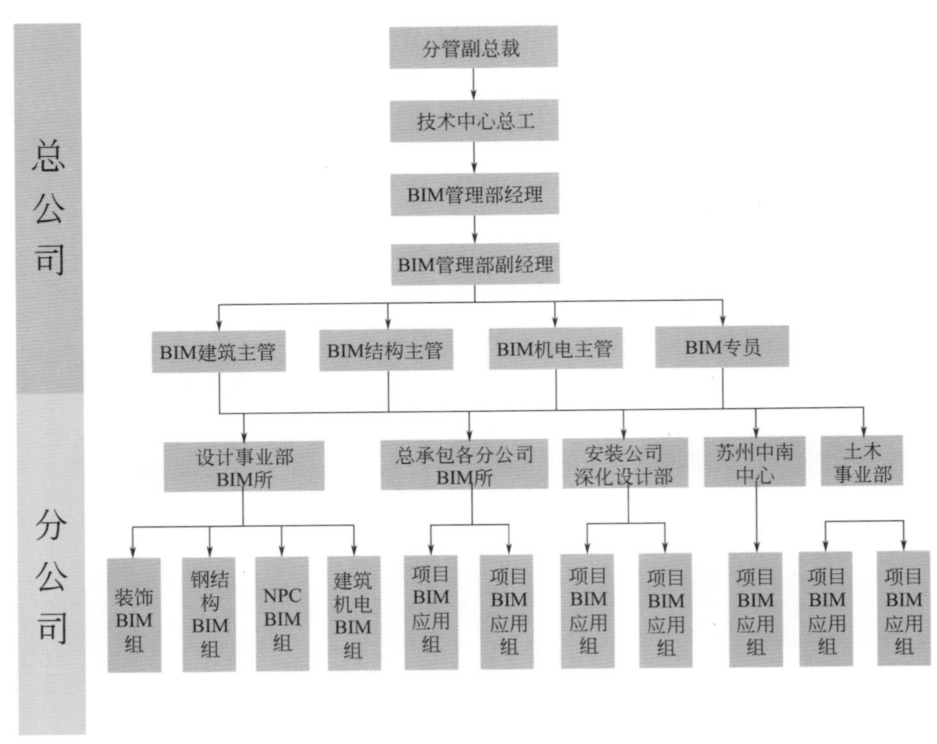

图 3-3 公司 BIM 组织管理体系

（4）苏州中南中心项目荣获上海市建筑施工行业协会 BIM 二等奖。

（5）昆山中南世纪城钢结构住宅项目先后荣获第十五届中国住博会·2016 年中国 BIM 技术交流暨优秀案例作品展示会最佳 BIM 专项应用三等奖、2016 年中国勘察设计协会“创新杯”BIM 应用新秀奖、中国建筑业协会首届 BIM 大赛 BIM 单项三等奖。

（6）天津正融科技大厦荣获中国建筑业协会第二届 BIM 大赛 BIM 卓越工程项目二等奖。

2. 应用团队

本工程为异形建筑，专业齐全，应用难点较多，整个项目应用团队（图 3-4）配备顾问团、BIM 应用组、项目应用组，项目实施人员参加全国 BIM 技能等级认证，取得 BIM 应用技能资格，持证上岗。顾问团队配备 2 人，以总公司 BIM 中心为主的团队，负责科技馆结构、BIM 应用技术支持；BIM 应用组配备 4 人，以分公司以及专业公司技术质检部为主的团队，负责整个项目土建、机电 BIM 模型搭建、深化设计、施工阶段、运维交付处理；项目应用组配备 3 人，以项目技术员为主的团队，负责项目应用实施推进、数据反馈。

三、项目 BIM 情况介绍

（一）建设单位

海门市政府投资项目工程建设中心在项目招投标过程中，把新技术应用作为加分项处理。公司在投标时，对项目周围环境BIM布置模拟，合理规划人、材、机。同时，进行模型建立，展示工程效果，为施工 BIM 应用做准备。因本项目作为公司 BIM 应用试点项目，在 BIM 应用阶段，建设单位给予实施应用大力支持。

组织	姓名	职务	职责	个人水平	项目履历
顾问	解复冬	技术中心BIM总工	应用指导	高级工程师、国家一级建造师、BIM一级建模师	上海市建筑施工行业协会苏州中南中心BIM二等奖，中南总部基地宿舍楼BIM三等奖，海门市人民医院BIM卓越工程项目三等奖、海门市科技馆BIM卓越工程项目二等奖、南通军山被动房住博会最佳BIM专项应用二等奖
顾问	刘跃	技术中心BIM经理	对外联络、技术指导	工程师、BIM一级建模师	上海市建筑施工行业协会苏州中南中心BIM二等奖，中南总部基地宿舍楼BIM三等奖，海门市人民医院BIM卓越工程项目三等奖、海门市科技馆BIM卓越工程项目二等奖、南通军山被动房住博会最佳BIM专项应用二等奖
组长	施志辉	技术质检经理	分公司应用支持	工程师、二级建造师	盐城电视台省优质结构、钢结构金奖、南通军山被动房住博会最佳BIM专项应用二等奖
BIM应用副组长	高伟	土建BIM工程师	结构建模、BIM 5D、项目整合	助理工程师、二级建造师、BIM一级建模师	海门市人民医院BIM卓越工程项目三等奖、海门市科技馆BIM卓越工程项目二等奖、南通军山被动房住博会最佳BIM专项应用二等奖
项目应用副组长	杨赛飞	主任工程师兼BIM工程师	结构建模、项目技术、质量、安全应用	工程师、国家一级建造师	科技馆优质结构、科技馆文明工地、中国建筑业协会海门市科技馆BIM卓越工程项目二等奖
组员	万世峰	安全员主管兼BIM工程师	BIM 5D安全应用实施	助理工程师、二级建造师	科技馆优质结构、科技馆文明工地、中国建筑业协会海门市科技馆BIM卓越工程项目二等奖
组员	汪佳杰	现场工长兼安装BIM工程师	安装建模、项目BIM技术推进应用	助理工程师、BIM一级建模师	海门市人民医院BIM卓越工程项目三等奖、海门市科技馆BIM卓越工程项目二等奖
组员	吴亦天	钢结构BIM工程师	钢结构建模、应用	助理工程师、BIM一级建模师	上海市建筑施工行业协会苏州中南中心BIM二等奖，中南总部基地宿舍楼BIM三等奖，海门市人民医院BIM卓越工程项目三等奖、海门市科技馆BIM卓越工程项目二等奖
组员	刘琦	项目预算	项目算量、BIM算量应用	助理工程师、造价员	科技馆优质结构、科技馆文明工地、中国建筑业协会海门市科技馆BIM卓越工程项目二等奖

图 3-4 项目 BIM 实施团队

（二）施工单位

1. 深化设计

在施工前期，根据设计院提供的设计图纸，由设计事业部各专业 BIM 设计人员建立相关专业模型，审核设计图纸错误，提供图纸报告，供设计院修改施工图纸。如钢结构节点优化（图 3-5）、管线综合优化（图 3-6）。

• 原二维设计图

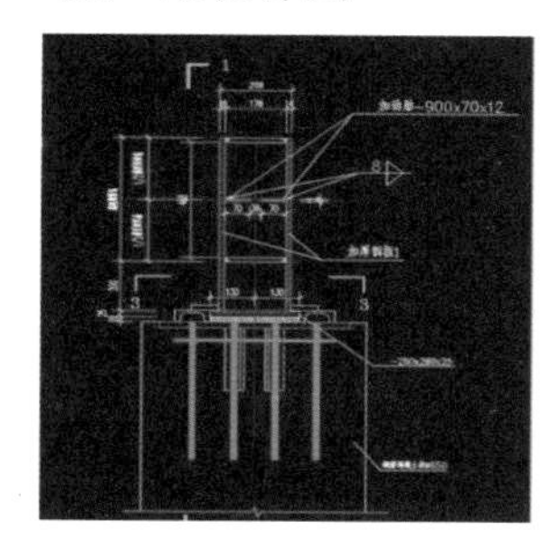

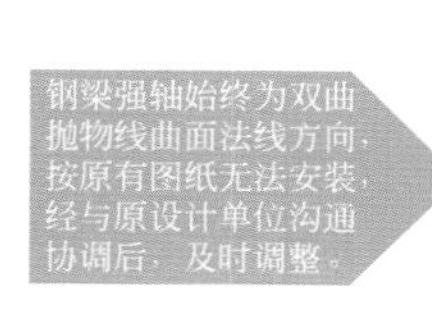

• 钢结构模型节点

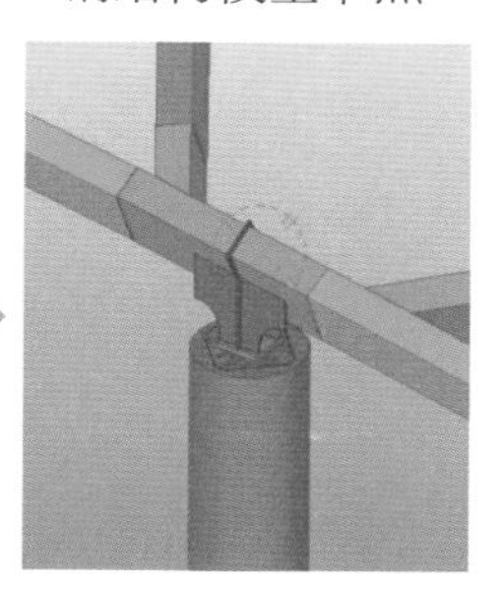

图 3-5 结构节点优化

利用 BIM 进行变更管理，实现变更后技术方案对比、经济最优比选等工作。项目人员利用 Revit 按图纸要求建模，通过 Navisworks 等三维浏览工具（图 3-7），发现结构中不合理性构架，形成报告并及时反馈项目技术人员，项目确认问题后在图纸会审或者通过联系设计院等单位出具合理性更改，达到避免不必要问题发生。

图 3-6 管线综合优化

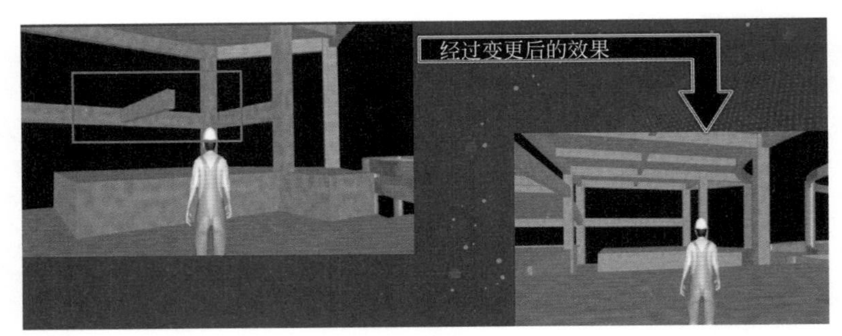

图 3-7 三维结构优化

2. 过程资料收集

BIM 5D 可以录入项目图纸、合同、变更、工程资料等信息，存储于共享平台，授权各参建单位人员使用权限，有利于项目的透明化施工。同时，施工进度过程可以实时记录（图 3-8），有效提高项目管理水平，保证工期。

图 3-8 工程现场进度信息录入

3. 技术管理

利用BIM 5D对场地布置（图3-9）、结构三维显示，将图纸中难点三维化（图3-10），提交项目技术人员，与其他方、其他专业单位协商在具体实施时按照现场实际状况施工，避免不必要的费工、返工现象。可以进行二次结构自动排砖（图3-11），汇总砌块用量，提报材料计划，对施工班组在墙体砌筑处三维交底，便于施工优化，节约用料。

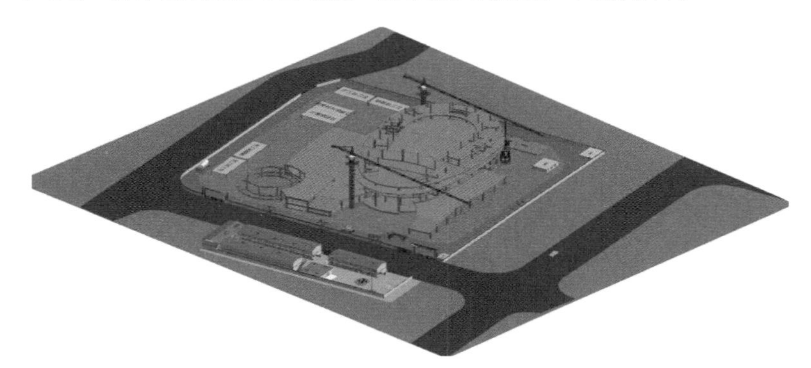

图3-9　场地布置效果

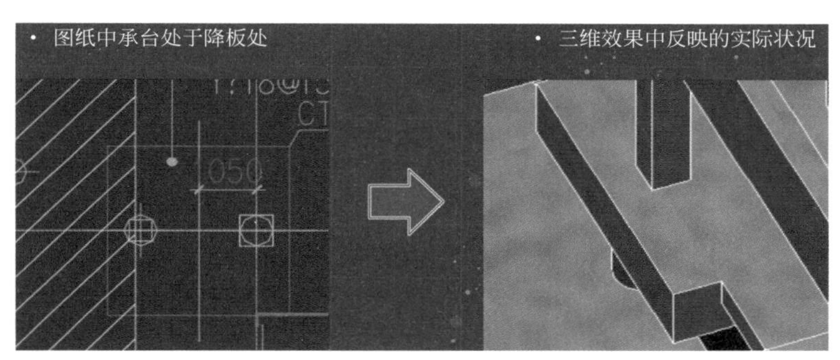

图3-10　基础降板处理难点

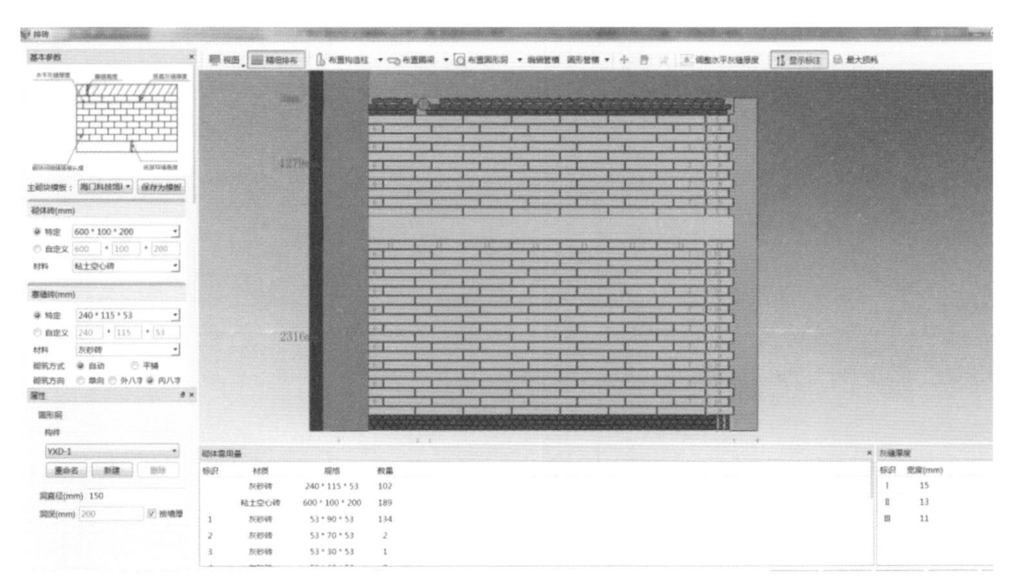

图3-11　二次结构自动排砖

施工过程中，利用三维可视化效果进行 BIM 技术交底（图 3-12），指导现场施工，提高构件一次成型率。

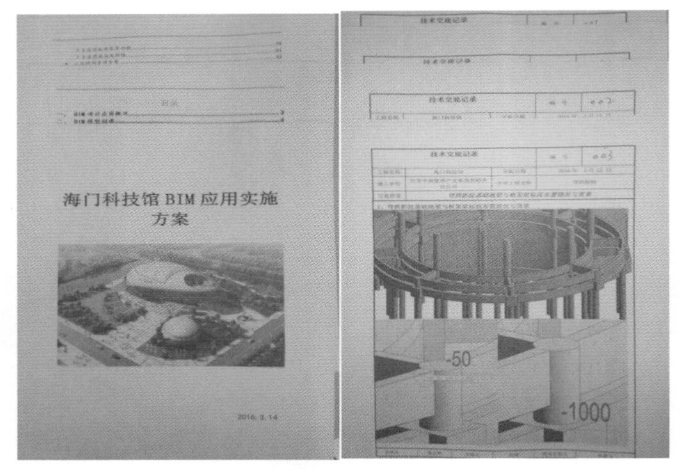

图 3-12 项目 BIM 培训与技术交底

4. 质量、安全把控

利用 BIM 5D 手机端查看安全、质量问题（图 3-13），项目问题情况、时间节点，各责任人单位现场整改状况（图 3-14）。

图 3-13 手机端进度、质量、安全问题浏览

图 3-14 现场问题登记跟踪

5. 平台共享

利用 BIM 5D 平台，可以通过 BIM 模型关联施工过程的进度、质量、预算、材料、合同

等关键信息，对施工过程进行模拟，及时为施工过程中的技术、生产、商务等环节提供准确的形象进度、物资消耗、过程计量、成本核算等核心数据，提升沟通和决策效率。

BIM 5D 在项目 PC 端可以清晰直观得出项目施工的最新信息情况，利用图表对各信息实施分析，如项目资金计划使用情况、混凝土等材料使用与预计分析，以满足项目成本管理要求。

（三）运维单位

工程处于装修施工阶段，设想与交付运营单位实施后期运维合作工作。

① 利用 BIM 5D 平台生成二维码，在后期交付使用中，可以通过二维码扫描了解构件信息，特别是机电管线构件，从而方便替换、维护（图 3-15）。

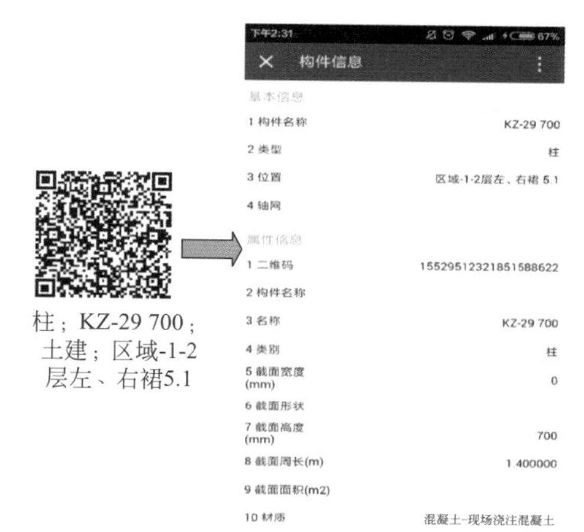

图 3-15 运维阶段利用二维码信息

② 利用继承了施工期数据的三维模型，在此基础上给运营维护单位提供一个分层可视的操作界面，用户能够从竣工模型，以一种宏观到微观的效果使维护工作人员能够更清楚地了解设备的信息，以三维视图展示设备及其部件，通过数据支持可以在此视图中指导维护人员对设备进行维修维护，帮助运营维护单位提高设备维护管理水平。

③ 利用公司云平台技术实现多方协同，提高平台管理能力，确保数据安全，为后续工程的 BIM 技术在云平台运维管理探索道路。

（四）咨询单位

本项目作为公司与广联达科技股份有限公司合作共建南通 BIM 应用示范项目，定期组织现场人员 BIM 技术培训及各方应用咨询会，让 BIM 在技术讨论中发挥应用的作用。

四、BIM 应用效益分析

通过对不同软件运用过程中的结果分析，结合数据对比，提升数据准确性。

表 3-1 广联达土建与 BIM 5D 软件算量对比

构件类型	体积（广联达）/m^3	体积（BIM 5D）/m^3	差值 /m^3	差率 /%
梁、板	4960.743	4968.0633	−7.3203	−0.15
柱	1200.131	1108.1357	91.9953	7.6
筏板	3759.552	3870.3444	−110.7924	−2.9
墙板	1116.249	1245.4676	−129.2186	−11.6
承台	736.659	551.6773	184.9817	25.1
总量	11773.334	11843.6883	−70.3543	−0.6

综上数据（表 3-1）得出，广联达与 BIM 5D 中，构件总工程量 BIM 5D 中多，软件建模中，预计 Revit 模型有重复算量部分。对建模要求较高，尽量避免重复算量。通过 BIM 5D 算量能够提高对项目工程量的对比控制，从而实现项目精细化管理的推进。

表 3-2 项目应用 BIM 技术成效分析

项目	数量（金额）（在建项目）	与传统作业方式比较节约的比例
可视化技术节约与各方协调联络时间 /d	5（截至目前）	2%
节约材料的价值 / 万元	79.2（截至目前）	4%
缩短工期 /d	17（截至目前）	7%
节约的建造费用总额 / 万元	132（截至目前）	2.5%

综上数据（表 3-2）得出，BIM 技术的使用可以有效提高项目管理水平，缩短工期。同时，可以节约造价，增加工程利润。

五、BIM 应用阶段评价

在本项目 BIM 运用与实践过程中，行业单位的多次交流指导，有着较好的社会影响，得到诸多专家的肯定。同时，业主方对 BIM 技术应有成效的肯定以及观摩活动的大力支持。

六、BIM 应用环境

1. 软件配置（表 3-3）

表 3-3 软件配置

序号	软件类型	软件名称
1	土建结构建模软件	Revit 2016
2	钢结构建模软件	Tekla
3	机电建模软件	Magiccad 机电软件
4	结构、建筑分析软件	建筑设计套包、MIDAS Building 结构分析、盈建科 YJK、PKPM 软件、斯维尔绿建软件套装等
5	场地布置、分析软件	广联达场地布置、Navisworks 2016、Autodesk BIM 360 Glue 基于模型的现场解决方案、Autodesk BIM 360 field 基于任务的现场解决方案等软件
6	成本、资料、现场管控软件	广联达 BIM 5D、广联达 BIM 土建算量软件
7	协同作业平台	企业云平台
8	办公软件	Microsoft Office 2013、Word 2013、Adobe PDF
9	识图软件	AutoCAD 2016、快速识图

2. 硬件配置

图形工作站 6 台，移动图形工作站 4 台，移动终端 Ipad 平板 3 个。见表 3-4。

表 3-4 硬件配置

电脑类型	图形工作站	移动工作站	移动终端
品牌型号	Dell Precision T1700 Mini Tower	联想 20041	Ipad AIR2
数量	6	4	3

续表

电脑类型		图形工作站	移动工作站	移动终端
中央处理器	CPU 型号	Haswell i7-4770	i3	苹果 A8X
	CPU 主频	3.40GHz	2.13GHz	1.5GHz
	三级缓存	8MB	3MB	
	CPU 核芯	四核	二核	三核
	CPU 线程	八线核	八线核	
	核心数	单路 CPU	单路 CPU	
内存规格	内存类型	DDR3	DDR3	
	内存频率	1600MHz	1067MHz	
	内存大小	4×8G	2G	2G
存储规格	硬盘接口	SATA Ⅲ	SATA Ⅲ	
	硬盘容量	建兴 IT LCS-256L9S-11 2.5 7mm 256GB（256GB/ 固态硬盘）+ 东芝 DT01ACA100 1T	硬盘 512GB	32G
	光驱类型	DVD+/-RW	DVD+/-RW	
显卡	显卡芯片	Nvidia Quadro K4000（3GB / Nvidia）	Nvidia GEforce 3100M	
	显卡内存	3G	512MB	

七、BIM 应用心得总结

海门市科技馆项目 BIM 实施以来，取得了较好的社会效益与经济收益，外界各组织多次前来交流。项目应用过程总结主要有以下几个方面。

① BIM 运用对项目的隐形提升，从不同方面对项目产生影响。BIM 使用在项目上逐渐深入到项目管理各个方面，很大一部分影响都是隐形的，比如可视化、管理流程信息化、沟通效率的提升等。

② BIM 运用在深化设计等方面效果显著，较其他方面还需进一步探索提升。项目应用在深化设计方面，发现大量管线碰撞、结构不合理等设计问题，极大提升了深化设计效率与质量，基本做到现场零返工；在提升可视化，加强专业协调、提升商务成本管控方面效果较为显著。

③ BIM 技术推广使用的困难已由技术方面转换为管理方面，关键在于管理难度而非技术应用。BIM 技术的使用不能仅仅靠一部分人员的参与，必须大部分管理人员的参与，改变传统的工作模式，调动大部分管理人员使用是一个项目 BIM 应用成败的关键。项目经理牵头的 BIM 管理部是本项目 BIM 成功的关键。

④ 施工现场管理效益提升。

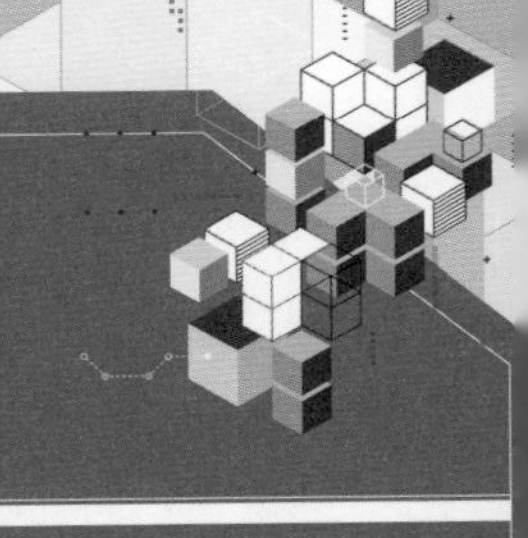

案例四

徐州至盐城铁路Ⅲ标段施工阶段 BIM 应用

中铁十五局集团有限公司

一、项目概况

1. 项目背景及依据

徐盐铁路属于江苏省轨道交通“十二五”及中长期发展规划重要部分。徐盐铁路Ⅲ标段由中铁十五局集团有限公司承建，首次将 BIM 技术和物联网应用在高铁施工中。中铁十五局集团有限公司承建的 XYZQ- Ⅲ标起址里程 DK83+182 ～ DK114+667，正线长度 31.526km（图 4-1）。其中特大桥梁一座。主要施工内容包括：三电迁改、改移道路、梁下部工程（桩基础、承台、墩身）、箱梁预制架设、现浇梁及桥面系等。

图 4-1　徐盐铁路Ⅲ标段 31.526km

建设单位：苏北铁路有限公司
设计单位：中铁第五勘察设计院集团有限公司
监理单位：上海华东建设监理有限公司
施工单位：中铁十五局集团有限公司

2. 项目开展阶段

第一阶段（2016 年 3 月 1 日前）：创建　主要是项目技术资料准备、BIM 技术培训、桥梁基本构件组库的创建、临建及设备的族库的创建以及桥梁 BIM 模型的建立、BIM 模型与所需维度融合等工作内容。

第二阶段（2016 年 3 月 1 日至 2018 年 3 月 21 日）：管理　主要是通过 BIM 技术平台，在施工过程中围绕技术交底、进度控制、成本控制、合同管理、质量安全管理展开项目基本管理工作。

第三阶段（2016 年 5 月 1 日至项目结束）：共享　主要运行 BIM 技术的可视化交底、碰撞检查、模拟施工、工程量计算、施工进度管理、移动终端等功能点，有效便捷地获取项目管理信息，以便更好地提高项目管理绩效。

二、BIM 团队介绍

1. 团队基本情况

中铁十五局集团有限公司是集设计、施工、科研为一体的国有建筑工程总承包企业，拥有铁路工程、公路、市政工程三个施工总承包特级资质，也是全国仅有的十家“三特”资质企业之一；下设 14 个全资子公司，10 个区域经营指挥部、1 个海外工程指挥部，现为“全国优秀施工企业”、“上海市高新技术企业”，连续 13 年荣获全国“安康杯”竞赛优胜奖。先后承建了 80 余项重点铁路工程，100 余项一级以上高等级公路工程，80 余项大型市政、城市轨道交通工程及多项大型水利水电及房建工程。先后完成科技开发项目 217 项，获国家级工法 6 项，省部级工法 51 项，国家级科技进步奖 3 项，省部级科技进步奖 37 项，创造中国企业新纪录 7 项。

BIM 小组组织架构如表 4-1 所示。考虑到本项目在空间上跨度大，并在管理体系中单位较多，为了能够真正将 BIM 技术推进到各个部门、岗位中，我们抽调了各相关部门的技术骨干，组成 BIM 工作小组。

表 4-1 BIM 小组组织架构

BIM 工作组	成员	工作简述
组长	王海舰	历经总工程师、项目经理、指挥长等岗位，具有深厚的施工技术及管理经验，对 BIM 技术早期就进行了关注，是本项目 BIM 技术应用的组织者和策划者
副组长	张永生	历经技术主管、工程部长、副指挥长兼总工程师等岗位，具有深厚的施工技术及管理经验，是本项目 BIM 应用的保障者
副组长	王广周	历经技术主管、工程部长、副指挥长等岗位，具有深厚的施工技术及管理经验，是本项目 BIM 应用的实施者
主要成员	张留	BIM 技术应用归口部门负责人，负责 BIM 技术应用的督促和落实
主要成员	杨帆	BIM 技术应用的具体实施人，督促各分部 BIM 数据的录入和检查，与合作单位沟通解决应用过程中遇到的问题
主要成员	刘盼	项目所属一分部 BIM 管理员，主要负责 BIM 数据的常态化录入和应用
主要成员	胡梦莹	项目所属二分部 BIM 管理员，主要负责 BIM 数据的常态化录入和应用
主要成员	苏明星	项目所属制梁场 BIM 管理员，主要负责 BIM 数据的常态化录入和应用

2. 团队业绩情况介绍

通过项目 BIM 团队的努力，项目被业主定义为徐盐铁路全线 BIM 技术应用示范点，对其他单位 BIM 工作起到了示范引领作用。结合项目 BIM 应用点，BIM 团队申报的上海市建筑协会第三届 BIM 大赛荣获了铁路专项奖。

三、BIM 应用情况介绍

（一）项目 BIM 应用总体介绍

1. BIM 应用目标

通过本项目的 BIM 应用，响应业主基于 BIM 技术对项目加强质量、成本、进度管控的相关要求。

通过本项目的BIM应用，为集团公司积累和探索BIM在铁路项目全生命周期中的施工阶段项目管理发挥作用，培养一批成熟的BIM应用人才，探索一套BIM在项目应用的规范流程及应用模式，为以后项目的开展做出基础性工作。

通过本项目的BIM应用，解决本项目体量大、战线长，在管理上所存在的信息沟通不及时、不对称的问题，加强指挥部与各分部及架子队的信息沟通，让指挥部及时了解现场施工情况，及时做出各项决策，并加强对各分部的管理。

BIM应用规划及里程碑节点见表4-2。

表4-2 BIM应用规划及里程碑节点

关键里程碑	工作列项	成果
前期准备	实施方案确认	实施方案
	BIM小组架构确认	成员到位
	硬件配置	硬件环境
	软件调试	软件环境
建模阶段	建模阶段性计划	建模计划
	统一建模要求	建模规范
	混凝土模型建设	混凝土模型
	钢筋模型建设	钢筋模型
BIM应用	BIM 5D应用详细计划	应用方案
	BIM 5D软件安装调试、培训	人员实施能力
	BIM 5D数据构造	工程数据包
	BIM各应用点在项目中的实施	过程应用总结
	软件问题技术支持，问题修改	版本迭代
项目验收	项目验收	验收报告

2.BIM技术应用内容

（1）创新应用　本项目BIM应用立足于施工管理阶段，旨在探索BIM技术在铁路项目施工过程中的作用。根据铁路项目的特殊性，我们在BIM应用方面积极尝试了预制构件生产管理和基坑方案模拟两项创新应用，获得了可喜的成果。

（2）预制构件生产管理　在传统的预制构件生产管理过程中长期存在着：状态控制难，进度控制难，沟通成本高等问题。本项目针对这些难点，引入BIM技术，利用先进科技，进行预制构件状态的全过程跟踪。

在BIM模式下，利用云技术，预制构件加工厂的工人利用手机移动端进行二维码扫描，轻松设置好构件目前所处的状态后，施工现场调度人员即可利用电脑端或者手机端随时随地了解到需用构件的当前状况，极大地降低了由于构件加工、运送延迟所导致的施工延期，有力地把控了项目整体进度。如图4-2所示。

具体应用步骤如下。

① 预制构件需用计划录入。将每月预制构件需用计划录入BIM管理平台与模型无缝连

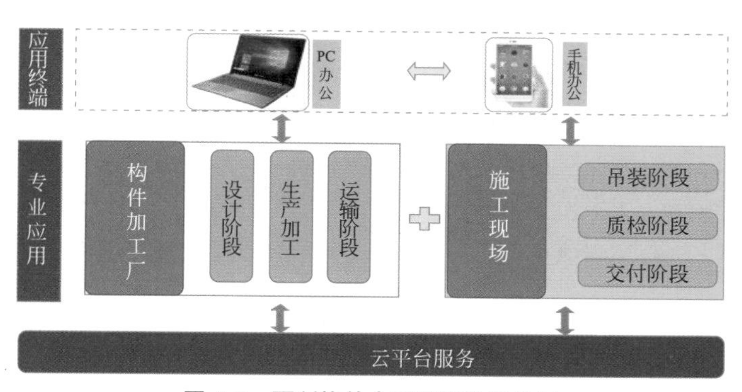

图 4-2 预制构件全程跟踪总架构图

接，现场调度人员根据需要设置不同跟踪阶段，并进行预警颜色设置。本项目现场调度员将本月需用计划录入，并在各阶段设置了不同的预警颜色，对于调度员重视的预制构件加工状态，将正常完成设置为绿色，红色表示延期，直观显示了预制构件的实际状况，充分利用BIM的可视化优势，明确了下一阶段的工作需用计划，为后期使用做好了必要的准备工作。如图 4-3 所示。

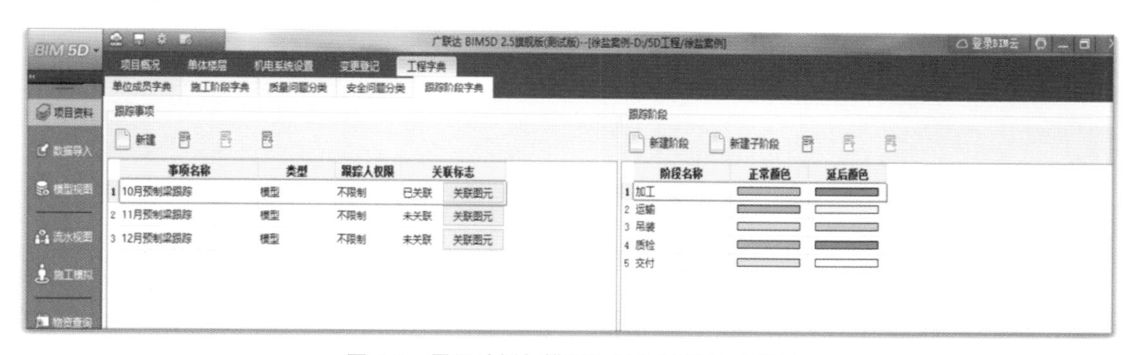

图 4-3 需用计划与模型挂接并设置颜色预警

② 预制构件实际阶段录入。预制构件加工厂工人可以充分利用手机端的便携性，随时随地录入构件所处的实际阶段。如图 4-4 所示。

图 4-4 预制构件状态设置

③ 预制构件状态查询及预警。施工现场调度员根据时间维度通过手机端、电脑端、网页端，查看当前所需构件的状态，清楚了解所需构件是否出现延迟，如果出现问题，即构件呈

现为红色，就能迅速采取行动，避免工期延误，解决了传统模式中与梁场沟通不畅的问题。如图 4-5、图 4-6 所示。

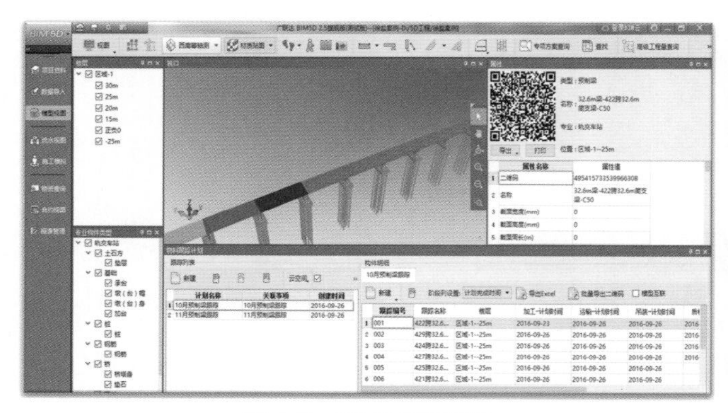

图 4-5 PC 端构件跟踪

图 4-6 手机端预制构件状态跟踪

3. 基坑方案模拟

建筑技术企业的技术交底，是指项目施工前或者工人进场作业前，由相关专业技术人员向作业人员进行的技术性交代。传统的技术交底内容陈旧、形式枯燥，工人看不懂、记不住。本项目通过采用 BIM 可视化方案交底的方式，对承台施工工艺进行了分步骤、有节奏地交底，效果显著，全面为施工质量、施工安全保驾护航。整个基坑方案模拟中将承台施工工艺拆解为：①施工准备；②插打钢板桩；③土方开挖与支护；④垫层施工；⑤各层承台施工。如图 4-7、图 4-8 所示。

图 4-7 插打钢板桩

图 4-8 垫层施工

（二）BIM 核心应用

我公司 BIM 工作小组根据自己对 BIM 技术的掌握及理解，以及对其他项目 BIM 应用经验的学习，在 BIM 技术应用的内容上选取了部分应用点作为 BIM 技术在施工阶段的切入点，一步一步推行 BIM 技术在本项目的应用。

1. BIM 模型创建

BIM 应用的基础是 BIM 模型。而 BIM 在桥梁方面的建模工作不同于房建项目，对路线各个高程点，基于 Revit 软件开发的族库尚未包含铁路方面，如桥梁、路基、隧道等方面的族库，这就需要建模人员把这方面族库创建起来，才能进行后续的 BIM 应用。建模工作内容及精度要求见表 4-3、表 4-4。

表 4-3 建模工作内容

序号	内容	序号	内容
1	桥梁结构建模	4	施工场地建模
2	钢筋建模	5	模型支架建模
3	地形、路基建模	6	模型施工信息添加

表 4-4 建模精度要求

序号	建模服务	模型精度	成果
1	桥梁结构	含桥梁结构各部分	三维模型
2	钢筋	按梁、墩的类型配筋	三维模型
3	地形、路基	① 地形需提供地形图 ② 路基	三维模型
4	施工场地	施工场地临建设施，梁场详细建模	三维模型
5	模板支架	一处模板支架结构	三维模型
6	模型施工信息添加	根据实际要求添加相关施工信息	

桥梁、钢筋结构模型如图 4-9、图 4-10 所示。

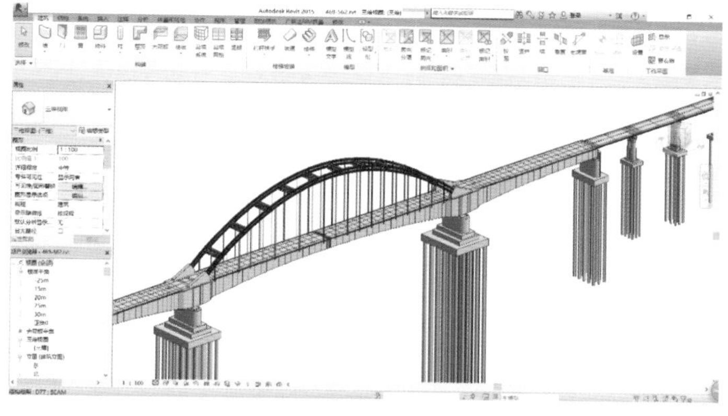

图 4-9 桥梁结构模型

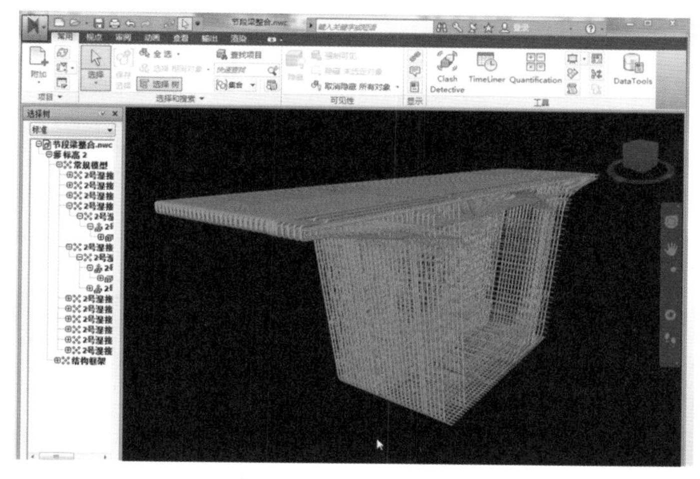

图 4-10 钢筋结构模型

2. BIM 技术在设计文件审核方面的应用

根据设计院提供的桥梁图纸进行三维建模，利用 Revit 创建出三维模型，能直观地理解设计方案，检验设计的可施工性，检查到图纸相互矛盾、无数据信息、数据错误等方面的问题，在施工前能预先发现存在的问题，帮助图纸审核。

在施工过程中，本项目发现一些不易察觉的图纸标注缺失和错误问题数十项，将这些问题在前期解决，避免了问题对施工进度的干扰。

模型完成后，本项目对桥梁中的预埋构件与钢筋进行碰撞检查，发现部分钢筋排布与波纹管冲突。问题发现后，本项目及时与设计单位沟通，优化了钢筋排布，保证了钢筋加工的质量。如图 4-11 ～图 4-13 所示。

图 4-11　预应力钢绞线与钢筋碰撞检查

图像	碰撞名称	状态	距离	说明	碰撞点	项目1			
						项目ID	图层	项目名称	项目类
	碰撞1	新建	-0.00	硬碰撞	x: -3.75、y: -0.42、z: 2.59	元素ID: 1797175	<无标高>	波纹管	实体
	碰撞2	新建	-0.00	硬碰撞	x: -3.75、y: 0.37、z: 2.59	元素ID: 1797175	<无标高>	波纹管	实体
	碰撞3	新建	-0.00	硬碰撞	x: -4.05、y: -0.42、z: 2.59	元素ID: 1796899	<无标高>	波纹管	实体
	碰撞4	新建	-0.00	硬碰撞	x: -4.05、y: 0.37、z: 2.59	元素ID: 1796899	<无标高>	波纹管	实体
	碰撞5	新建	-0.00	硬碰撞	x: -3.32、y: -0.31、z: 2.56	元素ID: 1838127	<无标高>	TO	实体

图 4-12　碰撞检测报告

图 4-13　钢筋笼预制加工

3. BIM 技术在场地规划方面的应用

与房建专业不同，本项目的施工场地没有明显的空间狭小问题，并且施工现场具有流动性。所以，BIM 技术在本项目的场地规划主要体现在梁场方面。

在二维图纸中通过空间想象各设施布置工作复杂且难以周全，而基于模型可以快速发现初始规划中的失误之处，对架梁机位置以及存梁区位置进行调整。梁场模型如图 4-14 所示。

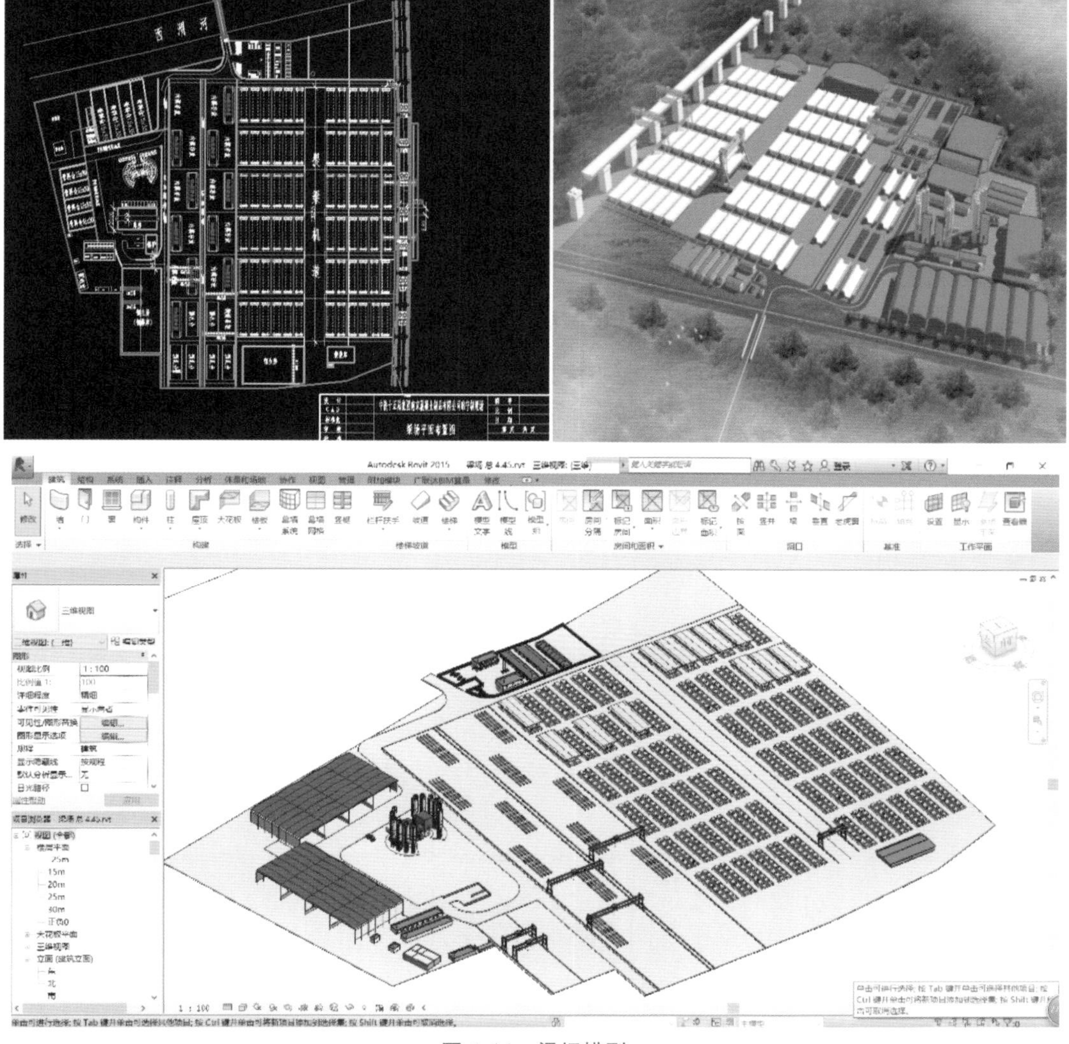

图 4-14 梁场模型

4. BIM 技术在工程提量方面的应用

铁路项目的工程计量，一直是比较耗时耗力的工作。以桥墩为例，类似这样的不规则体构件，工程量既难以计算，各构件计量又各自独立。所以以往项目中，各施工单位普遍以施工图纸中的参考工程量为依据，进行材料准备，但也难免出现偏差。

在本项目中，我们发现基于模型提取的工程量与图纸给出的工程量有较大误差，经过多次测算，最终确认模型的工程量考虑到了雨槽等细部，比图纸参考量比更为精确，并统计发现两者的误差值约在 5m^3 之间。基于模型，本项目实现了快速、精确地计算出相应构件的工程量。工程量报表如图 4-15 所示。

5. BIM 技术在进度跟踪方面的应用

在铁路项目上，各施工现场多处在野外作业，施工意外因素多，现场的实际进度往往与计划不符。而传统的进度跟踪主要以检查报表、手绘形象进度图的方式进行，存在信息上报

1	徐盐铁路桥梁下部工程数量汇总表														
2	墩台号	桩基							承台			墩柱		垫石	
3		桩径	桩基数量	桩长/m	总桩长/m	混凝土/m³	钢筋/t	声测管/t	垫层/m³	混凝土/m³	钢筋/t	混凝土/m³	钢筋/t	混凝土/m³	钢筋/t
4	0	1	12	39	468	367.57	13.923	5.028	21	196.7	10.933	310.4	6.546	1.10	0.345
5	1	1	8	41	328	257.61	16..54	3.519	14.5	125.5	7.329	51.7	5.37	2.00	0.431
6	2	1	8	41.5	332	260.75	16.381	3.560	14.5	125.5	7.329	57.1	5.597	2.00	0.431
7	3	1	8	41.5	332	260.75	16.381	3.560	14.5	125.5	7.329	57.1	5.597	2.00	0.431
8	4	1	8	39.5	316	248.19	15.929	3.394	14.5	125.5	7.329	62.4	5.822	2.00	0.431
9	5	1	8	40	320	251.33	15.965	3.435	14.5	125.5	7.329	62.4	5.822	2.00	0.431
10	6	1	8	39	312	245.04	15.893	3.352	14.5	125.5	7.329	62.4	5.822	2.00	0.431
11	7	1	8	42.5	340	267.04	16.683	3.644	14.5	125.5	7.329	67.8	6.056	2.00	0.431
12	8	1	8	45.5	364	285.88	17.479	3.893	14.5	125.5	7.329	67.8	6.056	2.00	0.431
13	9	1	8	45.5	364	285.88	17.479	3.893	14.5	125.5	7.329	73.2	6.29	2.00	0.431
14	10	1	8	45.5	364	285.88	17.479	3.893	14.5	125.5	7.329	73.2	6.29	2.00	0.431
15	11	1	8	44.5	356	279.60	17.226	3.810	14.5	125.5	7.329	73.2	6.29	2.00	0.431
16	12	1	8	47	376	295.31	17.909	4.018	14.5	125.5	7.329	83.9	6.684	2.00	0.431
17	13	1	8	46	368	289.03	17.62	3.935	14.5	125.5	7.329	83.9	6.684	2.00	0.431
18	14	1	8	45	360	282.74	17.353	3.852	14.5	125.5	7.329	89.3	6.889	2.00	0.431
19	15	1	8	49.5	396	311.02	18.578	4.226	14.5	125.5	7.329	89.3	6.889	2.00	0.431
20	16	1	8	45.5	364	285.88	17.479	3.893	14.5	125.5	7.329	94.7	7.092	2.00	0.431
21	17	1	8	45.5	364	285.88	17.479	3.893	14.5	125.5	7.329	94.7	7.092	2.00	0.431
22	18	1	8	46	368	289.03	17.62	3.935		125.5	7.329	100.1	7.306	2.00	0.431

图 4-15 工程量报表

不完整、信息更新不及时的问题。

本项目现通过使用模型应用平台，对在施工的各构件进行跟踪，提升了进度管理的精细度与进度状态跟踪的及时性。

在进度管理精细化方面，本项目为施工的每一根构件编制了单独的进度任务，并与构件模型一一对应。线上作业人员在每个构件完工或者停滞后都通过手机端录入进度情况，方便查阅。

在进度跟踪方面。操作人员录入进度信息后，指挥部即可实时查阅该构件信息，并根据统计要求，快速提取出月进度、季进度、总进度的完成情况，并直接得出完成率，及时调整各分部的进度任务，如图 4-16 所示。

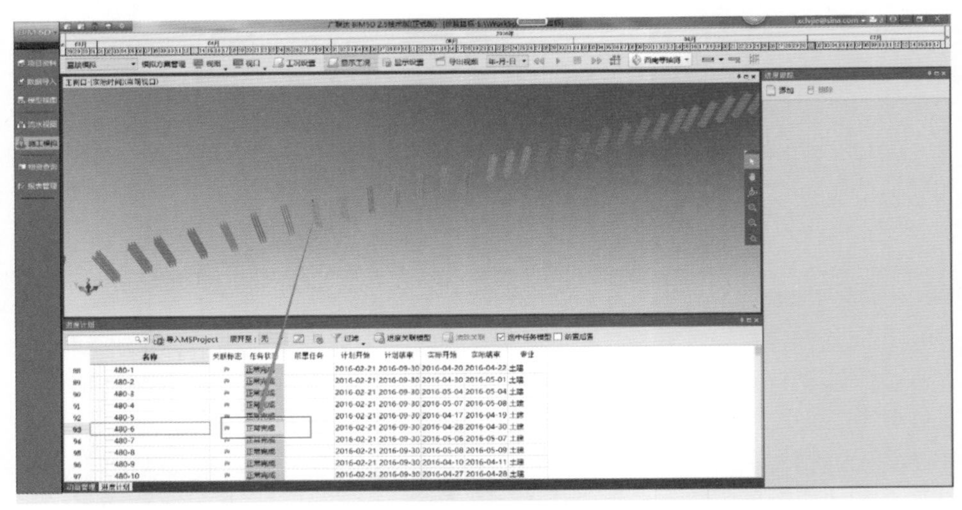

图 4-16 进度跟踪

6.BIM 技术在质量安全管理方面的应用

在 BIM 系统中，现场负责人利用手机实时记录现场质量安全问题并进行上传跟踪整改，方便问题的信息沟通效率与跟踪管理。同时，数据与桌面 PC 端、项目看板 Web 端协同作业，对质量安全问题可以多维度、快速、高效、实时解决。现场质量、安全负责人发现问题，通知或提醒责任人整改问题，责任人解决问题后，发起人复验问题，待复验通过后，发起人关闭问题。如图 4-17 所示。

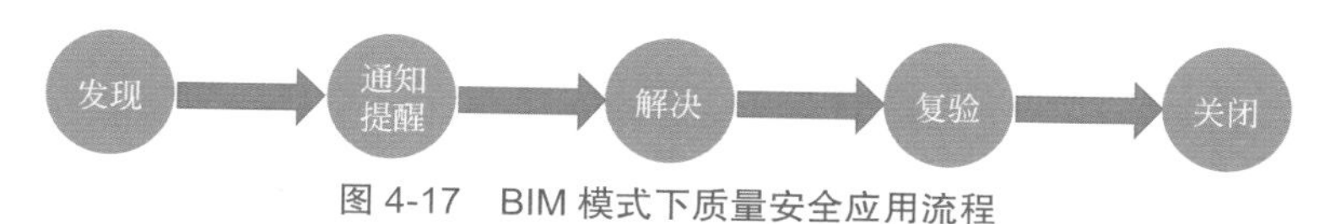

图 4-17 BIM 模式下质量安全应用流程

四、BIM 应用效益分析

1. 经济效益分析

通过施工模拟将数据进行集成漫游，通过 BIM 5D 平台将进度计划和流水段在模型中进行模拟，对计划进行优化校核，更加直观，对施工进展较慢的部位进行施工组织调整，有利于工期把控。项目下达月度计划前通过 BIM 5D 平台，提前对月度施工计划进行模拟，根据模拟情况对施工计划进行优化，确保施工计划的可实施性。实现了 BIM 技术可视化、模拟性及协调性的特点。

用 BIM 技术的可共享性，采用软件移动客户端，将三维模型、二维图纸等通过电脑导入到云端。利用移动客户端扫描二维码即可查看相关模型，可以作为指导施工的依据，并且便于携带，通过手机直接了解现场信息。通过移动客户端→ 5D 管理平台→云端协同平台的一体化应用，完成了从现场→项目管理团队的无障碍沟通，现场问题的管理从粗放式变成集成化、信息化。现场管理人员携带手机，每天拍摄现场的进度动态照片，采集进度的第一手资料，通过 BIM 5D 移动端上传到云空间，进行后期资料整合存档。

量化评估 BIM 系统对铁路项目的应用价值是比较难的事情，因为铁路的应用效益并不是“创造新效益”产生的，而是通过减少设计变更、协调联络时间减少、工期节约、材料节约、碰撞检测节约成本体现出来的。通过这些可以使管理发生变化，组织管理更加有序，提高施工效率。

通过本项目可以探索一套铁路 BIM 应用规范流程及应用模式，为后续铁路项目的 BIM 技术应用做基础性工作。

2. 社会效益分析

本项目BIM技术的学习与使用全方位地提高了项目整体进度管理水平，优化了施工工序，加快了施工进度。将合同工期提前了两个月。并且通过 BIM 场地模型建立和优化，在徐盐铁路全线率先完成了预制构件厂的建立，通过业主对预制构件厂建立情况的检查，将徐盐Ⅲ标段预制构件厂作为全线构件厂样板，要求徐盐线所参建单位进行观摩学习，徐盐铁路Ⅲ标段通过应用 BIM 技术也得到了集团公司和苏北铁路公司的高度赞扬，为集团公司以后在江苏地区的市场奠定了优良的基础。

五、BIM 应用总体评价

经过近一年的努力，项目 BIM 技术应用工作获得了一些成果和荣誉。业主评价方面：业主公司举办的 BIM 观摩会上，业主领导及地方政府对项目 BIM 技术推进方向及实施情况给予好评，要求继续深入挖掘铁路项目 BIM 应用点；在业主公司召开的 BIM 推进会上，要求其他参建单位向项目多学习 BIM 先进经验，并将项目定义为 BIM 技术应用示范点。

六、BIM 应用环境

项目采用的软硬件及所使用功能如下。

1. BIM 软件配置

在 BIM 软件的配置工作上，本项目根据对 BIM 软件的综合比选，结合集团公司的其他项目 BIM 应用情况，最终决定使用 Revit 为主要建模软件，广联达 BIM 5D 为主要应用软件，辅以其他 BIM 软件。见表 4-5。

表 4-5　BIM 软件配置

软件名称	简述	备注	软件名称	简述	备注
	Revit。专业的三维建模软件，主要功能为模型建设，在本项目中搭设的模型包括：桥梁结构模型、钢筋模型、地形路基模型、施工场地模型、支架模型		M	Navisworks。模型查阅、渲染工具，根据需要浏览本项目模型并可进行模型渲染	
	广联达 BIM 5D。基于 BIM 的施工项目管理工具，并以模型为载体，关联施工过程中的进度、合同、成本、质量、安全、图纸、物料等信息，从而为项目的进度、质量、安全、物资等的管控提供数据支持，帮助进行精细化管理		LUMION	Lumion。模型查阅、渲染工具，主要辅助进行模型渲染	

2. BIM 硬件配置

本项目线路长度达 31.5 公里，工程数据体量巨大，数据运行对硬件要求较高，综合考虑应用与成本后，本项目硬件配置见表 4-6。

表 4-6　BIM 硬件配置

硬件型号	联想 P700 系列工作站	硬件型号	联想 P700 系列工作站
操作系统	Windows 7 专业版	内存	32GB（4×8GB）
硬件型号	Dell Precision T7610 系列	硬盘	2TB（7200 转）
CPU	英特尔 至强 E5-2620 v3（4 核 HT, 3.5GHz Turbo, 15MB）	显卡指标	NVIDIA Quadro K2000

七、工程项目中 BIM 技术应用的心得体会

目前国内 BIM 技术在房建类项目应用成功案例较多，并具有一定的复制及借鉴价值。本项目应用 BIM 技术以来，也因其具有一定的特殊性，且无任何可参考案例，曾走入了一定误区，存在一定的认知障碍、资源障碍。后期通过数次开会研究及专家意见咨询，转变了认知意识并制定了 BIM 技术应用规划：①人：BIM 应用融入岗位管理，协同配合发挥 BIM 优势；②工具：应用目标决定软件选型，价值驱动优化 BIM 软件；③方法：大胆应用实践，总结管理方法，积累业务数据，提升 BIM 价值。并通过岗位级应用、项目级应用、企业级应用三大块，采用点、线、面的形式对 BIM 技术实施落地；制定了项目应用点，应用点落地准备、落地规划、落地推进等一系列举措，确保项目 BIM 技术应用的持续推进。根据铁路项目 BIM 工程实践，提出了铁路 BIM 施工管理的实施框架，启发了施工企业寻求新的项目管理思路。总之，BIM 在铁路桥梁施工领域的应用还处于初级发展阶段，有待更多工程人员将 BIM 理论运用到实际工程中去。

案例五

郑州市常西湖新区站前大道（渠南路—雪松路）项目施工阶段 BIM 应用

汉宁天际工程咨询有限公司

一、项目概况

站前大道（渠南路—雪松路）位于郑州市中原区常西湖新区西南部，北起渠南路，南至雪松路，道路全长 4293.677m。如图 5-1 所示。规划为南北向城市主干路，规划道路红线宽 60m，设计时速 50km/h。沿线与渠南路、文博大道、陇海快速通道、郑西高铁相交，其中，站前大道（渠南路—文博大道）为下穿管廊。工程内容主要包括站前大道地下环廊、道路工程、雨水工程、污水工程。

图 5-1 常西湖新区站前大道渲染图

根据企业 BIM 需求，选定该项目为 2016 年郑州市市政总公司市政道路 BIM 实施试点项目。项目以郑州市市政工程总公司（以下简称“市政总公司”）为主导，第三工程分公司站前大道项目部（以下简称“项目部”）具体实施应用，河南城乡市政工程勘察设计研究院有限公司（以下简称“市政设计院”）提供设计支持，汉宁天际工程咨询有限公司（以下简称“汉宁天际”）与郑州大学 BIM 中心（以下简称“郑州大学”）负责为项目提供 BIM 技术指导、模型建造和 BIM 应用咨询服务。

二、BIM团队介绍

本项目成立项目领导小组，下设项目实施组，成员由市政总公司、市政设计院、汉宁天际、郑州大学、项目部五方人员共同组成。

市政总公司负责项目实施的全面工作，由总公司信息化主管领导一名负责全面工作，技术研发中心副主任一名负责新工艺工法技术支持，企管办与信息中心人员负责整体工作协调安排，为BIM应用实践提供资料和后勤保障。

市政设计院派两名道路工程设计师，主要解答设计图纸中的疑问。

汉宁天际派驻场团队包含BIM经理一名、BIM工程师三名，主要负责BIM建模、模型应用实施、BIM应用指导、BIM实施咨询与策划、培训教学。

郑州大学派驻场团队包含土木工程学院副教授一名、BIM中心研究生两名，主要协助汉宁天际BIM团队完成建模、协同平台测试。

项目部派项目经理一名、技术负责人一名、造价人员一名，负责提供现场资料、预算文件、进度计划、技术交底文件、施工组织设计文件，协助汉宁天际完成BIM实施方案的制定，配合完成BIM应用实施等工作。

道路BIM实施组织架构图如图5-2所示。

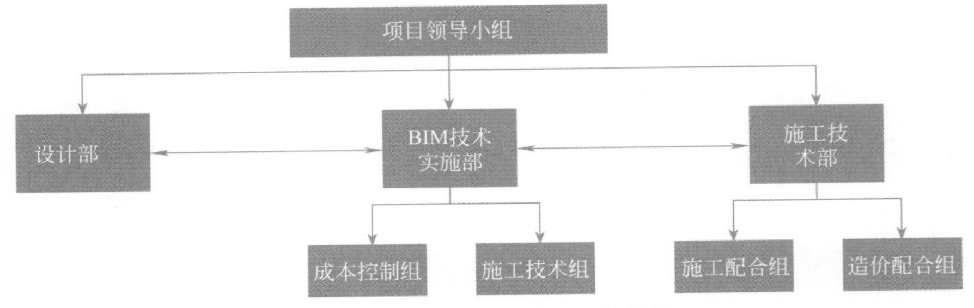

图5-2 道路BIM实施组织架构图

三、项目实施方式

2016年郑州市市政工程总公司道路BIM应用实施试点项目选取了即将开工的站前大道（渠南路—雪松路），由于BIM团队介入时，项目的设计部分已基本完成，所以项目的协同工作主要集中在与施工方的协同中。

首先，项目实施小组开会确认项目应用需求，BIM咨询方根据项目需求，编制实施方案，制定工作计划，交由项目领导小组审核确认。

在实施方案确认阶段，BIM咨询方对市政总公司多个项目部进行走访与调研。经调查，施工方应用需求主要集中在成本控制、进度计划、现场快速提量、方案优化比选、可视化技术交底等方面。由于新建道路工程地下管线较简单，因此道路项目对房建领域中常用的管线综合功能需求度不高。综合商议后确认实施方案为：道路按图建模、三维场地布置、三维可视化技术交底、进度模拟与对比、快速提量、协同平台测试。

其次，进入资料收集阶段，BIM咨询方提供资料清单，施工方按时提交资料，出现工期延误时由总公司负责协调。

在项目实施前，团队并未使用Revit建立过可指导施工的道路模型。Revit软件虽然在房建领域应用广泛，但其在线性工程中的应用还很少，因此也缺乏相关的案例和参考资料，团队只能利用自己的软件基础知识，不断对建模方法进行设想和测试。在测试过楼板、自定义梁、放样融合、体量等多种建模方案后，经过一周的实践检验，团队认为使用体量创建参数化族的建模方式效率较高，故采用体量方案进行道路建模。

在几何模型完成后，对模型的非几何信息的收集也成了难题。由于市政总公司之前基本没有接触过BIM项目，而咨询团队与市政总公司也属于初次合作，许多资料并不能适应以BIM模型为工具的施工管理模式，需要BIM团队与施工管理人员、施工预算人员、施工技术人员进行反复的远程沟通、现场对接、影像资料采集等工作。经过一周的资料整理与调整优化，项目提供的预算文件与进度计划文件得到了进一步的改进和优化，而之后生成的项目资料也都可以完美地与BIM模型进行结合。

在三维场布实施阶段，最先由项目部提供二维布置草图，BIM咨询团队工程师将草图转换成三维布置模型，再由项目施工管理人员将增加的布置内容口述给BIM工程师，由BIM工程师布置到三维模型中。但这样布置的效率较低，现场布置的调整较多，调配一个BIM工程师专门负责布置调整显然大材小用，因此BIM团队选择最容易上手的广联达三维场布软件，对项目施工管理人员进行软件教学。经过一周的学习，项目施工管理人员已经可以独立操作广联达三维场布软件进行三维施工布置，并独立完成了本项目的施工项目部三维场布模型和参观漫游动画，得到了项目部和公司领导的肯定。

在进入4D模拟阶段，期初BIM团队计划将施工项目部提供的形象进度横道图与BIM模型构件挂接，但传统的横道图细节不足，仅能反映某一专业施工段的整体进度，并不能做到构件进度情况的说明。因此，BIM咨询团队联合现场施工管理人员，经过多次讨论，不断地将原有的横道图细化，把横道图细化成能说明某一桩号区间某一专业类型构件施工进展的进度计划，并将这份进度计划与BIM模型进行挂接，从而实现了进度计划的可视化模拟。

在实现工程成本管理模块阶段，项目部提供清单计价文件，BIM团队在广联达BIM 5D中将预算文件中的综合计价清单条目与BIM模型构件进行关联，使得项目预算资金曲线以及每个构件的预算造价都可以一键查看，实现了项目成本的可视化。

在可视化技术交底与施工模拟制作阶段，由于BIM团队缺少市政工程的施工经历，对施工方案模拟的重点以及具体的实施细节把握不清，仅根据传统的技术交底文本和施工组织设计文本难以完成动画制作。而施工单位的技术人员对BIM技术及可视化技术交底可展示的动画内容又不熟悉，很难将传统的技术交底文本变成动画文本。本项目BIM团队采取的实施办法是，先由项目技术人员选定技术交底涉及内容、范围和深度，再由BIM工程师将文本进行提炼，罗列出动画要点，施工技术人员对动画要点的内容和表现方式确认，并将与文字内容匹配的影像资料或附注说明图，插入文件中，最后BIM团队的动画制作人员根据这份多方深化的文件进行动画制作。实践证明，使用这种方式进行动画制作后，动画的修改频率比之前降低了70%，大大减少了人力资源的浪费。

经过近三个月的磨合、探讨、修改后，BIM团队顺利完成该道路BIM试点项目。通过这个项目的实践，BIM团队和市政总公司总结出了一套适合市政总公司自己的工作模式。

四、BIM的应用效益分析

本项目属于试点项目，主要用于对市政BIM技术应用方向的探索，应用深度较浅，但依然取得了一定的成果，积累了宝贵的经验。

借助BIM建模软件Revit建立的道路模型，使得二维图纸变得可视化（图5-3、图5-4），使施工方对设计意图有了更直观的认识，起到了优化施工组织设计的作用。

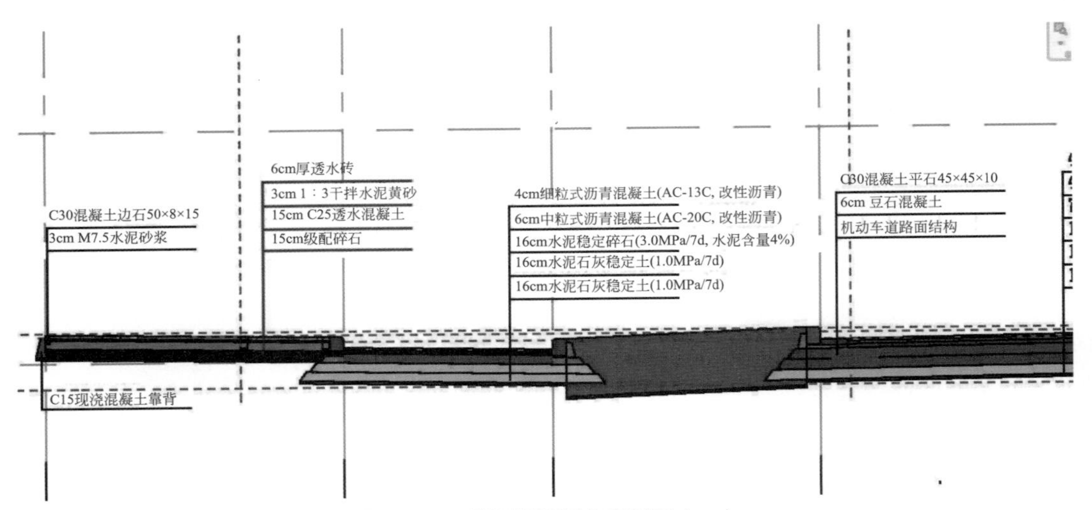

图 5-3 二维图纸可视化实例图（一）

图 5-4 二维图纸可视化实例图（二）

不同于枯燥的文字交底，采用三维可视化技术交底，从施工技术、安全防护、人材机调配三个方面详细描述污、雨水管施工动态过程，更为直观立体，对于施工单位提高工程质量、保障施工安全及工期等方面起到了重要作用，如图 5-5 所示。

图 5-5 三维可视化技术交底截图

开展项目座谈会议，积极与业界 BIM 专家进行经验交流，使得项目的 BIM 实践成果得到更好地梳理和总结。

五、BIM 应用阶段评价

本项目作为市政道路 BIM 试点项目，应用阶段定位为初级。就本项目 BIM 应用的深度和广度来看，与业界经典房建 BIM 案例（如上海中心、中国尊、周大福等项目）还存在较大差距，但作为市政道路 BIM 探索第一阶段来看，该项目还是取得了一定的应用成果。

1. 图纸可视化

如图 5-6、图 5-7 所示。通过将二维设计成果进行三维展现的方式，使得项目的施工策划得以更准确地提前编制，取得了项目的认可。由于市政工程在施工中受周边环境因素影响较大，应注重周边地况信息的收集，所以项目部认为现阶段模型的信息量和准确度还不够，若将主模型和周边的地况环境模型结合起来，就可以使项目部在模型中提前完成整个施工场地的规划布置和施工方案的优化，这样模型的应用效果更好。目前，该项应用需求已放置在市政道路 BIM 实施的第二阶段计划中，2017 年就此项需求展开深度研究。

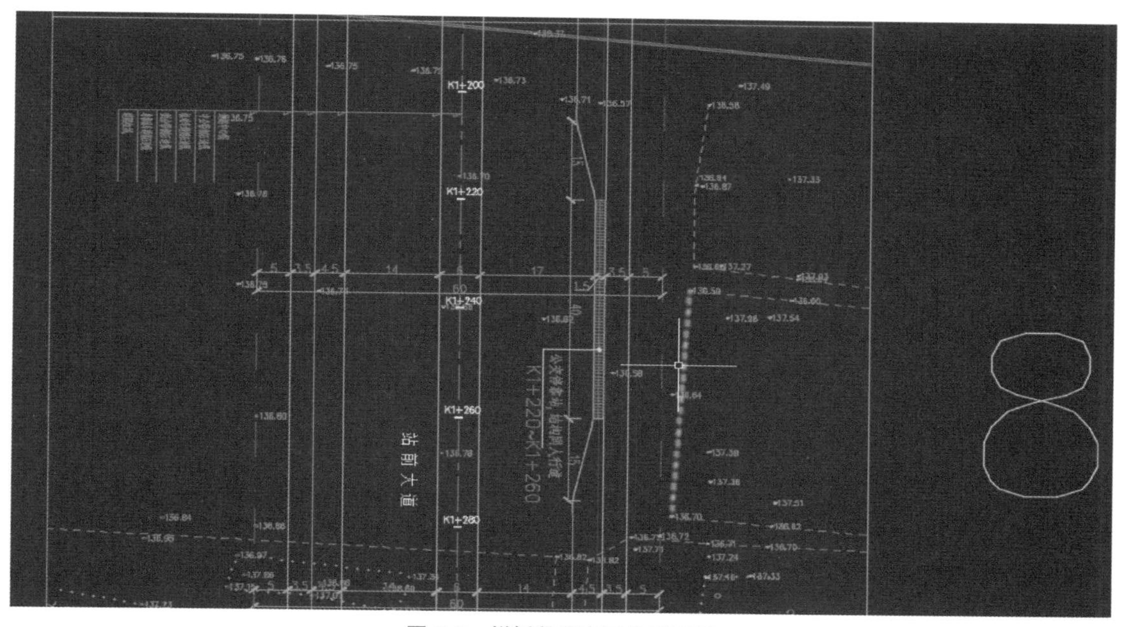

图 5-6 样板段原有二维平面图

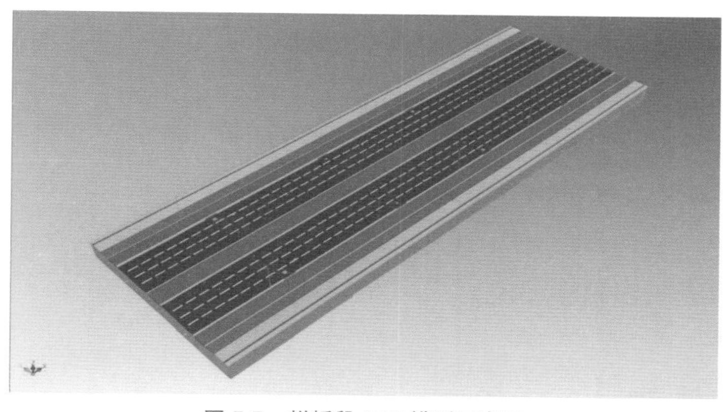

图 5-7 样板段 BIM 模型示意图

2. 三维场布

在本项目中，通过将施工方提供的项目部布置草图进行深化，并借助 Revit 族库，完成了 Revit 建立的三维项目部模型，如图 5-8 所示。

但 Revit 软件使用起来还是不够简便，为帮助施工方实现施工场地的快速三维布置，汉宁天际 BIM 团队引入了广联达场布软件。经过连续一周对施工人员进行手把手教学，施工人员使用广联达场布软件建立了三维项目部模型，并进行了项目漫游，视频截图如图 5-9 所示。

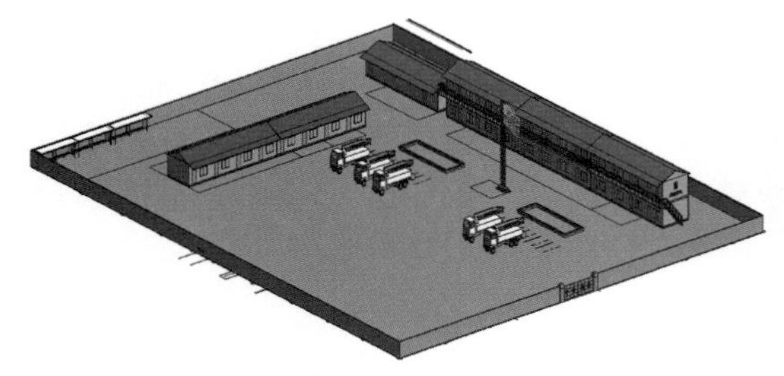

图 5-8 施工项目部三维布置图

图 5-9 三维场布漫游示意图

通过使用广联达施工场布软件，使得项目施工人员得以快速进行施工场地的三维规划布置，替代了原有的二维平面布置图，使得现场布置的实用性、美观性大大提升。由于三维场布软件上手快，施工人员能在短期内学会使用，因此对普及 BIM 技术起到了积极作用，如图 5-10、图 5-11 所示。

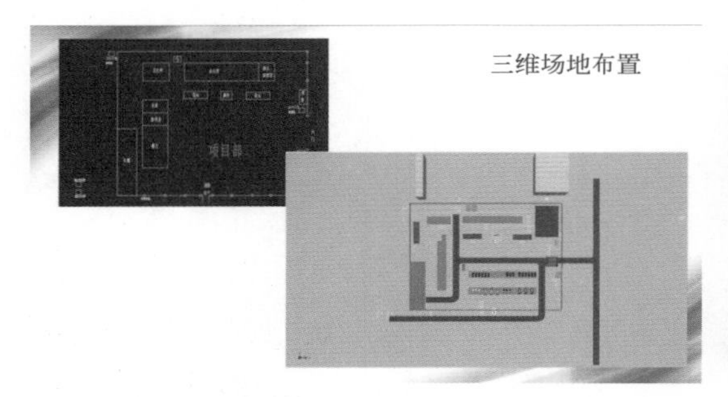

图 5-10 广联达场布建立的项目部模型截图（一）

图 5-11 广联达场布建立的项目部模型截图（二）

3. 进度计划动态模拟

为满足市政总公司对项目进度计划提出的提前制定、提前测试、提前模拟的需要，汉宁天际 BIM 团队基于传统的项目进度计划横道图，进行数据细化，通过 Navisworks 软件使进度计划表格与 BIM 模型关联，实现进度可视化模拟。同时支持数据变动后与模型一键更新同步，实现数据驱动模拟。如图 5-12、图 5-13 所示。

通过将传统的横道图进行深化，获得了可进行模型挂接的进度计划表。将进度计划条目与 BIM 模型构件进行一一挂接，不仅能形象地表现项目实施进度计划，同时也能将进度计划的可实施性在动画中加以验证，使得进度计划的制订变得更有理有据符合实际需要。另外在项目实施阶段，还可将项目实际进度填写入进度计划表格，通过软件与模型的一键关联，使用者可以快速进行实际进度与计划进度的可视化对比，对项目进展情况有更准确的了解，便于进行工期控制。

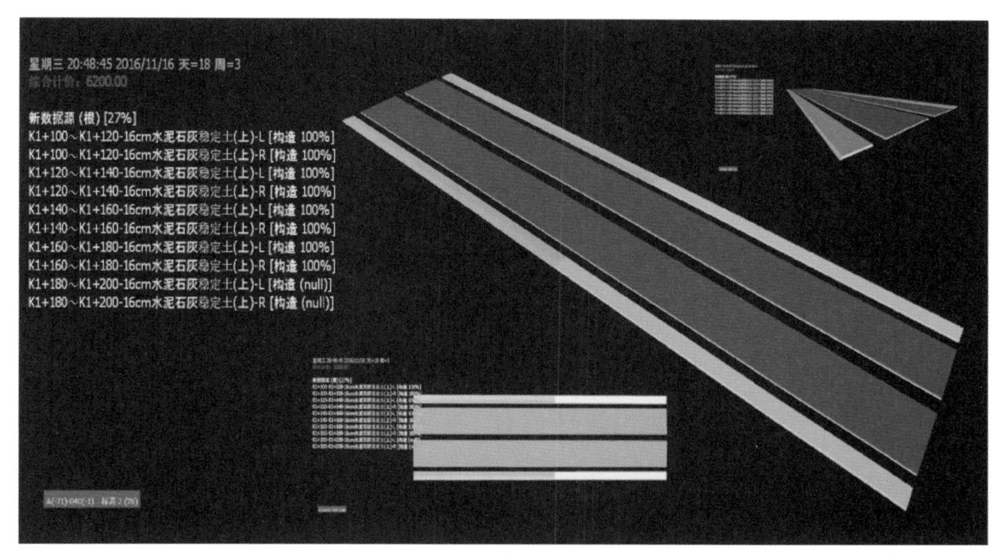

图 5-12　4D 模拟动画示意图

序号	车道	任务名称	计划开始	计划结束	实际
1	快车道	K1+020~K1+040-18cm水泥石灰稳定土-L	2016/11/1	2016/11/1	
2	快车道	K1+020~K1+040-18cm水泥石灰稳定土-R	2016/11/2	2016/11/2	
3	慢车道	K1+020~K1+040-16cm水泥石灰稳定土(下)-L	2016/11/6	2016/11/6	
4	慢车道	K1+020~K1+040-16cm水泥石灰稳定土(下)-R	2016/11/6	2016/11/6	
5	快车道	K1+020~K1+040-18cm水泥稳定碎石(3.0MPa)-L	2016/11/12	2016/11/12	
6	快车道	K1+020~K1+040-18cm水泥稳定碎石(3.0MPa)-R	2016/11/12	2016/11/12	
7	慢车道	K1+020~K1+040-16cm水泥石灰稳定土(上)-L	2016/11/15	2016/11/15	
8	慢车道	K1+020~K1+040-16cm水泥石灰稳定土(上)-R	2016/11/15	2016/11/15	
9	慢车道	K1+020~K1+040-12cmC15水泥混凝土垫层(右)-L	2016/11/20	2016/11/20	
10	慢车道	K1+020~K1+040-12cmC15水泥混凝土垫层(右)-R	2016/11/20	2016/11/20	
11	慢车道	K1+020~K1+040-12cmC15水泥混凝土垫层-L	2016/11/20	2016/11/20	
12	慢车道	K1+020~K1+040-12cmC15水泥混凝土垫层-R	2016/11/20	2016/11/20	
13	快车道	K1+020~K1+040-18cm水泥稳定碎石-L	2016/11/26	2016/11/26	
14	快车道	K1+020~K1+040-18cm水泥稳定碎石-R	2016/11/26	2016/11/26	
15	慢车道	K1+020~K1+040-2cm M7.5水泥砂浆-L	2016/11/28	2016/11/28	
16	慢车道	K1+020~K1+040-2cm M7.5水泥砂浆-R	2016/11/28	2016/11/28	
17	慢车道	K1+020~K1+040-混凝土侧石90×23×2	2016/11/28	2016/11/28	
18	慢车道	K1+020~K1+040-混凝土侧石90×23×3	2016/11/28	2016/11/28	
19	慢车道	K1+020~K1+040-混凝土侧石90×23×30	2016/11/28	2016/11/28	
20	慢车道	K1+020~K1+040-混凝土侧石90×23×9	2016/11/28	2016/11/28	
21	快车道	K1+020~K1+040-3cm 混凝土侧石90×23×2	2016/11/29	2016/12/1	
22	快车道	K1+020~K1+040-3cm 混凝土侧石90×23×30	2016/11/29	2016/12/1	
23	快车道	K1+020~K1+040-6cm 豆石混凝土-L	2016/11/29	2016/12/1	
24	快车道	K1+020~K1+040-6cm 豆石混凝土-R	2016/11/29	2016/12/1	
25	快车道	K1+020~K1+040-C30混凝土平石45×25×10-L	2016/11/29	2016/12/1	
26	快车道	K1+020~K1+040-C30混凝土平石45×25×10-R	2016/11/29	2016/12/1	
27	快车道	K1+020~K1+040-3cm 混凝土侧石90×23×4	2016/11/30	2016/12/2	
28	快车道	K1+020~K1+040-3cm 混凝土侧石90×23×5	2016/11/30	2016/12/2	
29	快车道	K1+020~K1+040-6cm 豆石混凝土2-L	2016/11/30	2016/12/2	
30	快车道	K1+020~K1+040-6cm 豆石混凝土2-R	2016/11/30	2016/12/2	
31	快车道	K1+020~K1+040-C30混凝土平石45×45×10-L	2016/11/30	2016/12/2	
32	快车道	K1+020~K1+040-C30混凝土平石45×45×10-R	2016/11/30	2016/12/2	
33	人行道	K1+020~K1+040-15cm级配碎石-L	2016/12/3	2016/12/3	
34	人行道	K1+020~K1+040-15cm级配碎石-R	2016/12/3	2016/12/3	
35	慢车道	K1+020~K1+040-C15现浇混凝土靠背(10+15)×25-L	2016/12/3	2016/12/3	
36	慢车道	K1+020~K1+040-C15现浇混凝土靠背(10+15)×25-R	2016/12/3	2016/12/3	
37	人行道	K1+020~K1+040-15cmC25透水混凝土-L	2016/12/6	2016/12/6	
38	人行道	K1+020~K1+040-15cmC25透水混凝土-R	2016/12/6	2016/12/6	
39	人行道	K1+020~K1+040-3cm M7.5水泥砂浆	2016/12/11	2016/12/11	
40	人行道	K1+020~K1+040-3cm M7.5水泥砂浆2	2016/12/11	2016/12/11	
41	人行道	K1+020~K1+040-C30混凝土边石50×8×15	2016/12/11	2016/12/11	
42	人行道	K1+020~K1+040-C30混凝土边石50×8×2	2016/12/11	2016/12/11	
43	快车道	K1+020~K1+040-6cmC15现浇混凝土靠背1-L	2016/12/12	2016/12/12	

图 5-13　进度计划细化示意图

4. 可视化技术交底

在项目实施的第一阶段，BIM 团队将模拟动画与传统技术交底报告合为一体，通过模拟项目施工工序，使现场技术交底更直观透彻，进一步提高现场人员的专业知识水平，提升施工质量。

但市政总公司认为这类可视化技术交底内容不够丰富，信息量太少，不能反映项目人材机组织调配的情况。于是汉宁天际 BIM 团队与市政总公司施工一线人员沟通，并多次赴施工现场调研，制定了以项目污、雨水管施工为实例的施工模拟方案。该模拟方案由施工方和 BIM 团队共同讨论制定，既客观反映了施工中的实际工艺工法和重点难点，又充分发挥 BIM 模型的优势，将整个流程演绎得非常真实直观。虽然中途修改的版本数多达数十版，但市政总公司上下级一致的认可无非是对本项目成果最好的认可。如图 5-14、图 5-15 所示。

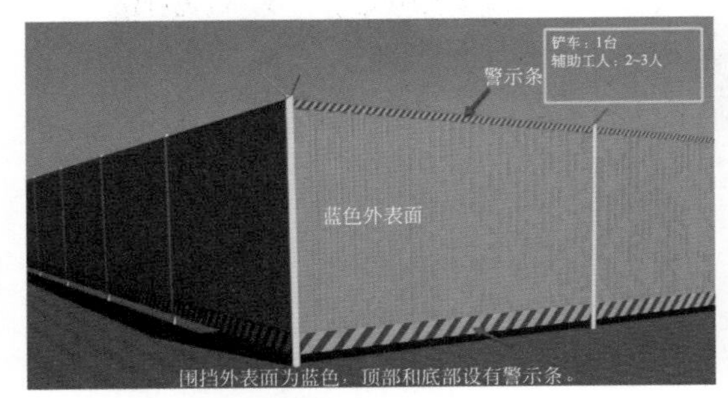

图 5-14 可视化技术交底示意图（一）

图 5-15 可视化技术交底示意图（二）

本次通过模拟给排水管道施工流程，以及现场的人材机调配、安全防护措施等情况，使得现场的给排水管道施工工序、人材机调配、施工工艺较之前都有明显的改善。由于是试点项目属于探索应用，所以本次可视化技术交底仅进行了一小段给排水施工的模拟，在下一阶段，还将结合项目应用需求，挑选项目实施的重点难点，利用 BIM 模型，开展进一步的可视化技术交底和施工模拟。

5. 快速算量

实现模型快速算量的前提是高精度的 BIM 模型。本项目的 BIM 模型按照施工图进行建模，同时按照施工工序和材料的不同进行构件拆分，可以直接从 Revit 明细表导出实际模型量。如图 5-16、图 5-17 所示。

本次主要测试了 Revit 提量和广联达 BIM 5D 提量两种方式。实践证明，Revit 提量为模型量，形成的表单数据很直观清晰，但由于 Revit 提量需要在 Revit 软件中进行操作，步骤较多，对于软件操作不熟悉、培训机会较少的一线施工人员而言，Revit 提量并不是一个高效的解决方案。广联达 BIM 5D 在快速提量与预算文件联系的应用上比 Revit 方便许多，仅提量功能和预算查询方面应用效果良好，但在测试中发现，其资金曲线功能是根据项目进度计划与实际进度日期形成的曲线，而项目更关注完成同样的工作量时实际支出与计划支出的差值。因此，下一阶段关于市政 BIM 成本控制方面的探索，还将寻求更符合市政需求的软件工具。

同时，借助项目预算员提供的道路 GBQ4 预算文件，使用广联达 BIM 5D 平台的成本管理模块，实现了模型与造价文件的关联，满足市政总公司提出的“点某个构件，这个构件的造价信息可以一目了然”的需求，同时生成项目资金曲线，便于直观地了解资金使用计划。

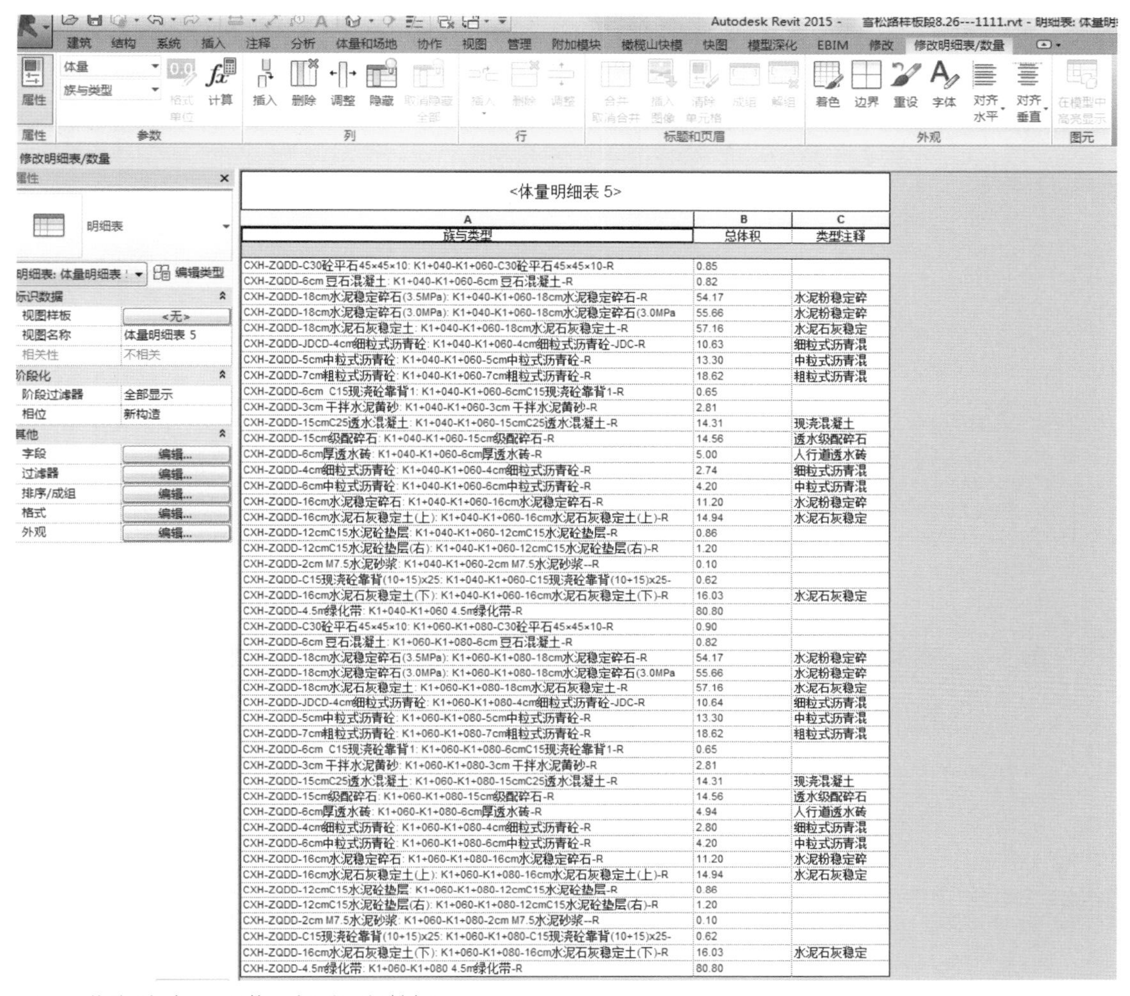

<体量明细表 5>

族与类型	总体积	类型注释
CXH-ZQDD-C30砼平石45×45×10: K1+040-K1+060-C30砼平石45×45×10-R	0.85	
CXH-ZQDD-6cm 豆石混凝土: K1+040-K1+060-6cm 豆石混凝土-R	0.82	
CXH-ZQDD-18cm水泥稳定碎石(3.5MPa): K1+040-K1+060-18cm水泥稳定碎石-R	54.17	水泥粉稳定碎
CXH-ZQDD-18cm水泥稳定碎石(3.0MPa): K1+040-K1+060-18cm水泥稳定碎石(3.0MPa	55.66	水泥粉稳定碎
CXH-ZQDD-18cm水泥石灰稳定土: K1+040-K1+060-18cm水泥石灰稳定土-R	57.16	水泥石灰稳定
CXH-ZQDD-JDCD-4cm细粒式沥青砼: K1+040-K1+060-4cm细粒式沥青砼-JDC-R	10.63	细粒式沥青混
CXH-ZQDD-5cm中粒式沥青砼: K1+040-K1+060-5cm中粒式沥青砼-R	13.30	中粒式沥青混
CXH-ZQDD-7cm粗粒式沥青砼: K1+040-K1+060-7cm粗粒式沥青砼-R	18.62	粗粒式沥青混
CXH-ZQDD-6cm C15现浇砼靠背1: K1+040-K1+060-6cmC15现浇砼靠背1-R	0.65	
CXH-ZQDD-3cm 干拌水泥黄砂: K1+040-K1+060-3cm 干拌水泥黄砂-R	2.81	
CXH-ZQDD-15cmC25透水混凝土: K1+040-K1+060-15cmC25透水混凝土-R	14.31	现浇混凝土
CXH-ZQDD-15cm级配碎石: K1+040-K1+060-15cm级配碎石-R	14.56	透水级配碎石
CXH-ZQDD-6cm厚透水砖: K1+040-K1+060-6cm厚透水砖-R	5.00	人行道透水砖
CXH-ZQDD-4cm细粒式沥青砼: K1+040-K1+060-4cm细粒式沥青砼-R	2.74	细粒式沥青混
CXH-ZQDD-6cm中粒式沥青砼: K1+040-K1+060-6cm中粒式沥青砼-R	4.20	中粒式沥青混
CXH-ZQDD-16cm水泥稳定碎石: K1+040-K1+060-16cm水泥稳定碎石-R	11.20	水泥粉稳定碎
CXH-ZQDD-16cm水泥石灰稳定土(上): K1+040-K1+060-16cm水泥石灰稳定土(上)-R	14.94	水泥石灰稳定
CXH-ZQDD-12cmC15水泥砼垫层: K1+040-K1+060-12cmC15水泥砼垫层-R	0.86	
CXH-ZQDD-12cmC15水泥砼垫层(右): K1+040-K1+060-12cmC15水泥砼垫层(右)-R	1.20	
CXH-ZQDD-2cm M7.5水泥砂浆: K1+040-K1+060-2cm M7.5水泥砂浆--R	0.10	
CXH-ZQDD-C15现浇砼靠背(10+15)x25: K1+040-K1+060-C15现浇砼靠背(10+15)x25-	0.62	
CXH-ZQDD-16cm水泥石灰稳定土(下): K1+040-K1+060-16cm水泥石灰稳定土(下)-R	16.03	水泥石灰稳定
CXH-ZQDD-4.5m绿化带: K1+040-K1+060 4.5m绿化带-R	80.80	
CXH-ZQDD-C30砼平石45×45×10: K1+060-K1+080-C30砼平石45×45×10-R	0.90	
CXH-ZQDD-6cm 豆石混凝土: K1+060-K1+080-6cm 豆石混凝土-R	0.82	
CXH-ZQDD-18cm水泥稳定碎石(3.5MPa): K1+060-K1+080-18cm水泥稳定碎石-R	54.17	水泥粉稳定碎
CXH-ZQDD-18cm水泥稳定碎石(3.0MPa): K1+060-K1+080-18cm水泥稳定碎石(3.0MPa	55.66	水泥粉稳定碎
CXH-ZQDD-18cm水泥石灰稳定土: K1+060-K1+080-18cm水泥石灰稳定土-R	57.16	水泥石灰稳定
CXH-ZQDD-JDCD-4cm细粒式沥青砼: K1+060-K1+080-4cm细粒式沥青砼-JDC-R	10.64	细粒式沥青混
CXH-ZQDD-5cm中粒式沥青砼: K1+060-K1+080-5cm中粒式沥青砼-R	13.30	中粒式沥青混
CXH-ZQDD-7cm粗粒式沥青砼: K1+060-K1+080-7cm粗粒式沥青砼-R	18.62	粗粒式沥青混
CXH-ZQDD-6cm C15现浇砼靠背1: K1+060-K1+080-6cmC15现浇砼靠背1-R	0.65	
CXH-ZQDD-3cm 干拌水泥黄砂: K1+060-K1+080-3cm 干拌水泥黄砂-R	2.81	
CXH-ZQDD-15cmC25透水混凝土: K1+060-K1+080-15cmC25透水混凝土-R	14.31	现浇混凝土
CXH-ZQDD-15cm级配碎石: K1+060-K1+080-15cm级配碎石-R	14.56	透水级配碎石
CXH-ZQDD-6cm厚透水砖: K1+060-K1+080-6cm厚透水砖-R	4.94	人行道透水砖
CXH-ZQDD-4cm细粒式沥青砼: K1+060-K1+080-4cm细粒式沥青砼-R	2.80	细粒式沥青混
CXH-ZQDD-6cm中粒式沥青砼: K1+060-K1+080-6cm中粒式沥青砼-R	4.20	中粒式沥青混
CXH-ZQDD-16cm水泥稳定碎石: K1+060-K1+080-16cm水泥稳定碎石-R	11.20	水泥粉稳定碎
CXH-ZQDD-16cm水泥石灰稳定土(上): K1+060-K1+080-16cm水泥石灰稳定土(上)-R	14.94	水泥石灰稳定
CXH-ZQDD-12cmC15水泥砼垫层: K1+060-K1+080-12cmC15水泥砼垫层-R	0.86	
CXH-ZQDD-12cmC15水泥砼垫层(右): K1+060-K1+080-12cmC15水泥砼垫层(右)-R	1.20	
CXH-ZQDD-2cm M7.5水泥砂浆: K1+060-K1+080-2cm M7.5水泥砂浆--R	0.10	
CXH-ZQDD-C15现浇砼靠背(10+15)x25: K1+060-K1+080-C15现浇砼靠背(10+15)x25-	0.62	
CXH-ZQDD-16cm水泥石灰稳定土(下): K1+060-K1+080-16cm水泥石灰稳定土(下)-R	16.03	水泥石灰稳定
CXH-ZQDD-4.5m绿化带: K1+060-K1+080 4.5m绿化带-R	80.80	

注：<体量明细表 5>里的“砼”即“混凝土”。

图 5-16　Revit 快速算量清单示意图

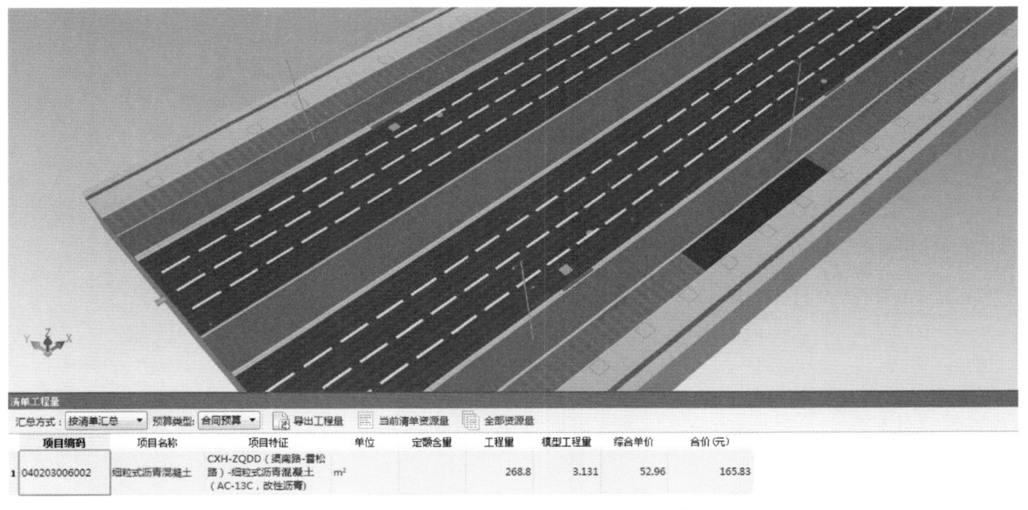

图 5-17　广联达 BIM 5D 一键出量示意图

六、BIM 应用环境

硬件、软件配置见表 5-1、表 5-2。

表 5-1 硬件配置表

名称	数量	备注
高配台式工作站	3	CPU：E3 1230 V5 显卡：GTX970 硬盘：128G 固态 +1TB 机械 内存：32G 显示器：27in[①]高清屏
高配笔记本	1	CPU：I7 6700HQ 显卡：GTX950 内存：16G
多媒体工作室	1	投影仪 1 套 15 人会议桌一张

① 1in=0.0254m。

表 5-2 软件配置表

名称	数量	备注
Revit 2015	4	建模
广联达三维场布	1	建模
Navisworks 2015	4	进度模拟、施工模拟、三维可视化技术交底制作
广联达 BIM 5D 2.5 版	3	进度模拟、施工模拟、快速算量和成本统计

七、BIM 应用心得总结

在 BIM 探索上一定要以需求为导向开展工作，以满足自身行业、企业、工作方式的特点来开展 BIM 实施，只有这样才能最大限度地缩短研发周期，降低前期投入。因此，在 BIM 实施探索期，企业一定要有自己的主见，不能一味迎合市场惯用套路，效仿其他单位的 BIM 做 BIM，而是在专业公司的指导下，结合行业特点和工作经验，开展具有行业、企业特点的企业级 BIM 应用。

2016 年在道路、桥梁、隧道工程的市政 BIM 探索取得了一定成果，但由于开展时间还不够长以及一些客观原因，造成试点项目应用的深度和广度还远远不够。

2017 年进一步强化市政 BIM 专项培训任务，以“培养一批能管理市政 BIM 项目的 BIM 项目经理，寻找、引进并使用一款适合市政工程领域的协同平台，培养一批能参与BIM项目，使用 BIM 模型的技术骨干”为目标，从人才、软件、硬件、项目实践等多方面，共同推进市政 BIM 实施进程，争取在管理水平、技术水平、人才培养水平上，取得更大的突破。

案例六

福州·三迪联邦大厦机电工程施工阶段 BIM 应用

科宇智能环境技术服务有限公司

一、项目概况

福州·三迪联邦大厦效果图见图 6-1。它的建筑面积为 180000m^2，建筑高度为 240.8m。建筑类型为超高层垂直综合体（地下 3 层，地上 60 层，涉及 16 层、28 层、42 层三个避难层）。涵盖业态有希尔顿酒店、5A 级写字楼、商业综合体。地下室包括商业用房、酒店后勤用房、设备机房、车库及人防。

图 6-1　联邦大厦效果图

1. 项目系统介绍（图 6-2）

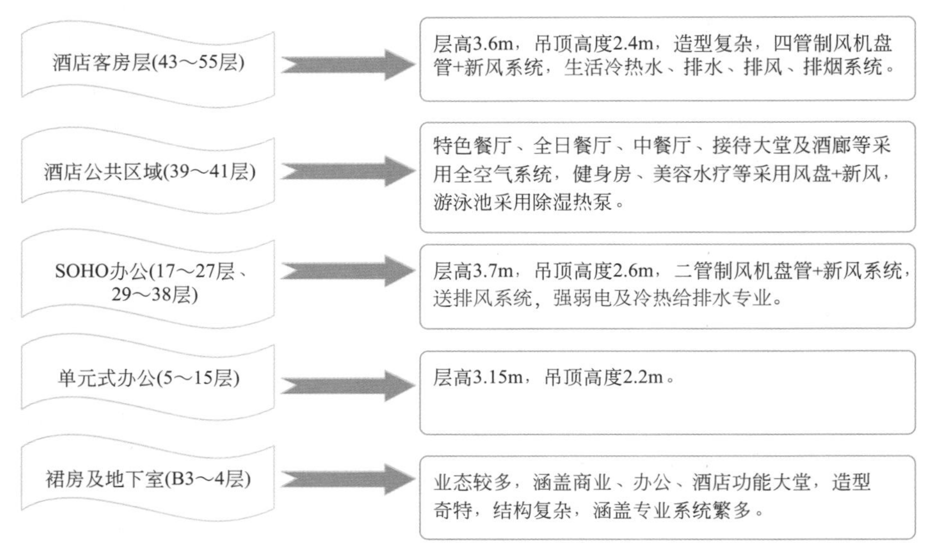

图 6-2　项目系统介绍

2. 参建单位

（1）建设方　1999 年，郭氏三迪地产已经成为一家集房地产开发、物业、国际贸易、国际投资、化工科技及运动休闲鞋生产、设计于一体的综合性企业集团，在欧洲运营过多个高端公寓项目和商业地产，有丰富的经验和国际团队资源。2007 年进军美国房地产市场，投资纽约商贸城，又携强大的国际资本和多年欧美地产开发经验，进军中国房地产高端市场。旗下地产公司目前已取得国家房地产开发一级资质。

中国地产新势力——郭氏三迪地产，以“国际视野，品质筑家”的开发理念，在中国福建、陕西等多项目同时开发，呈现给市场一个又一个杰作。

（2）设计方　具体如下。

北京市建筑设计研究院有限公司：负责三迪项目结构、建筑及一次机电设计。

保能佳工程设计（北京）有限公司上海分公司：负责三迪项目希尔顿酒店区域二次机电深化设计。

福建省龙岩市建筑设计研究院：负责三迪项目商业二次机电深化设计工作。

多维装饰工程设计有限公司：负责三迪项目办公区域精装修设计工作。

深圳思图德设计事务所有限公司：负责三迪项目希尔顿酒店区域精装修设计工作。

（3）施工方　具体如下。

福建九龙建设集团有限公司：工程总承包单位。

科宇智能环境技术服务有限公司：机电总承包单位，负责三迪项目通风与空调系统、酒店区域一次电气系统和酒店区域一次给排水系统的施工。

江苏新世纪消防安全技术有限公司福建分公司：负责三迪项目消防水系统工程施工。

福建元博信息科技有限公司：负责智能化工程施工。

福建泛亚远景环境设计工程有限公司：负责项目室外景观工程施工。

福建永盛设计装饰工程有限公司：负责办公区域装饰装修工程施工。

（4）物业管理方　第一太平戴维斯。

二、BIM 团队介绍

1. 公司简介

科宇智能环境技术服务有限公司（以下简称“科宇环境”），创立于 1999 年，以高新朝阳产业为主导，专业从事中央空调、智能化系统工程研发、设计、施工、产品销售、项目维保、运营管理为一体的（集团化）全程服务公司。

目前 BIM 团队编制人员 20 人，团队由总负责人袁景林先生、团队研发中心总监王伟山先生、团队设计总监侯卫东先生和机电各专业专业工程师等组成，具体见表 6-1。

表 6-1 BIM 团队成员及驻场服务人员名单及简历

序号	人员名称	项目职责	从业经历
1	袁景林	BIM 团队负责人	中国大数据孵化器联盟副秘书长 中国应急管理学会公共安全标准化专业委员会委员 CIOB 英国皇家特许建造师
2	王伟山	BIM 研发中心总监	20 年暖通从业经历 技术专家，一级建造师、造价师、监理师、高级工程师
3	侯卫东	BIM 应用与设计总监	从业 24 年，国家注册公用设备工程师、高级工程师
4	张宗运	BIM 现场工程师	现场施工管理技术支持三年，BIM 应用两年
5	张建	BIM 深化设计负责人	现场施工管理技术支持三年，BIM 应用三年
6	杨帅斌	BIM 建模师	现场施工管理技术支持一年，BIM 应用一年
7	宋洁	BIM 建模师	现场施工管理技术支持一年，BIM 应用两年
8	常少将	BIM 项目经理	现场施工管理技术支持三年，BIM 应用四年
9	张俊利	BIM 项目负责人	现场施工管理技术负责六年，BIM 应用五年

2. 公司荣誉

图 6-3。

图 6-3 公司荣誉

三、情况介绍

（一）BIM 项目应用流程

如图 6-4 所示。

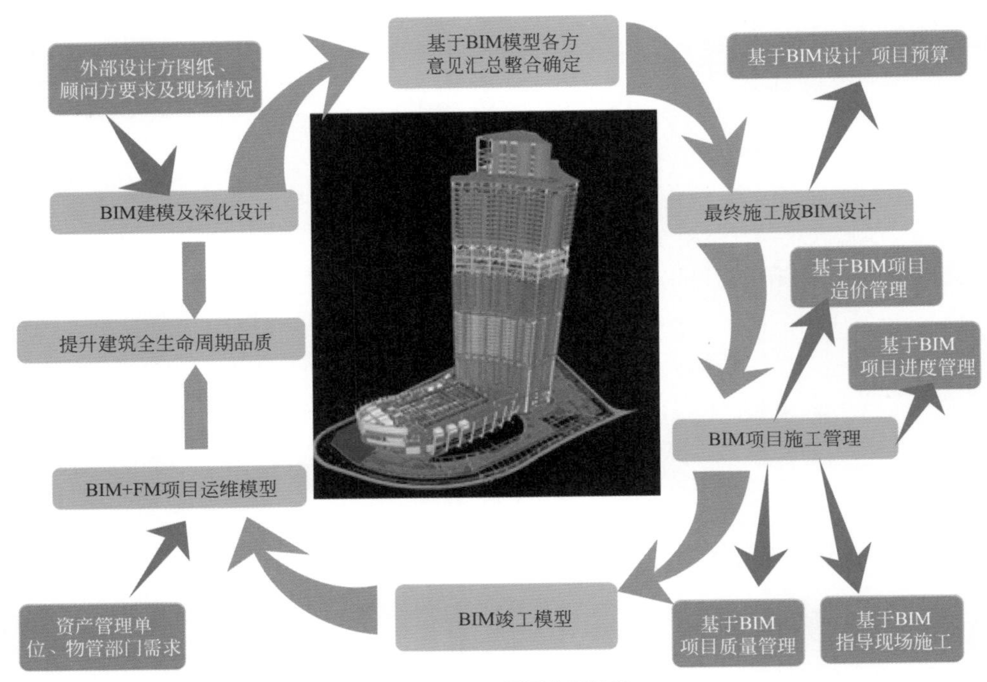

图 6-4 BIM 项目应用流程

BIM 应用范围：项目区域内的机电系统 BIM 总承包管理，含 BIM 咨询、深化设计、管线综合、预留预埋、配合装修、配合市政外网、利用 BIM 指导施工，为后期运营维护提供 BIM 可视化及运维管理数据支撑。

（二）BIM 项目管理及 BIM 实施案例分析

【案例 1】设备机房安装 BIM 技术运用

众所周知，民用建筑项目设备机房为机电管线复杂区域之一，设计院在前期设计阶段往往着重于系统的功能性满足。作为业主及施工单位，在系统功能实现的前提下，更加追求设备机房安装的管线美观度、运营维修的便捷度等方面。而传统技术施工前的技术方案交底，往往是处于二维平面的基础之上。BIM 技术的运用，打破传统的二维想象，逼真的三维模型技术使方案更加立体，更加有利于技术方案的模拟实施，最终确定最佳方案。

1. 制冷机房

（1）制冷机房情况 制冷机房位于 B3 层，挑高区域层高 7100mm，梁高 600mm，梁底标高 6500mm，非挑高区域层高 3900mm，梁高 550mm，梁底标高 3350mm。B3 层回填 300mm，结构净高 3050mm。

（2）涵盖设备

① 酒店部分：冷冻机组 3 台，冷却水泵 4 台，冷冻一次水泵 4 台，冷冻二次水泵 4 台，酒店热水泵 3 台，补水定压装置 2 套，集分水器 4 台。

② 商业部分：冷冻机组 3 台，冷却水泵 5 台，冷冻水泵 5 台，集分水器 2 台。

（3）存在问题

① 制冷机房结构不规则，机房内有结构柱，建筑设计与结构、机电设计冲突。

② 商业部分、酒店部分独立运行，其中商业为两管制系统，酒店部分为四管制系统，商

业和酒店风机盘管系统和空调机组系统都相对独立。系统繁多，管线复杂。

③ 原设计设备安装未考虑后期运营及检修空间，主要通道不满足规范要求。

（4）优化原则

① 根据酒店和商业、办公冷冻机房独立运营的客观情况，把制冷机房从空间上一分为二。

② 依据采购设备情况、设备检修及系统设置布置机电系统管线。

③ 依据酒店后期管理需要综合考虑独立机房的主通道和机房设备排水。

④ 依据系统运行经验改变原有空调二次泵系统，改为一次泵变流量系统。

如图 6-5 ～图 6-8 所示。

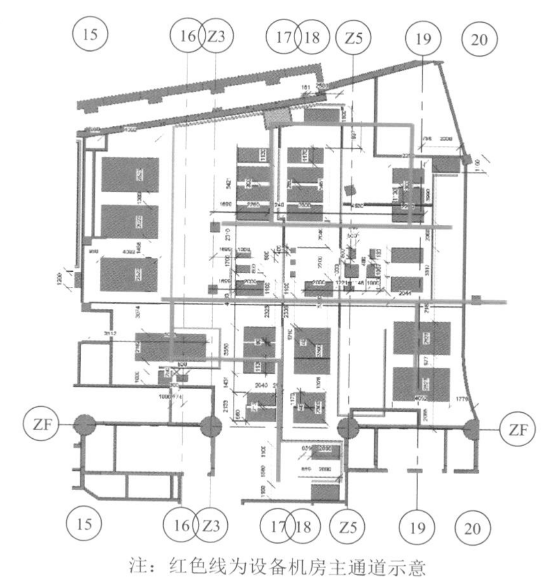

注：红色线为设备机房主通道示意

图 6-5　制冷机房设备基础及排水沟平面图

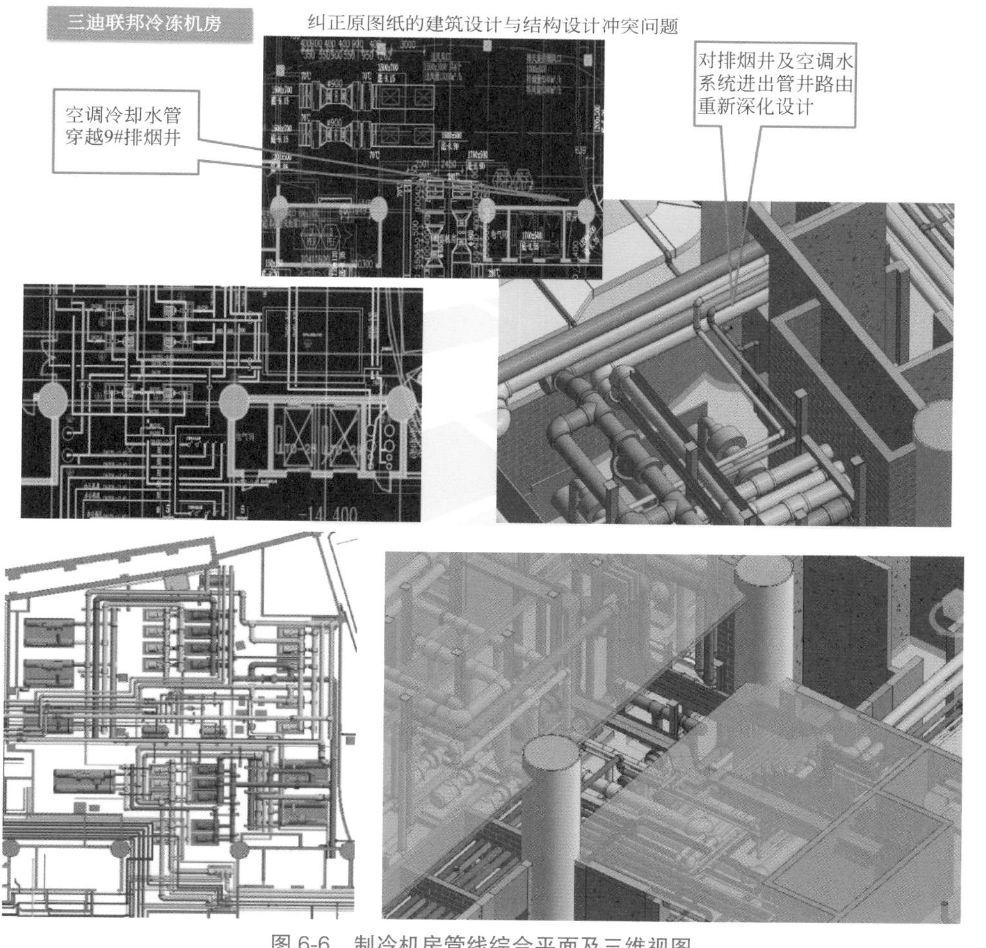

图 6-6　制冷机房管线综合平面及三维视图

图 6-7　现场施工图片（一）

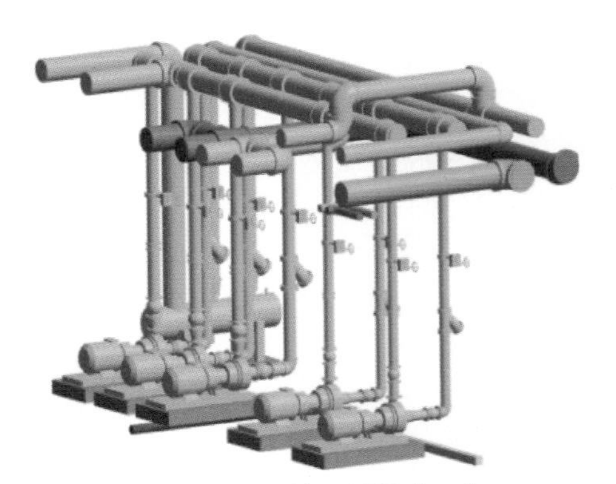
图 6-8　现场施工图片（二）

2. 消防泵房

（1）消防泵房情况　消防泵房位于 B3 层，属于矩形机房，层高 3900mm，梁高 550mm，梁底 3350mm。B3 层回填 300mm，结构净空间 3050mm。涵盖消防喷淋泵、消火栓泵、水喷雾泵、室外消火栓泵共计 11 台。消防定压补水泵一组，空调冷却塔补水泵 2 台。

（2）存在问题

① 消防泵房属于长条形，存在横向梁较多；

② 设备数量多，涵盖低区喷淋系统、消火栓系统；高区喷淋系统、消火栓系统、水喷雾系统和室外消火栓系统，系统复杂；

③ 由于现场进度及消防报验的要求，对消防设备设施进行二次采购及深化设计。

（3）优化原则

① 利用消防泵房矩形的现场，使设备沿矩形长边方向布设。

② 设备避免安装与梁正下方，充分利用梁窝空间。

如图 6-9 ～图 6-12 所示。

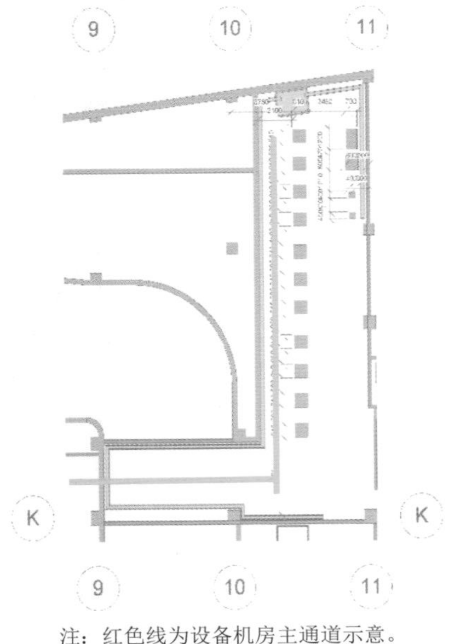

注：红色线为设备机房主通道示意。

图 6-9　消防泵房设备基层及排水沟定位图

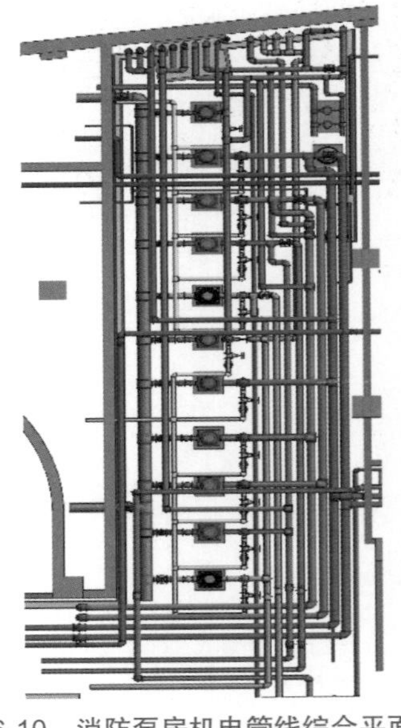
图 6-10　消防泵房机电管线综合平面视图

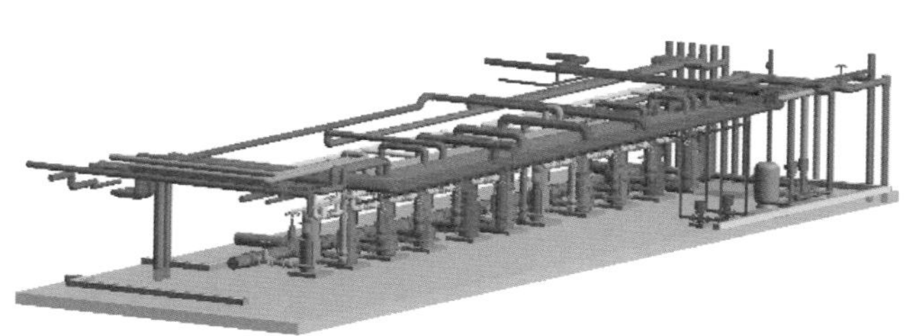

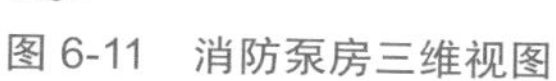

图 6-11　消防泵房三维视图

图 6-12　消防泵房现场施工图对比

该项目中的生活水泵房，容积式换热机房，空调冷 / 热换热机房等均采用 BIM 技术进行深化设计，通过 BIM 技术模拟确定的最佳施工方案，使各个设备机房机电管线施工按 BIM 图纸施工一次到位。

【案例 2】屋顶冷却塔设备安装 BIM 技术运用

存在问题：

裙房屋面冷却塔设备，按照一次机电设备参数及设备选型确定最终尺寸参数，运用 BIM 技术三维模拟，发现现场屋面结构形状，按选定的冷却塔设备型号，现场无法进行设备安装，BIM 技术事前发现问题，避免后期设备到场后才发现，为业主有效地避免损失风险。

解决方案：

在裙房屋面冷却塔方案确定中，由业主主导，施工、设计、设备厂家多家单位参与，通过 BIM 技术多方位技术模拟，最终变换冷却塔设备型号及数量。通过 BIM 技术机电专业综合的技术，综合考虑冷却水管、冷却塔补水、虹吸雨水沟等与设备基础的关系，最终由 BIM 技术确定设备基础定位、机电管线定位。

如图 6-13 ～图 6-15 所示。

图 6-13　根据虹吸雨水、排水的要求，屋面冷却塔基础预留虹吸雨水排水孔洞

图 6-14　根据冷却水管路由，利用冷却塔设备基础作为冷却水管支墩

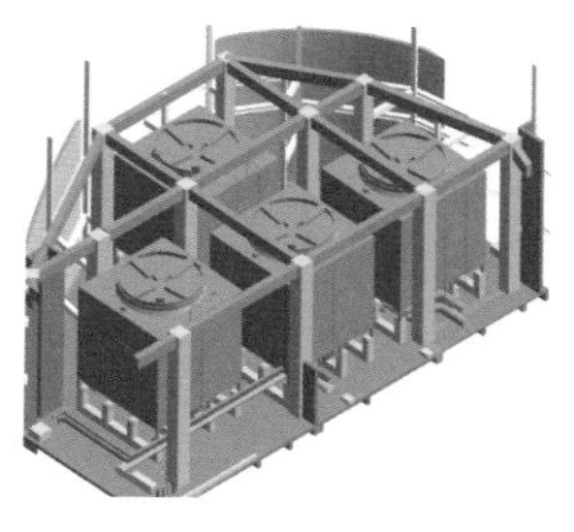

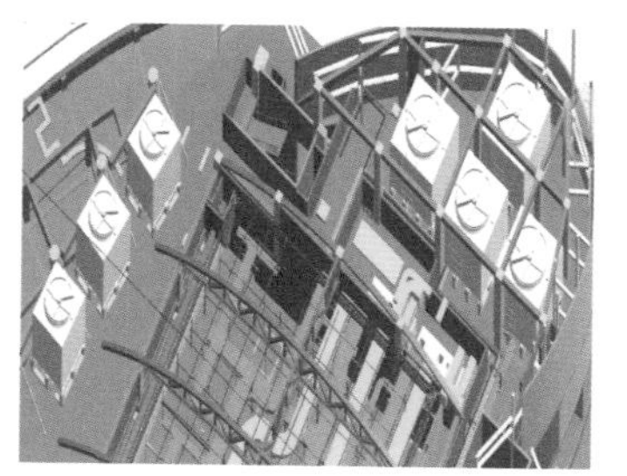

图 6-15　裙房屋面冷却塔 BIM 深化设计图纸与现场对比照

【案例3】设备层机电安装BIM技术运用

工程人员皆知，设备层机电管线系统多，管线复杂，尤其超高层综合体项目设备层更甚之。该项目设备层涵盖事故火灾时避难层的功效，国家标准规范明文标注避难层疏散通道高度要求。三迪联邦大厦项目28层设备层走廊存在问题：大量的水管、风管集中在走廊区域，又不能放置于其他区域。通过BIM技术三维模拟优化，最终形成：在满足走廊疏散宽度要求的前提下，占用250mm空间，让部分管道竖向放置，从而保证走廊机电安装完成标高在2050mm。如图6-16所示。

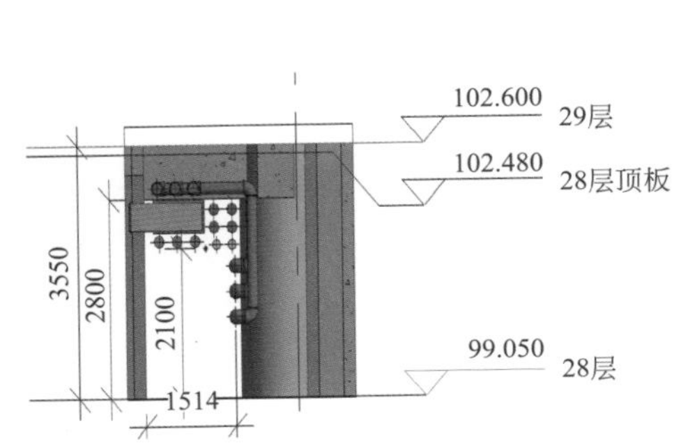

图6-16 28层疏散通道现场安装对比照

【案例4】BIM现场指导施工对比

如图6-17～图6-21所示。

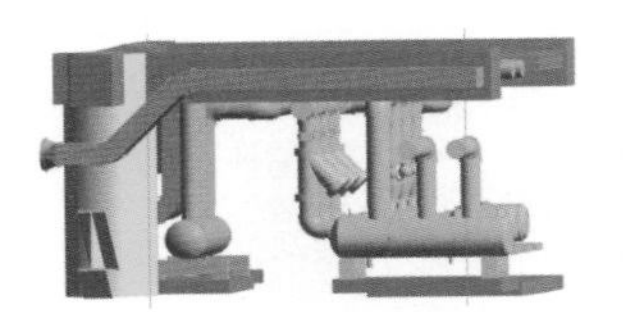

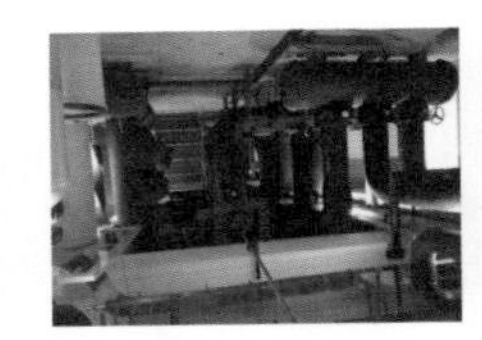

图6-17 28层空调冷冻板换机房

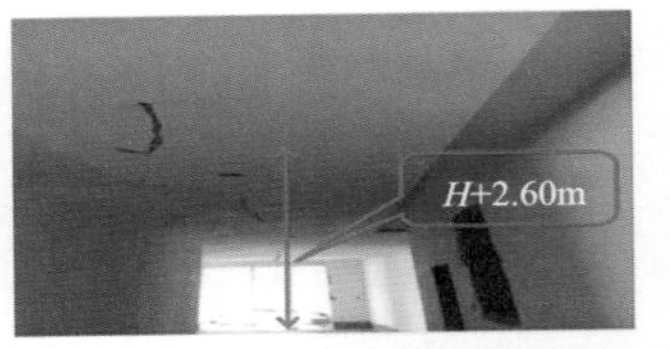

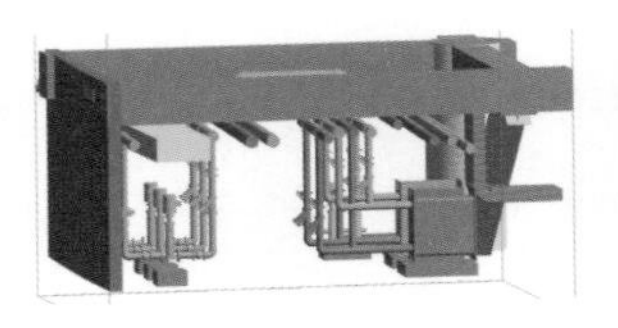

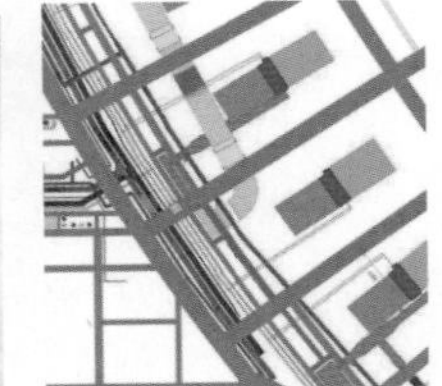

图6-18 28层空调热水板换机房

图6-19 客房层过道

图6-20 模型指导施工

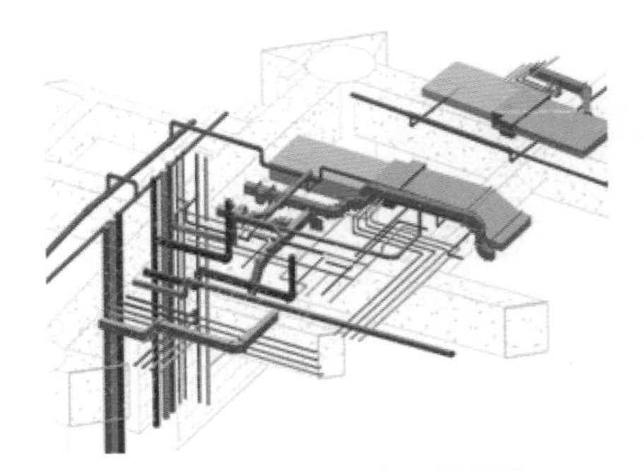

图6-21 调整机电系统设计

【案例 5】重点区域深化设计

如图 6-22 ～图 6-26 所示。

预留预埋

◆ 明确机电管线安装位置及标高，在土建浇筑施工前提前预留预埋洞口；

◆避免后期施工因取洞造成的进度滞后和增加费用的情况。

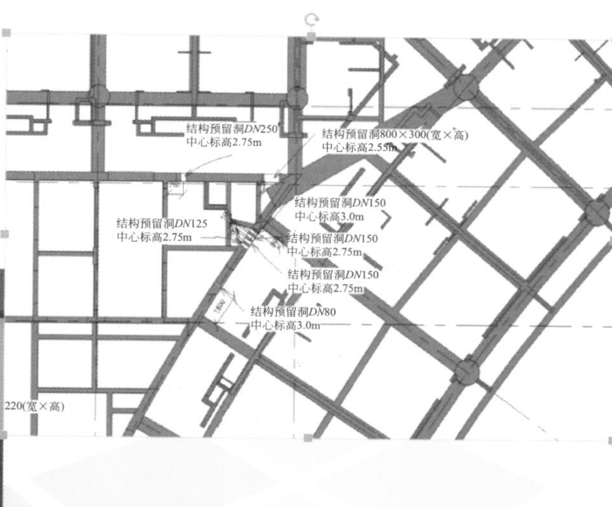

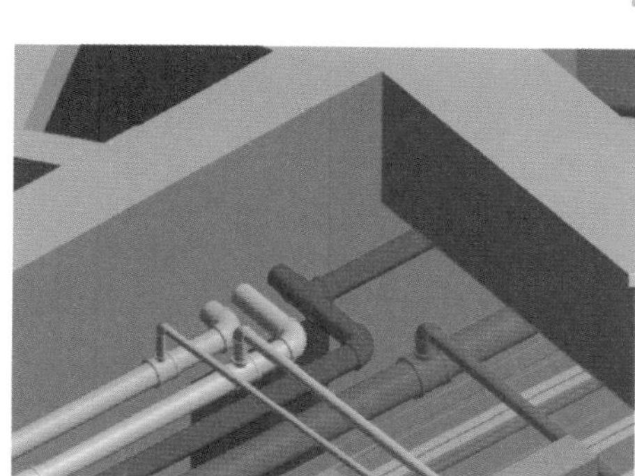

图 6-22　结构预留预埋深化设计

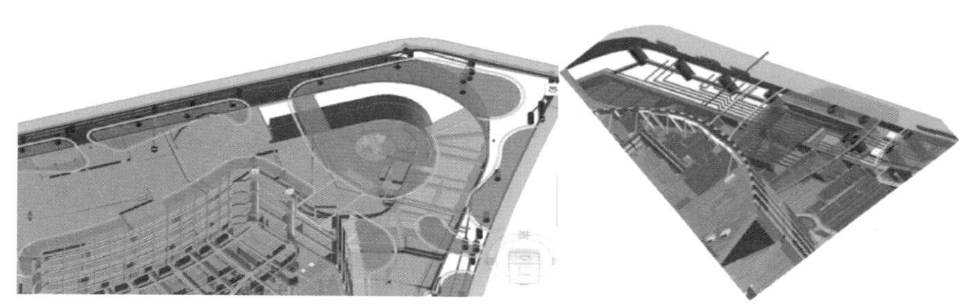

图 6-23　室外管网深化设计

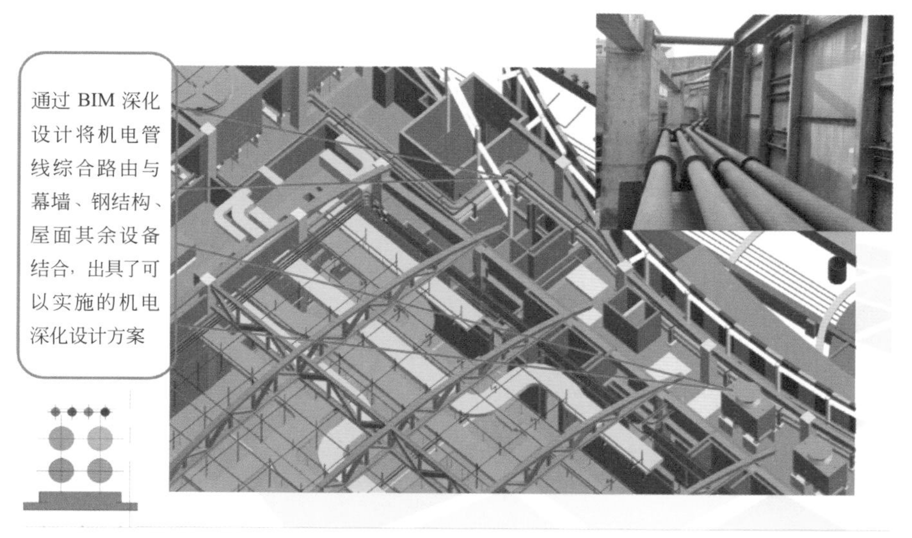

图 6-24　裙房屋顶优化

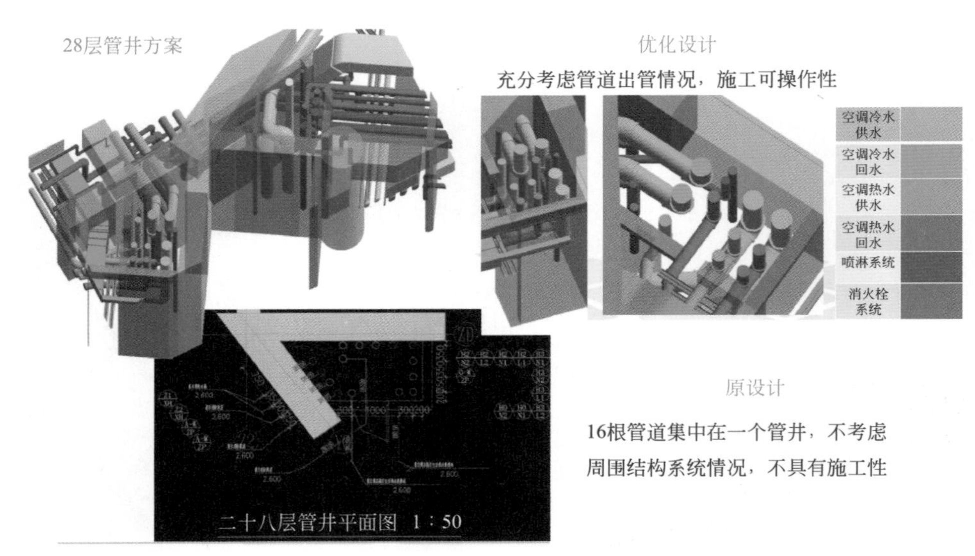

图 6-25 管井深化设计

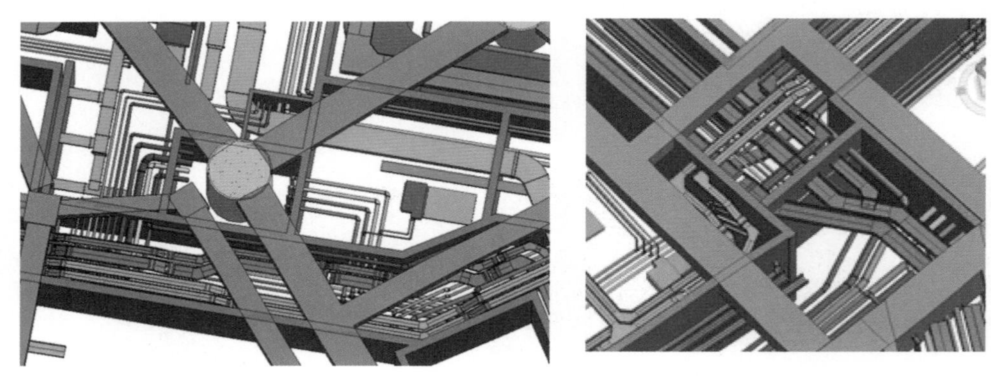

图 6-26 酒店客房样板间管线优化

① 统筹共用管线路由，保证管井机电线路进出正常。

② 合理安排夹层各个机电管线定位；将排水系统及动力系统规划于走廊区域。

③ 利用结构空间，安排机电专业检修位置。

四、BIM 技术应用效益分析

公司针对项目机电设计、施工和运管的难点分析，并结合公司对 BIM 技术的理解决定从以下三个方面发挥 BIM 的效益，积极与甲方、设计方、各个施工方、物业管理方进行沟通协调，着重从以下三点加强 BIM 的应用，具体框架策略如下。

① 利用 BIM 技术减少沟通时间 80%。如图 6-27 所示。

② 利用 BIM 技术设备材料成本及间接费用节约 30%。如图 6-28 所示。

③ 利用 BIM 技术工程变更减少 80%。如图 6-29 所示。

五、BIM 应用后阶段评价

如图 6-30 所示。

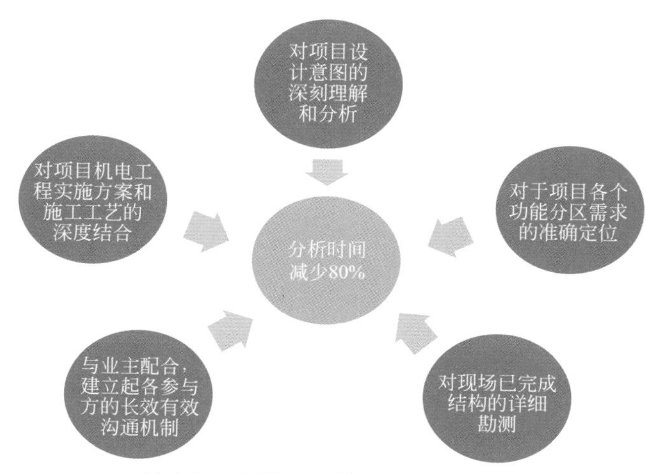

图 6-27　利用 BIM 技术减少沟通时间

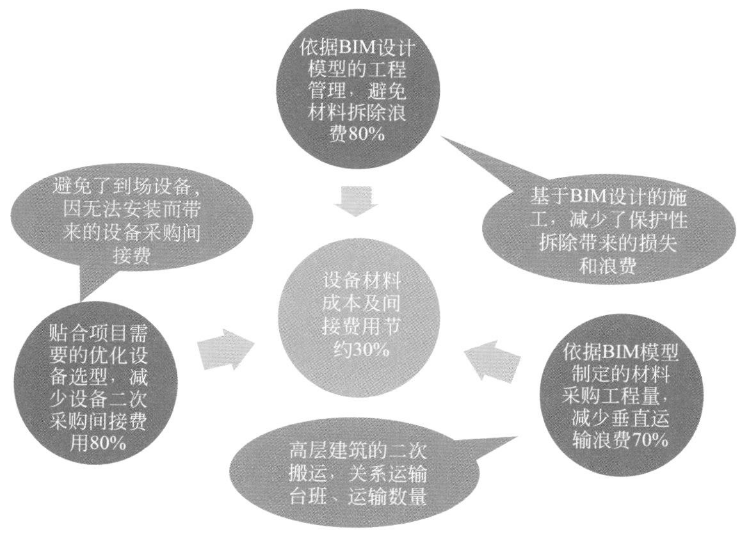

图 6-28　节约设备材料成本及间接费用

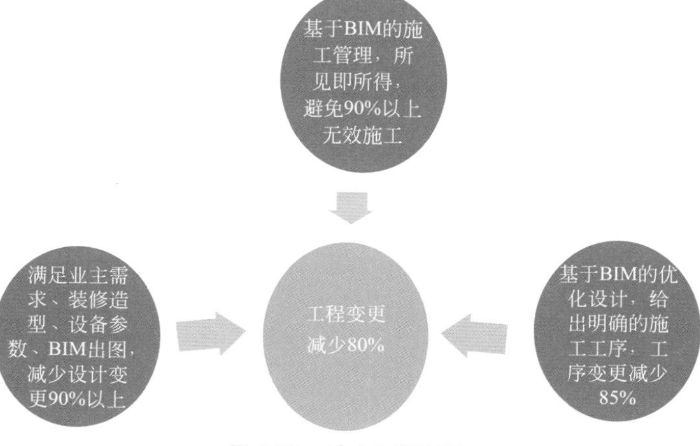

图 6-29　减少工程变更

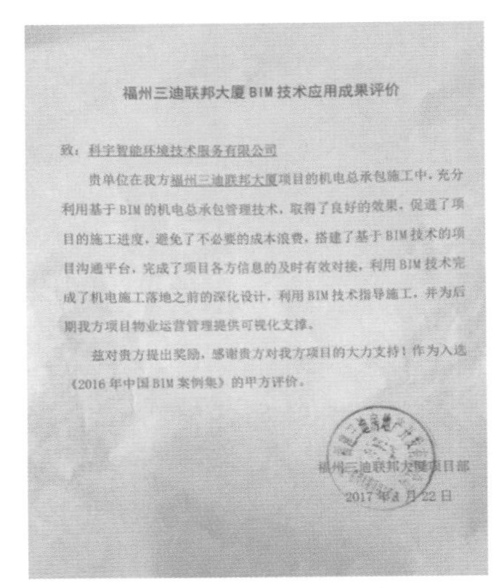

福州三迪联邦大厦BIM技术应用成果评价

致：科宇智能环境技术服务有限公司

贵单位在我方福州三迪联邦大厦项目的机电总承包施工中，充分利用基于BIM的机电总承包管理技术，取得了良好的效果，促进了项目的施工进度，避免了不必要的成本浪费，搭建了基于BIM技术的项目沟通平台，完成了项目各方信息的及时有效对接，利用BIM技术完成了机电施工落地之前的深化设计，利用BIM技术指导施工，并为后期我方项目物业运营管理提供可视化支撑。

兹对贵方提出奖励，感谢贵方对我方项目的大力支持！作为入选《2016年中国BIM案例集》的甲方评价。

福州三迪联邦大厦项目部

2017年8月22日

图 6-30 应用效果评价

六、BIM 应用环境

项目采用的软硬件及所使用功能见表 6-2。

表 6-2 软件配置环境

名称	内容	使用功能
硬件配置	Dell 一体机（双屏显示） 处理器：Intel(R)Core(TM)-i7-6700CPU 内存：16GB 系统：Windows10 硬盘：2T	—
软件配置	Autodesk CAD 2015	图纸审核及 BIM 出图
	Autodesk Revit 2016	BIM 专业建模及深化设计
	Autodesk Navisworks 2016	BIM 模型展示及现场模拟，进度控制
	广联达 MagicCAD	BIM 专业建模及深化设计
BIM 项目监控及处理平台	科宇项目实施管理平台	BIM 技术在运维方面的管理

七、工程项目中 BIM 技术应用的心得体会

BIM 技术是一项很有利于项目开展的技术，对于项目品质的提升、成本的节约和项目进度的管理方面的作用尤为明显，随着 BIM 技术的普及，越来越多的业主已认识到 BIM 技术的益处，但在实际应用中，如何利用好这项技术为项目服务确实需要各个单位的深刻思考。在整个项目实施中，经验总结如下。

① BIM 技术落地，必须有 BIM 技术的主导方。

② 鉴于我国项目的实施情况、施工生产水平的情况，在 BIM 落地阶段要确立以甲方管理、项目使用方、物业管理方、施工技术施工工艺需求基于 BIM 的深化设计团队，保障 BIM 在落地层面的可实施性。

③ BIM 技术的落地，应有专门的现场跟踪落地支持。

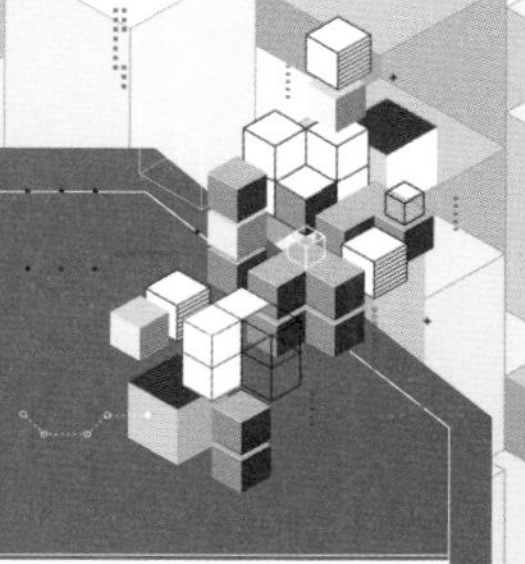

案例七

舜元科创园重建、扩建项目建设全过程 BIM 应用

舜元控股集团有限公司

一、项目概况

1. 项目背景及依据

项目概况见表 7-1。

表 7-1　项目概况表

项目名称	舜元科创园重建、扩建项目
项目地址	上海市天山西路 799 号
建设单位	舜元控股集团有限公司
设计单位	上海东瑞建筑规划设计有限公司
施工总承包单位	舜元建设（集团）有限公司
项目类型	商务办公
建筑面积	总面积约 30000m^2
总投资额	2.5 亿元
质量目标	绿色三星、LEED 金级
安全目标	零死亡、零重大事故、无重大投诉
BIM 开展时间	2015 年 5 月
BIM 应用阶段	全生命周期应用

本项目位于上海市长宁区，西靠广顺路天山西路转角位置。项目最大的难点在于一是紧邻运营中的地铁 2 号线，除保证基坑本身的安全外，还必须确保运营地铁隧道的安全，最短距离仅约 4.5m；二是作为闹市区的施工场地狭小，人流物流以及建筑材料的仓储运输需要做精确的规划。

本项目作为商业办公大楼，建筑本身没有太多难点，但是由于地处闹市区，周边环境比较复杂，BIM 应用的过程中，有诸多工作难点，具体如下。

① 深基坑作业，离地铁 2 号线最近仅 4.5m 距离。

② 地处虹桥枢纽，靠近外环高架，且深基坑边线离 2 号线地铁最近仅 4.5m 距离，需谨慎控制基坑位移距离，提高支护要求，总施工难度大。

③ 可使用场地面积小，作业难度大。

④ 场地施工作业面积小，需规划施工运输车辆。

2. 项目开展阶段

全生命周期应用。

二、BIM 团队介绍

1. 团队基本情况

本项目 BIM 团队为舜元工程研究院，该项目由集团总工直接负责领导，VDC 应用中心团队直接负责 VDC/BIM 项目策划和实施（图 7-1）。目前专业团队有成员 17 人，其中有德国留学博士 1 人，作为研究院的技术顾问。其他全部是本科以上学历，其中研究生 2 人，海外留学 2 人。专业包括建筑、结构、暖通、电气等所有建筑相关专业，具有注册电气工程师、建造师、建筑设计师等执业资质。见表 7-2。

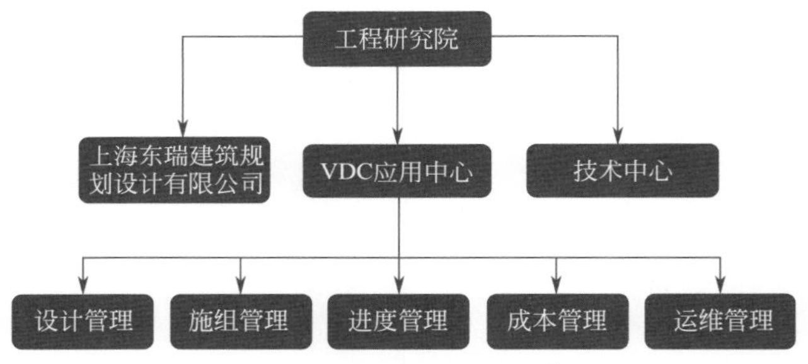

图 7-1 BIM 团队组织架构

表 7-2 团队职责表

参与人员	所属单位	角色	主要工作职责
李青	舜元控股集团有限公司	总工程师	总体监管协调
金戈	舜元控股集团有限公司	高级经理	1. 组建 BIM 团队； 2. 领导编制项目实施方案及其他标准体系文档； 3. 监督 BIM 各类标准的执行； 4. 对项目团队进行合同交底和技术交底； 5. 协调团队内部工作难题； 6. 协调其他团队和 BIM 团队的相关事宜； 7. 定期检查 BIM 工作成果
		运维管理工程师	1. 收集运维需求，梳理运维管理系统； 2. 联合 IT 开发团队，开发运维平台，并进行测试
余昶	舜元控股集团有限公司	成本管理工程师	1. 利用 BIM 工具，直接输出模型的工程量； 2. 指导项目根据模型的工程量进行预算及采购； 3. 收集项目各个阶段的成本数据，与模型量进行比对，实现成本控制

续表

参与人员	所属单位	角色	主要工作职责
蒋成杰	舜元控股集团有限公司	协调工程师	1. 实施 BIM 执行计划； 2. 负责本阶段的 BIM 成果的生产、上传、更新、同步等工作的落实和执行情况； 3. 定期收集和汇报本项目 BIM 工作完成情况； 4. 向本项目传达有关 BIM 工作的指令，并监督执行绩效； 5. 参加 BIM 协调会，会前准备工作包括：准备会议所用的模型、报告汇总整理；会中工作包括：操作模型、模型标注等；会后工作包括：平台上同步会议成果及会议纪要
		规划设计工程师	1. 搭建规划模型； 2. 配合设计院，完成基于 BIM 技术的方案模拟，性能分析等； 3. 指导设计院，完成设计建模和出图等工作
邱荣昌	舜元控股集团有限公司	进度管理工程师	1. 将项目部的计划与模型挂接，直观地反映进度； 2. 收集项目实际进度情况，与计划进行比对，总结进度管理的问题
		BIM 建模工程师	1. 搭建建筑、结构和机电模型； 2. 检查并完善模型，并提交问题报告和优化方案等成果； 3. 配合其他 BIM 工程师，共同完成施工模拟、场地规划等应用
王红磊	舜元控股集团有限公司	协调工程师	1. 实施 BIM 执行计划； 2. 负责本阶段的 BIM 成果的生产、上传、更新、同步等工作的落实和执行情况； 3. 定期收集和汇报本项目 BIM 工作完成情况； 4. 向本项目传达有关 BIM 工作的指令，并监督执行绩效； 5. 参加 BIM 协调会，会前准备工作包括：准备会议所用的模型、报告汇总整理；会中工作包括：操作模型、模型标注等；会后工作包括：平台上同步会议成果及会议纪要
		成本管理工程师	1. 利用 BIM 工具，直接输出模型的工程量； 2. 指导项目根据模型的工程量进行预算及采购； 3. 收集项目各个阶段的成本数据，与模型量进行比对，实现成本控制
		运维管理工程师	1. 收集运维需求，梳理运维管理系统； 2. 联合 IT 开发团队，开发运维平台，并进行测试
曹震	舜元控股集团有限公司	设计管理工程师	1. 承接设计资料，并做施工图检查，提交设计遗留问题； 2. 在设计修改好的前提下，进行深化设计，并提交项目部管线综合图、专业图、结构预留等项目资料
白锋涛	舜元控股集团有限公司	施组管理工程师	1. 利用BIM技术，完成场布布置、施工组织设计及各类技术方案的编制； 2. 针对复杂方案，进行动态模拟，并导出视频动画成果
李飞	舜元控股集团有限公司	施组管理工程师	1. 利用BIM技术，完成场布布置、施工组织设计及各类技术方案的编制； 2. 针对复杂方案，进行动态模拟，并导出视频动画成果
		BIM 建模工程师	1. 搭建建筑、结构和机电模型； 2. 检查并完善模型，并提交问题报告和优化方案等成果； 3. 配合其他 BIM 工程师，共同完成施工模拟、场地规划等应用
杨坤	舜元控股集团有限公司	进度管理工程师	1. 将项目部的计划与模型挂接，直观地反映进度； 2. 收集项目实际进度情况，与计划进行比对，总结进度管理的问题
		BIM 建模工程师	1. 搭建建筑、结构和机电模型； 2. 检查并完善模型，并提交问题报告和优化方案等成果； 3. 配合其他 BIM 工程师，共同完成施工模拟、场地规划等应用
成亚	舜元控股集团有限公司	BIM 建模工程师	1. 搭建建筑、结构和机电模型； 2. 检查并完善模型，并提交问题报告和优化方案等成果； 3. 配合其他 BIM 工程师，共同完成施工模拟、场地规划等应用

续表

参与人员	所属单位	角色	主要工作职责
鲍长敏	舜元建设（集团）有限公司	项目经理	1. 制定项目进度计划； 2. 协调 VDC（BIM）应用中心、东瑞设计院与项目部的工作
高雪原	舜元建设（集团）有限公司	项目技术员	1. 项目部工程量收集，交付 VDC 应用中心做成本分析； 2. 接收 VDC（BIM）应用中心制作的施工方案模拟，并交付于项目实际使用； 3. 向 VDC（BIM）应用中心提取项目部材料采购量
杨鲁晨	上海东瑞建筑规划设计有限公司	设计总负责	1. 设计总协调； 2. 协调 VDC（BIM）应用中心设计问题报告，并交付东瑞设计修改； 3. 接收 VDC（BIM）应用中心机电深化问题报告
张华	上海东瑞建筑规划设计有限公司	BIM 建模工程师	1. 搭建建筑、结构模型； 2. 检查并完善模型，并提交问题报告和优化方案等成果
冯桂平	上海东瑞建筑规划设计有限公司	BIM 建模工程师	1. 搭建机电模型； 2. 检查并完善模型，并提交问题报告和优化方案等成果
邹宝珍	上海东瑞建筑规划设计有限公司	BIM 建模工程师	1. 搭建机电模型； 2. 检查并完善模型，并提交问题报告和优化方案等成果
蔡自兴	上海优联物业管理有限公司	技术主管	1. 协助 BIM 团队对运维前期资料进行梳理； 2. 对运维管理过程进行问题归纳并交付 BIM 团队

2. 管理体系

本项目的 BIM 应用总体实施路径如下。

以业主方为总牵头单位，总承包公司作为实施主体，BIM 服务团队（舜元 VDC 部门）辅助总承包公司制定相关规则、明确各方职责，并对 BIM 的实施进行技术指导和支持。

各参与方进入项目后，明确各个 BIM 实施职责负责人，进行相关培训。

BIM 工作的开展和实施不改变原有项目合同的法律关系和合约关系。

BIM 实施的组织架构：舜元控股集团有限公司主要负责本项目的监督和管理；VDC 应用中心负责 BIM 整体规划和组织实施；设计、施工等其他参与方按合同的约定，具体实施 BIM 各项工作。

管理组织架构图如图 7-2 所示。

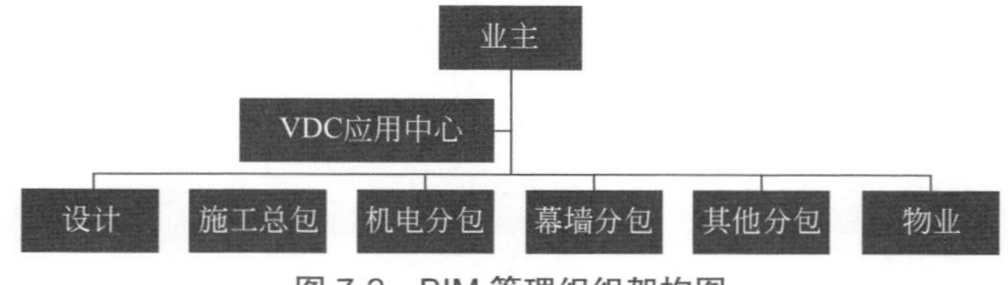

图 7-2 BIM 管理组织架构图

3. 各方职责

主要职责和工作分配如下。

（1）舜元控股集团有限公司：本项目 BIM 实施的发起方和最终成果接收使用者；建立 BIM 技术应用的组织管理体系，并督导运行；根据业主单位自身的设计和施工管理需要，对本项目的 BIM 实施提出具体需求；选择 BIM 服务，根据合同要求其他参建单位开展 BIM 工作；审定本项目 BIM 实施方案、BIM 有关技术标准和工作流程；监督 BIM 咨询和各参与方按本项目 BIM 技术实施要求、标准执行有关工作。

（2）上海东瑞建筑规划设计有限公司：配合 BIM 顾问审核设计遗留问题，并及时修改优化有关设计成果；做好设计管理工作；及时提供各类各专业设计图。

（3）舜元建设（集团）有限公司：完成施工中施工单位需要完成的 BIM 技术应用工作；组织建立内部、分包商的 BIM 实施体系；完成施工自身的深化建模工作，督促分包商完成各自深化施工的 BIM 建模工作；对施工阶段各分包的 BIM 工作进行总体协调工作；与其他参与方使用 BIM 进行施工信息协同；制作施工阶段 BIM 成果。

（4）VDC 应用中心：本项目 BIM 实施的组织及协调者，应用 BIM 技术为业主项目管理提供决策依据；提供本项目的 BIM 策划，报业主单位批准后，组织实施；对整个项目的 BIM 组织管理体系进行维护和支持；编制本项目的 BIM 实施导则和 BIM 技术标准；组织施工阶段的 BIM 实施，并进行本阶段的 BIM 总体管理工作；根据设计和施工阶段的不同要求，按 BIM 模型的深度要求进行模型管理和整合工作，为业主单位提供决策支持；协助业主审核各参与方的 BIM 工作和 BIM 成果；对各参与方的 BIM 工作进行指导、支持、校审。

（5）其他参与方：在合同约定的范围内，完成本项目的对应工作中的 BIM 要求；组织内部 BIM 实施体系；与其他参与方使用 BIM 进行施工信息协同；建立适用的 BIM 模型，提供 BIM 应用成果。

4. 团队业绩情况介绍

由于公司在 BIM 方面的投入，也提高了企业知名度。不少相关企业都和舜元建立了更深入的合作。目前基于 BIM 技术的合作有：装配式建筑项目、3D 打印项目等。同时，在各类 BIM 大赛中获取了若干奖项，具体如下。

2014 年上海市建筑施工行业第一届 BIM 技术应用大赛三等奖；

2015 年全国房地产行业 BIM 应用大奖赛优秀应用奖；

2016 年第五届“龙图杯”全国 BIM 大赛三等奖；

2016 年上海市建筑施工行业第三届 BIM 技术应用大赛一等奖；

2016 年上海市首批 BIM 技术应用试点项目。

三、项目 BIM 应用情况介绍

1. BIM 建模

根据设计模型深度要求，在 Revit 中建立各专业模型。最终通过 Fuzor 进行汇总，后续进行碰撞问题检查优化等工作，并进一步用于施工阶段工作。如图 7-3 所示。

2. 三维设计审查

解决设计“错、漏、碰、缺”问题、多专业协调问题以及可行性问题，同时针对设计方案进行综合优化，通过软件进行碰撞检测，提前发现设计图中的冲突、碰撞等问题，在施工前期解决不必要的麻烦。如图 7-4 所示。

3. 机电深化设计

对项目中各区域进行管综方案设计，提交管综所需的平、立、剖面图，并后续与业主和原设计进行沟通确认。如图 7-5 所示。

图 7-3 舜元科创园重建、扩建项目模型

图 7-4 机电管线碰撞检查

4. 装饰装修设计

通过应用装饰装修模型，有利于前期确定空间比例，并且前期可用于检查专业间碰撞，后续业主方案确认阶段可大大提高方案确定的效率。如图 7-6 所示。

图 7-5 管线排布优化

图 7-6 装修方案模型

5. 施工方案模拟

（1）场布方案 截至目前，VDC 应用中心根据项目要求已交付项目部多份场布方案。其中包含 A 区、B 区、C 区土方开挖阶段以及地上结构施工阶段，后期根据项目部文明工地要求添加了安全通道方案、卸料平台放置以及施工楼梯放置等协调方案，为项目部对场布方案规划提供了可视化、高效化的决策，在一定程度上减少了时间成本，并为文明施工评选等工作提供了有效的数据基础。如图 7-7、图 7-8 所示。

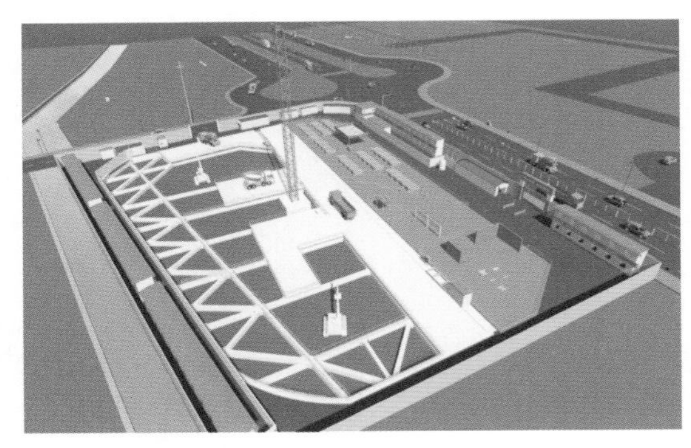

图 7-7 场布方案模型

图 7-8 实际场布

（2）基坑围护方案 VDC以Synchro软件进行施工进度模拟。因总部大楼项目临近地铁2号线等因素，此动态施工模拟为后续的施工交底、专项方案审查均提供了有效的数据基础。如图7-9所示。

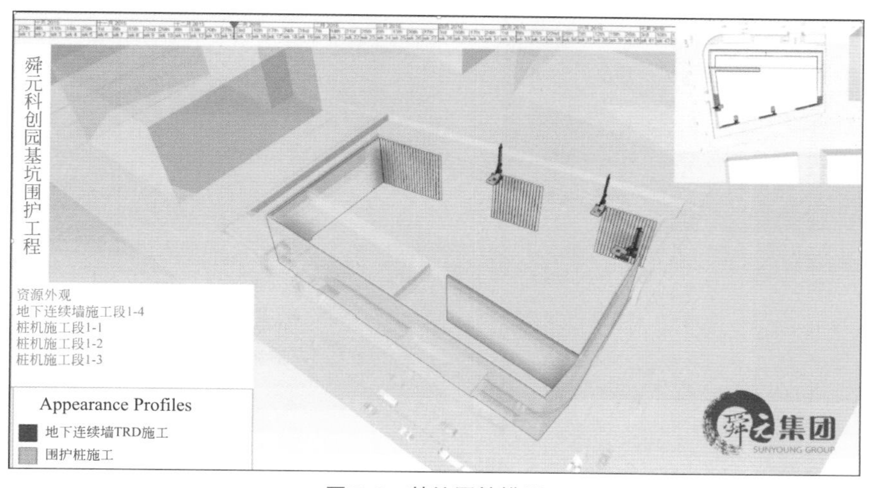

图7-9 基坑围护模拟

（3）土方开挖方案 因项目地处上海地铁2号线边，离地铁上行线最近距离仅有4.6m，土方开挖方案关系到地铁运行的有序进行，故需为上海申通地铁做方案汇报。VDC根据项目部及公司要求，通过土方开挖专项施工方案平面图及相关资料，应用Revit等BIM软件，制作了一段简洁的开挖方案视频模拟，为后续的方案汇报增加了有力的说明，让评审专家能够直观、清晰地了解项目开挖的时间及进度安排。如图7-10所示。

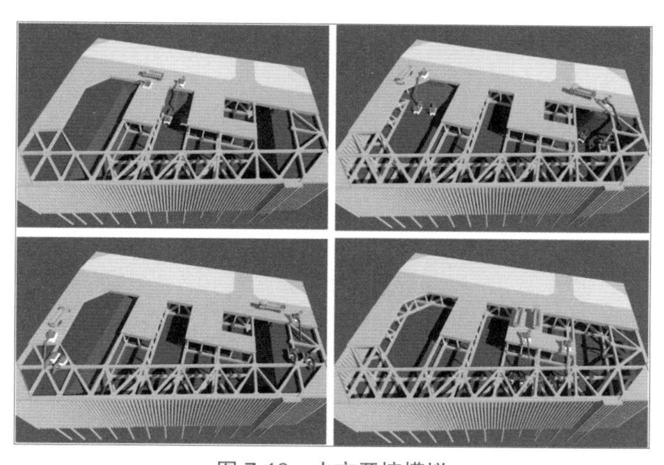

图7-10 土方开挖模拟

（4）钢结构吊装方案 在施工方案讨论阶段时，VDC配合技术部对总部大楼钢结构吊装进行方案论证。在方案确认阶段，VDC为吊装车辆的站位、运输路径、吊臂控制范围均做出了合理的规划，为钢结构吊装方案的实施提供了有效的理论依据。如图7-11所示。

（5）外脚手架方案 针对总部大楼项目后期，上部结构施工阶段，配合项目部外脚手架方案的实施，考虑到塔吊与主体结构的超近距离，VDC为项目部外架方案确认了施工电梯位置，外脚手架横杆、立杆、连墙件等构件的摆放位置及施工安全通道、卸料平台等方案，为项目部一系列方案的实施提供了有力的理论依据。如图7-12所示。

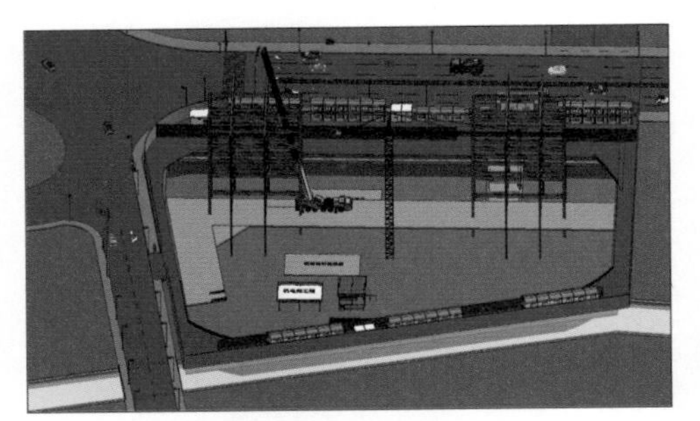

图 7-11 钢结构吊装方案模拟

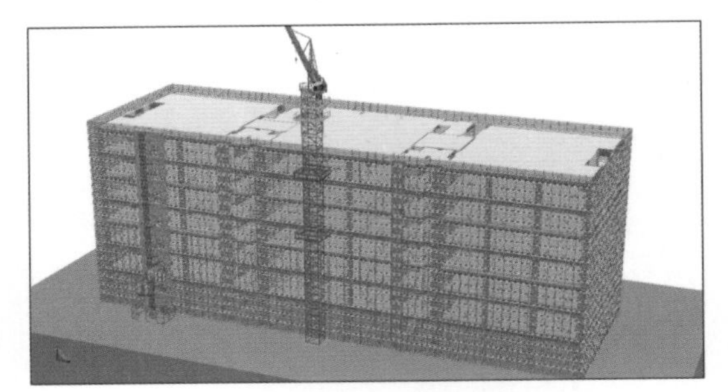

图 7-12 外脚手架方案模拟

6. 质量安全监控

通过舜元工程管控平台的应用，多时段对项目采用无人机航拍进行质量安全管理。控制平台通过收集直接拍照上传要求整改的内容，提高了工作效率，平台整合了 PDCA 的循环逻辑，从质量安全的检查、整改、回复均能以实名制实现，并且能够追溯到责任人，提高了项目实施效率，对质量安全有了进一步保证。如图 7-13 所示。

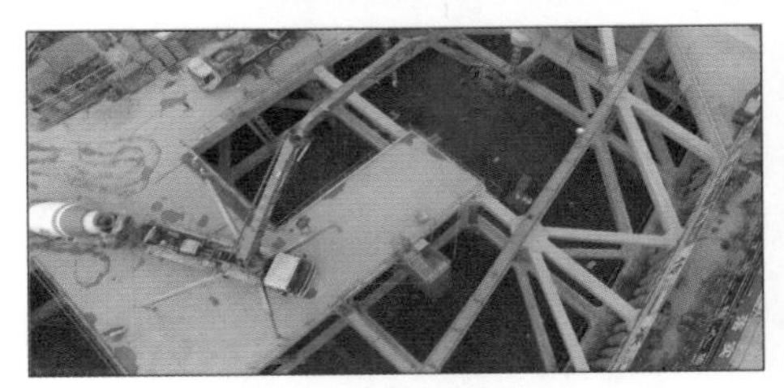

图 7-13 无人机监控

7. 计划管理

因项目部多方因素影响，总部大楼进度计划进行多次变更。VDC 配合总部大楼项目部对前后多份进度计划进行 4D 模拟，并针对基准计划实现了当前计划进度与实际进度的对比分析，项目部可依据此份计划对比报告，对项目部施工情况有整体的了解，对项目后期进度的实施以及方案的决策均产生重要的意义。如图 7-14 所示。

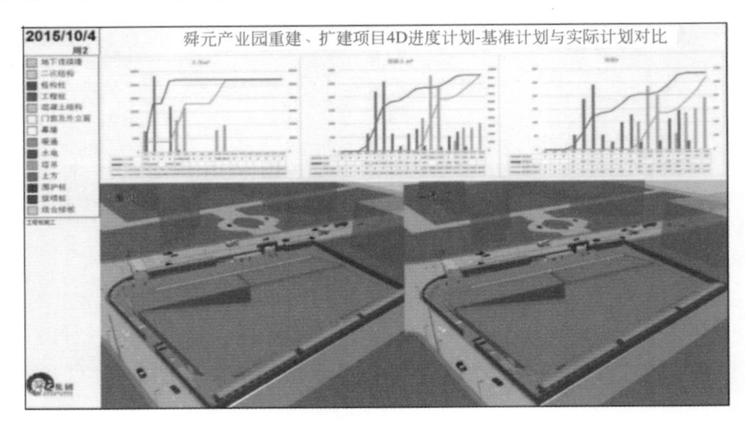

图 7-14 4D 计划进度与实际进度对比

8. 成本管理

由于前期精准建筑及结构模型的建立，为后续项目应用提供了有力的依据。在总部大楼项目施工阶段，VDC 承接了项目部预算员的任务，在各区块混凝土浇筑前期，VDC 为项目部提供了该区块从模型中统计而出的混凝土量，在同等条件下，不仅计算效率提高 50% 以上，在混凝土浇筑的准确率上也有提升，VDC 经过后期混凝土量的对比，混凝土实际使用量与模型提取的混凝土量仅有 1% ～ 2% 的误差，可以确认以模型提取混凝土材料量，将大大提高工作效率及减少成本。如图 7-15、图 7-16 所示。

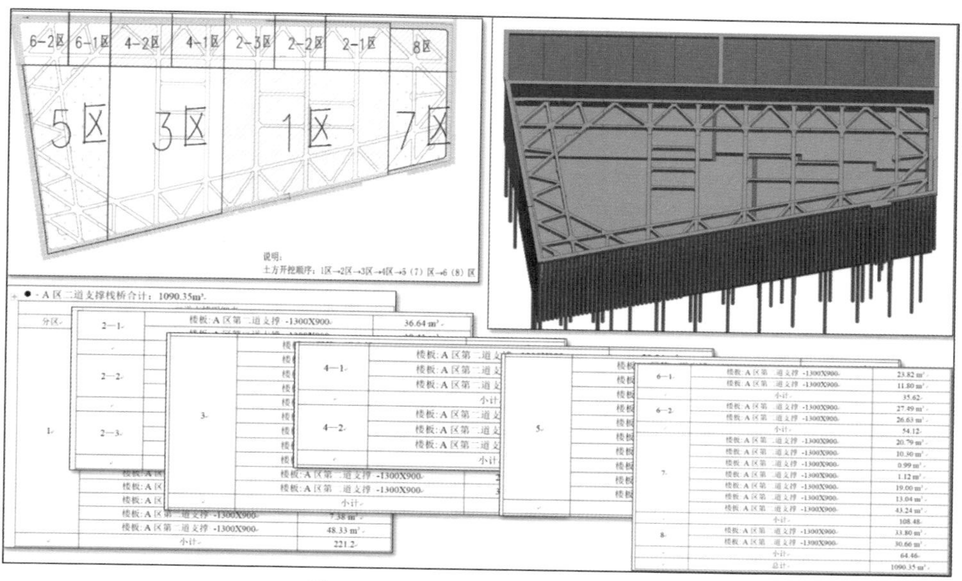

图 7-15　A 区支撑混凝土分区统计

日期	区域		位置	部位	计划量 投标合同量	计划量 内控预算量	计划量 项目部采购量	模型量	实际量 材料小票量
	围护	A区	一道支撑	栈桥	3244.332	2698.9252	2046	668.025	2317
				支撑				706.55	
				圈梁				518.04	
				小计			2046	1892.615	2317
			二道支撑	支撑			1039	650.73	1009
				圈梁				308.86	
				小计			1039	959.59	1009
		B区	一道支撑	支撑			193.515	85.706	161
				支撑板				18.294	
				圈梁				68.547	
			二道支撑	支撑板				10.484	
			三道支撑	支撑板				10.484	
				小计			193.515	193.515	161
		C区	一道支撑	支撑			268.352	105.511	56
				支撑板				89.989	
				圈梁				62.392	
			二道支撑	支撑板				5.23	
			三道支撑	支撑板				5.23	
				小计			268.352	268.352	56
				围护总量	3244.332	2698.9252	3546.867	3314.072	3543
数据分析				围护总量	3244.332	2698.9252	3546.867	3314.072	3543
				与模型量比较结果	-2.1%	-18.6%	7.0%	0.0%	6.9%
原因分析(需进一步实证)				模型量大于预算量但小于实际用量，理论上预算量应大于实际用量。（原因：1. 图纸栈桥与圈梁中间的素混凝土，圈梁加高与栈桥板连接；2. 钻孔灌注桩中间的间隙；3. 无磅秤可能泵车不足量；4. 中间地连墙表面未凿除平整；5. 浇筑时未达到精确标高；6. 预算量中未考虑到墙柱锚固部分的导墙等；7. 模型量中个别集水井混凝土量不精确，有待改善）					
按照实证结果进行修改建议				根据实证分析：1. 项目部无地磅秤，可能存在泵车不足量原因（项目部需增加地磅）； 2. 项目实际浇筑部分构件未在施工图中显示，此量未在预算量及模型量中统计（如换撑构件）； 3. 钻孔灌注桩中间间隙混凝土量未在模型及预算量中表示（预算及模型需进一步更新）					
	涡堂基础	底板	A区	A1+A2	13403.167	9391.0063	2576	2213.15	6338
				A3+A4			3746	3210.94	
				后浇带				137.74	
				30公分导墙				22.884	
				集水坑				676.854	
				小计			6322	6261.568	6338
			B区	T1600			1378.901	1255.18	1362
				集水坑				115.721	
				30公分导墙				8	
				小计			1378.901	1378.901	1362
			C区	T1600			1370.355	1101.927	1344
				T1500				158.356	
				集水坑				102.072	
				30公分导墙				8	
				小计			1370.355	1370.355	1344
				底板总计	13403.167	9391.0063	9071.256	9010.824	9044
数据分析				底板总量	13403.167	9391.0063	9071.256	9010.824	9044
				与模型量比较结果	48.7%	4.2%	0.7%	0.0%	0.4%

图 7-16　材料量阶段分析

四、BIM 应用效益分析

1. BIM 应用的企业价值

（1）增加企业竞争力，获取更多项目　VDC 应用中心参与公司的项目投标中，不仅应用 BIM

技术提高标书的质量，同时也开发了更多的BIM项目，为企业的项目创收提供了新的突破口。

目前，VDC应用中心每年在签的项目额预计在1000万元以上。

（2）提高员工对企业的认可度，增加员工忠诚度　在公司投入BIM转型的这几年，VDC应用中心的队伍一直在扩张，同时人员的流失率为零。在公司招聘中，各类人才都争相申请。集团及分公司项目部的各级工程师都积极到VDC应用中心来学习BIM技术，大家普遍对公司的认可度有了大幅的提高，更加愿意留在公司发展。

（3）BIM知识成果转化，巩固高新技术企业　随着公司在技术方面的投入加大，需要维护各种资质，就需要各种知识成果的转化，从专利到论文等。基于传统的施工技术基本到了一个饱和的程度。而BIM技术的引入，又打开了新的一片天地，巩固了舜元高新技术企业资格。

（4）推进了企业信息化进程　舜元在企业信息化改造过程中尝尽了各种苦头，其中最大的一个难题就是各类数据的离散造成的信息不对称、信息采集成本高。VDC应用中心积极调研项目各类信息，制作标准化数据格式，配合舜元工程管控平台开发，实现各类工程数据的一次录入，多次复用，大大推进了企业信息化的进程。

2. BIM应用的项目价值

（1）减少施工浪费和返工　“舜元科创园重建、扩建项目”在孔洞预留施工前期，VDC应用中心对相应区域进行机电深化设计，出具孔洞预留图交付设计单位、业主及项目部，确认无误后配合项目部施工人员进行相应孔洞预留，减少了后期孔洞预留的错误问题，在一定程度上减少了项目施工浪费和返工。

（2）提高施工质量　“舜元科创园重建、扩建项目”主体结构外架工程应用BIM软件，对整体外架结构受力体系进行合理分配，后续编制施工方案交付项目部进行施工，此工作方式减少了外架施工方案编制的时间，也大大提高了外架施工的质量。

（3）节省施工成本和工期　“舜元科创园重建、扩建项目”在二次结构施工前期，VDC应用中心对二次结构材料进行计算统计，后续交付项目部二次结构预算量清单，项目部根据清单进行采购，相比传统预估采购方式，此工作方式为项目部减少了不必要的施工浪费，降低了施工成本。

“舜元科创园重建、扩建项目”通过应用BIM软件对进度计划进行4D模拟，并配合实际数据回填，经过计划进度与实际进度的比对，优化进度方案，缩短了工期。

（4）提高工作效率　“舜元科创园重建、扩建项目”的施工管理人员加入项目平台，各自配置了相应权限，在项目经理、项目监理巡视现场过程中，发现各类质量、安全不合理处，直接拍照上传至项目管理平台，追溯责任人直接进行整改，相应责任人员得到信息后直接对相应问题进行拍照整改回复，在传统管理模式下需在工程例会及监理例会上才能被提出的问题直接能解决，有效提高了项目管理人员的沟通效率。

五、BIM应用总体评价

业主评价：舜元取得BIM技术转型成功的原因主要是公司领导确定BIM技术作为突破口的信念坚定，长期投入大量的资源支持；其次是团队执行力强。

六、BIM应用环境

项目采用的软硬件及所使用功能见表7-3、表7-4。

表 7-3　软件配置表

序号	软件类型	软件名称
1	文档软件	Microsoft Office 2013、Adobe PDF
2	二维制图软件	AutoCAD 2016
3	土建建模软件	Revit 2016
4	机电建模软件	Tfas
5	模型整合软件	Navisworks 2016
6	模型审阅软件	Fuzor
7	协同作业软件	舜元集团工程管控平台
8	现场管理软件	品茗三维施工策划软件
9	成本管理软件	新点比目云算量软件
10	漫游动画软件	Fuzor

表 7-4　硬件配置表

电脑类型		普通建模电脑	图形工作站	移动工作站
品牌型号		Dell Precision T1700 MT CTO	Dell Precision Tower 7810 XCTO Base	Precision M6800 CTO Base
数量		3	3	3
中央处理器	CPU 型号	Haswell i7-4790	Xeon E5-2637 v3	Haswell i7-4910MQ
	CPU 主频	3.6GHz	3.5GHz	3.9GHz
	三级缓存	8MB	15MB	8MB
	CPU 核芯	四核	四核	四核
	CPU 线程	八线程	八线程	八线程
	核心数	单路 CPU	单路 CPU	单路 CPU
内存规格	内存类型	DDR3	DDR4 RDIMM	DDR3L
	内存频率	1600MHz	2133MHz	1600MHz
	内存大小	2×8GB	2×16GB	4×8GB
存储规格	硬盘接口类型	SATA	SATA	SATA
	硬盘容量	固态硬盘 256GB+ 机械硬盘 1TB	固态硬盘 256GB+ 机械硬盘 2TB	固态硬盘 512GB
	光驱类型	DVD+/−RW	DVD+/−RW	DVD+/−RW
显卡	显卡芯片	NVIDIA Quadro K2200	NVIDIA Quadro K4200	NVIDIA Quadro K4100M
	显存大小	4GB	4GB	4GB
	显存类型	DDR5	DDR5	GDDR5
显示	显示器	Ultrasharp U2414H 23.8LED	Dell Professional P2416D 23.8LED	17.3 UltraSharp FHD（1920×1080）LED

七、工程项目中 BIM 技术应用的心得体会

在项目前期，通过和项目部的交流和工作，发现很多工作带有很强的随意性以及项目部的主观性；很多资料有缺失或者后期补充。这些问题严重地妨碍了 BIM 工作的推进。所以，BIM 团队进行了大量的标准化的工作，并且代替项目部完成部分对方的工作，才使得 BIM 工作得到有效的开展。项目人员对 BIM 的认知层次不统一，难以在项目人员工作的每个环节都能为其提高效率。

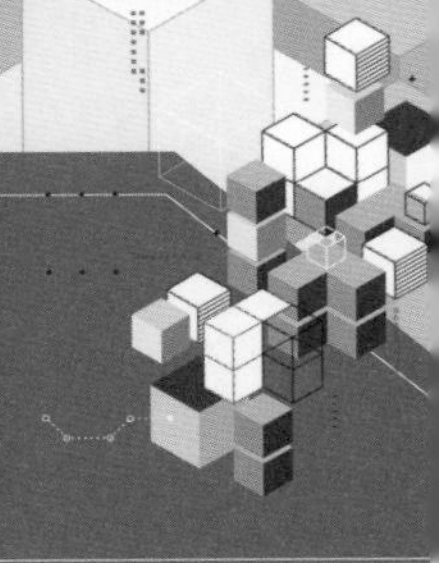

案例八

昆明市五华区泛亚新区花栖里城市棚户区改造项目施工阶段 BIM 应用

云南云岭工程造价咨询事务所有限公司

一、项目概况

1. 项目背景及依据

（1）建设单位概况　昆明市保障性住房建设开发有限公司（以下简称“保障房公司”）成立于 2012 年 7 月，是昆明市人民政府国有资产监督管理委员会、昆明市土地开发投资经营有限责任公司共同出资成立的国有公司，公司共有员工 39 人。

图 8-1　花栖里项目效果图

2012 年 7 月以来，保障房公司开发建设棚户区安置房 2960000m^2，总投资额约 143 亿元。保障房公司社会责任大、建设任务重、企业管理人员少，故公司引入先进的 BIM 技术，形成基于 BIM 技术的全生命周期项目管理，通过项目实施总结，建立新的管理监督模式。

（2）项目概况　本项目位于昆明市五华区泛亚科技新区昆武高速旁，占地面积 30615.96m^2，净用地面积 30615.96m^2，总建筑面积 130064.37m^2，其中，地上建筑面积 97974.63m^2，共 8 栋，建筑最高高度 83.8m、25 ～ 26 层；地下建筑面积 32089.74m^2，2 层。如图 8-1 所示。

2. 项目开展阶段

本项目在建造阶段、竣工交付阶段及运维阶段采用 BIM 技术，主要工作内容包括：BIM 模型搭建及维护、碰撞检查、净高检查、投资管理、进度管理、造价数据集成、运维管理信息集成等。

本项目自2015年10月开始开展BIM技术咨询工作。

二、BIM团队介绍

（一）团队基本情况

1. BIM咨询公司

本项目BIM技术咨询服务单位为云南云岭工程造价咨询事务所有限公司（以下简称“云南云岭”）。

2. 建设单位代表

戴若霞：保障房公司副总经理，BIM应用管理4年。负责项目管理及推进、协调参建单位，提出实施要求，审核实施方案，考核实施效果。

3. 咨询方项目负责人

公司分管领导：杨宝昆，“云南云岭”总经理，负责项目总控管理及总协调。

项目技术负责人：王新荣，“云南云岭”总工程师，负责项目实施目标确定、技术路线制定及方案审核。

项目经理：张芸，“云南云岭”BIM咨询中心主任，BIM应用管理4年。负责项目执行和具体操作统筹、实施方案制定、实施进度控制、实施质量控制，对外协调，审核签发成果文件。

4. 咨询方主要成员介绍

项目常务经理：李越，“云南云岭”BIM咨询中心主任助理，BIM应用管理3年。负责项目执行和具体操作统筹，负责各专业之间技术工作的集成、协调，实施方案制定、实施进度控制、实施质量控制，对外协调，审核签发成果文件。

建模、维护负责人：郁进贤、黄弟贵、梁建松、许馨予、农群，BIM工作3年，组织本专业人员按拟订方案实施，确定详细技术标准及具体实施操作流程，参与并指导专业人员完成相关工作，实施质量保证，出具成果文件。

（二）团队业绩情况介绍

“云南云岭”BIM咨询中心基于BIM技术全寿命周期咨询服务项目见表8-1。

表8-1　BIM咨询服务项目

序号	工程名称	业主名称	总投资	完成时间
1	五华区泛亚新区（3号地块）城市棚户区改造项目	昆明市保障性住房建设开发有限公司	74215.00万元	正在进行
2	西山区海口片区A6地块城市棚户区改造项目	昆明市保障性住房建设开发有限公司	103894.42万元	已完成
3	官渡区官渡文化生态新城市政公用配套建设项目市政道路新建工程PPP项目全过程工程造价咨询（一标段）及BIM技术咨询服务	云南睿城建设项目管理有限公司	361593.24万元	正在进行

三、BIM 实施情况介绍

1. BIM 协同管理平台

以 BIM 咨询方为主导，创建 BIM 协同管理平台，构建信息通道，实现不同专业、不同阶段的数据传递和共享应用，实现以建设单位管控为目的、为各参建单位提供项目建设管理所需信息及模型的 BIM 实施。建设单位通过可视化、参数化的协同管理平台，完成对各参建单位的管理及多方协同管理，各参建单位也通过管理平台完成各方内部的BIM 实施流程管理，实现参建各方的项目管理目标。

为满足项目进展要求，实时进行模型维护更新，准确反映实际施工情况，咨询方与建设单位、项目管理单位、设计单位、监理单位等项目建设参与单位相关人员共同组建了一支涵盖不同单位、不同专业的项目经验丰富的 BIM 团队，采用“后台数据管理处理，项目现场人员数据采集”的人员布局方式，将模型、数据管理等工作传至后台，由后台技术人员完成相应工作。项目现场设置专业人员现场服务，配合项目建设参与单位完成 BIM 技术的数据采集及 BIM 技术现场应用，所有成果文件（视频、图片、文档等）完善、提交等全部基于平台实施。组织机构示意图如图 8-2 所示。

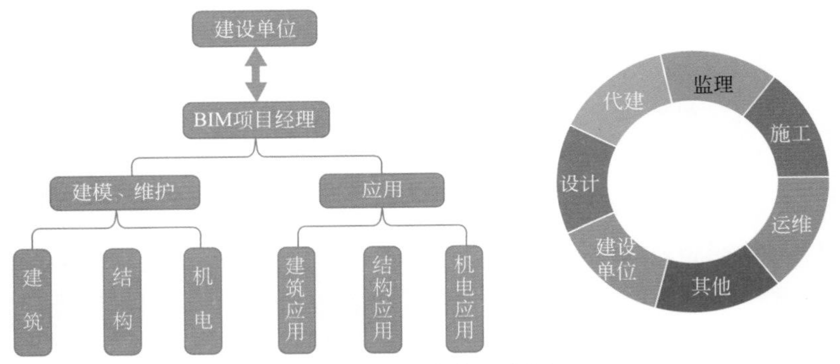

图 8-2 组织机构示意图

2. BIM 实施标准建立

依据项目详细调研数据，包括对项目参与单位、参与人员能力、建设单位主要实施目标等深入调查，制定BIM 实施标准、建模标准，制定具体实施管理流程，明确实施内容及方法，为推动 BIM 实施奠定良好基础。

3. BIM 技术培训

针对参建单位人员情况，结合项目 BIM 技术实施应用情况，撰写《花栖里项目 BIM 技术实施应用培训方案》，由 BIM 咨询项目组对各单位人员进行 BIM 理论知识和软件操作培训，确保参建单位懂 BIM、会操作，积极参与应用，确保 BIM 技术的实施效果和应用价值体现。

4. BIM 技术综合模型

各专业集成模型是整个 BIM 实施应用的基础，基于 BIM 实施标准及 BIM 建模标准，由 BIM 项目经理统一协调建筑、结构、机电多专业人员同时进行模型创建。完善的各专业 BIM 模式下，模型的创建工作高效、准确、直观，模型创建完成后并整合集成多专业模型满足现场管理需求。如图 8-3～图 8-6 所示。

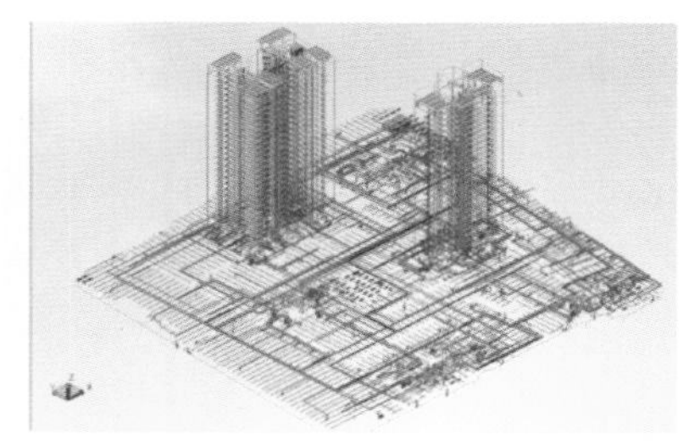

建筑模型　　　　机电模型

图 8-3 建模平台

图 8-4 建筑专业模型

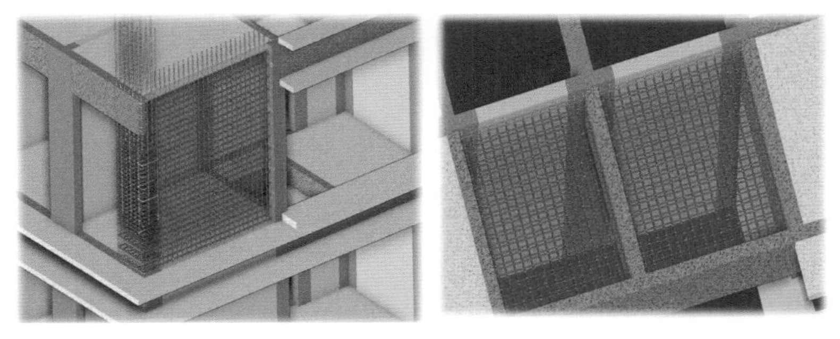

图 8-5 结构专业模型

图 8-6 给排水、消防专业模型

5. BIM 技术可视化应用

传统的图纸会审主要是在接收建设单位移交的施工图纸后，各专业人员通过熟悉图纸，发现图纸中的问题。建设单位汇总相关图纸问题，并召集监理、设计单位以及项目经理部项目经理、技术员、施工员、预算员、质检员等相关人员一起对图纸进行审查，针对图纸中出现的问题进行商讨修改，最后形成会审纪要，作为施工指导文件。应用 B1M 技术从模型创建、碰撞检查、图纸会审会议等三方面辅助项目图纸会审工作。

（1）模型创建　项目各专业在创建模型的过程中，发现了很多图纸问题，诸如构件尺寸标注不清、标高错误、详图与平面图无法对应等，在模型创建过程中将这些问题汇总，以备在图纸会审会议等会议中进行协商，确保出图质量。

图 8-7　发现图纸问题

利用模型配合设计院完成图纸审查工作，提出问题 200 余项，基本集中在地下室，提出优化建议 150 多条，经修改后的建筑、结构、给排水、消防、强电、弱电、暖通专业模型已经由设计院确认。如图 8-7 所示。

（2）管线综合，碰撞检查　常规施工，通常是结构施工完毕后才进行安装，所以经常会出现预留洞和安装管道发生碰撞及管道与管道之间发生碰撞等情况，而维修返工必会造成经济损失，工期延长。在施工图设计阶段，依据设计图纸，建立土建、钢筋、暖通、给排水、消防、强电、弱电等全专业模型，以建筑模型为基础，集成所有机电专业模型，进行碰撞检查，发现管线与管线之间、管线与结构之间碰撞点及建筑、结构设计不合理的地方，专业技术人员依据相关规范要求考虑施工便利性和使用功能并结合设计、监理等意见，确定出管线综合原则，对管线排布、碰撞点进行调整优化，直至消除碰撞点、保证最不利净高，并按设计意见修改设计不合理及错误部位。通过碰撞检查，得到预留洞口报告、管线排布三维视图及二维图纸，用以确定各部件标高及位置，避免返工，复杂部位还可参照三维模型施工或提供不同方向剖面图，指导施工，避免了不必要的材料和人工的浪费，大大提高了施工效率和工程建设质量，节约造价缩短工期。如图 8-8 ～图 8-10 所示。

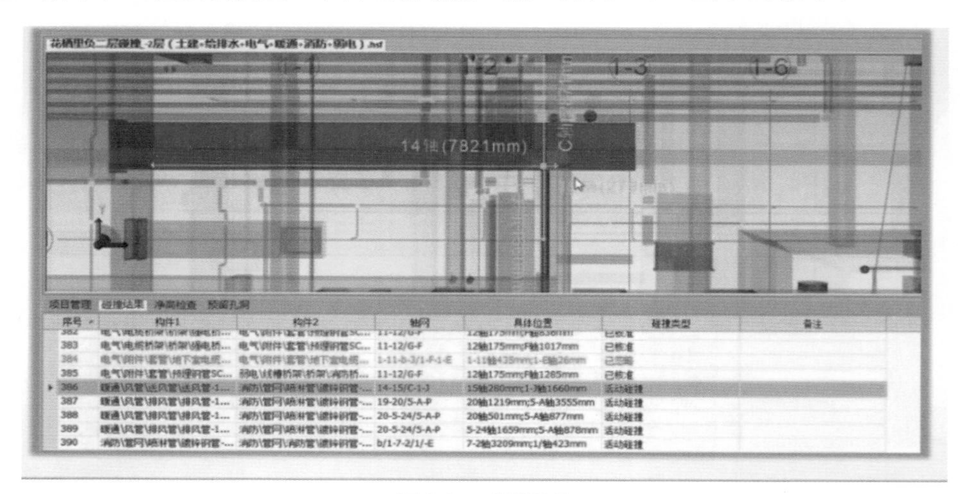

图 8-8　碰撞情况

⑱~⑲轴交Ⓤ~Ⓡ轴

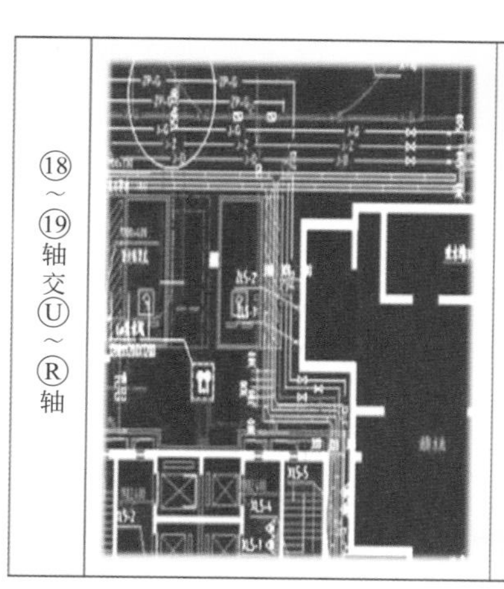

此处位置在6栋消防水池旁边，图中有消防、强电桥架，高中低区的给水管道，与引上的两根喷淋立管，还有用于此处的喷淋管道、消防管道，在消防水池旁边的过道内交汇，处理后的方案为：将消防水池的三根给水管道在保证ZL5-2/ZL5-1立管引上位置的同时，尽量移到靠消防水池且平行水平排布，往左方向排布引上的喷淋立管且下翻到桥架的下部，喷淋管底标高为2375mm，除去找平层的30mm厚度，优化后可得到管底最低标高为2345mm。此处管道排列紧凑，喷淋头位置只能上喷。

图 8-9 优化方案

图 8-10 管线排布

（3）图纸会审会议 项目图纸交底会审会议上，第一，由BIM项目经理通过展示本项目BIM模型来逐一说明图纸中存在的问题，把发现的问题向参建方说明，并提出优化方案，交由会议几方讨论确认，现场签字做出调整；第二，项目参建方依据提前查看BIM模型和图纸对照，以BIM模型作为沟通和交流的基础，进行图纸沟通和协商。可视化会审会议使得现场相关会议效率大大提高，为快速确定优化方案提供高效帮助。如图8-11、图8-12所示。

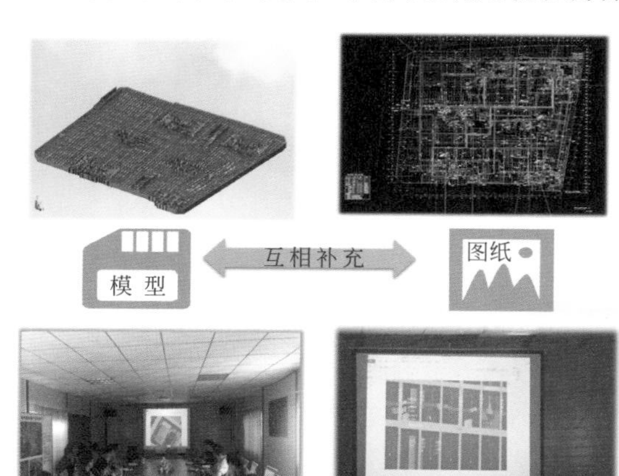

图 8-11 图纸会审

图 8-12 现场技术指导

（4）二维出图辅助施工　传统设计院CAD图纸，由于各专业间独立设计，少有沟通，相应图纸上仅反映本专业图纸信息，或者本专业信息都有可能不全面。BIM模式下的图纸信息是根据三维模型生成二维图纸的，优化后的模型，在生成的图纸上，可以查询构件的基本属性、设计要求、标高、位置、施工规范等信息。参照三维模型，结合二维图纸，为施工提供全方位的信息，辅助施工及管理。如图8-13～图8-16所示。

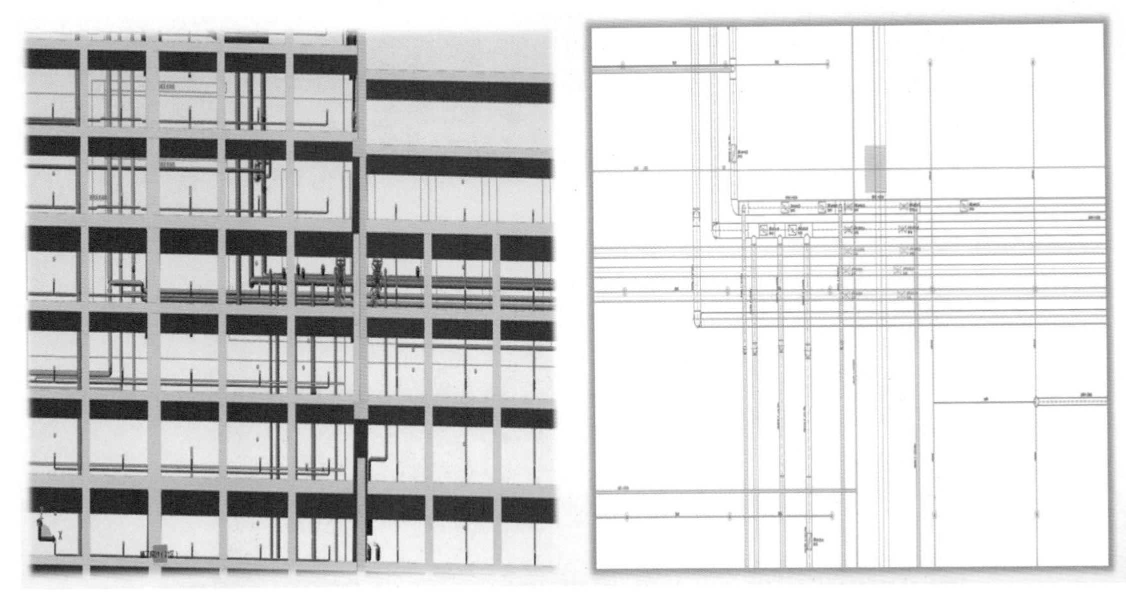

图8-13　管线平面图

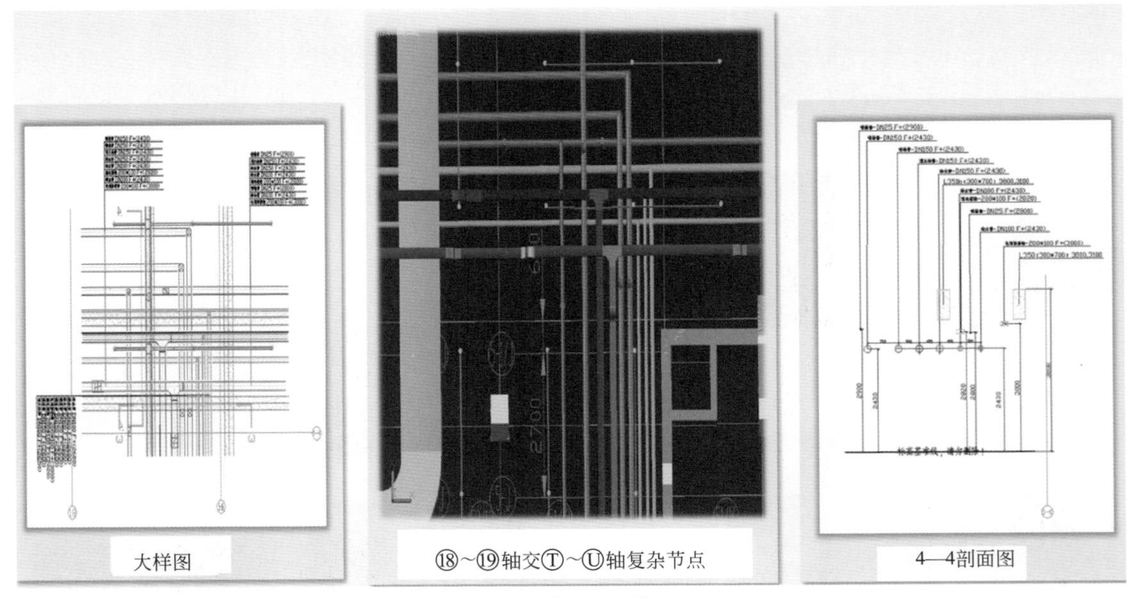

图8-14　管线详细节点图

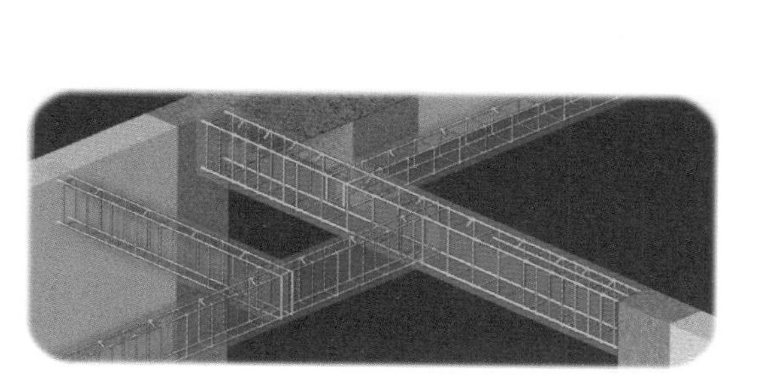

根据钢筋模型出具钢筋骨架图，用于钢筋下料审核及现场辅助施工。

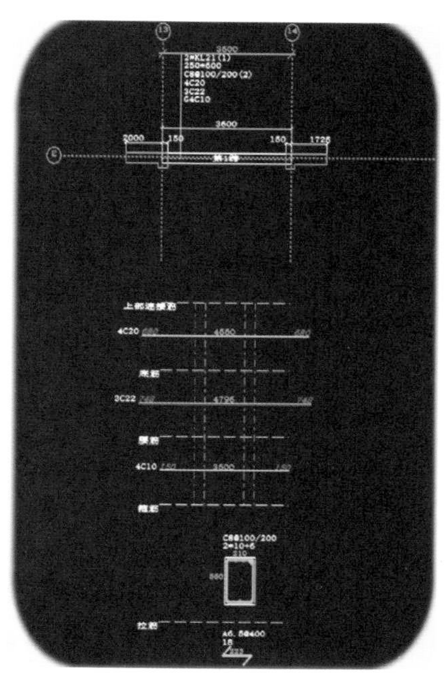

图 8-15　钢筋下料节点图

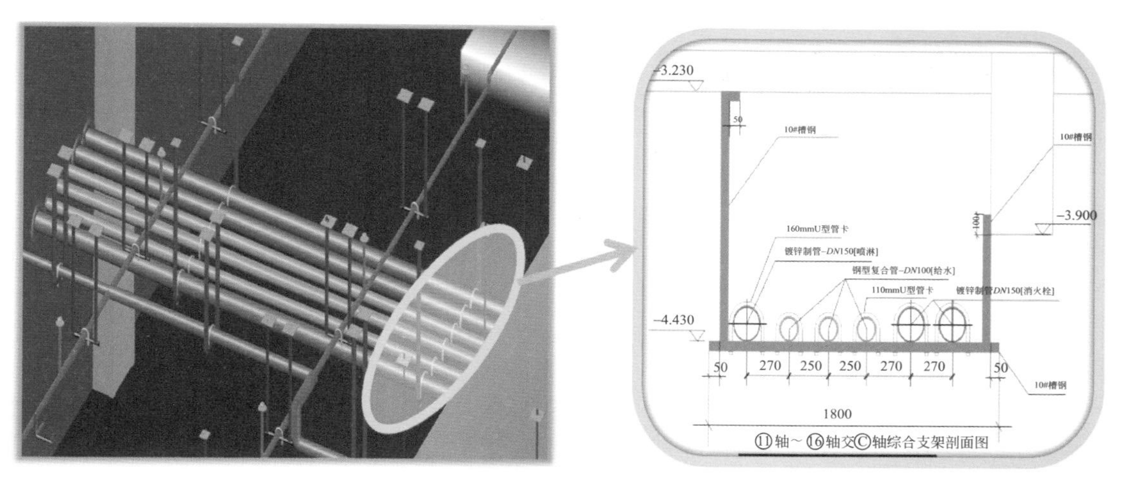

图 8-16　综合支吊架深化图

6. 物资管理

本项目模型基础数据信息是包含工程量计算规则、清单、定额、材价信息的工程量 BIM 模型，项目过程实施中，依据现场需求，分析不同时间段、施工段的资源需求量，提供准确的材料、设备需求计划。减少提前采购或超量采购造成的浪费及存放管理困难，避免材料数量不足或未及时到位影响工期，实现精细化管理。

7. 进度管理

项目实施涉及土建结构、机电设备安装多专业施工单位的施工协调，特别是施工进度的总体控制，对工程的顺利进行至关重要，项目采用 BIM 技术进行进度模拟和辅助项目进度协调会议，取得了一定的效果。

充分考虑计划与模型的匹配要求，赋予模型进度计划时间，进行模拟施工，直观、精确地反映整个建筑的施工过程，合理制定施工计划。项目将进度计划子项及BIM模型中的构件按专业、区段及部位、考虑楼层的命名、格式进行统一。施工过程中，施工单位进度管理人员依据每天施工进度，负责每天统计施工开展状况，并通过现场移动端在模型上加入实际进度录入系统，监理单位人员收到每天的录入信息后，对其进行复核审议并同步，系统将自动更新进度实际情况。实际进度计划与计划进度发生偏差时系统自动发送推送信息，相关责任人能及时获知最新的进度计划，做出相应的应对举措。

每周项目例会上，项目部通过BIM系统真实直观的形象进度展示，向项目全体人员进行当前施工状况的汇报，发现提前与滞后，做出分析。

8. 资料管理

项目现场有数千计的资料文件（变更单、会议纪要、图纸、技术要求等），现场管理难度非常大。采用BIM技术资料管理模式后，将以往的资料及后续资料一一对应BIM模型录入，以构建级别要求把资料归档录入，不仅形成管理台账，更是一份建筑构件生命记录。参建单位在BIM平台上随时根据各自需要（权限范围内）查询下载相关资料，相比较以往，更加高效和精确。

9. 造价管理

赋予信息模型进度时间形成3D模型+时间+费用的应用模式，在模型数据库的支持下，模型将造价、流水段和时间等不同纬度信息进行关联和绑定，以最少的时间实时实现任意纬度的统计、分析和决策，保证多维度造价分析的高效性和准确性，有效控制投资。

① 根据所涉及的时间段，如月度、季度准确计算该时间段相应工程量及造价，准确审批工程进度款，避免超付情况发生，确保资金安全。

② 准确计算不同时间段资金需求量，编制资金需求计划，节约资金成本。

③ 准确计算分析不同时间段、流水段的资源需求量，提供准确的材料、设备需求计划，可减少提前采购或超量采购造成的浪费及存放管理困难，也可避免材料数量不足或未及时到位影响工期，实现精细化管理。

现行项目投资规模大、建设周期长，很多合同约定主材价格可以按照清单规范按每月用量进行加权调整，待工程竣工实际调整时，施工单位往往会先行测算、提供有利于自己的调价资料给建设方，而监理单位往往也无法监管。现在利用BIM技术就可以依据模型实际进度计算各阶段材料用量，公平、合理调价，维护建设方利益。

在施工过程中，经常出现材料的多次搬运，造成材料、人工的浪费，延长了施工周期。利用BIM建模，做到分区域材料用量统计，材料运输一次到位，减少材料、人工的浪费，施工一次到位。

④ 通过模拟建造，直观得到方案效果、变更效果，并得到相应的量价对比分析，科学决策，避免造价失控。如变更，变更方案形成三维模型，直接看到变更的效果，并得到量价的对比分析情况，直观决策。

⑤ 及时反映变更、签证、材价变化情况，实现造价全过程动态管理，及时发现偏差，有效控制投资，避免超概算情况发生，实现投资控制目标的达成。

建设投资中，工程费用是最主要的组成部分，只有有效地控制好工程费用，才能控制好项目的总投资，在实施过程中，通过模型维护，能及时反映变更、签证、材价变化、工程量完成情况，得到项目真实造价，而不像以往一些项目，到竣工结算时才知道到底要花多少钱。

10. 质量安全管理

各单位发现的问题上传至平台，与相应构件挂接，并进行标注，问题（什么问题、谁处理、谁负责、时间要求、解决方案）解决后，进行区分记录统计，形成可追溯管理、责任到人，确保工程建设质量及安全。如图 8-17 所示。

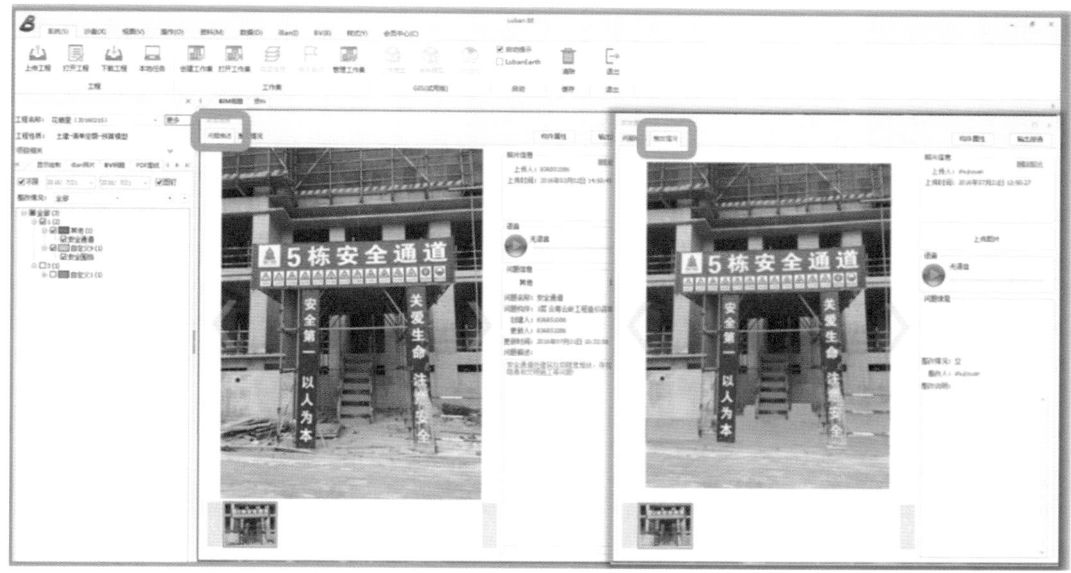

图 8-17 质量安全管理

四、BIM 应用效益分析

1. 经济效益分析

① 减少工期损失，加快工程进度。通过 BIM 的碰撞检查及管综调整实现设计优化，避免大量返工现象发生，减少大量的工期损失，从而加快进度。单此一项，BIM 技术应用的投

资回报率就非常高。

项目过程中除了技术等原因影响工期进度，还有相当一部分是人为原因，利用BIM模型进行进度管理，记录影响进度变化的每一细节，为判定工期责任主体、制定合理改进方案、减少影响工期的诸多因素，为辅助工期进度科学管理提供数据信息。

② 为设计、招投标、施工、竣工、运营各阶段提供量、价、资源量信息及多维度造价分析，直观完成设计优化、变更、签证、进度款审批、工料分析、方案比选等工作，实现建造过程中利用BIM技术完成对造价的动态控制。

③ 提升项目协同能力。BIM协同管理平台提供了最新、最准确、最完整的工程数据库，众多的参建单位，可基于BIM平台进行协同工作，大大减少协同问题，提升协同效率，改变传统的流程审核方式，简化手续、节约时间。

④ 快速完成进度款审批、结算审核工作，提供竣工结算模型、政府审计模型。

利用完善的三维BIM模型及准确的算量计价应用，实现对数据精准管控，快速提取需求数据资源，降低不确定风险，预测将发生的量、价等成本数据，最终达到科学合理的成本数据。

⑤ 提升运维管理水平，降低运维成本。运维BIM模型数据库，可大幅提升运维效率，降低物业运维成本。

⑥ 达到其他预期效果。

2. 社会效益分析

① 为云南建设项目采用公开招投标方式引入BIM技术咨询起到示范作用。本项目是云南省首次采用公开招标方式引入BIM技术咨询的建设项目，为BIM技术公开招投标起到示范作用。

② 符合国家、地区政策要求，符合建筑技术现行发展方向，为云南省保障性住房BIM技术推广应用起到示范作用。

③ 建设方主导、采用基于BIM技术的全寿命周期项目管理理念，为BIM技术应用提出新方向。建设方主导，专业单位提供技术支持，实现基于BIM技术的全寿命周期项目管理，形成新的项目管理解决方案。

五、BIM应用总体评价

本项目荣获第十五届中国住博会•2016年中国BIM技术交流暨优秀案例作品展示会大赛最佳BIM综合应用奖二等奖，以及上海建筑施工行业第三届BIM技术应用大赛三等奖。

六、BIM应用环境

项目采用的软硬件及所使用功能如下。

（1）BIM实施硬件配置　本项目总建筑面积130064.37m^2，体量较大，为保证项目实施过程中硬件设备顺畅，项目由BIM咨询方提供专业硬件配置方案（表8-2），进行硬件设施的购买配置。如图8-18所示。

（2）BIM实施软件配置　为确保工程量及数据库的准确性，本项目采用鲁班BIM平台作为主要实施软件，其中包含MC、BE、iBan、BV、SP、Works、土建建模、钢筋建模、安装建模、鲁班造价、鲁班施工等，依据项目实施情况，不断建立完善各阶段BIM模型，对模型做出相应分析，提供各阶段成果文件，利用BIM技术促进项目管理水平的提高。如图8-19所示。

表 8-2 硬件配置表

序号	名称	品牌	型号	类型	主要参数	数量
1	笔记本	戴尔	Alienware 17	笔记本	CPU：i7-6820HK；内存：16G；硬盘：1T 固态 +1T 机械；显卡：GTX 1080；显示屏尺寸：17.3in	3
2	笔记本	雷神	911M-M1a	笔记本	CPU：i7-6700HQ；内存：16G；硬盘：256G+1T；显卡：GTX970M；显示屏尺寸：15.6in	5
3	台式机	三星	微星 MS-7850	台式机	CPU：i7-4770@3.40GHz 四核；内存：16G；硬盘：128GB 固态 +2T 机械；显卡：GTX 760；显示屏尺寸：24in	4
4	平板	iPad pro	iPad pro WLAN 128G	平板	CPU：A9X；内存：128G；显示屏尺寸：12.9in	1
5	平板	iPad mini2	iPad mini2 32G WLAN	平板	CPU：A7；内存：32G；显示屏尺寸：7.9in	4

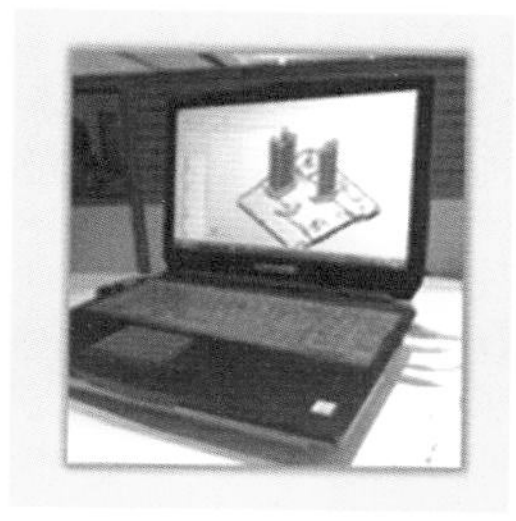

图 8-18 所使用硬件

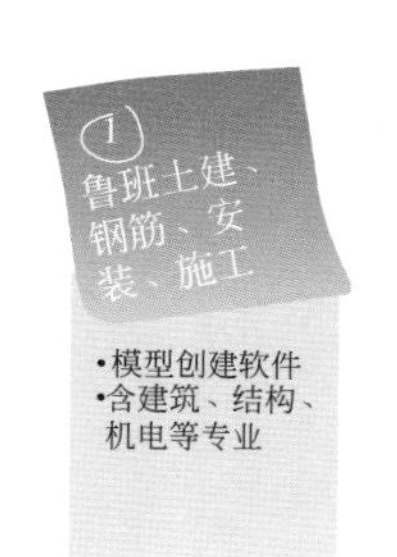

图 8-19 BIM 实施软件配置

七、工程项目中 BIM 技术应用的心得体会

体会如下：

① 本项目实施过程中尝试了大量 BIM 软件，但目前各软件平台的数据交互接口并不流畅，存在着数据的遗失、错误、不可逆、不可修改等问题；

② 本项目实施管理采用统一的协同平台，较好地达到业主对建造中的质量、进度、造价管控。

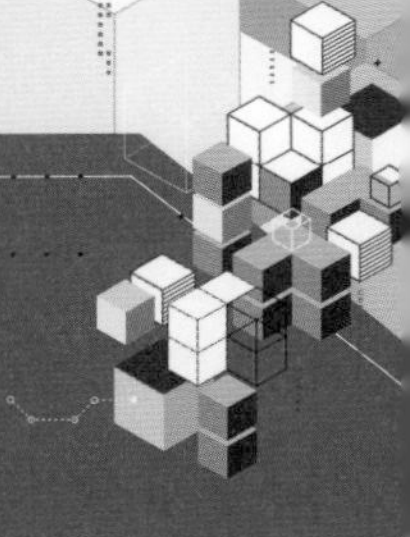

案例九

上海轨道交通某车站设计与施工阶段 BIM 技术应用

毕埃慕（上海）建筑数据技术股份有限公司

一、项目概况

1. 上海申通地铁股份有限公司

上海申通地铁股份有限公司前身为上海凌桥自来水股份有限公司，成立于 1992 年 6 月，1994 年 2 月 24 日在上海证券交易所公开上市交易。2001 年上海申通集团有限公司（简称“申通集团”）入主上海凌桥自来水股份有限公司（简称“凌桥股份”）。2001 年 6 月 29 日公司更名为上海申通地铁股份有限公司（简称“申通地铁”），主要从事地铁经营及相关综合开发、轨道交通投资、附设分支机构等，成为我国境内第一家从事轨道交通投资经营的上市公司。

2. 上海轨道交通地铁站项目介绍

上海某轨道交通地铁站模型图如图 9-1 所示。

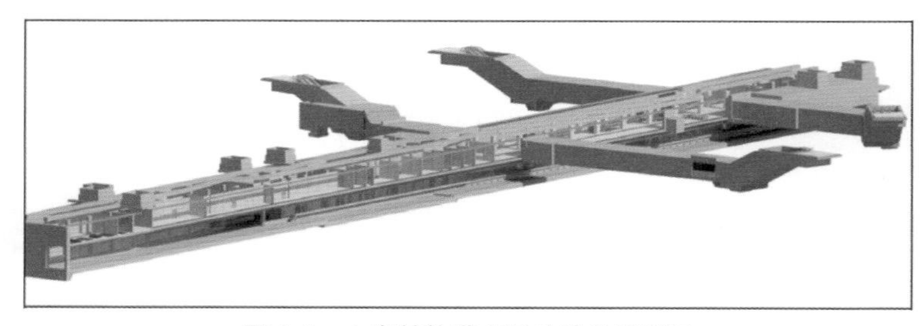

图 9-1　上海某轨道交通地铁站模型图

上海轨道交通建设项目工期紧，涉及的工艺比较复杂。为更好地开展该工程项目的管理，达到项目设定的安全、质量、工期、投资等各项管理目标，在项目的规划阶段、设计阶段、施工阶段、竣工运维阶段、全面推行 BIM 技术。通过使用 3D 建模、管线碰撞、功能优化分析等 BIM 技术的应用，以数字化、信息化和可视化的方式，实现项目建设水平的提升。

项目从设计到运维，全阶段试点使用 BIM 技术。对上海轨道交通推广、落实 BIM 技术具有重要意义。

3. 开展阶段、内容和开始时间

（1）BIM 咨询内容　针对上海地铁各线各站点的需求，制定了以全过程应用为目标的应用计划，从项目规划阶段入手，由最基本的地形模型开始做 BIM 技术服务。经过设计阶段、施工图阶段、施工阶段不断地深化，模型在不同阶段发挥不同的功能作用，协助业主、设计、施工方进行各阶段的辅助应用，最终将模型交付运营单位进行运维阶段的应用。

（2）开展阶段　设计阶段、施工阶段。

（3）开始时间　2013 年 8 月。

二、项目团队介绍

1. 公司介绍

毕埃慕（上海）建筑数据技术股份有限公司（以下简称“毕埃慕”）是一家专业从事 BIM（建筑信息模型）咨询服务的企业。BIM 是通过数据信息模型在建筑全生命周期中将三维数字信息完整传递并用于各类用途的综合系统，通过应用标准化的、计算机可识别的数字信息模型，优化改进项目的规划、设计、施工、运营及维护等一系列的工作流程。在建筑生命周期的不同阶段，不同利益相关方通过在 BIM 模型中插入、提取、更新和修改信息，以支持和反映其各自职责的协同作业，BIM 的服务周期是项目的整个生命周期，服务对象是所有的项目参与方。公司客户主要来自业主方、施工方、设计方。公司市场目前以上海为主，分布于江苏、浙江、广东、湖北、广西、江西、内蒙古、新疆等地，并逐步开拓其他省市。

“毕埃慕”目前已向房地产、建筑工程、地铁站台领域客户及业主方提供多个工程项目的 BIM 咨询服务。根据建筑项目所处的生命周期及客户需求不同，公司向客户提供基于 BIM 技术的绿建咨询、三维建模、设计纠错、管线综合、虚拟现实、施工配合、BIM 技术培训等咨询服务。

2. BIM 咨询服务人员基本情况

BIM 咨询服务人员基本情况一览　见表 9-1。

表 9-1　BIM 咨询服务人员基本情况一览

序号	姓名	年龄	性别	公司职务	本项目职务	服务年限 / 年
1	柴必成	31	男	部门经理	项目经理	9
2	林敏	39	男	总经理	项目总监	16
3	詹可伟	30	男	BIM 工程师	技术负责人	4
4	吴昊	26	男	BIM 工程师	技术支持	3
5	顾智浩	26	男	BIM 工程师	BIM 工程师	3
6	王鹏	26	女	BIM 工程师	BIM 工程师	4
7	杨锦飞	27	男	BIM 工程师	BIM 工程师	3
8	龚琪	33	女	BIM 工程师	BIM 工程师	6
9	朱黎明	26	男	BIM 工程师	BIM 工程师	3
10	裴小环	26	女	BIM 工程师	BIM 工程师	2
11	侯逸君	25	男	BIM 工程师	BIM 工程师	3

三、BIM 服务过程

（一）各阶段服务内容

1. 初步设计阶段应用

（1）场地仿真建模　将建设项目周围地形进行建模，反映周边的建筑、绿化、道路、河道、桥梁、高压线等因素，以三维的方式立体呈现站体周围的复杂情况，辅助业主精确全面地进行项目规划，配合各阶段的方案模拟，分析风险源，提高方案设计管理水平，也为后续的其他应用做好铺垫。

场地仿真模拟可以 360° 无死角地反映实际场地情况，还可以根据需要增加地下地形、障碍物、地下管线等内容。可以配合各种规划方案的表现进行测量、漫游、效果的模拟，标记各种风险或影响信息，具有很广泛的使用价值。如图 9-2 所示。

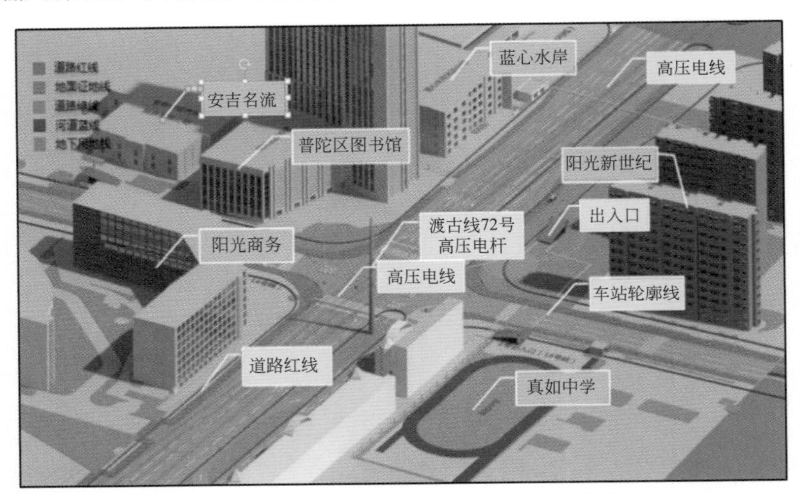

图 9-2　上海地铁 15 号线铜川路站场地仿真

（2）激光扫描机、无人机扫描　利用激光扫描或无人机扫描技术，可以配合场地仿真模拟进行逆向工程应用。尤其是场地地形图纸信息滞后，与实际场地现状出入较大、信息遗漏的情况下，通过扫描后的点云模型与常规建模的 BIM 模型相结合，可以让场地模型信息更加准确完善，大大增加场地仿真技术的实用性价值。如图 9-3 ～图 9-6 所示。

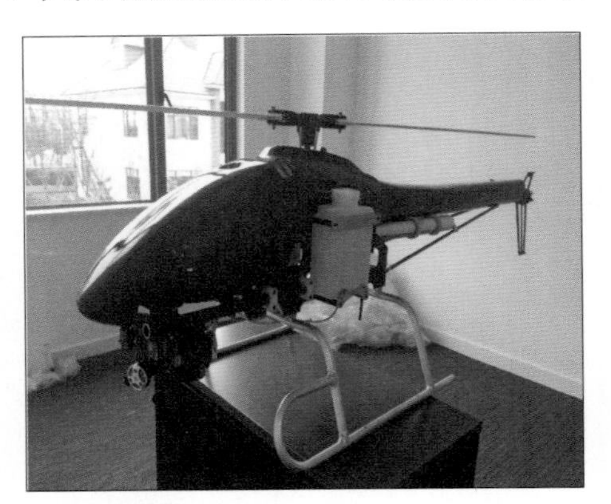

图 9-3　配备专业扫描设备的无人机

图 9-4　扫描现场效果

图 9-5 扫描点云模型

图 9-6 点云模型与场地模型的结合

（3）管线搬迁、道路翻浇模拟 结合场地模型与待建项目模型的结合，模拟各个施工阶段地下管线搬迁的方案，以及道路交通翻浇的方案，辅助业主对各阶段方案实施模拟过程中发现方案的问题和缺陷，经过多轮的模拟讨论，最终保证施工方案的准确性和可行性，通过模型本身的各种属性参数，也可以测算出方案涉及的各种工程量数据。如图 9-7 ～图 9-10 所示。

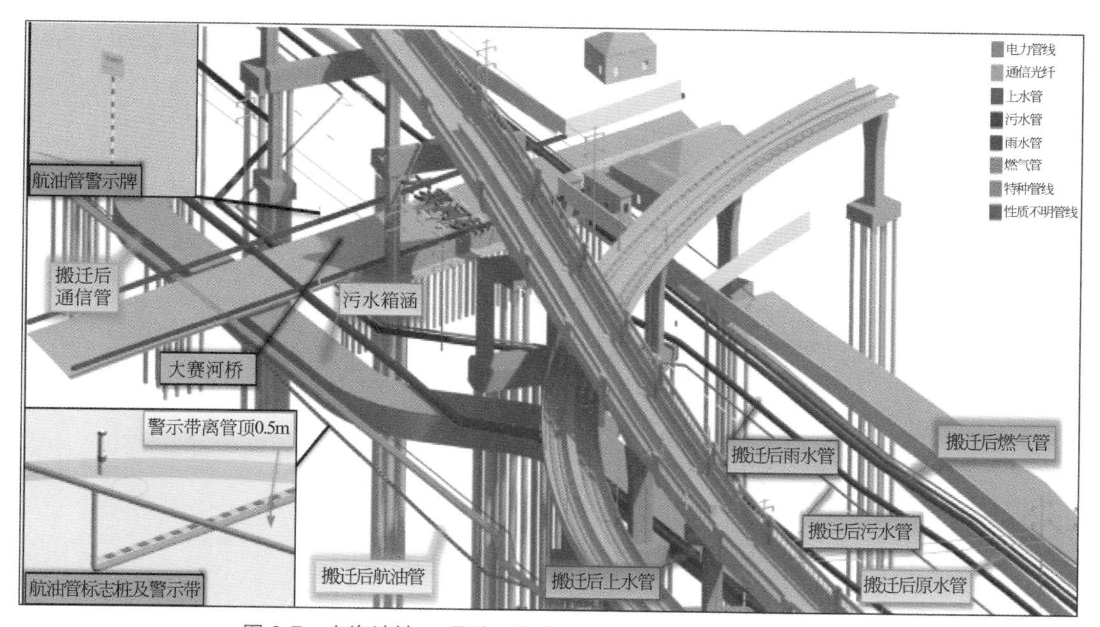

图 9-7 上海地铁10 号线二期高架区间地下管线搬迁模拟分析

（4）方案表现优化 通过模型模拟各种表现方案，直观无死角地展现方案设计的效果，通过 BIM 模型的三维可视化特点，比传统效果图展现更加灵活自由，可以剖切、可以旋转，甚至可以第一视角真实场景漫游，并能直接测量分析，提高方案决策效率。如图 9-11、图 9-12 所示。

2. 施工图设计阶段应用

（1）图纸审核 通过在施工图设计阶段建模过程中发现的各种不同专业的矛盾问题同步记录，并与设计进行沟通，可以保证在施工图送审之前就可以改正各专业设计上的矛盾问题或不合理的设计参数，减轻图纸审核单位的工作量，保证审核工作后的施工图纸的质量，从而节约因图纸设计问题造成的一系列的成本、进度上的浪费。由于 BIM 模型具有三维可视化及各种便捷的剖切、透明、隐藏的功能，对于问题反馈的理解效果也大大提升。

图 9-8　各专业合并后发现的设计问题

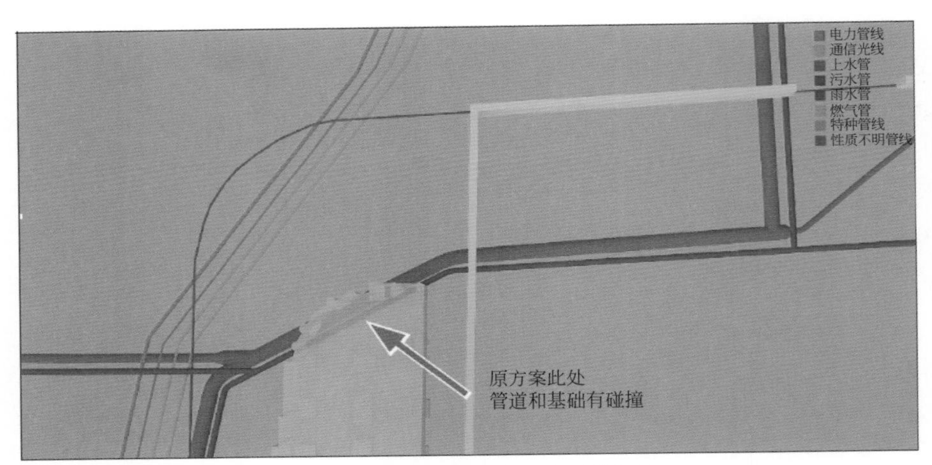

图 9-9　管线搬迁方案模拟发现的问题

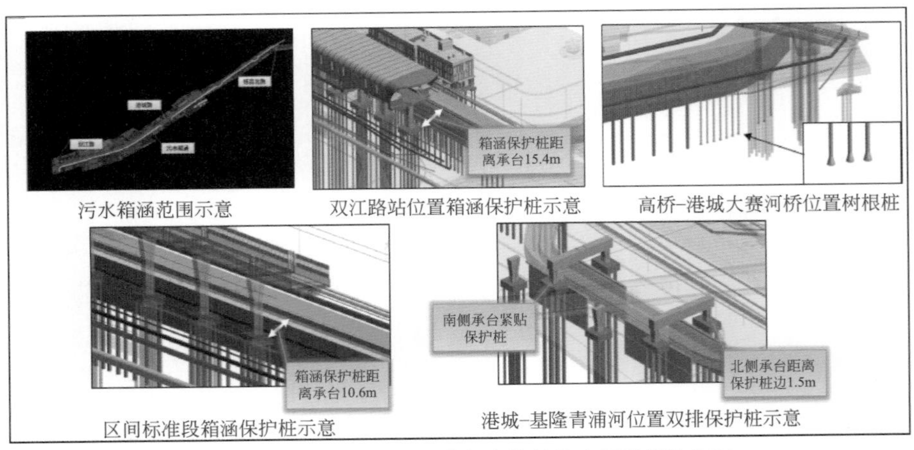

图 9-10　各种管线搬迁方案与主体结构之间的风险标记

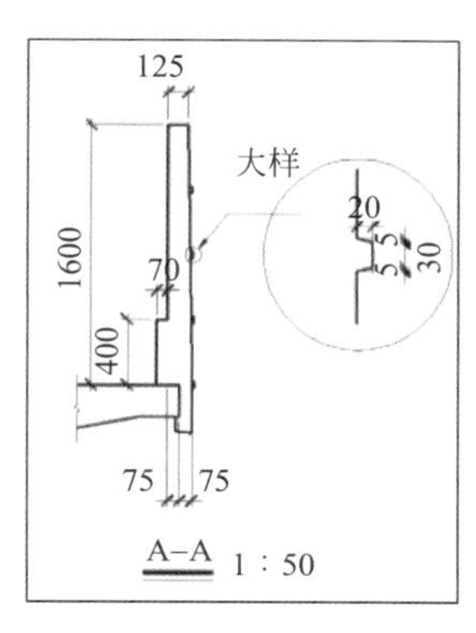

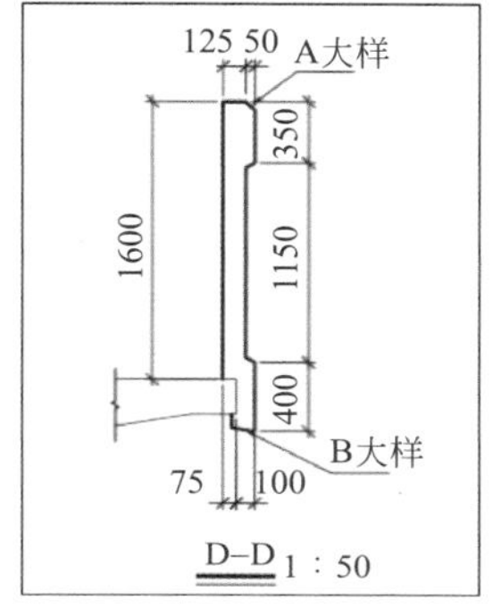

图 9-11　10 号线二期高架区间栏板造型方案模拟比选

图 9-12　声屏障造型方案比选

（2）管线综合与碰撞检查　通过将机电、建筑结构、装修方案等各专业相结合的方式综合检查机电专业与机电本身、机电专业与其他专业之间的各种碰撞点，通过专业的优化排布及尺寸修改建议，帮助业主、设计、施工各方解决碰撞问题，提供各专业的优化出图，保证招标工程量的准确性，提高施工单位管综施工的质量和进度。如图 9-13 ～图 9-15 所示。

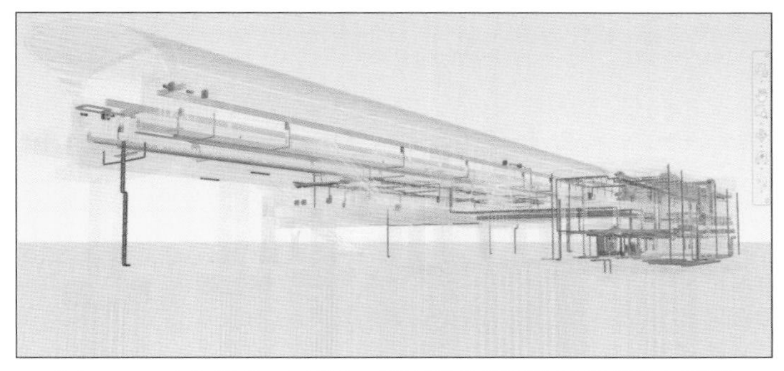

图 9-13　上海地铁 10 号线二期高桥站招标阶段管线综合模型

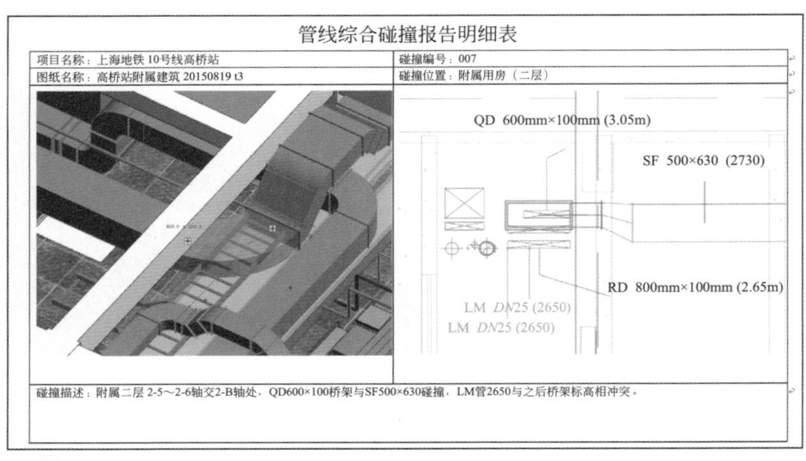

管线综合碰撞报告明细表

项目名称：上海地铁10号线高桥站	碰撞编号：007
图纸名称：高桥站附属建筑 20150819 t3	碰撞位置：附属用房（二层）

碰撞描述：附属二层 2-5～2-6轴交2-B轴处，QD600×100桥架与SF500×630碰撞，LM管2650与之后桥架标高相冲突。

图 9-14 碰撞报告

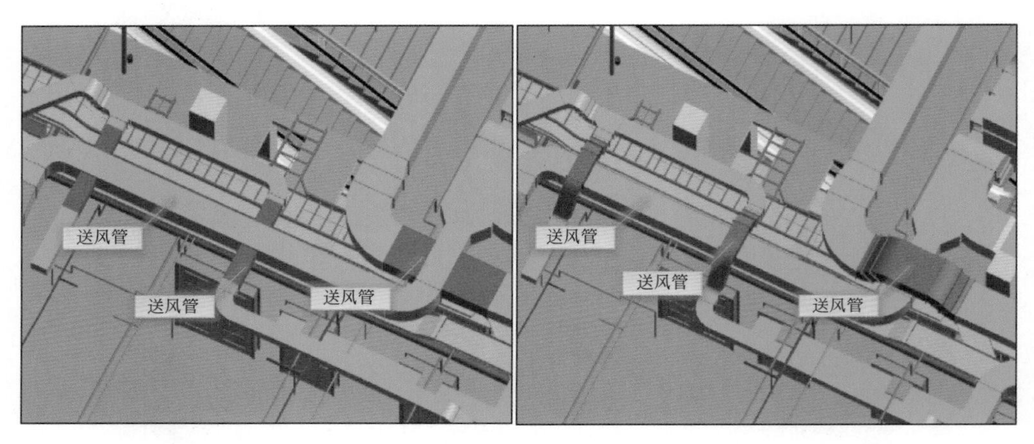

图 9-15 碰撞优化

（3）招标工程量计算复核 利用模型自带的几何数据信息，结合专业的算量插件工具对工程量数据整理，形成专业的工程量清单，并与招标代理进行面对面的工程量核对，既保证招标工程量的准确性，也保证模型及数据的准确性，为后续的应用做好基础。如图9-16所示。

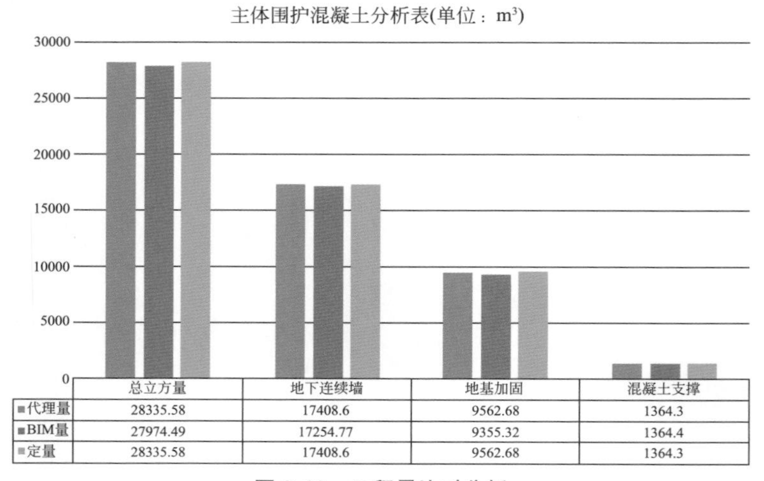

	总立方量	地下连续墙	地基加固	混凝土支撑
代理量	28335.58	17408.6	9562.68	1364.3
BIM量	27974.49	17254.77	9355.32	1364.4
定量	28335.58	17408.6	9562.68	1364.3

图 9-16 工程量比对分析

（4）方案模拟　该阶段的图纸更加细化，反映的信息也更加齐全。利用BIM模型的模拟性特点，将该阶段的各种方案进行模拟更具有分析指导意义，例如进行大型设备运输路径的模拟，可以帮助设计确定吊装孔、运输路径、墙体预留洞等是否合理，图纸信息表达是否清晰明确，从而提升图纸质量，预先控制施工顺序。如图9-17所示。

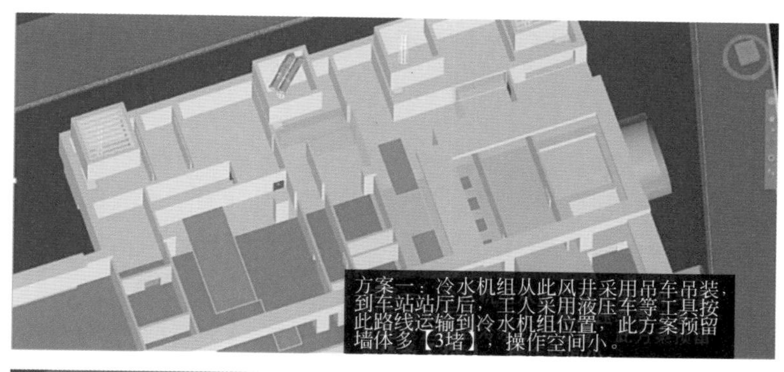

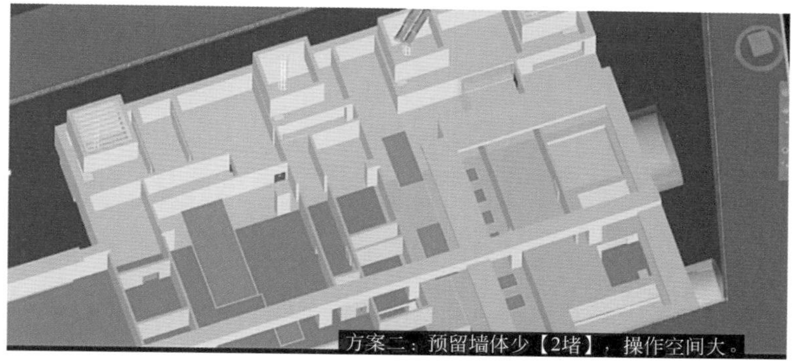

图9-17　运输路径方案模拟

（5）虚拟漫游　模型建成后，利用配套的漫游软件，可以对模型内部进行第一或者第三人称视角的漫游。该模式对于模型内部情况的检查更加直观，例如对装修方案的直观效果感受、工作空间的检测、隐蔽区域的内部情况等，并能随时查看构件信息，进行尺寸测量、构件显隐等操作，对于指导现场施工具有很高的价值。

（6）后期展现　传统的精装修设计通过对各种关键部位做效果图的方式表达装修后的效果，模式死板，无法充分表达出设计图纸的效果。利用BIM模型的剖切、隐藏、旋转、漫游等各种表现方式，可以完全表现设计图的方案效果，还能通过漫游实景感受建成后的效果，并且可以多方案比选，对施工方案的优化和改善提供了有力的帮助。如图9-18所示。

图9-18　初版车控室装修方案漫游

3. 施工阶段应用

（1）施工筹划模拟　通过 BIM 模型与施工单位的施工组织进度相结合，可以模拟项目施工的全过程流程，验证施工组织进度的可行性，检查和优化施工排班，通过和工程量相结合，还可以分析统计出各个阶段产生的费用，对于整个项目的成本和进度管理具有重大的价值。同时通过形象的动画演示，施工方、监理方、业主方、甚至非工程专业背景的领导都能理解项目施工的过程，提高沟通效率。

（2）专项方案模拟　利用 BIM 模型的可模拟性，将各种复杂的施工工艺流程形象地通过三维动画的方式进行表现，既提高了方案沟通的效率，又可以实际模拟方案与周围环境的真实关系，比起过去二维平面和文字表达施工方案的传统做法更具有验证意义。各种考虑不当的问题通过模拟可以直观地暴露出来，保证施工方案的可行性，间接又提高了施工进度、安全、成本的管理水平。如图 9-19 所示。

图 9-19　10 号线二期高架区间跨 6 号线段施工方案

（3）复杂节点建模放样　施工现场根据施工方案需要，经常要自己对辅助设施设备进行配套设计施工。利用 BIM 模型可出图性的特点，将模块进行精细化建模后，可以根据细度需要，将模型进行颗粒度划分，各种组合部位可以单独分离进行剖切出图，用于指导施工部署及材料加工等工作，提高管理水平，节约成本。

（4）激光扫描测量　结构主体施工完成后，利用激光扫描技术对结构完成体进行扫描，形成点云模型后，与 BIM 模型进行分析比对，通过彩虹图可以便捷快速地知道实际施工完成后所有构件与模型理论尺寸之间的偏差关系，对于偏差较大的部位，可以利用点云模型直接测量尺寸，得到精确的偏差值，提高施工质量的管理。如图 9-20 所示。

（5）施工场布模拟　通过将施工场布设计方案以 BIM 的方式展示，既可以直观形象地表达工地的布置情况，又可以对场布与周边环境进行分析，优化各种布局不合理的地方，保证施工流畅，减小施工风险影响，避免对周边业主造成各种不便，体现文明施工的精神。如图 9-21 所示。

（6）施工信息管理　结合 BIM 管理平台以及模型上添加各种施工信息参数的方式，将施工过程中各种数据进行集成，所有参与人员根据权限不同可以对资料进行上传、查看、下载，以及与 BIM 模型之间进行关联。通过统一的平台管理，方便施工单位灵活记录、保存施工资料，查找方便，随时记录，保证施工信息的完善，对于施工内部管理及竣工移交都有巨大的价值。

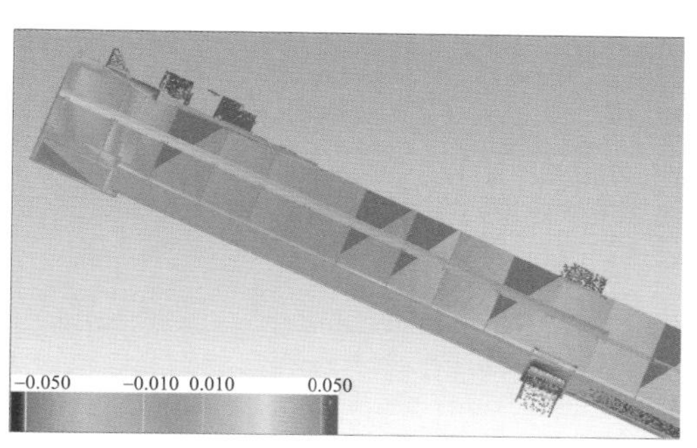

图 9-20　点云模型与 Revit 模型偏差分析

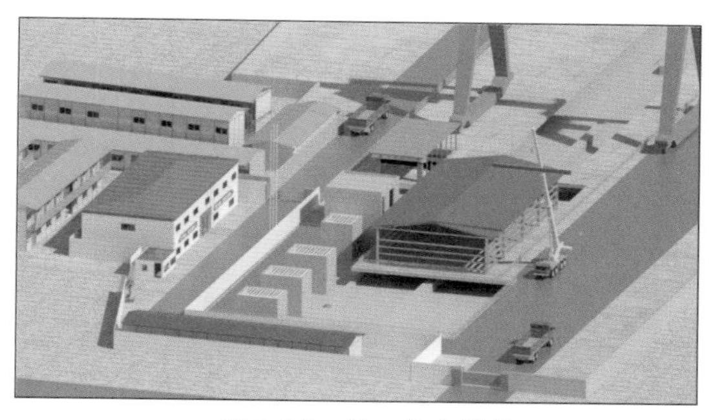

图 9-21　施工场布模拟

（7）施工进度管理　施工阶段开始之前，完善施工阶段的模型细度，每周利用模型进行形象进度记录，通过不同颜色表示本周完成的部位、下周计划施工部位、本周未完成的部位等方式，随时了解施工过程中碰到的各种问题，对方案进行调整，保证施工进度的控制，形成历史记录，方便后续对施工问题的追溯。如图 9-22 所示。

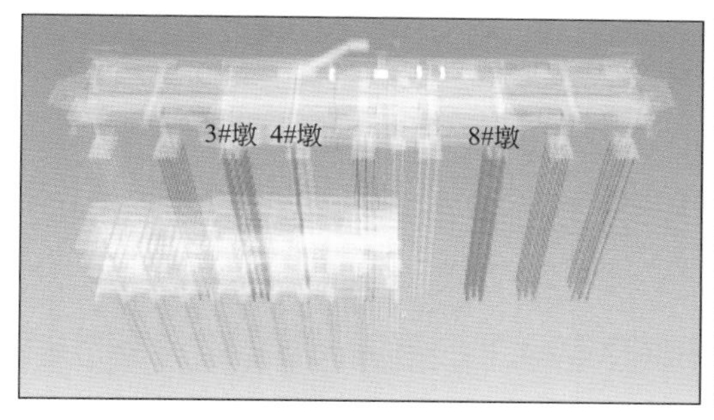

2016年3月4日~2016年3月10日，本周完成双江路站
3号承台26#桩、27#桩、30#桩、32#桩、33#桩、34#桩；
4号承台35#桩、36#桩；
8号承台76#桩、77#桩、78#桩、80#桩、81#桩、84#桩、85#桩。

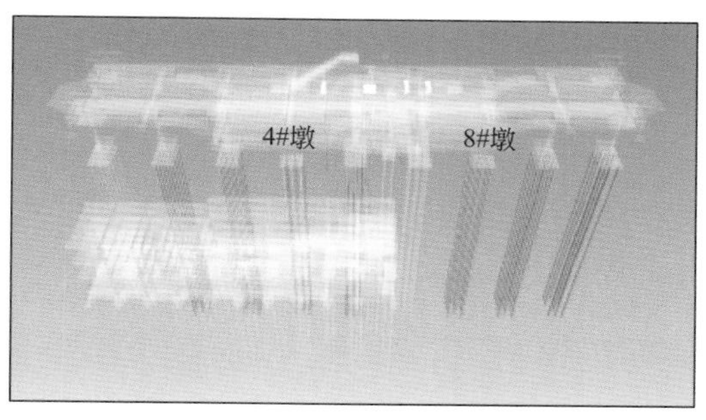

2016年3月11日~2016年3月17日，计划完成双江路站
4号承台37#桩、38#桩、39#桩、40#桩、41#桩、42#桩、43#桩、44#桩、45#桩、46#桩；
8号承台75#桩。

图 9-22　BIM 施工进度记录

（8）施工安全管理　施工阶段利用 BIM 模型的可模拟性，对各种施工方案、临边保护措施、临时照明及安全提醒牌设置等进行模拟，并利用 BIM 模型的可出图性对一些重要措施进行出图，保证施工安全的完善性。

结合 BIM 协同平台的管理功能，对于所有施工环节的任务均采用流程化管理，对于进入现场办公的人员均利用平台进行安全管理流程，责任到人，避免因传统管理模式人员审批流程不到位等原因导致施工安全问题出现。

（9）施工成本管理　施工阶段对于工程量数据的测算统计需求十分频繁，各种因为数据统计量大、变更修改更新不及时、隐蔽工程数据记录不完整、实际用量统计模糊等问题，导致成本控制比较粗放。利用 BIM 模型工程量统计的优势，可以分构件、分区域、分时间、分班组等条件，灵活抽取工程量数据。模型变更调整后，所有数据也都及时更新，大大提高了管理水平，让项目管理者清楚地知道项目各阶段该花多少钱。

（二）BIM 价值体现

BIM 应用点介绍见表 9-2。

表 9-2 BIM 应用点介绍

序号	应用点	说明
1	BDIP 协同平台应用	贯穿整个站点的 BIM 应用的工作平台，各种模型数据和工程数据及工作记录都集中在平台中
2	BIM 实施标准创建	结合项目实际需求和应用点功能需求，编制出一套能指导后续项目应用的企业级的 BIM 实施标准
3	图纸问题审核	通过建模发现图纸当中的问题错误，提前避免因为图纸设计问题导致的工程进度影响
4	施工场布模拟	利用 BIM 模型展现项目场地布置方案，展现项目真实的施工环境，体现企业先进的技术手段
5	模型深化设计	利用模型的可模拟性和可出图性，直接做施工深化工作，可以得到图纸、材料清单等各种附带价值
6	工程数据管理	通过给模型录入各种工程管理数据，方便后续利用模型和数据进行各种项目管理工作
7	BIM5D 工程量计算	三维模型工程量，结合施工进度时间、造价等元素快速准确测算成本
8	施工方案模拟	简易的动画制作过程，既可以形象表达施工方案的流程，又可以导出图纸深化加工
9	施工进度管理	利用模型记录项目进展情况，结合工程数据的管理功能方便直观地了解项目的实际进展
10	质量安全问题整改	可形成历史数据的协同工作方法，通过移动端与平台端联合的方式提高问题整改率
11	工作任务管理	可对各种工作任务进行记录和追踪，形成历史数据，随时查看任务完成进展
12	移动端现场管理	通过移动端访问平台数据，现场管理随时查看各种资料，通过二维码扫描定位 BIM 模型，进行现场管理
13	三维激光扫描	对完工部位进行激光扫描，形成点云模型，与 BIM 模型对比，测量偏差

四、BIM 应用效益分析

1. 经济效益

上海轨道交通项目在经济效益上，主要围绕工期减少、变更降低、返工率减少、安装到位率高、成本控制效率、运维效率、协同效率等方面。

通过 BIM 技术以及协同平台的使用，提高了能源利用效率、资源利用效率、人力资源效率、办公效率和服务效率等。

2. 社会效益

城市轨道交通在城市可持续发展以及城市结构变迁中的重要作用是十分明显的，同时与人民的生活工作等息息相关，拉动内需，促进国家和地方经济的发展。随着中国国民经济的持续快速发展，城市化进程的不断加快，城市基础设施特别是城市交通设施与城市化发展的矛盾逐渐显现，发展轨道交通的重要性越来越突出。但由于城市轨道交通技术复杂，造价昂贵，耗时长，修建轨道交通时充分利用 BIM 技术减少设计变更，降低成本，缩短工期，其带来了良好的社会效益，对人民群众的生活起着极为关键的作用。

五、BIM 阶段评价

毕埃慕（上海）建筑数据技术股份有限公司在上海轨道交通项目中的各系列项目的服务工作中积极努力、认真踏实地完成了相关的 BIM 咨询工作，符合我方对此项目的 BIM 咨询要求，较好地支持和保障了本系列项目的实施。

六、BIM 应用环境

运行环境见表 9-3。

表 9-3　运行环境

客户端	硬件	CPU：i 系列处理器（i5，i7），e 系列处理器（e3，e5） 内存：8GB 及以上　硬盘：1TB 及以上
	软件	操作系统：win7（64 位） 浏览器：Chrome、Firefox 其他软件：Apache Tomcat 7.0　Java Develop Kit 1.6　Autodesk Design Review 2013
服务器端	硬件	CPU：i 系列处理器（i5，i7），e 系列处理器（e3，e5） 内存：16GB 及以上　硬盘：1TB 及以上
	软件	操作系统：win7（64 位） 数据库：Microsoft SQL Server 2008 R2 其他软件：Apache Tomcat 7.0　Java Develop Kit 1.6　Autodesk Design Review 2013

七、BIM 应用心得总结

建立以 BIM 应用为载体的项目管理信息化，可做到提升项目生产效率、提高建筑质量、缩短工期、降低建造成本。具体体现在三维渲染、宣传展示、快速算量、精度提升、精确计划减少浪费、多算对比、有效管控、虚拟施工、有效协同、碰撞检查、减少返工、冲突调用、决策支持等应用上。同时利用地理信息系统，通过对多维化信息空间的构建，能够从不同的视角管理、查看房产空间及属性信息，达到对房产资源更直观、更有效、更灵活地全方位管理。

项目全寿命周期的整合，不仅是项目实施阶段的整合，更重要的是与后期运维管理结合，才能真正实现整合的价值。中国的建筑业与运营管理的整合程度，正在逐渐加深，并且这个速度也越来越快，随着运维管理与建设过程的整合，需要BIM等信息管理工具的支撑和推动，同时运维管理的发展也是推动 BIM 应用的一个因素。这个过程的驱动力，是来自于建筑设施的使用者对运维管理重视程度越来越高，对于建筑绩效的要求越来越高。随着 BIM 在设计领域中的普及，业主、运营商将越来越习惯并日益期待在设施管理中使用此类建筑信息。因为在建筑设计中使用 BIM 所获得的优势已被广泛认可，并且许多建筑师也正在积极将基于工程图的流程转变成基于模型的流程。

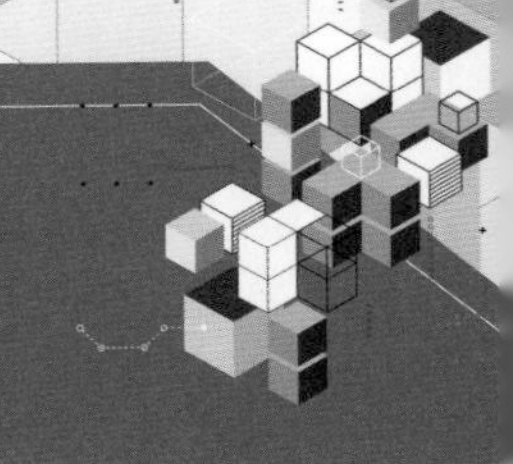

案例十

彩虹快速路工程设计阶段 BIM 应用

浙江西城工程设计有限公司

一、项目概况

1. 项目介绍

彩虹大道是杭州市域快速路网骨架“五横”中的杭新景高速公路—之江大桥—彩虹大道快速通道在萧山段的组成部分。本次设计范围为彩虹快速路先期设计段，西起育才路，东至商城北路（沪昆铁路绕行线），全长1.331km，包括5个交叉口和2对平行匝道，由杭州萧山城市建设投资集团有限公司投资建设。如图10-1所示。

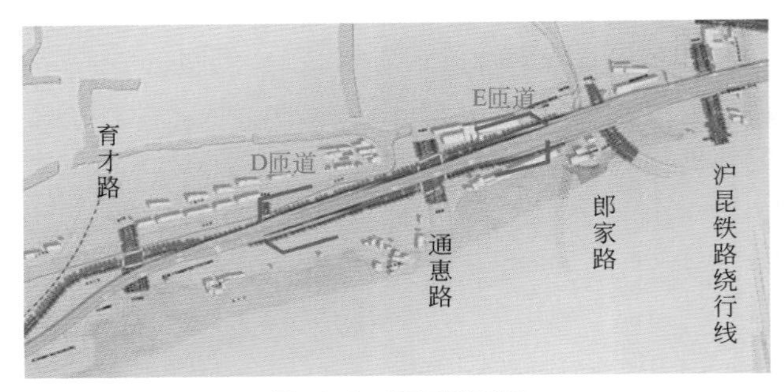

图10-1　项目平面图

2. 项目BIM应用背景

纵观市政几十年的2D工作模式已经到了一个瓶颈，诸多问题已暴露无遗，急需全新的技术予以解决，进入更高的层面。所以引入BIM概念、应用BIM技术已是迫在眉睫。通过BIM技术建立协同平台，实现各环节、各专业的协同作业，打破信息壁垒，搭建信息传递链条，达成项目各环节与专业信息共享。同时，BIM可以简化专业间信息传递路径，减少重复劳作，高度集中数据，让各参与方在统一的环境下协同作业，降低传统模式下信息沟通不到位对工作的影响，大大提高工作效率。

本项目从2016年7月开始。

二、BIM 团队介绍

1. 团队基本情况

浙江西城工程设计有限公司 BIM 研究院成立于 2016 年年初，下设技术研发部、建筑分部和市政分部，其中专职人员 9 人，兼职人员 10 余人。自 BIM 研究院成立以来，已完成了杭州市富阳中学、吴江汉唐酒店、电信浙江创新园、义乌市环城西路与拥军路交叉口改造工程、彩虹快速路等项目的 BIM 设计。

2. BIM 团队工作模式

见图 10-2。

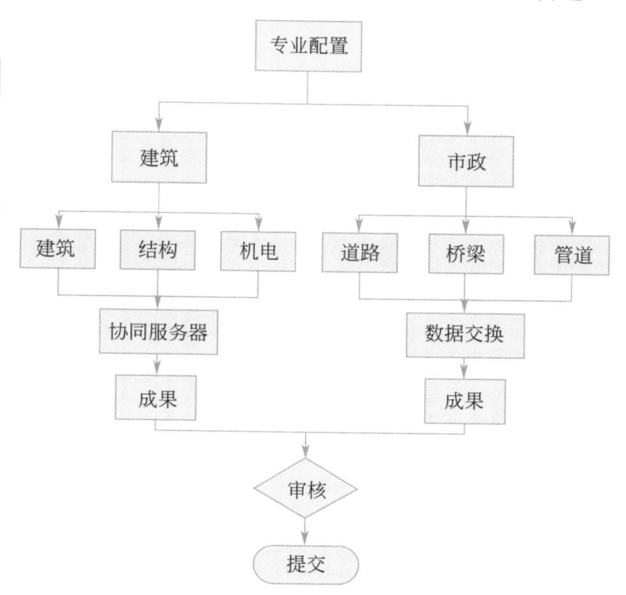

图 10-2 团队工作模式图

三、BIM 情况介绍

（一）项目 BIM 应用总体介绍

本次 BIM 设计内容包括了彩虹快速路高架桥和匝道桥梁工程、地面道路工程、排水及管线综合工程，以及照明、交通设施、景观绿化等附属工程。在建模中利用数据互导和编程解决了道路、空间异形桥梁的建模和应用难题。

（二）本项目解决的主要问题

1. 实现了数据创建道路

用 Civil 3D 拾取 CAD 图纸中的高程点、等高线的数据，依据这些图纸上的数据生成三维的地形，再通过 Civil 3D 进行地形处理生成三维地形模型。如图 10-3 所示。

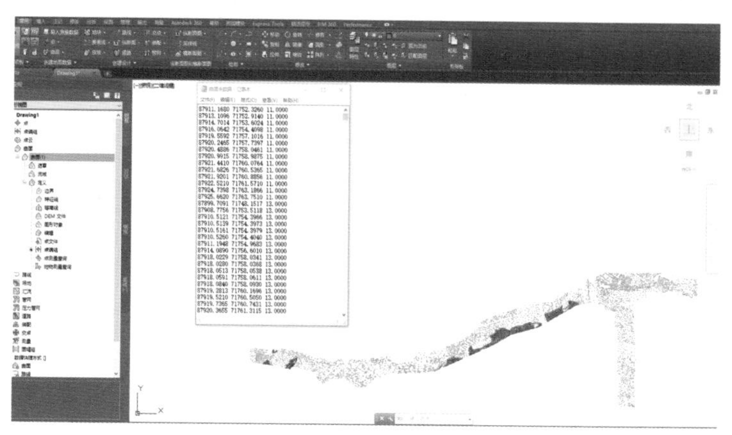

图 10-3 通过点数据创建地形曲面

部件编辑器进行可视化编程定义，自动判断不同地形情况的装配，实现智能的加宽渐变、多级放坡，以及处理复杂的道路情况。如图 10-4、图 10-5 所示。

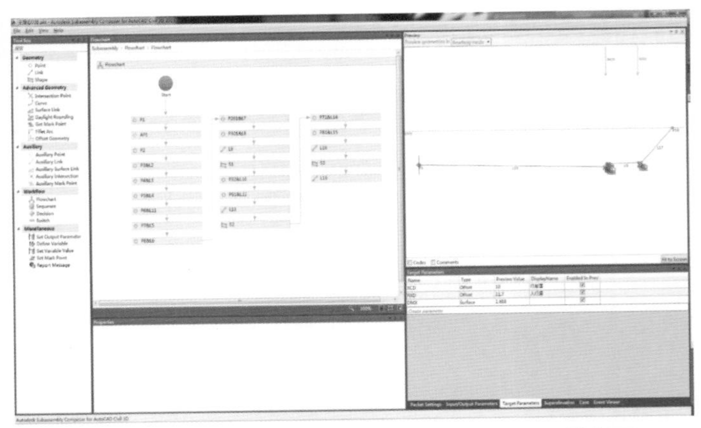

图 10-4 通过 Subassembly Composer 生成道路横断面

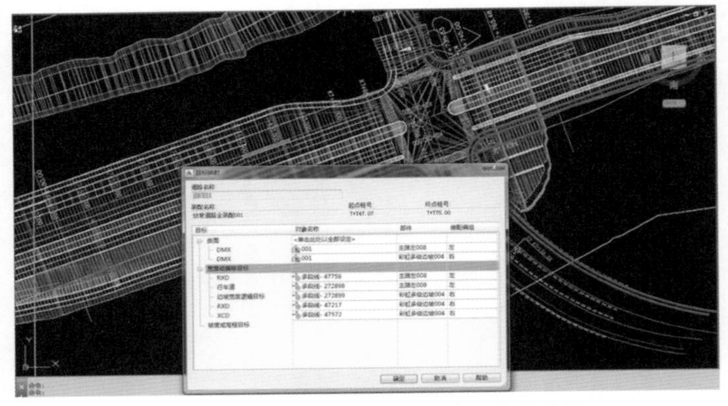

图 10-5 道路数据用横断面装配成道路图

直接读取地勘单位的地形点数据生成曲面，如此生成的曲面更准确。道路设计用可视化编程编写道路横断面的多级边坡装配，将编写的装配导入到 Civil 3D 中，给每个参数指定逻辑目标，就可以实现智能放坡。如图 10-6 所示。

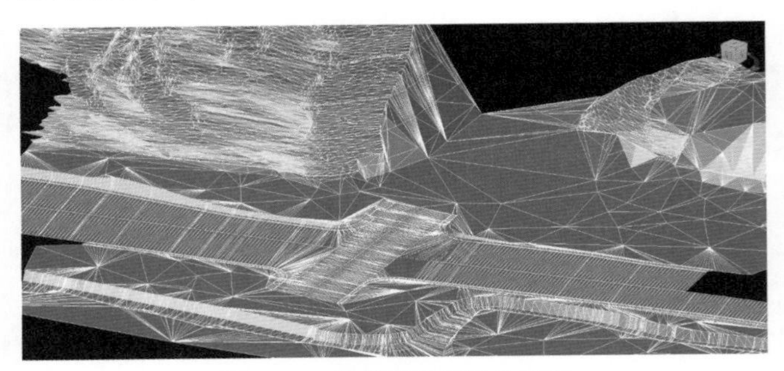

图 10-6 智能放坡后的地形图

2. 在 Revit 中实现了异形空间连续箱梁桥上部结构的建模

利用 Civil 3D 的选线优势和 Revit 的建模优势，通过 Civil 3D 创建桥梁中心线数据，再通过 Dynamo 的数据转换后将中心线导入 Revit 中，用于桥梁的精确定位的制作。

利用 Dynamo 强大的可视化编程能力，将 Revit 中创建的各种构件和 Dynamo 创建的构件，按桥梁的实际规则在 Revit 中进行拼装，实现了桥梁上部连续箱梁的建模。

3. 实现了族的参数化和数据驱动

对桥梁构件建立了族库，包括桥梁结构、附属设施、临时施工设施以及施工器械等。并对常用构件进行了参数化设计，大大提高了设计的可复制性和可修改性，提高了工作效率。如图 10-7 所示。

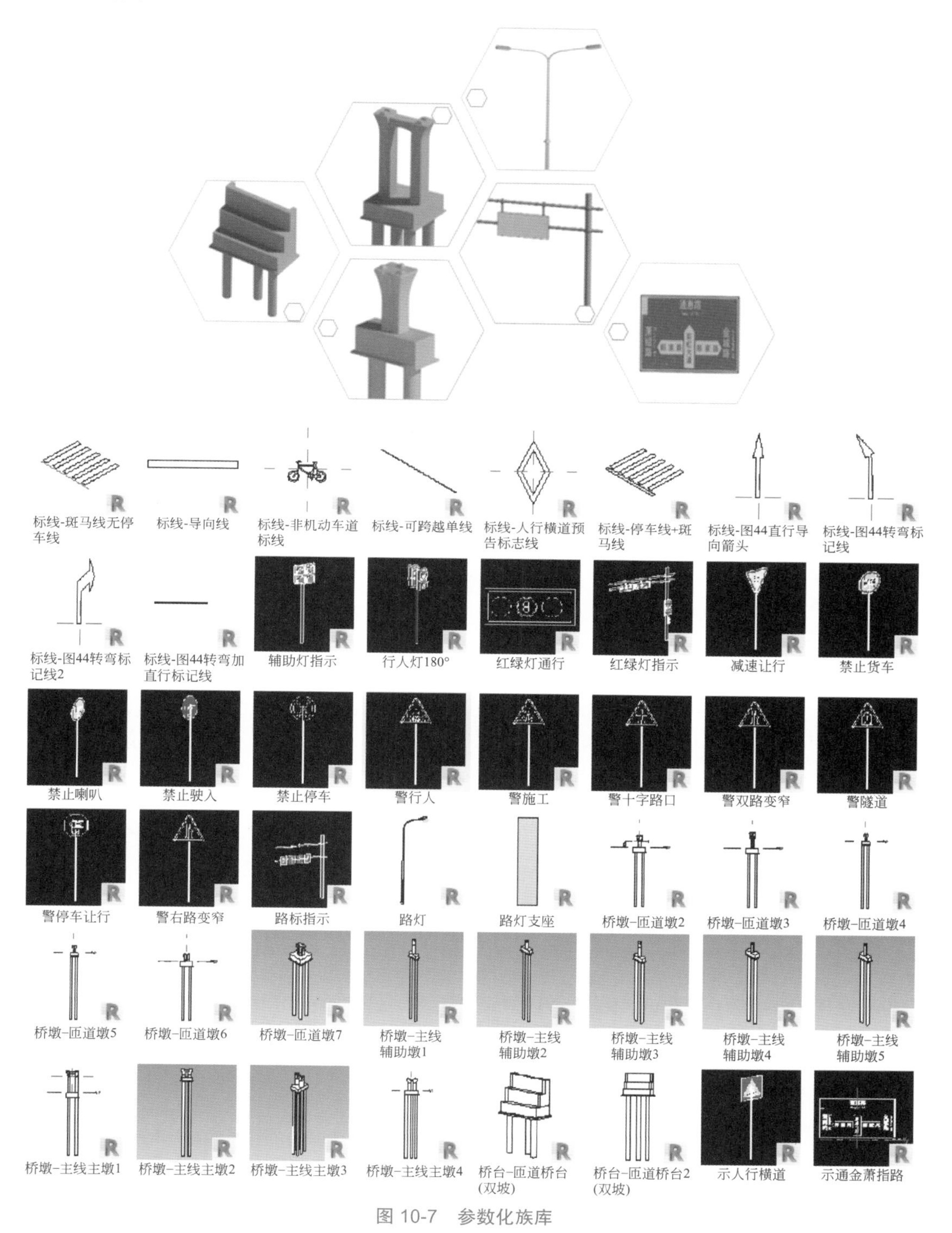

图 10-7 参数化族库

桥梁每个下部结构都有各自的位置和参数，比如每个墩的位置在什么桩号处，桩长和墩高是多少等。在 Revit 中放置墩存在定位困难、参数设置工作繁重等问题。在数据处理后，利用 Dynamo 驱动下部结构按其桩号、角度、高程放置，并添加相应的参数值，实现了一键自动完成下部结构放置的功能。如图 10-8 ～图 10-10 所示。

匝道墩1						
墩号	桩号	承台顶标高h_1/m	墩顶高差/m	墩柱高H/cm	桩长/m	墩高/m
DX01	6910.116	5	0.3	898.3	60	8.983
DS01	6983.116	4.4	0.4	970.7	45	9.707

匝道墩2					
墩号	桩号	承台顶标高h_2/m	墩柱高H/cm	桩长/m	墩高/m
ES06	7736.116	5.4	832.1	20	8.321
EX04	7736.116	5.2	852.1	20	8.521

匝道墩3					
墩号	桩号	承台顶标高h_1/m	墩柱高H/cm	桩长/m	墩高/m
ES03	7566.116	4.8	369.6	50	3.696

匝道墩4					
墩号	桩号	承台顶标高h_2/m	墩柱高H/cm	桩长/m	墩高/m
DX02	6946.616	4.5	904.1	45	9.041
DX04	7018.116	4.8	491.4	45	4.914
DS02	7018.116	4.9	888.2	45	8.882
DS04	7088.116	6.2	364	60	3.64

图 10-8 桥墩数据

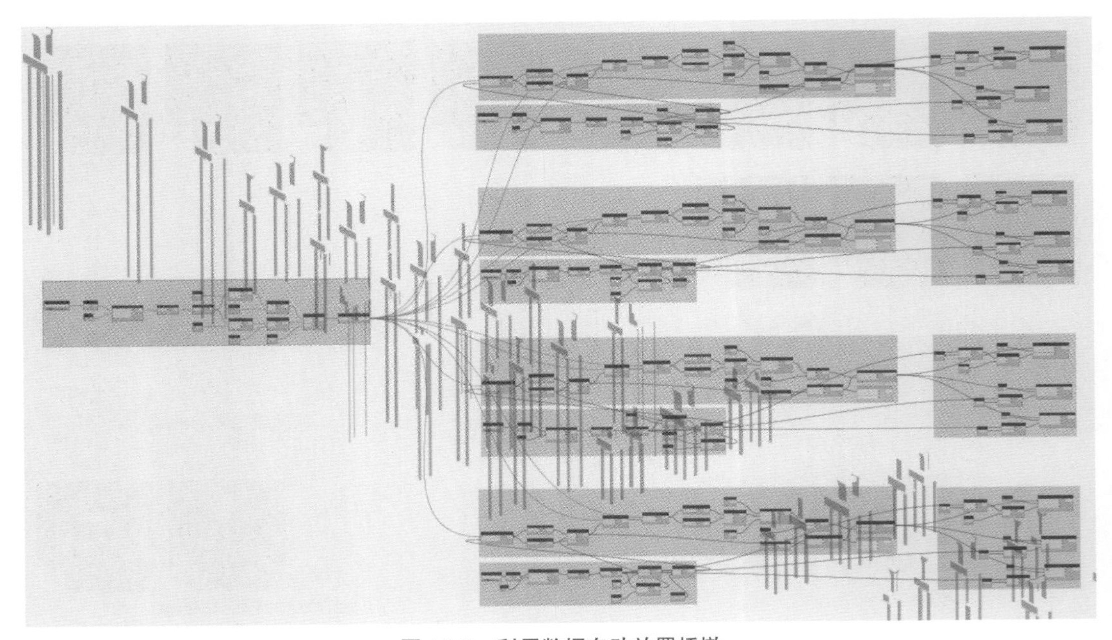

图 10-9 利用数据自动放置桥墩

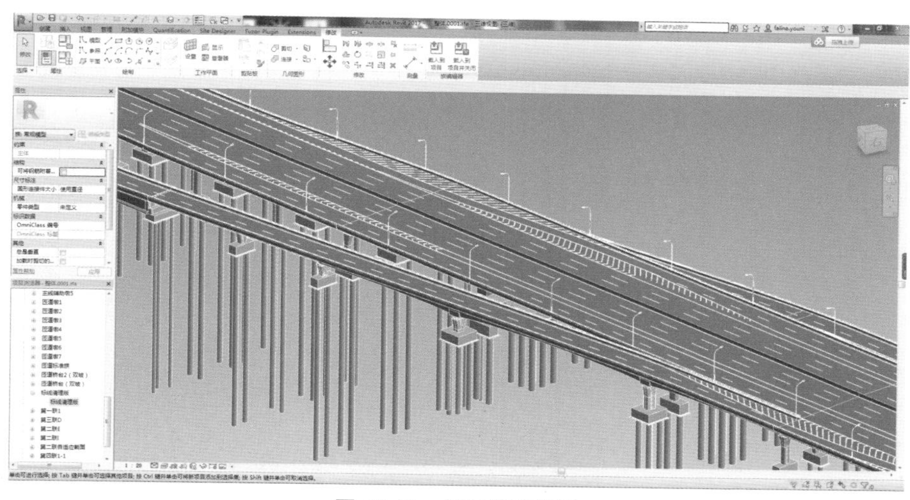

图 10-10　桥梁拼装模型

4. 利用可视化编程解决了连续箱梁的配筋和预应力钢束的设置难题

连续梁桥的钢筋和预应力钢束存在类型多、数量多、空间走向复杂的特点，手动放置较难实现。利用 Dynamo 和 Revit 数据互通的优点，可将 Reivt 的模型的相应信息拾取到 Dynamo 中，再利用 Dynamo 创建钢筋和预应力钢束。如图 10-11、图 10-12 所示。

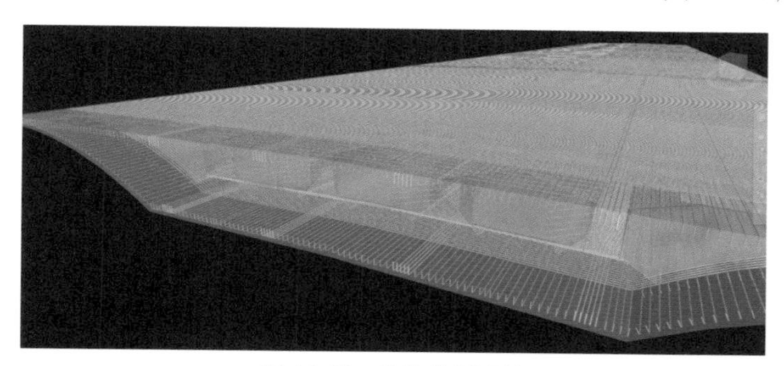

图 10-11　连续箱梁配筋

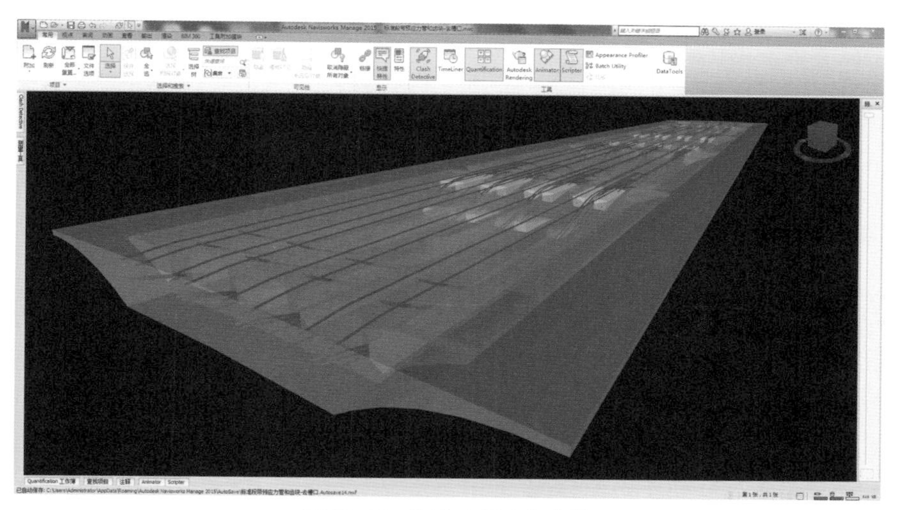

图 10-12　预应力钢束和齿块

在完成钢筋和预应力钢束后利用 Navisworks 进行钢筋和预应力钢束的碰撞检查，排除碰撞干扰。如图 10-13 所示。

图 10-13 预应力钢束与钢筋碰撞检查

5. 实现了各专业的拼装

道路、桥梁、设备和景观等专业，有其各自设计的平台，坐标系难统一，拼装协同较困难。比如在 Civil 3D 创建的道路和 Revit 中创建的桥梁在 InfraWorks 中拼装就会因坐标转换问题产生偏差。通过坐标系转换和各软件之间的数据互导，实现了各专业数据整合拼装。如图 10-14、图 10-15 所示。

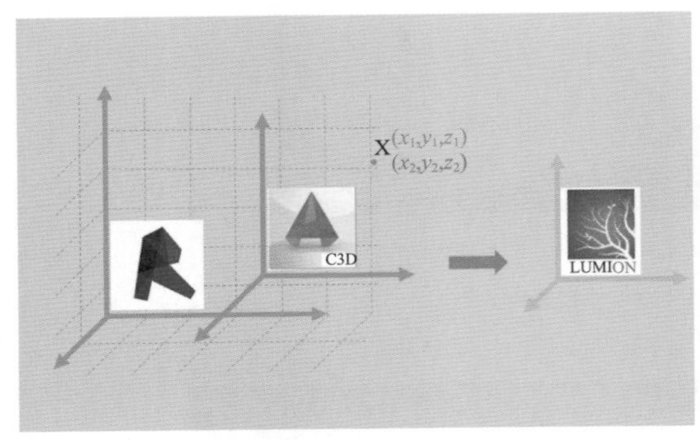

图 10-14 坐标系转换过程图

图 10-15 整体拼装图

（三）BIM 应用流程

1. 应用思路

基于单一数据源的设计理念贯穿设计各专业，且贯穿了设计的全阶段。当数据生成后，数据经过处理、传递到达各专业设计人员手中进行建模和应用。设计数据从方案阶段开始，向后传递至初步设计和施工图设计，因为使用的是同一数据源，所以无论数据经过几次传递，专业间的信息和数据是匹配的，这样的设计思路有效地提高工作效率和模型质量，避免了重复建模工作。

2. 流程中的数据流动

如图 10-16 所示。

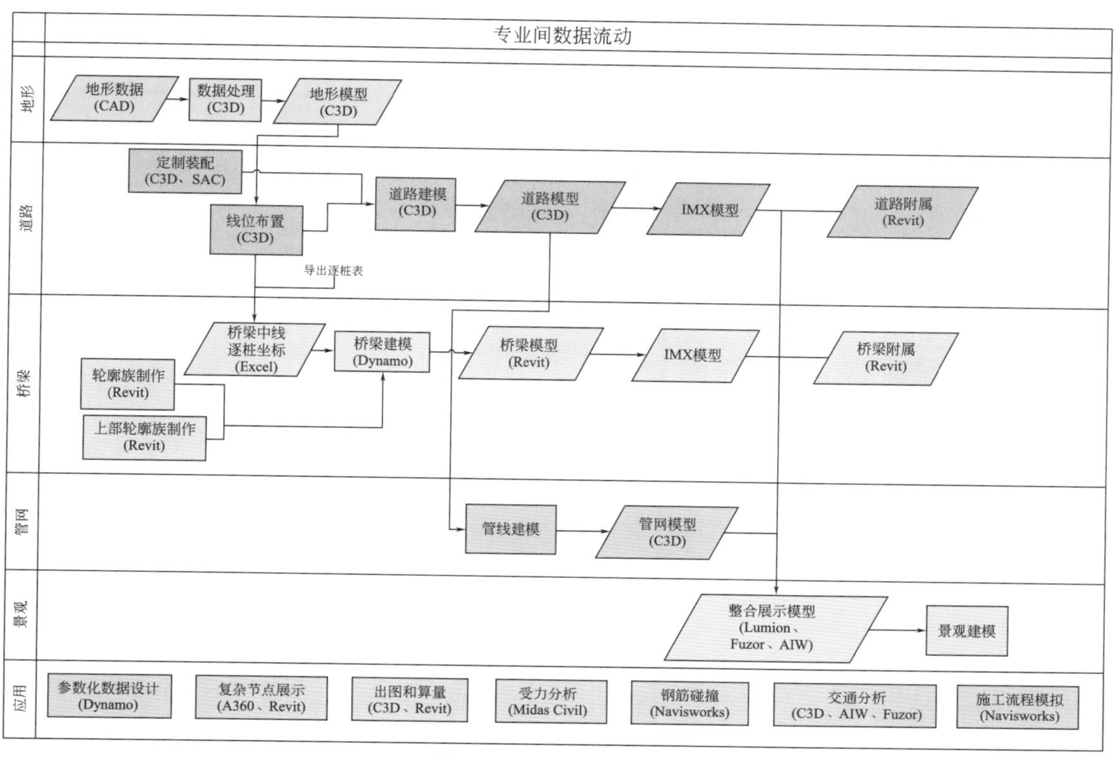

图 10-16 BIM 应用流程

地形专业将地勘资料数据整理、导入 C3D 生成地形曲面，道路专业在此曲面上进行路线设计，并将路线数据导出给桥梁专业使用；道路专业完成道路模型后，曲面数据传递给管网专业；最终在整合平台拼装所有专业的模型。

在实际操作上述流程中，会面临许多问题，诸如不同软件间的数据读取问题、坐标问题等，解决办法是通过编程并将模型数据以最简单、最兼容的格式进行传递。

3. 成果整体效果图

如图 10-17 所示。

图 10-17 整体模型效果图

（四）关键设计部位的 BIM 模型

1. 连续箱梁参数化

如图 10-18 所示。

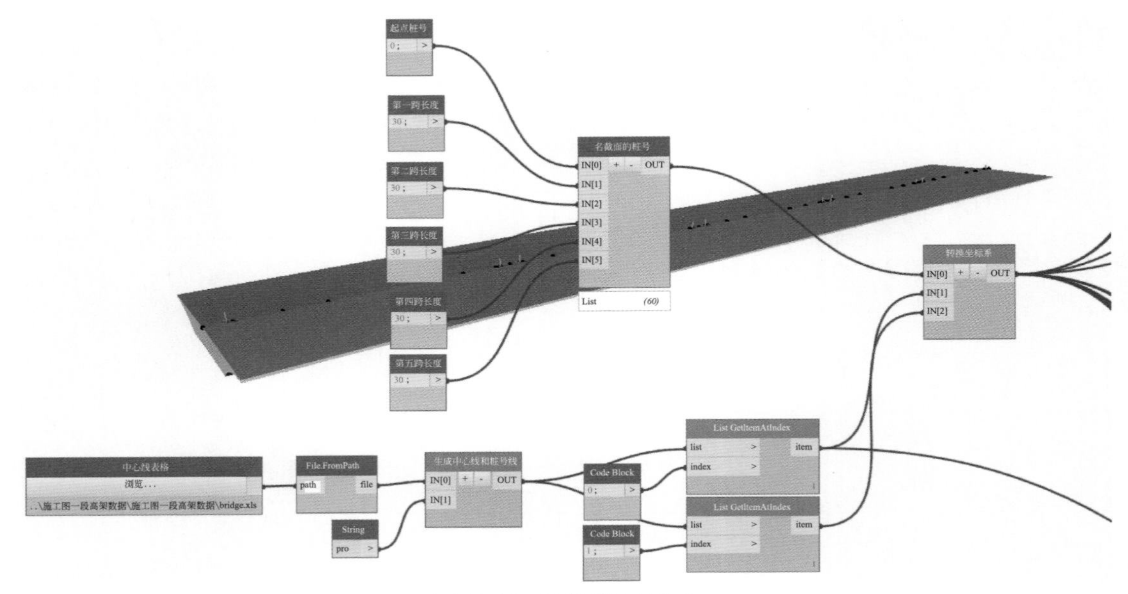

图 10-18　连续箱梁参数化

2. 桥梁附属设施的设置

如图 10-19 所示。

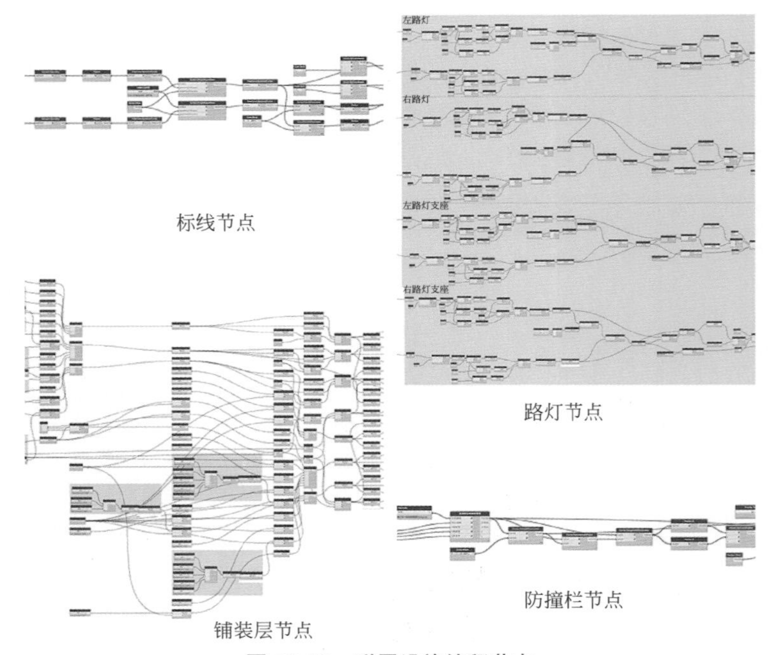

图 10-19　附属设施编程节点

3. 异型桥梁的配筋

如图 10-20 所示。

4. 钢箱梁的构造

如图 10-21、图 10-22 所示。

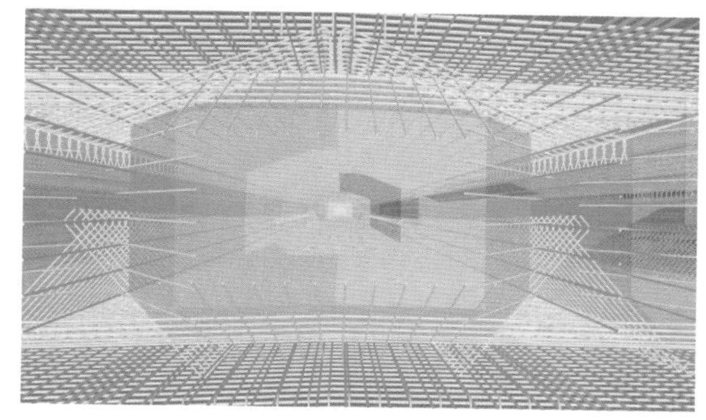

图 10-20　连续箱梁配筋

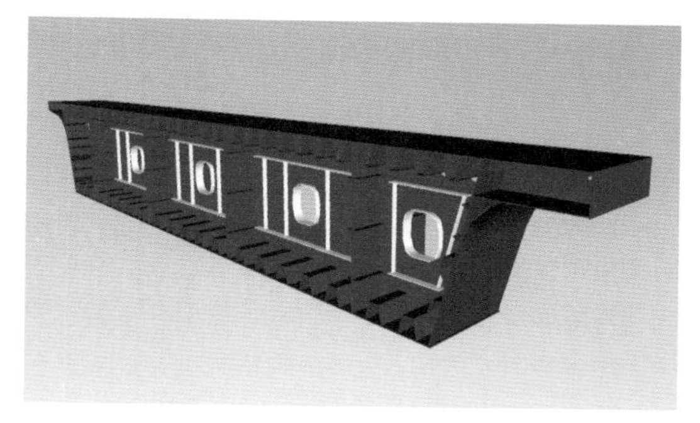

图 10-21　钢箱梁模型

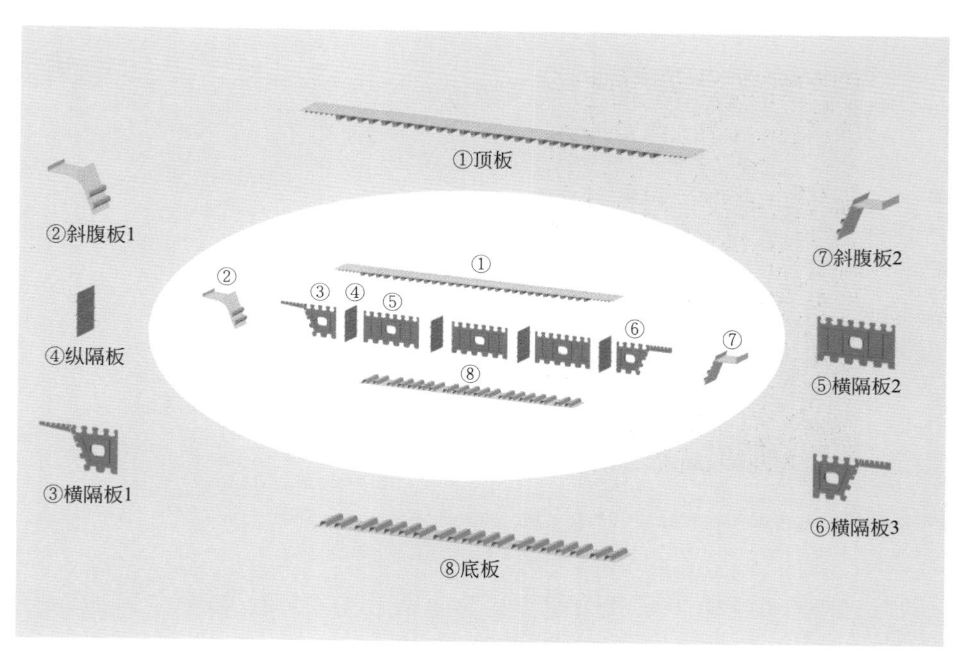

图 10-22　钢箱梁构造图

四、应用效益分析

（一）经济效益分析

1. 利用数据建模大大缩短了建模时间

如图 10-23 所示。

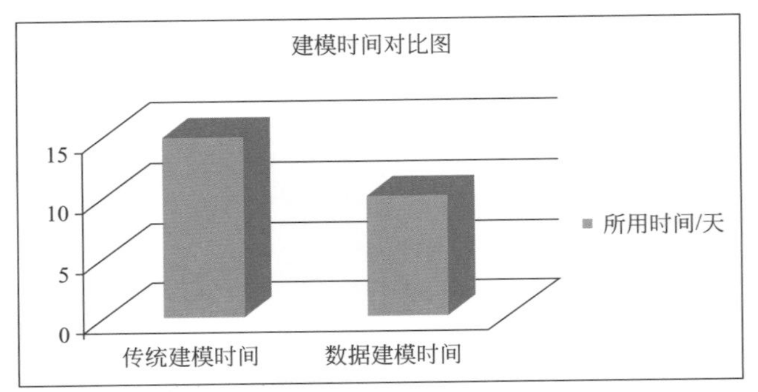

图 10-23 建模时间对比图

2. 明确表达设计意图

BIM 方式的设计成果是一个三维数字化的信息模型，可以真实地表达设计意图。并且子模型和属性划分得越细，设计意图就表达得越充分和唯一。另外，工具的一大特性就是能很容易设计自定义参数组件，所以能描述清楚非常复杂的问题。如图 10-24 所示。

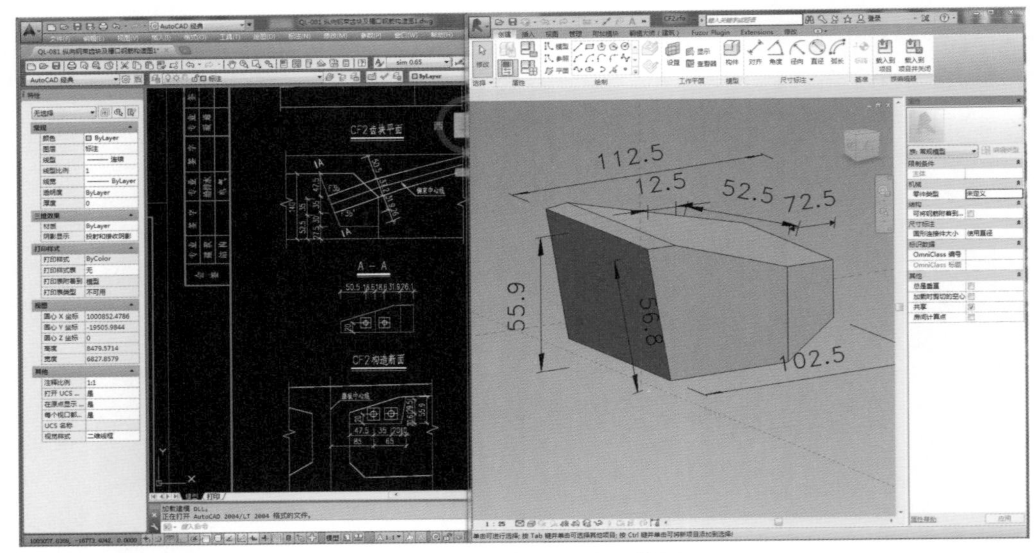

图 10-24 齿块二维图与三维图

BIM 设计有效减少传统二维图纸的“错、漏、碰、缺”问题，减少由于后期返工造成的成本增加，节约工期，从而实现更大的经济效益。

（二）社会效益分析

1. 减少施工影响

市政工程涉及的范围广，施工干扰大，影响因素多，通过 BIM 技术能合理地布置施工场地，有效地减少设计变更，缩短施工工期，减少施工对周围环境的影响。

2. 提高工程质量

市政工程是民心工程，是关系到人民群众切身利益和生命安全的大事。将 BIM 应用到市政设计中，计算机将承担起各专业设计间“协调综合”工作，设计工作中的“错、漏、碰、缺”问题可以得到有效控制。BIM 技术还可以成为施工和项目管理的载体，通过 BIM 与管理的结合，能更加有效地控制施工进度和施工质量。

五、BIM 应用总体评价

通过数据互导和编程解决了基础设施项目建模难题，提高了建模效率。利用数据和编程建立了适用于基础设施（路桥）项目 BIM 设计全过程解决方案。通过数据建模减少了变更量，缩短了设计工期，得到了业主的认可和好评。由于软件平台在基础设施BIM的设计上的缺陷，虽然实现结构配筋，但图形过于庞大，且配筋较为费时。

六、软件及功能

软件及功能如图 10-25 所示。

图 10-25 软件及功能

七、BIM 应用心得体会

1. 数据的利用效率

在尝试在设计中应用 BIM 的过程中，越来越频繁地使用了“数据”，并且对“数据”的利用率也逐步提高。常规的设计中，数据是附着在 CAD 图纸中的信息，在现阶段的 BIM 设计中，因为软件的不成熟、平台的多元化等外部原因的作用下，开始提取这些附着的数据，转化为各种需要的形式进行使用。另外，专业之间的数据也不再阶段式地进行流通，各专业的数据可以实时传递，使得专业间的协作更加紧密，设计方案的整体性更强。

2. 工作模式的转变

数据的高效利用促使我们的工作模式发生变化，同时，新的工作模式也是数据高效利用的基础。目前的 BIM 设计还处于 2D 和 3D 共存的阶段，新的工作模式与传统的 2D 设计如何衔接，是目前打造新的工作模式需要适应的问题。

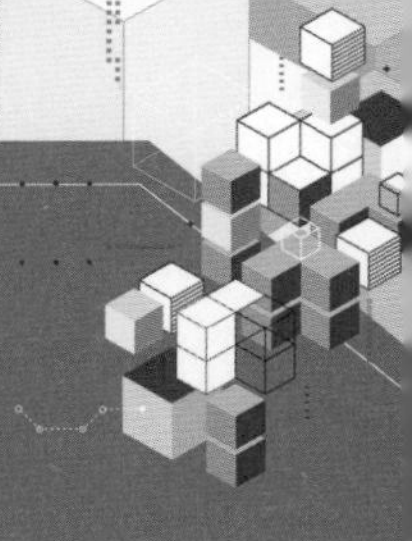

案例十一

崇州万达广场全过程造价管理 BIM 应用

四川开元工程项目管理咨询有限公司

一、项目概况

1. 项目介绍

本项目位于四川省崇州市，总建筑面积 93786.20m^2，总占地面积 46667.67m^2。崇州万达广场项目位于晋康路以东、永康东路以北、团结路以西，项目总投资 20 亿元，建设集休闲、购物和文化娱乐于一体的大型城市综合体。如图 11-1 所示。

图 11-1　崇州万达广场整体效果图

2. 项目实施目标

运用《万达广场建模规范》规则，采用统一的建模方法、操作流程、技术措施，达到 6D 管控要求的模型标准、数据信息要求，支撑项目 BIM 信息共享平台的应用。通过 BIM 信息共享平台，有效地解决建设工程全过程管理实施中的信息管理难题，使得信息能够顺利、充分地在各个阶段及各参与方之间畅通无阻地传递及共享。

建立基于数字化模型的工程档案管理系统，解决工程建设过程中档案文件传递、管理等问题，并为后期运维提供基础资料。

建立基于数字化模型的施工管控系统，通过系统对施工期质量、进度、安全进行管控，提高施工期项目管控的精细化程度。

在项目竣工后，通过数字移交，将建设期的数字化模型及相关信息、施工过程中的档案资料全部整合，在运维阶段进一步集成，实现全生命周期全过程管理。

二、BIM 团队介绍

1. 公司简介

四川开元工程项目管理咨询有限公司（简称“开元咨询”），成立于2003年，总部位于成都。

开元咨询下设9个造价事业部，15个分公司，会计、传媒2个专业子公司，1所建筑职业技能培训学校；拥有员工600余人；主要业务涵盖工程管理咨询、PPP项目咨询、会计审计咨询、工程造价咨询、建筑职业技能培训、文化传媒等。

2. 团队简介

公司BIM中心，是企业技术手段升级、新兴业务拓展的核心支撑团队。聚集了软件、建筑设计、项目管理等多个领域的高级人才30余人，拥有人力资源与社会保障部认证的BIM应用设计师（三级）5名，BIM建模师（一级）12名，拥有专业的BIM技术团队，上层的服务质量。

3. 团队业绩情况介绍

公司BIM中心至今先后承担了成都领地环球金融中心、中国西部博览城、宜宾万达广场、崇州万达广场等大型公共项目，并取得合作各方的一致好评。

承接项目作品先后获得2014年和2015年中国图学学会“龙图杯”全国BIM大赛二等奖两次，三等奖一次，2015年中国建设工程BIM大赛（卓越工程项目奖）二等奖及第十五届中国住博会•2016年中国BIM技术交流暨优秀案例作品展示会“最佳BIM施工应用奖”。

三、项目情况介绍

1. 项目应用难点

崇州万达广场为万达集团首次采用BIM信息共享平台的项目，因此，在实施过程中，存在一些难点，具体如下（图11-2～图11-9）。

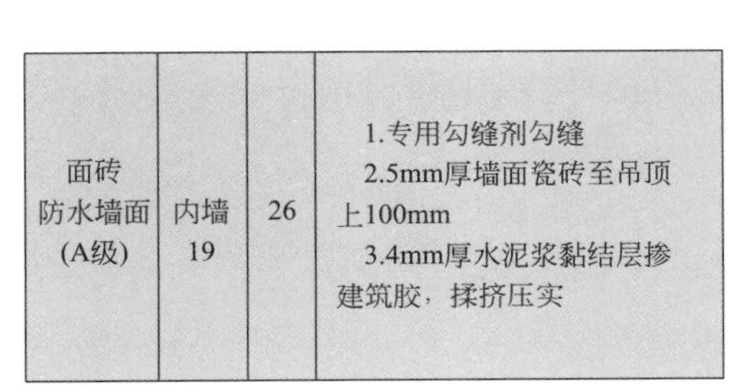

面砖 防水墙面 (A级)	内墙 19	26	1.专用勾缝剂勾缝 2.5mm厚墙面瓷砖至吊顶上100mm 3.4mm厚水泥浆黏结层掺建筑胶，揉挤压实

图 11-2　图纸做法表

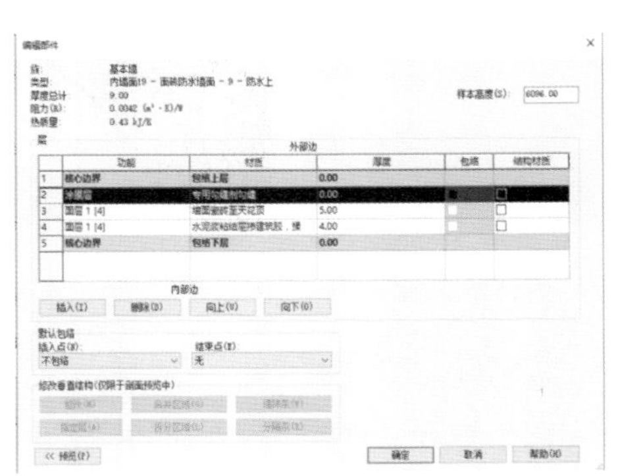

图 11-3　模型体现做法

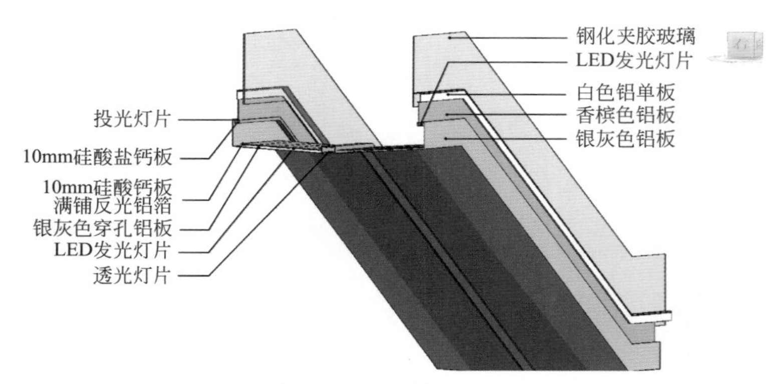

图 11-4 模型信息组建

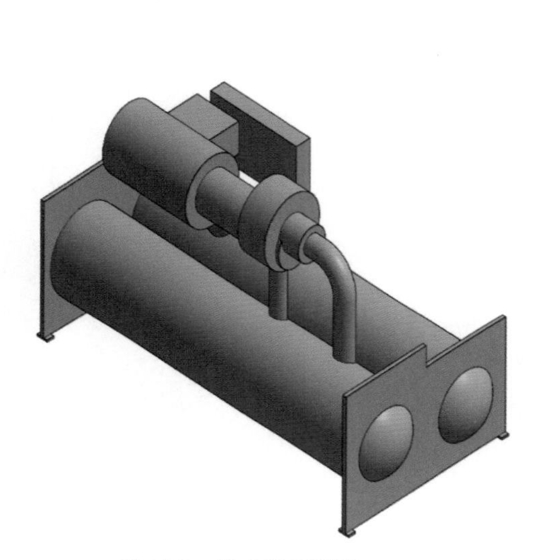

图 11-5 冷水机组模型

类型属性

族(F)：离心式冷水机组　载入(L)...

类型(T)：4478kW － 743kW　复制(D)...

重命名(R)...

类型参数

参数	值
电气	
极数	3
电压	380.00 V
负荷分类	制冷
电气 - 负荷	
功率	743.00000 kW
视在负荷	1066250.00 VA
机械	
COP	5.6
冷冻水供水温度	6.00 °C
冷冻水压力	0.089000 MPa
冷冻水回水温度	12.00 °C
冷冻水流量	724.0000 m³/h
冷却水供水温度	32.00 °C
冷却水压力	0.083000 MPa
冷却水回水温度	37.00 °C
冷却水流量	857.0000 m³/h
制冷量	4478.00000 kW
工质	R134a
换热量	
尺寸标注	
冷水机组宽度	2400.00
冷水机组长度	5200.00
冷水机组高度	2750.00
标识数据	
URL	
净重	16500.000 kg
制造商	
型号	LSBLX5200G

<< 预览(P)　确定　取消　应用

图 11-6 冷水机组模型信息

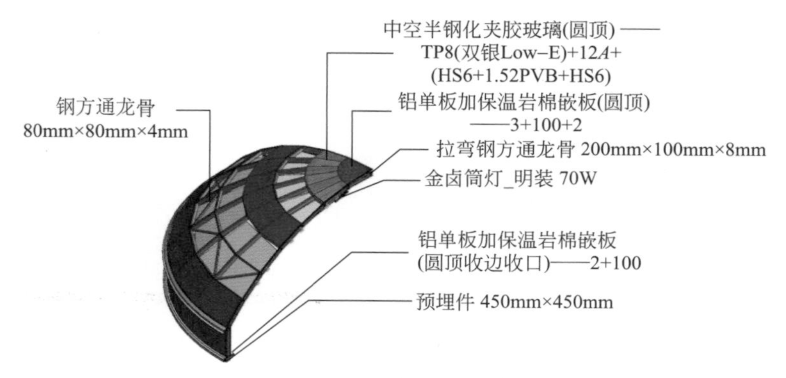

图 11-7 屋面玻璃采光顶三维模型

（1）相关规则、流程及规范等均需项目实施验证并完善；

（2）模型会用于全过程成本管理，对模型的精细度要求高；

（3）所有模型信息全部传递至运维，模型信息须准确及完整；

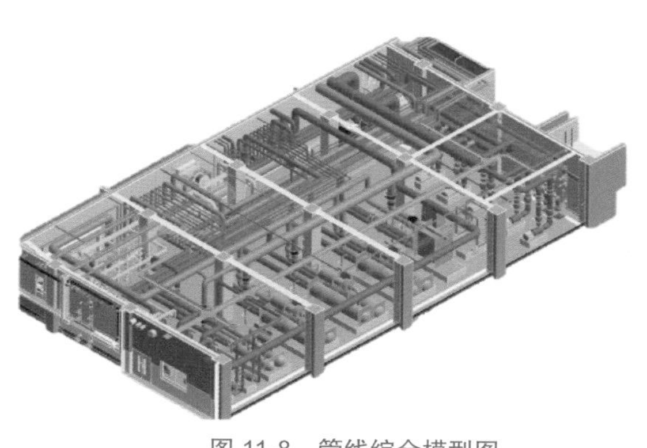

图 11-8 管线综合模型图

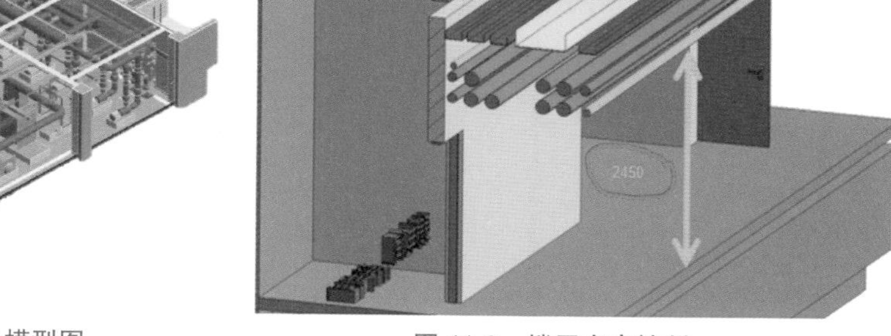

图 11-9 楼层净高控制

（4）屋顶设置采光顶，龙骨结构及玻璃面材尺寸将用于指导材料加工；

（5）楼层完成净高需要通过模型进行分析，并指导管道排布施工，模型管线综合要求高。

2. 组织架构体系

针对本项目特点及难点，建立了独立的项目组织架构，如图 11-10 所示。

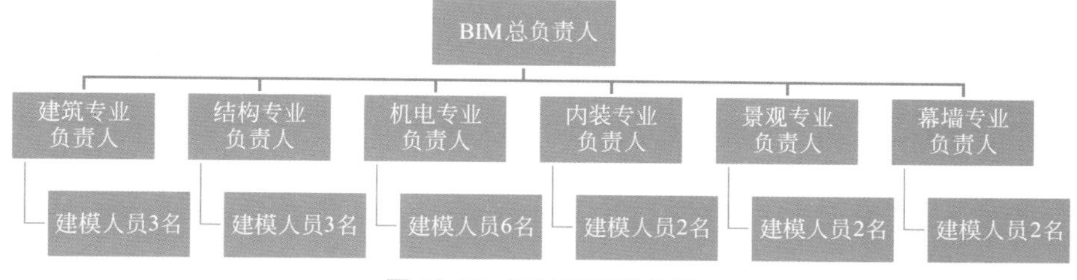

图 11-10 BIM 组织架构图

3. 运用于全过程的造价管理

如图 11-11 所示。

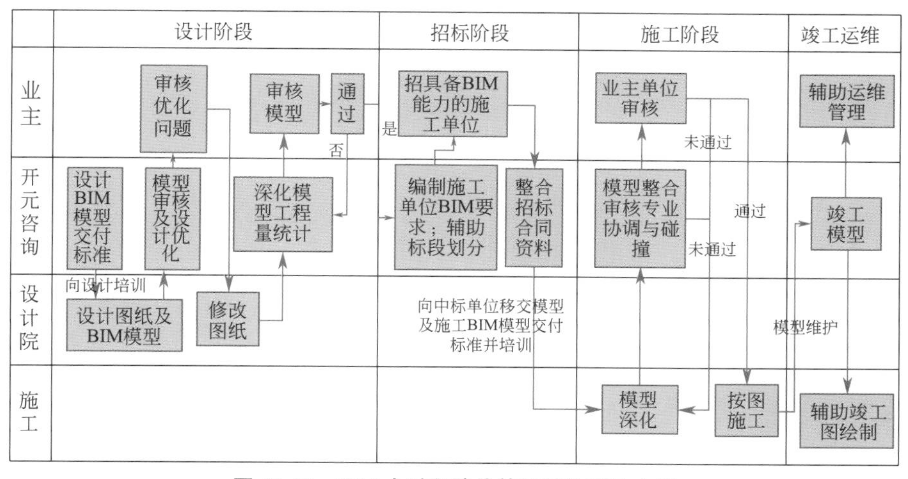

图 11-11 BIM 全过程造价管理整体解决方案

通过 BIM，可以在设计、招标、施工及竣工阶段，利用模型的唯一性、动态性及可视性，在各个阶段及时将相关信息快速、准确、通畅地传递及共享。

4. 运用于设计阶段的造价管理

基于设计图纸和造价概算、预算要求，分别建立初步设计 BIM 模型交付标准和施工图设计 BIM 模型交付标准，规范模型标准内容。如图 11-12 ～图 11-15 所示。

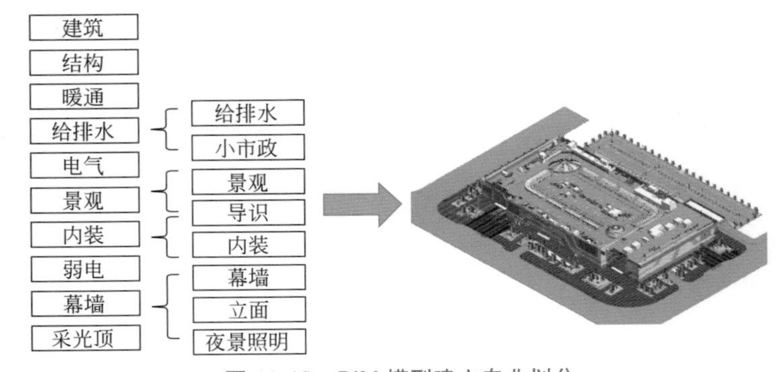

图 11-12 BIM 模型建立专业划分

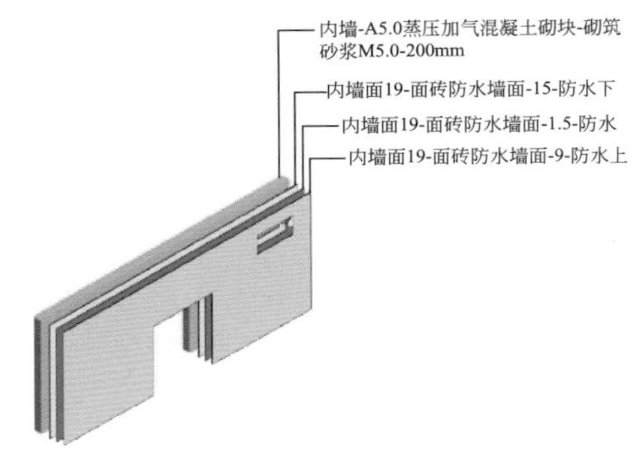

图 11-13 建筑模型交付标准

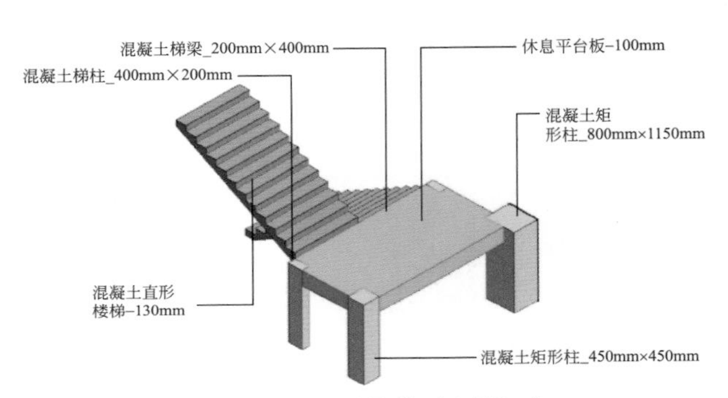

图 11-14 结构模型交付标准

建筑模型的交付标准要求将施工做法逐一体现在模型上，并分层使用，可直接用于工程量计算；结构模型的交付标准要求将构件零件化，可单独进行拆分及统计。

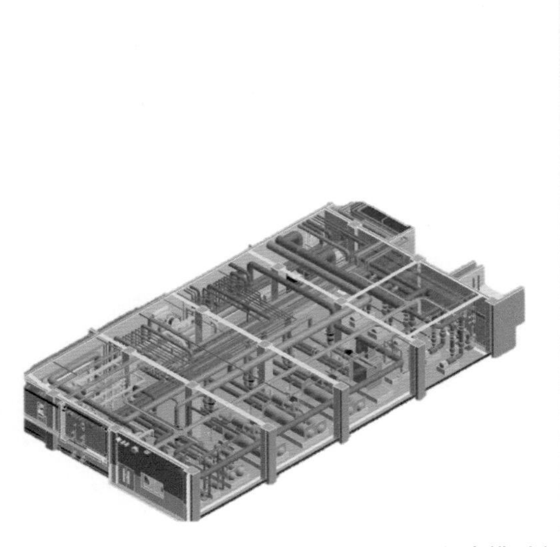

类型属性

族(F)：离心式冷水机组 载入(L)...

类型(T)：4478kW - 743kW 复制(D)...

重命名(R)...

类型参数

参数	值
电气	
极数	3
电压	380.00 V
负荷分类	制冷
电气 - 负荷	
功率	743.00000 kW
视在负荷	1066250.00 VA
机械	
COP	5.6
冷冻水供水温度	6.00 °C
冷冻水压力	0.089000 MPa
冷冻水回水温度	12.00 °C
冷冻水流量	724.0000 m³/h
冷却水供水温度	32.00 °C
冷却水压力	0.083000 MPa
冷却水回水温度	37.00 °C
冷却水流量	857.0000 m³/h
制冷量	4478.00000 kW
工质	R134a
换热量	
尺寸标注	
冷水机组宽度	2400.00
冷水机组长度	5200.00
冷水机组高度	2750.00
标识数据	
URL	
净重	16500.000 kg
制造商	
型号	LSBLX5200G

<< 预览(P) 确定 取消 应用

图 11-15 机电模型交付标准

机电模型的交付标准要求将所有管线进行综合排布，并满足楼层净高需求；所有设备及管线等均须录入相关信息，如：品牌、厂家、安装时间及性能信息等，以便交付于运营管理使用。

5. 运用于招标阶段的造价管理

招标阶段的主要工作内容是结合 BIM 模型建立项目合约体系、招标计划、招标文件、招标清单及招标控制价。编制本项目施工阶段 BIM 技术应用框架体系，做好项目开工前的 BIM 技术基础准备工作并配合业主进行招标。

根据设计阶段 BIM 优化成果辅助业主编制合约规划及招标计划，在保证经济合理、组织方便的前提下，减少各标段之间的工作冲突，消除传统施工过程中，由于工作界面冲突而导致效率低下等问题，以达到节约成本的目的。

基于设计阶段 BIM 模型及合约规划，结合传统计量方法快速统计生成各专业工程量，编制初步招标清单及控制价，同时根据初步的招标控制价基于成本提出设计优化建议供业主及设计方审核，审核通过后修改 BIM 模型，形成完善的招标 BIM 模型，准确编制招标清单及控制价。同时公司基于招标 BIM 模型结合措施方案建立措施 BIM 模型，涵盖安全文明、临时设施、脚手架等方面，编制精细化的措施包干项目清单及预算价。如图 11-16 所示。

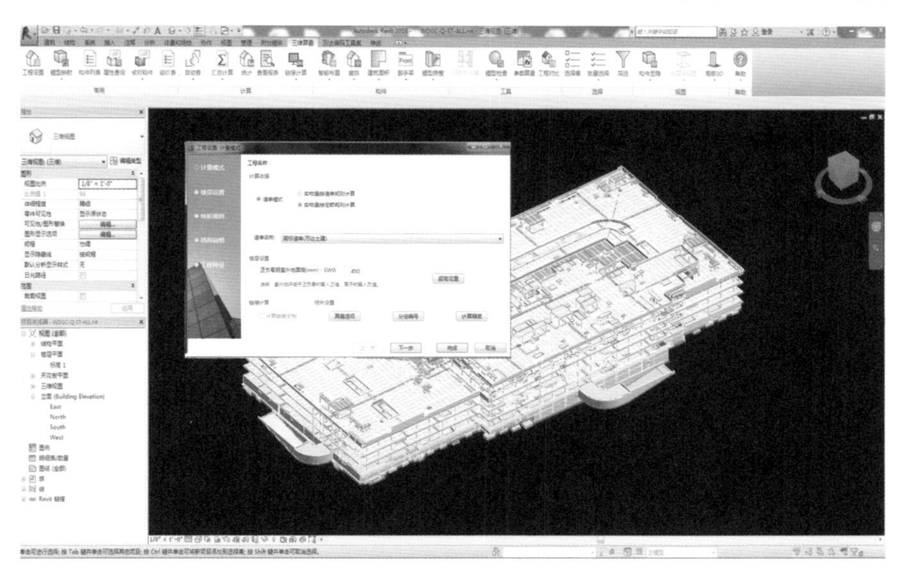

图 11-16 基于设计 BIM 模型生成工程量

BIM 技术具有很强的参数化功能。针对建筑异形构件，可以较为精确地计算出工程量。如图 11-17 所示。

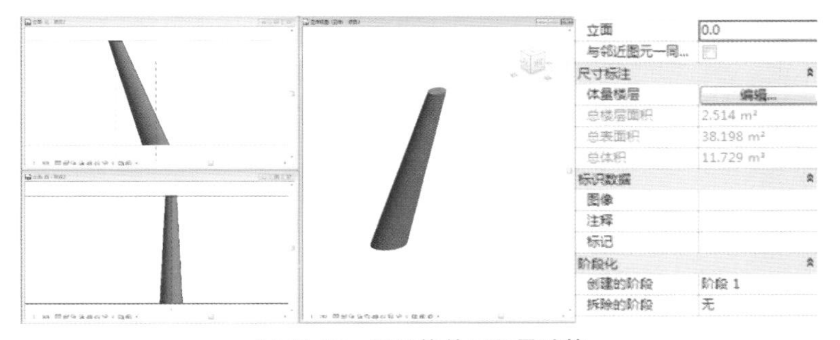

图 11-17 异形构件工程量计算

6. 运用于施工阶段的造价管理

制定适用于项目的BIM应用框架体系，主要包含施工阶段BIM应用点实施细则、各专业之间数据协同与交付标准，施工阶段BIM模型管理办法等，并协调召开成本管理专题会议，进行合同交底，保障在施工阶段的成本管理。

基于招标BIM模型，辅助各方参与图纸会审，主要集中于施工措施、安全、质量等问题的讨论，通过三维BIM模型，更加直接快速地进行问题的讨论，增加图纸会审的效率。

基于BIM信息管理平台，设置各参与方权限，合同、变更单、工程量清单等工程资料与BIM模型挂接，进度计划及进度管理、质量安全问题追踪管理、现场信息管理等均在BIM模型上实施线上管理。如图11-18所示。

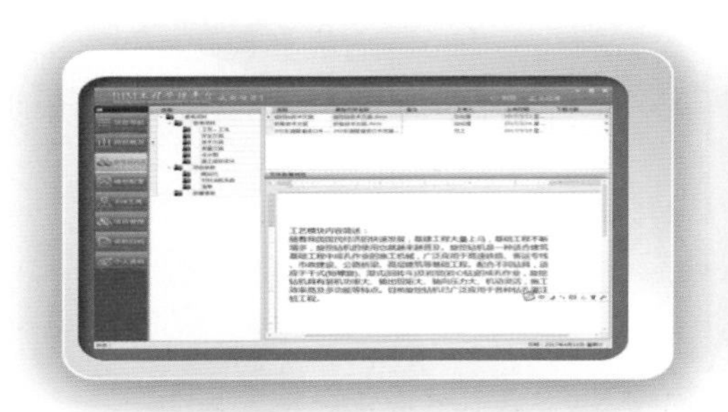

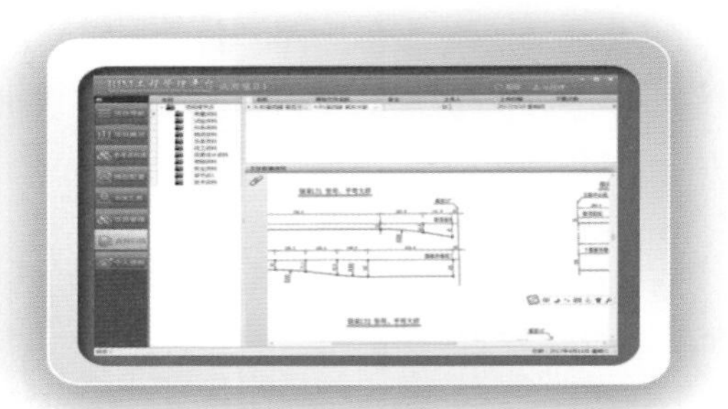

图11-18 BIM信息管理平台

针对项目变更，变更前后的工程量差可通过BIM模型有效辅助计算并链接到相应模型点上。如图11-19所示。

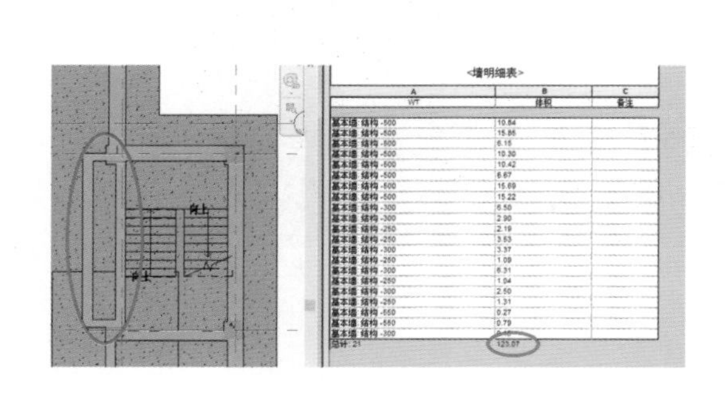

清单工程量汇总表-柱（变更前）

工程名称：遵义市肿瘤医院综合楼B栋　　编制日期：2017-08-02

楼层	构件名称	工程量名称					
		周长(m)	体积(m³)	模板面积(m²)	数量(根)	高度(m)	截面面积(m²)
第-1层	KZ2-700X500	2.4	1.995	13.12	1	5.7	0.35
	KZ10-500X900	2.8	2.565	14.9025	1	5.7	0.45
	KZ6-700X700	2.8	13.965	76.266	5	28.5	2.45
	KZ5-700X700	2.8	13.965	75.98	5	28.5	2.45
	KZ1-600X600	2.4	4.104	26.4	2	11.4	0.72
	KZ9-900X900	3.6	27.702	117.4809	6	34.2	4.86
	KZ8-900X900	3.6	32.319	137.652	7	39.9	5.67
	KZ3-700X800	3	15.96	82.35	5	28.5	2.8
	KZ4-700X800	3	6.384	32.94	2	11.4	1.12
	KZ7-900X900	3.6	4.617	19.68	1	5.7	0.81
	YBZ3-	1.5	2.3085	19.6025	3	17.1	0.405
	YBZ1	4	3.591	18.79	1	5.7	0.63
	YBZ2	3.2	2.907	16.53	1	5.7	0.51
	小计	38.7	132.3825	651.6939	40	228	23.225

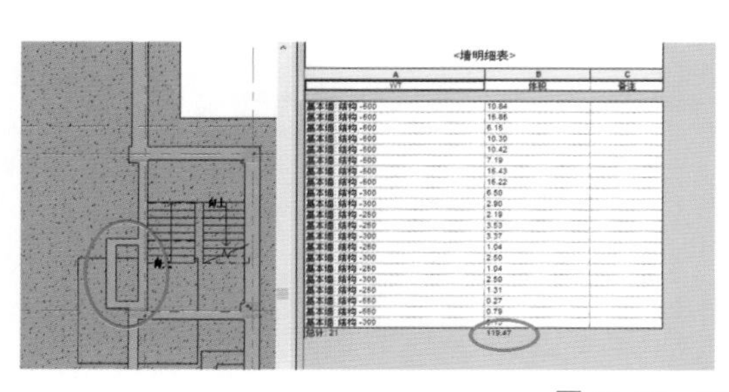

清单工程量汇总表-柱（变更后）

工程名称：遵义市肿瘤医院综合楼B栋　　编制日期：2017-08-02

楼层	构件名称	工程量名称					
		周长(m)	体积(m³)	模板面积(m²)	数量(根)	高度(m)	截面面积(m²)
第-1层	KZ2-700X500	2.4	1.995	13.12	1	5.7	0.35
	KZ10-500X900	2.8	2.565	14.9025	1	5.7	0.45
	KZ6-700X700	2.8	13.965	76.266	5	28.5	2.45
	KZ5-700X700	2.8	13.965	75.98	5	28.5	2.45
	KZ1-600X600	2.4	4.104	26.4	2	11.4	0.72
	KZ9-900X900	3.6	27.702	117.4809	6	34.2	4.86
	KZ8-900X900	3.6	32.319	137.652	7	39.9	5.67
	KZ3-700X800	3	15.96	82.35	5	28.5	2.8
	KZ7-900X900	3.6	4.617	19.68	1	5.7	0.81
	YBZ3-	1.5	2.3085	19.6025	3	17.1	0.405
	YBZ1	4	3.591	18.79	1	5.7	0.63
	YBZ2	3.2	2.907	16.53	1	5.7	0.51
	小计	35.7	125.9985	618.7539	38	216.6	22.105

图11-19 BIM模型变更管理

在实施过程中，根据工程实际情况，结合变更和现场情况，组织各专业施工单位定期将施工过程中产生的变更、设备信息及运维所需要的工程数据等集成到三维模型中，随工程进度定期更新动态成本报告。

7. 运用于竣工阶段的造价管理

交付阶段的工作重点是创建本项目的竣工模型。主要工作为根据项目实施过程中持续更新的施工 BIM 模型进行竣工模型的创建，同时将竣工信息和竣工资料添加到竣工模型中，以保证模型与工程实体的一致性和信息资料的完整性，并辅助项目竣工验收的各项工作。竣工模型的交付标准为可供于施工单位后期维修及物业单位运维管理。如图 11-20 所示。

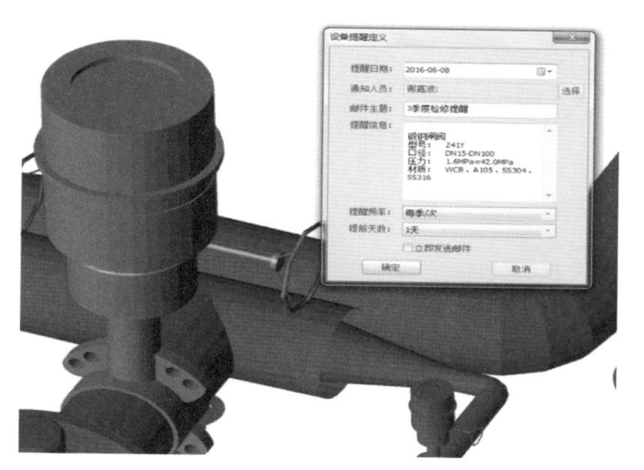

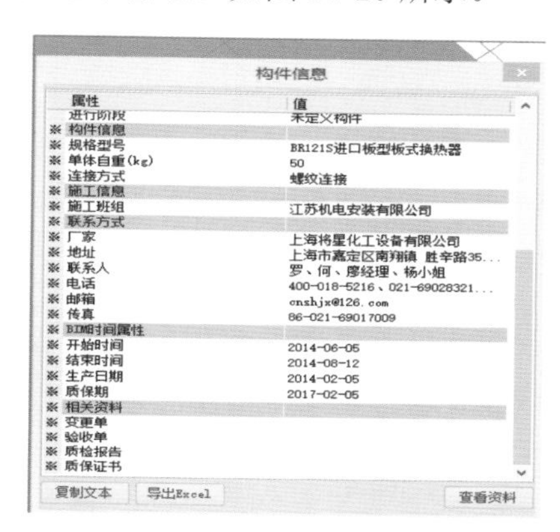

图 11-20　BIM 竣工模型标准

竣工模型具有丰富的信息，其能够完全表达出竣工工程实际完成工程量，而且信息完全公开、透明，面向所有参与方，可有效地避免建设方与施工方在已完工程量之间的分歧。BIM 模型信息的完整性、准确性可以保证竣工结算顺利进行，提高结算效率，有效地节约竣工验收阶段的成本。

同时，在建设工程竣工结算过程中，运用 BIM，可以对建设工程进行多维度的对比，对已完工程的各项数据进行多维度的统计、分析及对比，从整个项目的角度对建设投资效益进行分析，并建立相应的企业内部数据库，为今后类似的建设工程的开展提供大量有效的参考数据。

四、BIM 应用环境

软件应用环境，见表 11-1。

表 11-1　软件应用环境

	软件名称	模型 / 成果格式	数据交换格式
主体模型	Autodesk Revit 2016 系列软件	*.rvt	*.IFC、*.sat
轻量化模型	Navisworks	*.nwd、*.nwf	
	Autodesk Design Review	*.dwf	
图纸	AutoCAD	*.dwg、*.dxf	
	Adobe Reader	*.pdf	

硬件应用环境，见表 11-2。

表 11-2 硬件应用环境

序号	名称	数量	用途	备注
1	临时服务器	1	用于协同工作，数据存储	仅限于复制，禁止删除、剪切
2	高性能 PC 机	16	用于模型的创建与维护；用于专业间模型的协调	要求能流畅运行 Revit 等 BIM 软件，用于分层分区分专业模型的创建；要求能够流畅运行 BIM 软件级平台
3	笔记本电脑	1	用于模型创建，协调会审	要求能够流畅运行 BIM

五、应用总结

（1）在《万达广场建模规范》的指导下，完成了符合万达标准深度要求的建筑、结构、暖通、给排水、电气、景观、内装、弱电、幕墙、采光顶、导识、夜景照明十二个专业，10组模型的搭建；

（2）采用万达的标准构件库、项目样板文件以及模型文件管理方式，不仅提高了建模效率，也保证了模型的可控性、可传递性和实用性；

（3）运用 BIM 可视化模型搭建提前发现设计缺陷，减少“错、漏、碰、缺”现象，提高设计质量，降低后期工程设计变更的风险，同时，降低成本浪费；

（4）运用 BIM 可视化技术优化管线排布，提高净空，实现管线多而不乱、排布错落有序、层次分明、走向合理、安装美观的要求；

（5）对项目的造价管理实现了快速及准确的目标；

（6）为造价管理的各个阶段提供了有效的帮助，可视化的基础上完成合约体系、招标计划、交底、变更测算及竣工办理，直接提升了工作效率。

案例十二

费县文化体育综合活动中心 PPP 项目全过程管理 BIM 应用

金中证项目管理有限公司

一、项目概况

1. 项目介绍

费县文化体育综合活动中心 PPP 项目位于山东省临沂市费县东城区，东临兴业路，南至建设路，北至肖山，北路西临洪沟河。

文化体育综合活动中心主要由五个部分组成，即体育馆、游泳馆、规划展览中心、剧院、综合馆。

其中体育馆共三层，建筑面积 6572m^2。主比赛馆可供手球、篮球、排球、羽毛球、网球、乒乓球、举重、武术等室内竞技比赛（含全国性单项比赛）使用，同时满足综合使用要求，可进行大型集会、文艺演出等群众性体育活动。

游泳馆共两层，建筑面积 4851m^2。分为游泳池和儿童戏水池，游泳池为八道 50m 长，可供地方性比赛使用，同时满足日常经营要求。

规划展览中心共两层，建筑面积 4648m^2。可供城市现在及未来规划陈列展示使用。

大、小剧院共三层，建筑面积 6578m^2。共约 1200 座，可供话剧演出、舞蹈、影视、会议、晚会使用。

综合馆共五层，建筑面积 19691m^2 及其他配套建筑 2146m^2。包括美术馆、文化馆、工人文化宫（工会用房）、图书馆、档案馆、电视台。

地下室一层，达 27017m^2。可提供停车位 483 个。

如图 12-1 所示为项目的三维效果图。

图 12-1　费县文化体育综合活动中心三维效果图

2. 项目信息

近年来，随着费县经济的迅速发展，人民生活水平不断提高，为满足广大人民群众日益增长的体育文化生活需求和体育事业发展的要求，促进费县全民健身事业发展，费县人民政府决定采用PPP（政府与社会资本合作）模式实施费县文化体育综合活动中心PPP项目，本项目已列入财政部PPP项目库，由费县人民政府审核批准本PPP项目实施方案。费县人民政府授权费县体育运动中心作为本项目实施机构，费县东城新区建设开发有限公司作为本项目的政府方出资代表与天元建设集团有限公司组建项目公司。

3. 项目开展阶段

本项目从2016年3月开始，通过全过程生命周期管理深入研究，建立了项目全专业的数字化模型，在决策、设计、招标、施工及竣工运维阶段进行应用，实现以“进度、成本、质量控制”及“合同与资源管理”为目标的项目总控管理。从决策设计阶段开始建模，参与方案优化，及时协调设计，减少设计变更造成的事后进度延误及成本超标，达到事前控制的效果。招标阶段进行可视化交流，编制招标计划，审定施工进度计划及施工方案的造价审查。施工阶段以BIM模型为载体，进度为主线，成本为目标，实时统计计划与实际工程量和造价，实时分析计划与实际造价对比结果，按合同支付周期进行过程结算管理。在全过程总控管理过程中整合大量过程数据资料，以及结算决算等资料，全部集成到BIM模型中，为业主提供完整的可追溯查询的信息资源。并为PPP项目后期运维绩效评价建立监管平台。

二、BIM团队介绍

1. 公司简介

金中证项目管理有限公司致力于全过程工程咨询服务，包括工程咨询（项目可研编审和论证）、造价咨询、PPP项目咨询、BIM咨询、项目绩效评价、工程招标代理、政府采购招标代理、中央投资项目招标代理、项目代建管理。

拥有工程咨询、造价咨询、工程招标代理、政府采购和中央投资代理、项目代建管理、PPP咨询、BIM咨询资质和数百亿工程咨询服务的实践经验。

公司名誉董事长天津理工大学尹贻林教授和IPPCE研究所组成的顾问团队；6名国家发改委、财政部的PPP项目入库专家和36名博士后、研究生（包括财务、金融、法律、工程咨询等专家）组成的山东省PPP＋互联网＋BIM＋大数据的创新实践基地团队；由高级工程师、高级审计师、注册造价师、咨询师、招标师、项目管理师、BIM建模工程师等组成的具备专业咨询能力的121人咨询服务专业团队，为建设工程全生命周期的投资成本和风险管控提供高标准智库式的咨询服务。

公司为财政部首批PPP咨询入库机构、商务部AAA信用企业、山东省造价咨询A级信誉企业、ISO9000质量认证企业、中国建设工程造价管理协会会员单位、中国建筑业项目经理联盟副理事长单位、中国造价信息化合作联盟理事单位、中国建筑学会建设行业先进单位、市先进单位、市爱心企业、中国优秀儒商企业、公益中国慈善企业。

公司积极致力于创新发展，现已形成以金中证PPP+BIM博士后工作站为核心的PPP科研实践基地、BIM技术孵化基地、智慧建设BIM技术实践基地、建设工程成本管控大数据应用基地，并与天津理工大学IPPCE研究所形成战略合作伙伴。如图12-2、图12-3所示。

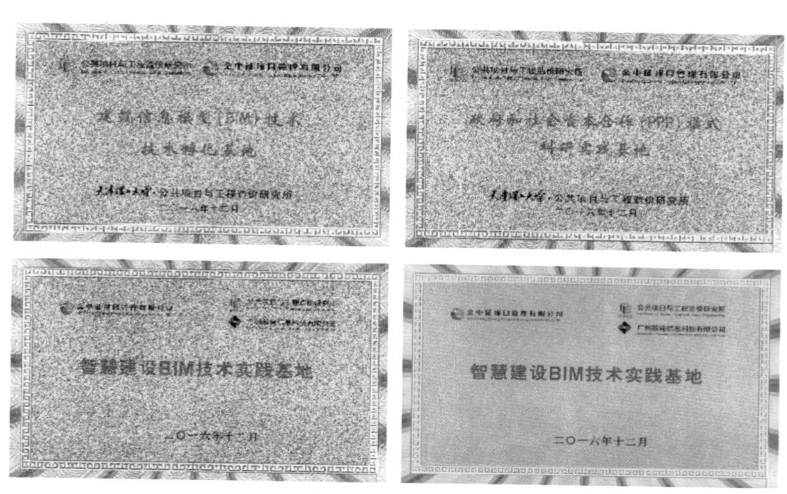

图 12-2　公司成就

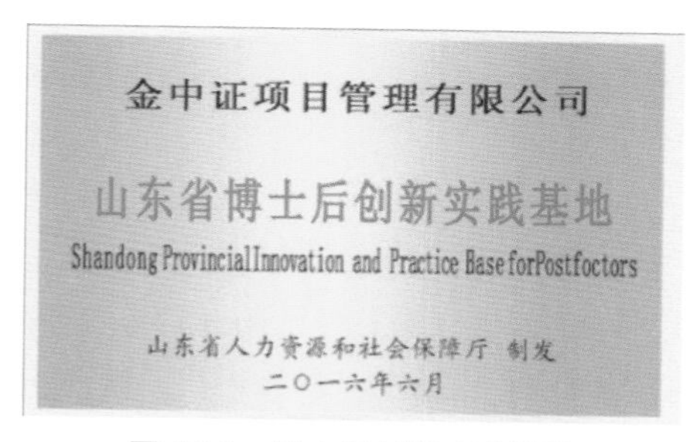

图 12-3　博士后创新实践基地

2. 团队简介

公司是山东省 BIM 联盟理事单位，董事长是中国建筑学会建筑施工分会 BIM 应用专业委员会委员和山东省 BIM 应用专家委员，公司 BIM 团队 23 人，现具备国际通用 BIM 工程师资格的 3 人，国内 BIM 工程师资格的 10 人，先后获得基于 BIM 技术产学研结合与实践成果评比一等奖、PPP 模式产学研结合与实践成果评比二等奖荣誉。如图 12-4 所示。

图 12-4　公司获奖

公司 BIM 成员，由各专业技术骨干及专家团队组成。基于企业和项目部需求架设 BIM 平台，通过大量项目实践充实和完善企业 BIM 平台，致力于通过公司的 BIM 平台，达到真正的智慧建造，助力企业“创新、转型、升级”。

表 12-1 为参与本项目的主要成员名单。

表 12-1 主要成员名单

序号	姓名	性别	年龄	职务 / 职称	参加起止时间	项目角色
1	丁新彤	男	52	总工	2010 年 7 月至今	BIM 总工程师
2	党艳兵	男	34	主任	2014 年 3 月至今	BIM 中心主任
3	陈奔	男	35	副主任	2010 年 7 月至今	项目安装负责人
4	李荣花	女	34	副主任	2014 年 3 月至今	项目土建负责人
5	周金洋	男	23	助理工程师	2016 年 9 月至今	项目土建负责人
6	李敏	女	25	助理工程师	2014 年 3 月至今	项目安装工程师
7	马登芝	女	29	工程师	2014 年 3 月至今	项目土建工程师
8	范金娟	女	28	助理工程师	2011 年 7 月至今	项目安装工程师
9	薛利	男	29	工程师	2014 年 3 月至今	项目安装工程师
10	郑志成	男	25	助理工程师	2016 年 6 月至今	项目市政工程师

3. 团队业绩情况介绍

目前，我公司已在费县文化体育综合活动中心、临沂市高新区污水处理厂、城开景悦一期工程、华润万象汇工程 4 个项目上，全阶段、全专业、全过程进行 BIM 技术应用。与战略合作伙伴一起参与海口美兰国际机场、信达国际金融中心（山西）、广联达大厦二期、西成客专沣河特大桥、青岛市地铁 2 号线一期工程辽阳东路车辆段与综合基地、中交西南研发中心 B 地块、河南城际铁路综合调度指挥中心等 14 个工程的 BIM 咨询服务。如图 12-5 ～图 12-8 所示。

图 12-5 高新区污水处理厂

图 12-6 华润万象汇

图 12-7 城开景悦一期

图 12-8 费县文化体育综合活动中心

三、项目情况介绍

1. 项目应用难点

费县文化体育综合活动中心是由体育馆、游泳馆、剧院、规划展览馆和综合馆组成的综合型、规模化、专业性多功能公共文化服务基地，文体中心在应用 BIM 技术的过程中遇到的难点问题如下。如图 12-9 ～图 12-11 所示。

图 12-9　文体中心土建三维模型

图 12-10　文体中心安装三维模型

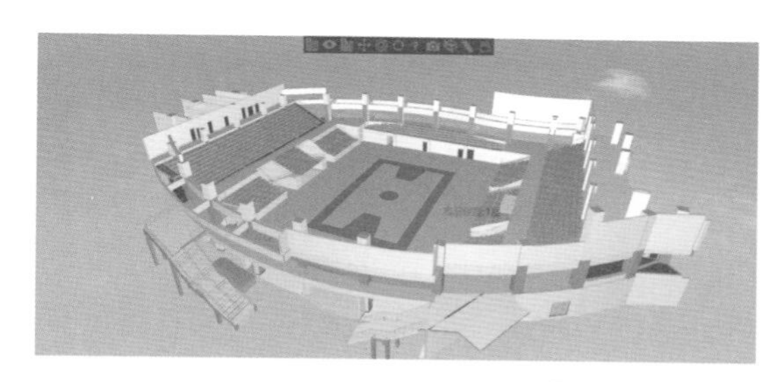

图 12-11　文体中心装饰效果模型

（1）本工程为异形建筑，包含幕墙、钢结构网架等，结构较为复杂；

（2）内部配套设施齐全，安装专业涉及面广，多专业协同难度高，模型结构复杂及数据量大，对软件和平台要求高；

（3）业主由六家使用单位组成，意见不统一，装修方案需要不断调整；

（4）项目管理过程中，各阶段、专业之间信息缺乏，难以实现统筹管理。

2. 生产管理体系

公司在近两年通过不断地学习和借鉴，加上自身的理解，已形成了较为完善的生产组织和管理体系，建立了以公司总经理为主导，建模工程师和后期应用工程师为主体的立体式生产组织架构，并制定了模型建立二级审核制度，其工作流程职责明确、分工合理、逻辑正确。公司 BIM 团队将国家政策、审计规范融入到 BIM 设计中，形成了独具特色的咨询业 BIM 手册。如图 12-12、图 12-13 所示。

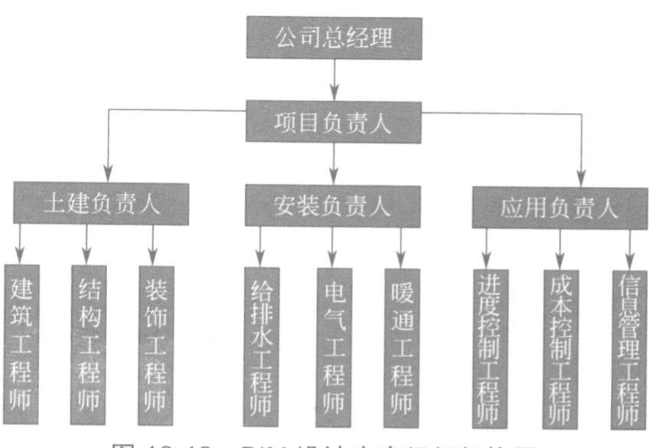

图 12-12　BIM 设计生产组织架构图

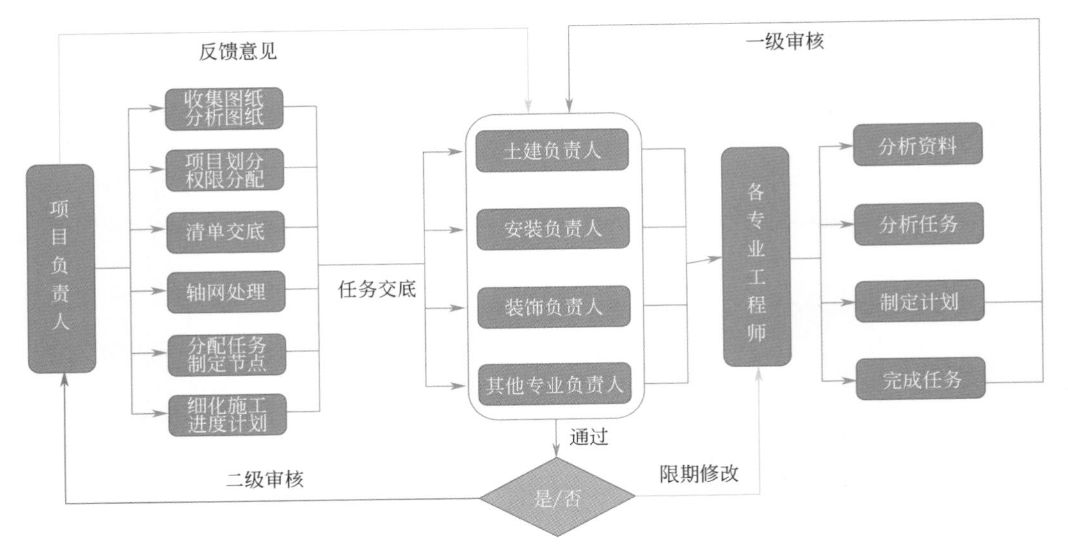

图 12-13 模型建立二级复核架构图

3. 项目实施方案及应用流程

本项目为全生命周期 BIM 管理应用，将项目划分为决策、设计、招标、施工、竣工运维五个阶段实施，在 BIM 建筑信息模型的基础上，建立 5D 建筑信息模型，以“进度费用控制”、“投资分析控制”、“质量成本控制”、“合同支付管理”、“工料资源管理”、“全程信息管理”为目标的三控三管项目总控系统，以及“碰撞分析”、“变更管理”、“管线综合”、“虚拟建造”等 BIM 信息应用。

将建筑模型、工程量、造价、人材机分析等与进度管理有机结合，建立“五 D”深度的建筑信息模型，实现施工资源动态管理和成本实时监控，为企业提供精细化、透明化管理的基础信息。

系统定位于：为项目业主、总承包、项目管理及造价咨询等工程参与方，提供建设项目全过程数据服务。

（1）决策阶段　将全生命周期各节点进行整合，确定计划时间与各方责任。利用 BIM 平台保存各节点完成情况以及对应资料。如图 12-14 所示。

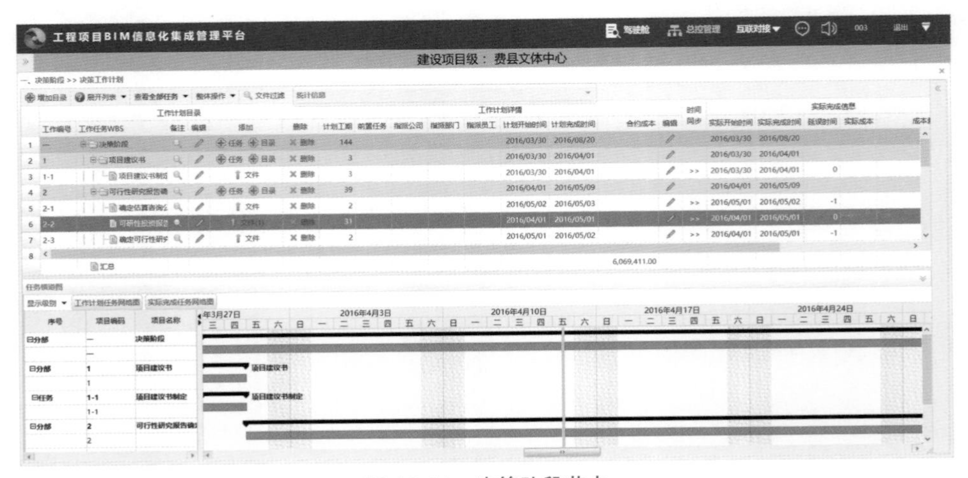

图 12-14 决策阶段节点

（2）设计阶段　通过3D建模，在设计阶段为业主提供设计修改建议，利用碰撞分析协助设计优化和限额设计控制，减少设计变更造成事后进度延误或成本超标，达到事前控制的效果。如图12-15、图12-16所示。

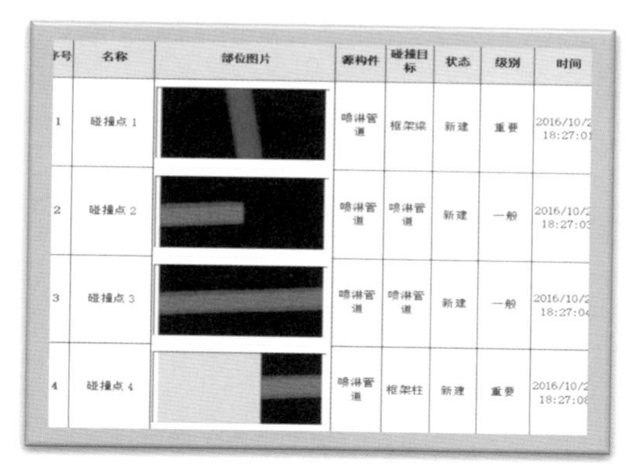

序号	名称	部位图片	源构件	碰撞目标	状态	级别	时间
1	碰撞点1		喷淋管道	框架梁	新建	重要	2016/10/2… 18:27:0…
2	碰撞点2		喷淋管道	喷淋管道	新建	一般	2016/10/2… 18:27:0…
3	碰撞点3		喷淋管道	喷淋管道	新建	一般	2016/10/2… 18:27:0…
4	碰撞点4		喷淋管道	框架柱	新建	重要	2016/10/2… 18:27:0…

图12-15　碰撞分析表

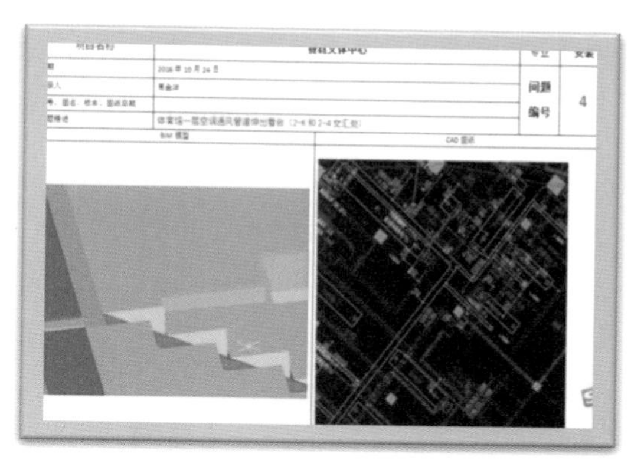

图12-16　碰撞报告

（3）招标阶段　在招标阶段，进行三维可视化交流，通过5D BIM建模，精确掌握计划工程量及造价数据，并根据施工进度计划建立虚拟施工进程，实现事前造价及进度的三维可视化，达到事前建立标杆，事中按约定执行，避免事后纠纷的精细化管理效果。如图12-17所示。

工程项目BIM信息化集成管理平台

单位工程级：费县项目>>费县文体中心>>综合馆

	项目编码	项目名称	类别	项目特征	单位	合同 工程量	合同 综合单价(元)	合同 合价(元)	同步	模型 工程量	模型 综合单价(元)	模型 合价(元)	量差	量差(%)	差额 综合单价(元)
1		第四章 砌筑工程	分部												
2		第一节 砖砌体	子分部												
3	010401003001	填充墙	清单	[illegible]	m3	2,039.8970	225.51	460,017.16	>	2,039.8970	225.51	460,017.17	0.0000	0.00	0.00
4	010401003002	填充墙	清单	[illegible]	m3	533.8790	225.51	120,386.03	>	533.8790	225.51	120,386.03	0.0000	0.00	0.00
5	010607005001	砌块墙钢丝网加固	清单		m2	22,835.4590	8.65	197,526.72	>	22,835.4590	8.65	197,526.72	0.0000	0.00	0.00
6	010607005002	砌块墙钢丝网加固	清单		m2	3,159.5870	8.65	27,330.43	>	3,159.5870	8.65	27,330.43	0.0000	0.00	0.00
7		第五章 混凝土及钢筋混凝土工程	分部												
8		第二节 现浇混凝土柱	子分部												
9	010502001001	矩形柱	清单	项目特征:商品砼：C35	m3	594.2520	396.98	235,906.17	>	594.2520	396.98	235,906.16	0.0000	0.00	0.00
10	010502001002	矩形柱	清单	项目特征:商品砼：C30	m3	978.8390	396.98	388,579.50	>	978.8390	396.98	388,579.51	0.0000	0.00	0.00
11	010502001003	矩形柱	清单	项目特征:商品砼：C10	m3	36.7320	396.98	14,581.87	>	36.7320	396.98	14,581.87	0.0000	0.00	0.00
12		第三节 现浇混凝土梁	子分部												
13	010503005001	过梁	清单	项目特征:商品砼：C25	m3	6.7930	419.05	2,846.61	>	6.7930	419.05	2,846.61	0.0000	0.00	0.00
14	010503002001	矩形梁	清单	项目特征:商品砼：C30	m3	1,282.7080	372.51	477,821.56	>	1,282.7080	372.51	477,821.56	0.0000	0.00	0.00
15	010503002002	矩形梁	清单	项目特征:商品砼：C35	m3	659.3010	372.51	245,596.23	>	659.3010	372.51	245,596.22	0.0000	0.00	0.00
16	010503002003	矩形梁	清单	项目特征:商品砼：C25	m3	363.6450	372.51	135,461.39	>	363.6450	372.51	135,461.40	0.0000	0.00	0.00
17	010503006001	弧形梁/拱形梁	清单												

人材机

材料编号	名称	型号规格	单位	定额价	市场价	消耗量	用量	材料类别	暂估价	备注

图12-17　模型导出清单

（4）施工阶段　在施工阶段，通过5D BIM数字模型对项目的进度费用、资金预测、工料机设备资源、成本控制、合同与支付、变更签证等进行总控管理，为业主提供实时、动态的过程信息数据，以满足业主对项目的全过程管理控制。如图12-18～图12-20所示。

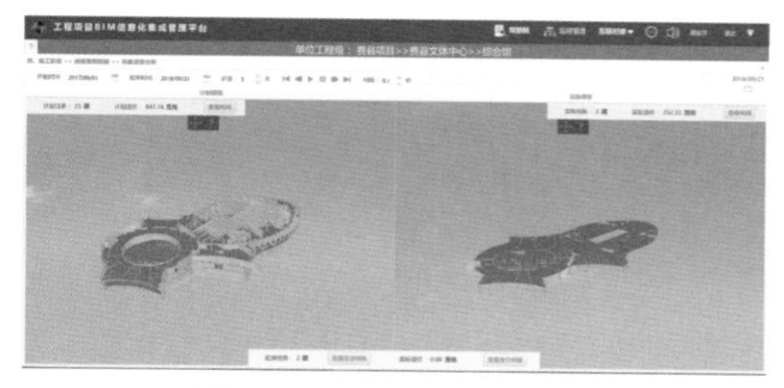

图12-18　计划与实际进度分析

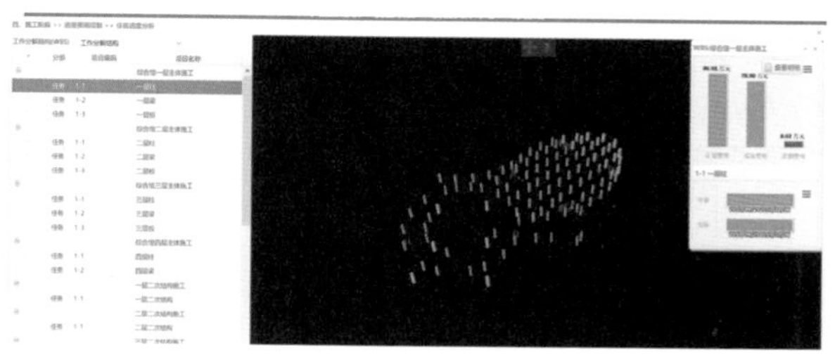

图12-19　任务造价预警

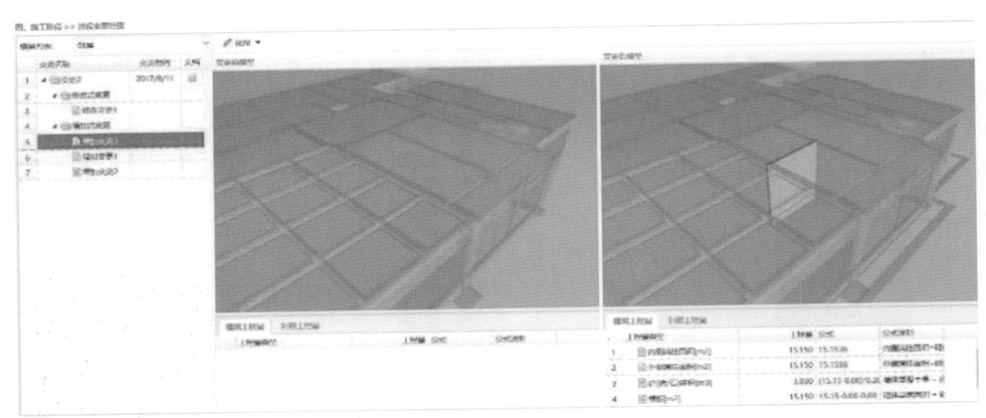

图 12-20 变更一键分析

（5）竣工运维阶段 在竣工结算阶段，高效快速地完成竣工结算和决算，并为业主提供项且全过程的整体数字及项目后期评估。

四、应用效益分析

本工程通过 BIM 技术设计及综合应用，提高了设计和施工的质量和效率，取得了如下效益。

（1）通过项目应用不断累积和丰富参数化模型库，实现类似项目的设计复用，提高效率和质量。在前期阶段可降低重复性工作量约 50%，在施工阶段可降低重复性工作量约 35%。

（2）设计人员能够根据三维模型自动生成各类工程图纸和文档，工程量直接提取，并始终与模型保持逻辑关联。当模型发生变化时，与之关联的图纸和文档将自动更新，避免了修改内容在某些图纸中被遗漏的情况，有效保证了设计的质量，提高工作效率 30%，减少返工工作量 50%。

（3）各专业设计均在统一的 Vault 协同平台上实时交互，所需的设计参数和相关信息可直接从平台获得，保证数据的唯一性和及时性，有效避免重复的专业间提资，减少了专业间信息传递差错，提高了设计效率和质量。各专业数据共享、参照及关联，能够实现模型更新实时传递和并行设计，极大地节约了专业间配合时间和沟通成本。

（4）数字化模型的可视化漫游和多角度审查，提高设计方案的可读性和项目校审的精度。通过碰撞检测，有效减少“错、漏、碰、缺”约 90% 左右。通过数字化模型进行三维可视化设计交底，可有效提高工程参建各方间的沟通效率。

（5）全生命周期管理平台通过可视化的界面进行交互，简单易懂，系统易用性和可操作性强，便于建设各参与方使用。

（6）工程档案管理系统统一管理工程各阶段数据与资料等信息，减少信息差错、遗漏等问题，可视化查阅与可追溯性功能提高了效率和质量，对项目建设可产生可观的投资节约。

（7）施工管控系统通过在施工期对质量、进度、安全等方面的精细化管控，系统自动触发相关警告进行提醒，做到及时有效处理。过程动态管控，可实现各环节的可追溯性和实时性，确保管控到位，提高施工期的管控效率和质量，有效减少质量、进度、安全问题，节约投资。

五、评价

在设计阶段，Vault 协同优质高效地解决了多专业数据交叉引用的问题，统一了数据接口，保证了各专业相互引用数据的唯一性和及时性。三维出图优质高效地解决了设计方案调整带来的图纸和工程量更新的问题，减少了图纸修改调整的工作量，有效避免图纸各视图修改错漏的问题。三维校审优质高效地解决了厂房内部多专业交叉区域复杂结构、设备、管路集中布置时，二维图纸无法表达清楚而带来的校审问题，三维可视化直观的表达，清晰展示设计方案布置和空间位置关系，提高了校审的精度。

在施工建造期，通过全生命周期管理平台对质量、进度、安全做到事先预可视、事中实时可视、事后回溯可视，提高施工期管控的效率和质量，减少问题的发生，降低工程费用。

六、心得体会

通过近十年的 BIM 技术研究，积累了丰富的设计经验和成果。在多个项目上已实现了全面的 BIM 设计，目前在公司所有项目中有超过 60% 的项目均开展 BIM 设计，主要专业一线青年员工均已采用 BIM 设计，总比例约为 70%。

通过 BIM 设计，提升了设计和出图效率。数字化模型通过标准化的视图模版，依据行业规范进行定制，将三维视图、二维平立剖面视图、工程量明细表进行标准化制作，实现一键剖切成图，并符合行业规范要求，图纸美观，基本无后期工作量。对于标注、说明文字等附加信息，通过参数化标准化模块，实现桩号的自动生成、设备名称属性参数的自动提取标注，自动化程度高，后期处理工作量小，大大提高了出图的效率。设计施工一体化平台通过定制开发，可自动生成各种表单，实际生产作用突出。

地质三维设计应用 Civil 3D 软件，并自主开发功能模块，建立的工程地质建模系统，符合相关规程规范的要求，模型与各类勘察数据动态关联，整体数据结构完整合理。通过该系统，可以对各类勘察数据进行统计、分析，导出各类报表、图表。基于工程地质三维模型，抽取指定位置的平面图、剖面图和各类地质界面的等值线图，系统自动根据规程规范绘制图框、图签、图名、图例等标准化图面内容，真正实现了一键智能化出图。剖面图上，还自动绘制有各类风化界线、岩性界线、各类地质体界线、勘探钻孔位置与钻孔试验数据、平硐位置与平硐试验数据等勘察数据，使得工地现场问题处理能够得到快速响应，如：当地质条件发生改变，通过 Vault 协同，上传并更新地质模型，下序专业也随之更新引用的地质模型，并对本专业设计进行及时调整和修改。

三维协同设计将各专业设计统一到协同平台上实时进行交互，各专业模型相互参照关联，真正做到各专业并行协同设计，相比传统的上下序专业之间的串行设计，大大提高了设计的效率和质量。

利用数字化模型的三维可视化特点，通过多视角审视和虚拟漫游等手段，实现工程问题前置，进而完成错误排查和设计优化的工作。另外，数字化模型以一种所见即所得的方式表达设计方案意图，有效提高了工程参建各方间的沟通效率。

在全生命周期管理平台中，数字化模型及信息集成在平台服务器上，工程现场通过 ipad、智能手机等移动端即可浏览，指导现场施工，对解决工程实际问题和设计方案优化具有突出作用。

案例十三

福州正荣财富中心 BIM 应用

福建品成建设工程顾问有限公司

一、项目概况

1. 项目介绍

福州正荣财富中心位于福州市闽侯县新保路北侧，乌龙江大道西侧，商业二期项目总建筑面积为 77198.52m^2，二期部分由 2 幢 4 层商业（1#、2# 楼）、1 幢 2 层商业（7# 楼）及一个两层地下室组成。其中 1# 楼 1~4 层为商业综合体，2# 楼 1 ～ 4 层为集中式商业，地下一层局部为车库、超市、设备用房，地下二层为机动车库及设备间。如图 13-1 所示。

图 13-1　福州正荣财富中心项目效果图

2. 业主信息

正荣集团是一家致力于缔造品质都市生活、以大型城市综合体与复合社区开发为主、集商业投资运营、物业管理服务于一体的大型房地产开发集团，是国家一级房地产开发企业、中国房地产 50 强企业。

3. BIM 咨询范围（表 13-1）

表 13-1 BIM 咨询范围

序号	分项	数值	备注
1	商业项目 1# 楼地上部分建筑面积 /m^2	38353	工作内容包括其外幕墙及钢构
2	商业项目 2# 楼地上部分建筑面积 /m^2	7553	工作内容包括其外幕墙及钢构
3	商业项目地下室部分建筑面积 /m^2	37625	
实施 BIM 模拟建筑面积合计 /m^2		83531	

二、BIM 团队介绍

1. 公司简介

福建品成建设工程顾问有限公司（以下简称“品成”）是一家致力于为工程项目提供全过程 BIM 技术服务的公司，是福建省 BIM 技术联盟的副理事长单位，正逐步发展成为福建省的 BIM 领军企业。

品成通过运用、开发先进的 BIM 技术，在实际工程项目的各个阶段、各个分项，展开 BIM 技术的应用，协助建立工程项目基于可视化数据基础上的高效协同运作机制。

主要服务内容：建筑工程项目管理 BIM 协同服务（规划设计、施工建造、运管）；绿色建筑 BIM 模拟设计；数字化城市规划建设 BIM 协同服务；城市市政工程 BIM 协同服务（消防、电力、市政管网、公共工程）；行业 BIM 产品族库设计；定制化 3D、信息模型服务；BIM+VR/AR 的定制化服务。

品成希望通过BIM技术辅助业主更精细地进行设计、施工、运营的管控。达到优化设计、缩短工期、提高工程质量、精确控制成本的目的，为业主创造最大价值。

2. 团队简介

BIM 团队（图 13-2）由叶方甦先生担任总负责人。叶方甦先生是福建省 BIM 技术联盟的副理事长、是福建省工程建设科学技术标准化协会 BIM 分会的副主任委员、福建省建设厅 BIM 技术专家组成员、高级工程师、国家注册设备工程师、同济大学福建校友会副秘书长。叶方甦先生有丰富的设计院及地产工作经验，曾担任过知名地产公司的设计总监。全过程跟

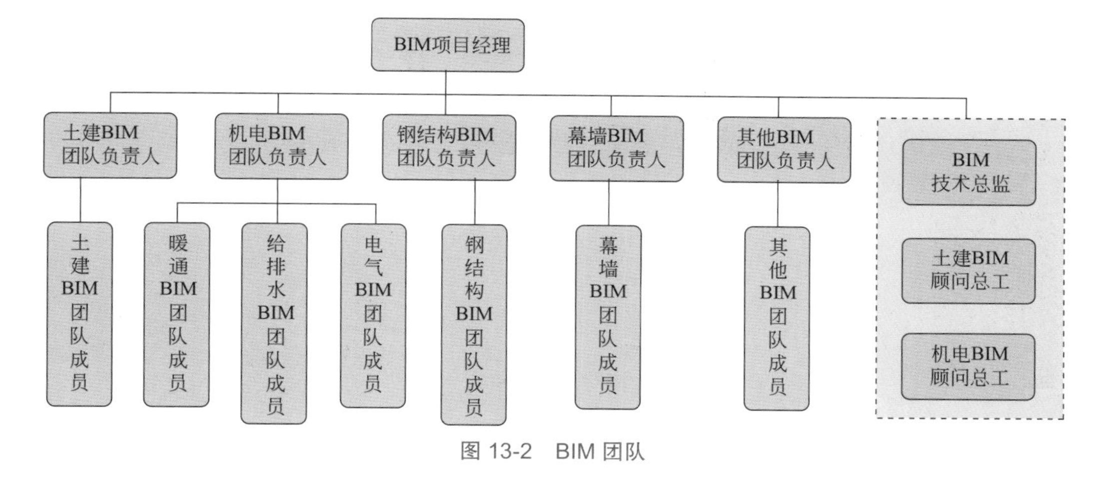

图 13-2 BIM 团队

踪过多种类型开发项目40多个，涉及住宅、别墅、超高层写字楼、酒店、综合体等房地产与市政工程。与多家国内外知名设计公司均有着深入的合作经验，如：SOM、SWA、BPI、CCDI、柏诚、华汇等。

专业负责人的岗位均安排了BIM工程经验丰富的相关专业设计人员担任；团队集合各专业优秀BIM技术人员，全身心地投入该项设计工作，并确保设计队伍的稳定性和连续性。见表13-2。

表13-2 BIM配置人员一览表

序号	姓 名	年龄	性别	职务（岗位）	从事BIM咨询服务年限/年
1	叶方甦（高工 注册给排水工程师）	45	男	项目负责人 技术总监	5
2	关晓晖（高工 一级注册建筑师）	38	男	建筑BIM审核	4
3	梁宝荣（工程师 一级注册结构师）	38	男	结构BIM审核	5
4	吴生全（高工 注册电气工程师）	54	男	电气BIM审核	4
5	方能基（工程师 注册设备工程师）	33	男	暖通BIM审核	4
6	林显治（工程师）	29	男	建筑BIM专业负责	4
7	陈亮（工程师）	30	男	结构BIM专业负责	4
8	叶李文（助工）	28	男	给排水BIM专业负责	3
9	陈清（工程师）	28	男	电气BIM专业负责	3
10	陈越强（工程师）	34	男	暖通BIM专业负责	4

3. 团队业绩情况介绍

品成不仅对大量建筑项目（如住宅、别墅、超高层写字楼、酒店、综合体等）进行BIM技术服务，而且在市政、交通、地铁、电力、供水、工业等方面均有涉及。如图13-3所示。

图13-3 部分案例截图

品成推动 BIM 行业发展，协助起草福建省住建厅的 BIM 指导意见，协办福建省建筑信息模型技术研讨会，参编福建省 BIM 技术应用实施导则，主办福州首场 BIM+AR/VR 分享会。如图 13-4 所示。

图 13-4　2015“福建省建筑信息模型技术研讨会”

促进 BIM 教育研发，与福建工程学院成立研发中心，承担省级 BIM 研发课题，举办 BIM 模型培训班。如图 13-5 所示。

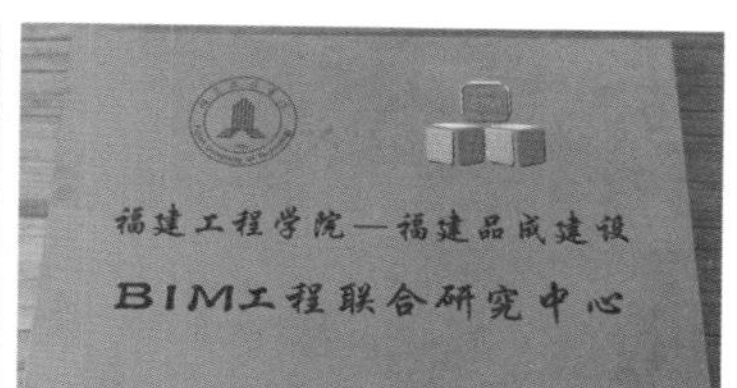

图 13-5　成立研发中心

三、项目 BIM 应用

1. 全专业建模，模型辅助沟通决策

对该项目的建筑、结构、幕墙、机电、精装等专业进行模型搭建。各专业利用 BIM 软件，建立三维几何实体模型，使其满足施工图设计阶段模型深度；使得项目在各专业协同工作中的沟通、讨论、决策在三维模型的状态下进行，有利于对建筑空间进行合理性优化。在项目例会、技术讨论会上，以模型作参照，改“看图说话”为“看模型说话”。使问题表达得更准确，缩短理解问题的时间，方便设计及管理团队对项目设计做出整体和局部的分析及决策。

2. 全专业设计查错

收到项目图纸后第一时间对图纸进行梳理及内容分析：审核图纸内容是否齐全；图纸尺寸、标高等标注位置是否有遗漏；图标、图例标示是否准确清楚。通过图纸梳理，方便管理团队对设计范围及质量做出管理。

基于设计图纸，建立 BIM 模型，同步进行 BIM 的设计复核。将各个专业的设计综合到一个模型中，利用 BIM 模型协调各专业间的设计，复核设计内容和信息是否完整、准确，及时将发现的问题反馈给业主。如图 13-6 所示。

3. 方案模拟

项目施工过程中，业主希望对 1# 楼四层露台进行改造，部分区域增设攀岩功能区。BIM 模型真实反映出设计师的想法，方便后期具体方案的交流及确定。如图 13-7、图 13-8 所示。

问题编号	相关图纸	问题位置	问题描述	提交时间	设计回复	回复时间	备注
MQ-41	DY.2-05	2-MQ9	2#幕墙MQ9中轴2-1至2-2轴，在RF女儿墙处是否应有3mm白色铝单板幕墙包住？	2016.04.19	是		

(a) 幕墙设计图纸查错

问题编号	相关图纸	问题位置	问题描述	提交时间	设计回复	回复时间	备注
A-01	地下二层建筑图	1-2/M交1-1/2与1-2/2之间	柱子落在停车位边线上是否需要调整(类似问题众多未一一列出)	2016.4.18	可车位直接平移		

(b) 建筑设计图纸查错

图 13-6　全专业设计查错

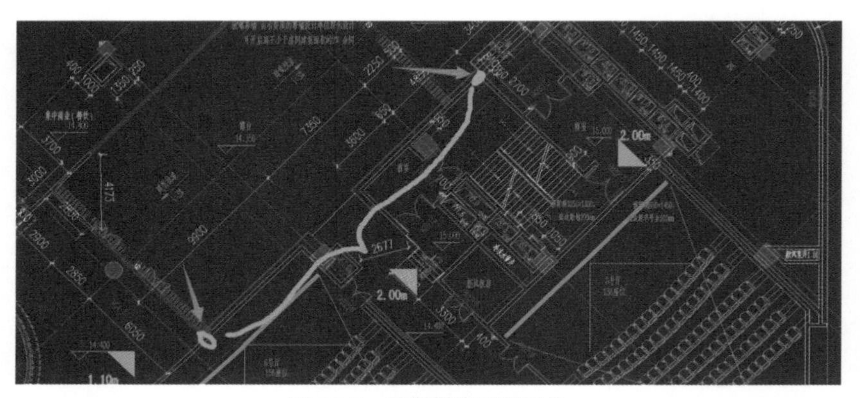

图 13-7　前期攀岩区域划分

(a) 根据设计师想法搭建BIM模型

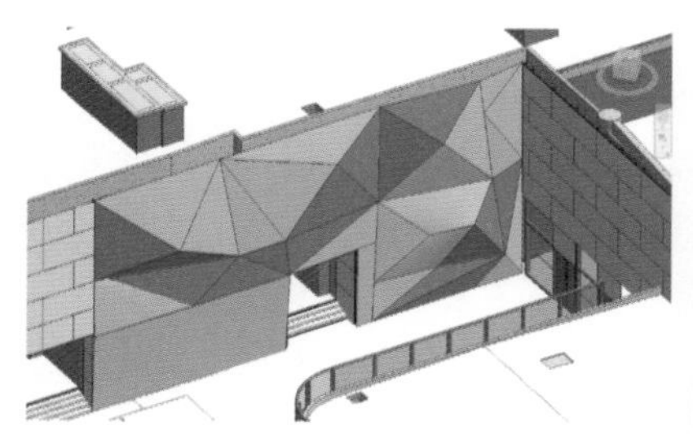

(b) 攀岩区域模型

(c) 实际攀岩效果

图 13-8　方案模拟

4. 楼层结构板开孔调整

由于商业综合体业态大面积调整，部分商铺需预留餐饮功能，因此必须对楼层结构板开孔进行调整。调整过程中，由于图纸版本的不一致，导致开孔的位置、大小发生偏差。

品成公司利用BIM模型按楼层和颜色将三个类型区分，输出平面、编号，并整理成表格，供甲方参考管控。项目累计结构板孔洞调整122处。如图13-9所示。

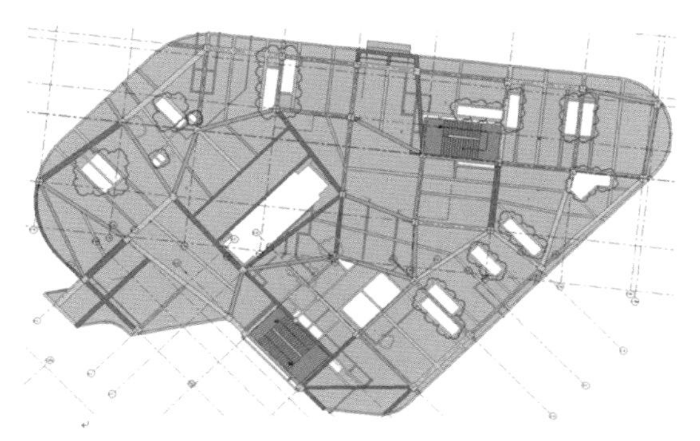

(a) 单层板平面开孔输出平面图

注：红色云线表示：结构开洞建筑未开
绿色云线表示：建筑开洞结构未开
蓝色云线表示：建筑结构开洞尺寸不一致

正荣财富中心–2#楼

序号	位置	需要开口尺寸	开口楼层(地板)	图纸核对状况	原因
1	2-2a交2-C1	2000×800	二、三	建筑开洞结构未开	V3.0新增餐饮管道
2	2-3a交2-C1～2-1/C1旁	3750×1200	二	结构开洞建筑未开	V3.0取消楼梯洞口
3	2-3a交2-C1旁	750×1200(建筑); 950×550(结构)	二、三、四	建筑结构开洞尺寸不一致	
4	2-4a交2-1/C1	3750×1350; 4865×1350	二	结构开洞建筑未开	V3.0取消楼梯洞口
5	2-7a交2-1/C1旁	4900×1100; 3750×1200	二	结构开洞建筑未开	V3.0取消楼梯洞口
6	2-8a交2-1/C1旁	3750×1250	二	结构开洞建筑未开	V3.0取消楼梯洞口
7	2-8a交2-C1旁	4213×2000	二	结构开洞建筑未开	V3.0取消楼梯洞口
8	2-7a交2-B1旁	4900×1200	二	结构开洞建筑未开	V3.0取消楼梯洞口
9	2-7a交2-A1旁	3750×1200	二	结构开洞建筑未开	V3.0取消楼梯洞口

(b) 楼层开孔汇总表格(部分)

图13-9 楼层结构板开孔调整

5. 影院结构改造

项目剧院结构主体已封顶，影院结构需根据要求进行调整。品成公司首先根据原始结构图纸及变更结构图纸分别建模，模型上用醒目颜色加以区别，提前提供拆改工程量。如图13-10所示。

影院拆改区域及工程量分析后，品成公司对改造后影院的内部结构及净高进行了分析，对新发现的问题进行整理汇总。如图13-11所示。

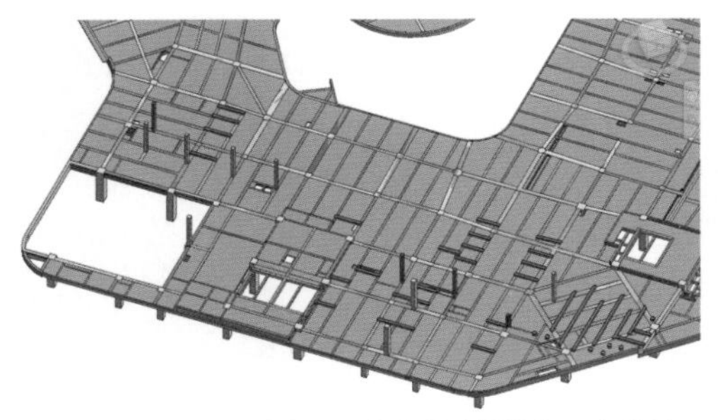

(a) 3层影院改造主要内容：红色构件为钢管柱、支撑梁的增加及相对应梁上柱的增加

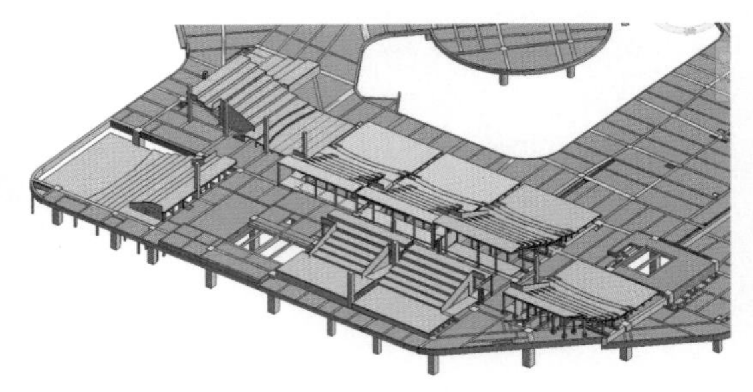

(b) 3层影院改造后情况

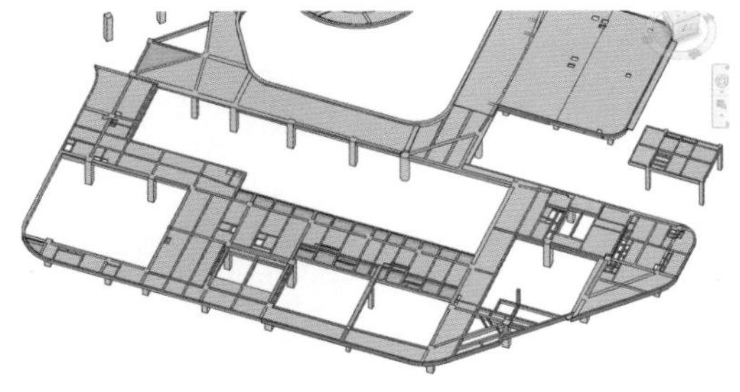

(c) 4层影院改造主要内容：影院夹层结构板混凝土凿除、影院结构板浇筑（红色填充图案为凿除；黄色填充图案为浇筑）

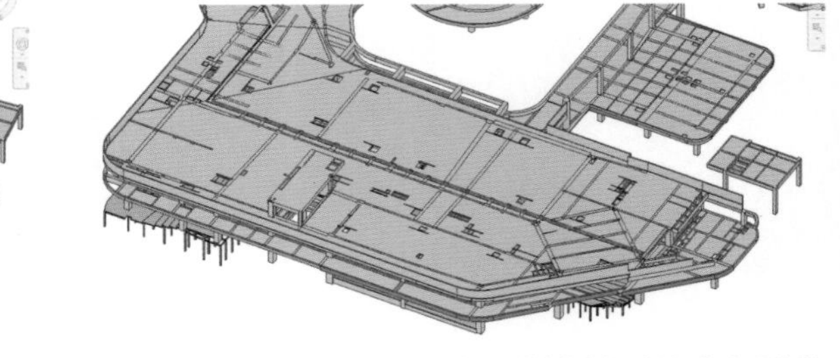

(d) 5层影院改造主要内容：影院屋顶结构板混凝土凿除及浇筑（红色填充图案为凿除；黄色填充图案为浇筑）

图 13-10 影院结构改造

专业汇总	范围	项目名称	出入口1最低点/mm	出入口2最低点/mm	工具间最低点/mm	问题截图	问题描述
土建净高分析	影院	1#影厅	7660	7570	2490		出入口处斜钢梁GL3下部压在预设门内位置
							板下钢梁GL1无法搭接至斜钢梁GL3
		2#影厅	8710	8070	3410		结构升降板边缘位置(绿线为边界线)与建筑图上的阶梯位置有冲突
							出入口处过道挡墙位置结构图与建筑图位置不对应
							结构图中未找到该梁上柱
							出入口处过道挡墙位置结构图与建筑图位置不对应
		3#影厅	2500	2500	—		蓝框处示意结构与建筑挡墙位置不同
		4#影厅	2520	2550	—		此处钢梁是否顶至上部预制板(涉及周边小梁搭接)
		5#影厅	2300	2280	—	—	—
		6#影厅	2670	—	2830	—	—
		7#影厅	2520	—	2060	—	—
		8#影厅	2610	—	3890		图示位置影院建筑图阶梯位置与3.0建筑图墙体位置冲突
		9#影厅	4750	—	—	—	—

图 13-11 影厅改造净高分析及典型问题报告

6. 全楼净高分析及机电管线优化

基于各专业模型，优化机电管线排布方案，对建筑物最终的竖向设计空间进行检测分析，对施工过程中可能存在的问题（如建筑空间不合理，影响正常使用；结构设计影响管线安装；幕墙设计不合理；机电各专业之间碰撞；机电专业与建筑结构专业之间碰撞等）进行统一考虑，进行管综调整，最后得出管线综合优化后的净高分析。如图 13-12 ～图 13-17 所示。

图 13-12　正荣财富中心管线综合

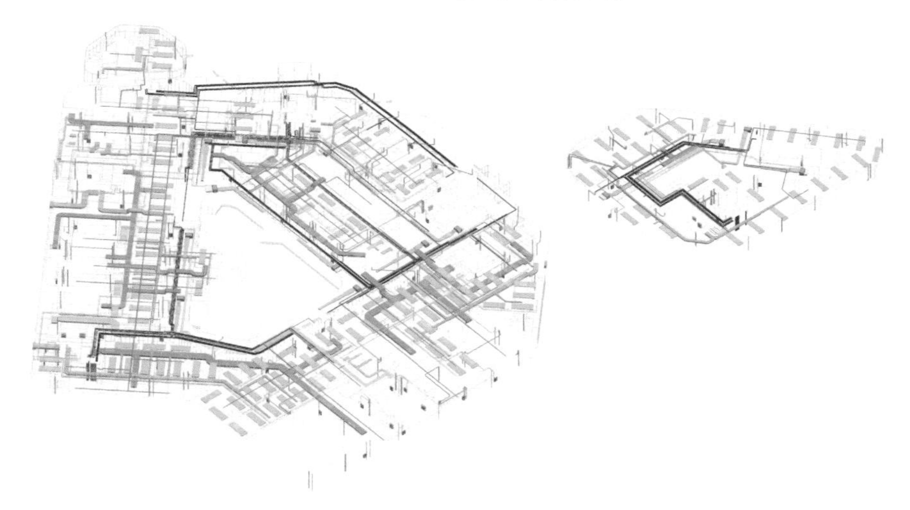

图 13-13　正荣财富中心地上单层机电模型

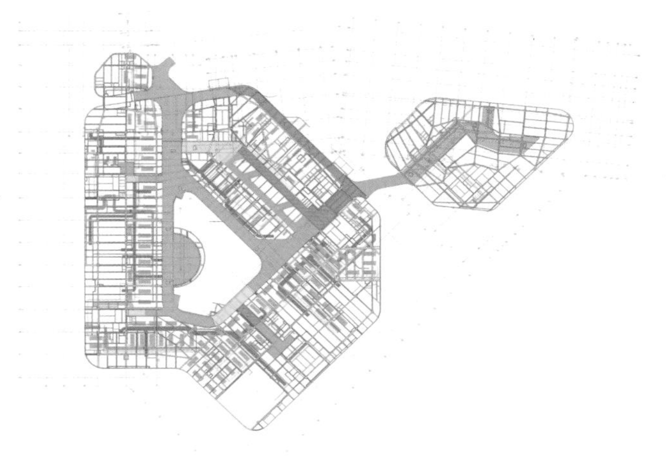

图 13-14　正荣财富中心地上单层公共区净高分析

<table>
<tr><th rowspan="2">专业汇总</th><th rowspan="2">范围</th><th rowspan="2">项目名称</th><th colspan="3">空间优化估算</th></tr>
<tr><th>综合前管底高度/mm</th><th>综合后管底高度/mm</th><th>最少优化结果/mm</th></tr>
<tr><td rowspan="4">空间优化成果(机电管线)</td><td rowspan="4">地上集中商业部分</td><td>1F</td><td>2700</td><td>2800～3200</td><td>100</td></tr>
<tr><td>2F</td><td>2600</td><td>2750～3200</td><td>150</td></tr>
<tr><td>3F</td><td>2450</td><td>2900～3900</td><td>250</td></tr>
<tr><td>4F</td><td>3400</td><td>3600～4200</td><td>200</td></tr>
</table>

图 13-15　地上部分机电管综后空间优化估算

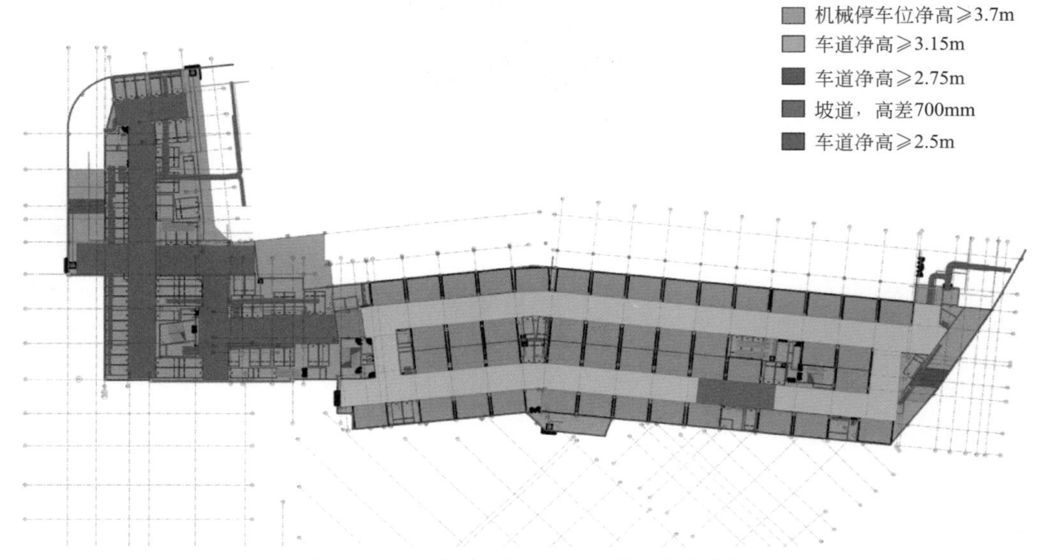

图 13-16　正荣财富中心地下室单层净高分析

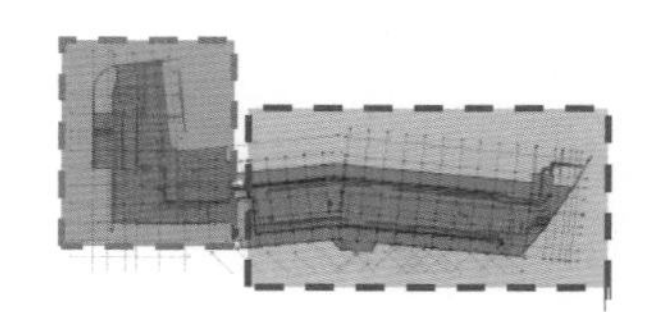

红色区域为普通停车位，梁下净高3150mm。　　蓝色区域为机械停车位，梁下净高3850mm。

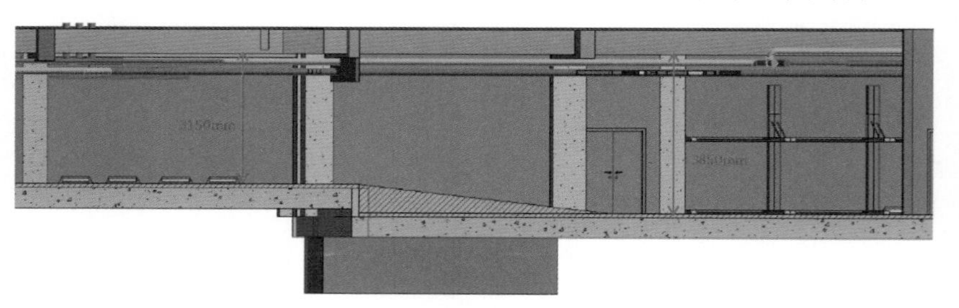

图 13-17　正荣财富中心地下室单层立面分析

7. BIM 管线综合图及局部三维示意

将调整优化后的模型导出局部三维示意以及相应深化后的 CAD 文件。对二维施工图难以直观表达的系统提供三维透视和轴测图等三维施工图形式辅助表达，为后续施工交底提供帮助。如图 13-18 ～图 13-21 所示。

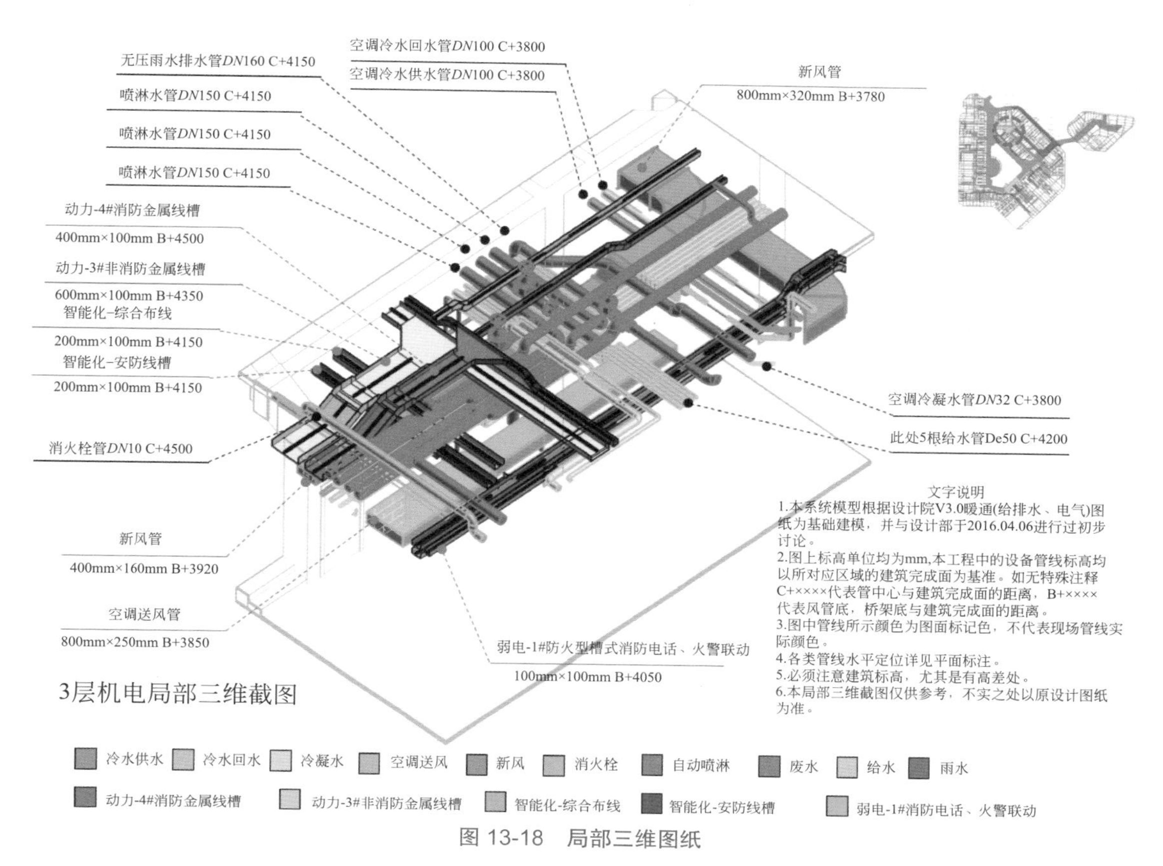

图 13-18 局部三维图纸

福建品成建设工程顾问有限公司		图纸目录		工程编号	PC-1616
		项目名称	福州正荣财富中心A1地块	专业	
		子项名称	1#2#楼	阶段	V1.0
日期	2016.05.06	建设单位	正荣（闽侯）投资发展有限公司	共 2 页	第 1 页

序号	图纸编号	图纸名称	图幅	版本号	备注
1	J-01	1#,2#楼一层电气公区走道桥架平面图(一)	A0	V1.0	2016.05.04已出
2	J-02	1#,2#楼一层电气公区走道桥架平面图(二)	A1	V1.0	2016.05.04已出
3	J-03	1#,2#楼一层给排水公区走道主管道平面图(一	A0	V1.0	2016.05.04已出
4	J-04	1#,2#楼一层给排水公区走道主管道平面图(二	A1	V1.0	2016.05.04已出
5	J-05	1#,2#楼一层暖通公区走道主管道平面图(一)	A0	V1.0	2016.05.04已出
6	J-06	1#,2#楼一层暖通公区走道主管道平面图(二)	A1	V1.0	2016.05.04已出
7	J-07	1#,2#楼一层公区走道管线综合平面图(一)	A0	V1.0	2016.05.04已出
8	J-08	1#,2#楼一层公区走道管线综合平面图(二)	A1	V1.0	2016.05.04已出
9	J-09	1#楼一层公区走道管线综合剖面大样图	A1	V1.0	2016.05.04已出
10	J-10	1#,2#楼二层电气公区走道桥架平面图(一)	A0	V1.0	2016.05.06已出
11	J-11	1#,2#楼二层电气公区走道桥架平面图(二)	A1	V1.0	2016.05.06已出
12	J-12	1#,2#楼二层给排水公区走道主管道平面图(一	A0	V1.0	2016.05.06已出
13	J-13	1#,2#楼二层给排水公区走道主管道平面图(二	A1	V1.0	2016.05.06已出
14	J-14	1#,2#楼二层暖通公区走道主管道平面图(一)	A0	V1.0	2016.05.06已出
15	J-15	1#,2#楼二层暖通公区走道主管道平面图(二)	A1	V1.0	2016.05.06已出
16	J-16	1#,2#楼二层公区走道管线综合平面图(一)	A0	V1.0	2016.05.06已出
17	J-17	1#,2#楼二层公区走道管线综合平面图(二)	A1	V1.0	2016.05.06已出
18	J-18	1#楼二层公区走道管线综合剖面大样图	A1	V1.0	2016.05.06已出
19	J-19	1#,2#楼三层电气公区走道桥架平面图(一)	A0	V1.0	
20	J-20	1#,2#楼三层电气公区走道桥架平面图(二)	A1	V1.0	
21	J-21	1#,2#楼三层给排水公区走道主管道平面图(一	A0	V1.0	
22	J-22	1#,2#楼三层给排水公区走道主管道平面图(二	A1	V1.0	
23	J-23	1#,2#楼三层暖通公区走道主管道平面图(一)	A0	V1.0	
24	J-24	1#,2#楼三层暖通公区走道主管道平面图(二)	A1	V1.0	
25	J-25	1#,2#楼三层公区走道管线综合平面图(一)	A0	V1.0	
26	J-26	1#,2#楼三层公区走道管线综合平面图(二)	A1	V1.0	
27	J-27	1#楼三层公区走道管线综合剖面大样图	A1	V1.0	

图 13-19 图纸目录

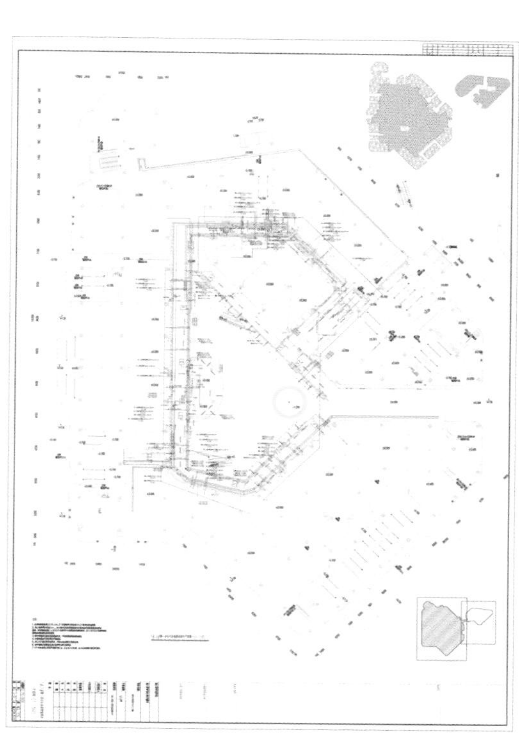

图 13-20 平面输出图

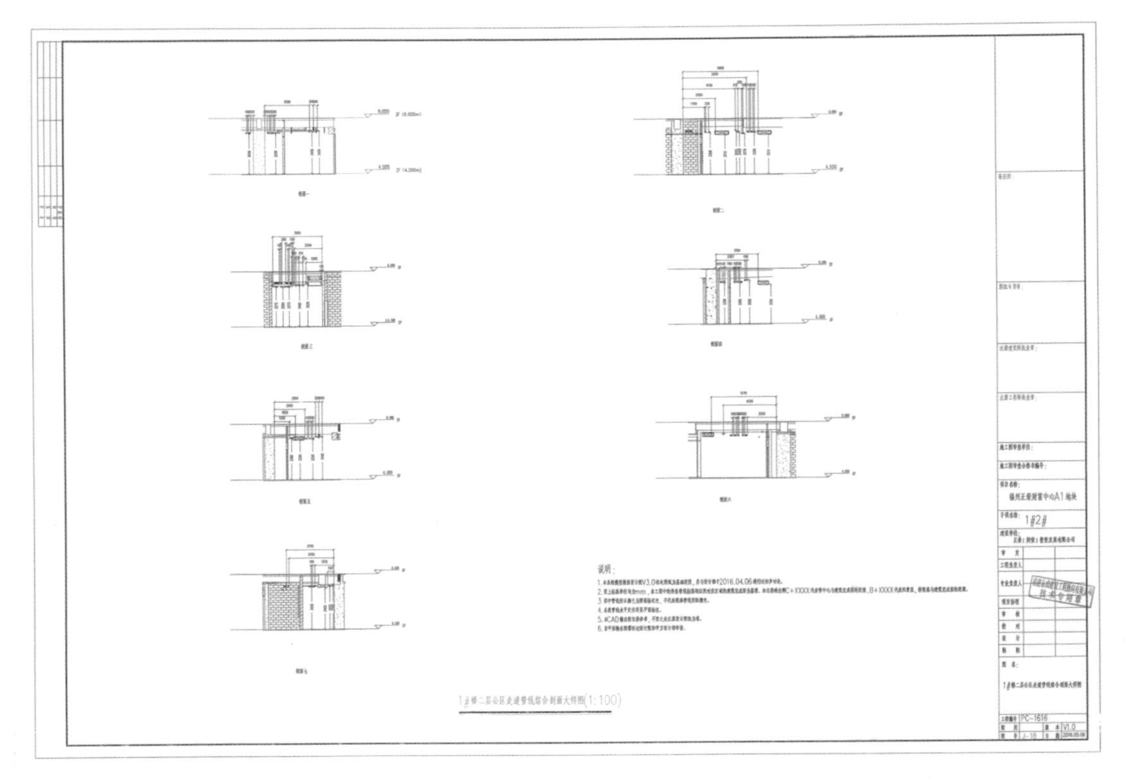

图 13-21 剖面图

8. 幕墙设计模拟及解析

在幕墙设计中 BIM 能清晰表达幕墙构造关系和交接处关系，检查出二维图纸中很难发现的问题，缩短幕墙结构设计周期。幕墙 BIM 设计工作不仅能表达幕墙内部不同构件之间的关系，通过和其他专业BIM设计结合也能清晰表达幕墙与建筑结构、幕墙与钢结构之间的关系，从而对其他专业设计、施工和构件生产修改起到帮助。如图 13-22 所示。

图 13-22 幕墙截图

该项目在幕墙模型搭建过程中，发现许多幕墙预埋件问题，在预埋前提前发现，减少返工。如图 13-23 所示。

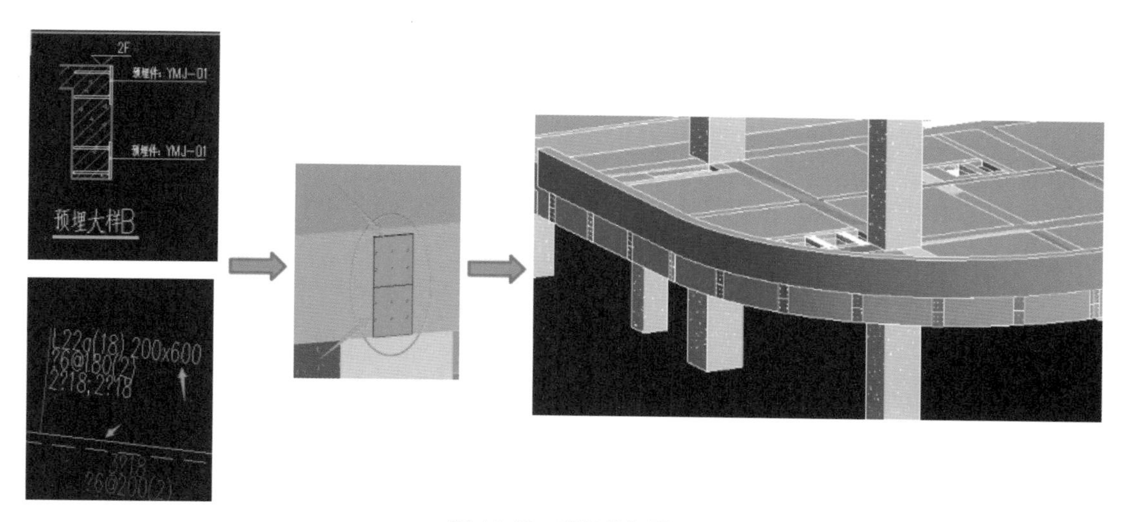

图 13-23　预埋件问题

根据幕墙大样图，很难发现该处埋件有问题。搭建幕墙模型后，结合该位置梁尺寸很直观地发现已经无法在 600mm 梁上布设两处 300mm 高的埋件。后期后置埋件尺寸高度调整为 250mm。在 2# 楼二层、三层、四层大部分的埋件都有此问题。

根据 BIM 模型埋件数量统计：该项目埋件总数 3197 个，在预埋前经 BIM 模型提前发现问题，进行修改的埋件数为 1335 个，修改埋件数占总埋件数的 41.8%。

另外该项目幕墙与机电管道碰撞的问题也较多，品成公司通过 BIM 模型进行碰撞模拟，提前发现并解决幕墙机电碰撞问题共计 39 处。如图 13-24 所示。

问题编号	相关图纸	问题位置	问题描述	提交时间	设计回复	回复时间	备注
N-001	1#、2#楼一层防排烟及空调新风平面图（一）	1-1/2轴交1-M轴	空调新风管穿幕墙玻璃		建议风机位置调整，尽量避免跨越2个分格，风口位置玻璃改为百叶		

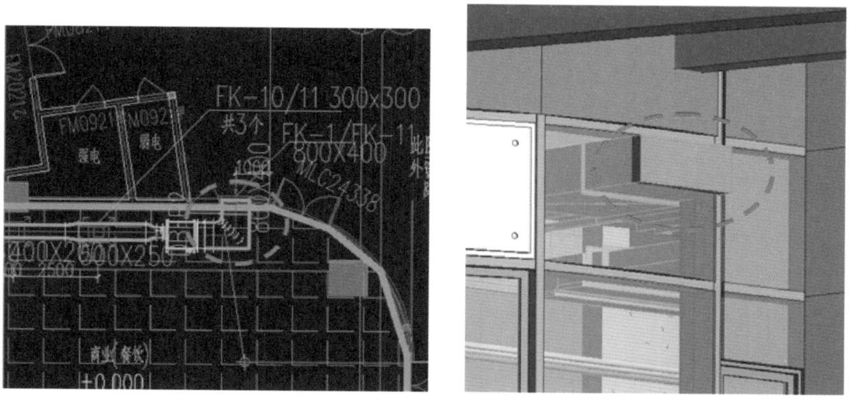

图 13-24　幕墙碰撞问题

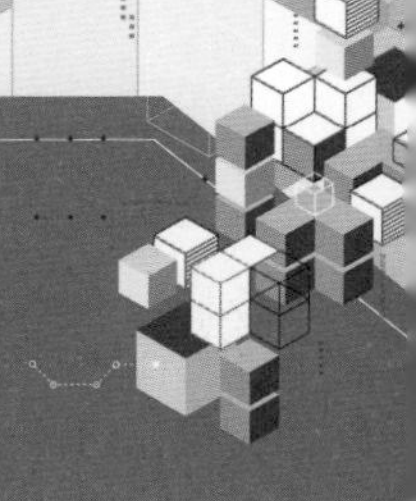

案例十四

广西（东盟）财经研究中心精装修项目全过程成本管控 BIM 应用

广西易立特科技有限公司
广西财经学院 BIM 工程技术中心

一、项目概况

1. 项目介绍

广西（东盟）财经研究中心是广西财经学院与广西财政厅联合组建的中央支持地方高校建设项目。该项目位于广西财经学院明秀校区内，由原校办公楼进行改造及精装修。该项目基于 BIM 技术进行全过程的成本管控。室内设计面积 2240m^2，原结构主体为钢筋混凝土框架结构，建筑层数为地上 5 层，建筑高度为 21.4m。如图 14-1 所示。

图 14-1　广西（东盟）财经研究中心三维视图

2. 项目开展阶段

本项目从 2017 年 3 月开始，基于 BIM 技术进行全过程的成本管控，建立了项目全区域全专业的数字化模型，在设计的可研、招标、施工详图阶段进行应用，提高了设计效率和质量。建立了基于数字化模型的工程档案管理系统，解决设计施工过程中档案文件传递、管理等问题，利用 BIM 技术手段，标准化、流程化、高效化组织设计施工过程中的文件传递，并为后期运维提供基础资料。建立了基于BIM技术数字化模型的施工管控系统，通过系统对施工期质量、进度、安全、成本等进行管控，提高施工期项目管控的精细化程度。在项目竣工后，通过数字移交，将施工期的数字化模型及相关信息、施工过程中的档案资料全部整合，在项目的精装修阶段进一步集成，实现项目的全生命周期全过程成本管控。

二、BIM团队介绍

1. 公司简介

广西易立特科技有限公司（Elite BIM，简称“易立特”）是由一个在建筑各领域颇有建树的技术精英团队，怀着对智慧城市、对BIM技术的憧憬与信心组建的一家创新科技公司。

作为BIM技术服务提供商及BIM平台开发商，易立特立足建筑产业，围绕建设工程项目的全生命周期，以BIM技术为核心基础支撑，提供成本控制、设计深化、人才培养等优势服务，先后负责及指导了广西建筑科学研究设计院、广西财经学院、广西建设职业技术学院、广西交通职业技术学院BIM技术中心的整体运营工作。

易立特建立了完善的自主研发和技术管理体系，主要业务包括：企业BIM咨询、高校BIM整体解决方案、BIM平台服务、PPP及EPC项目咨询与服务、项目全过程成本管控、BIM招投标应用、BIM建筑设计、BIM景观设计、BIM施工深化设计、BIM成果表现等。先后为广西财经学院、广西建设职业技术学院、广西交通职业技术学院等高校及数十家企、事业单位的多个项目提供BIM技术支持及项目、科研服务，通过BIM技术帮助客户完成项目需求的同时，也不断地通过创新应用给客户提供增值服务，促进行业技术与管理进步，增加企业效益，提高企业核心竞争力。

2. 团队简介

广西财经学院BIM工程技术中心是2016年获批成立的校级工程技术中心，至今已与广西住建厅、广西审计厅、广西国土厅、南宁市规划局等的相关部门有专业交流和项目合作。中心依托学校学科优势和中心技术优势，进行产学研协同创新工作，主要进行基于BIM成本控制体系、PPP项目前期咨询、EPC+BIM项目实施、BIM+装配式建筑等技术研究，并与企业的实际项目结合，引领行业技术革新。

该项目由广西易立特科技有限公司专业工程师及广西财经学院BIM工程技术中心专业教师全程指导，并由中心专业学生团队完成BIM建模及全过程成本管控应用。

图14-2为人员管理路线。

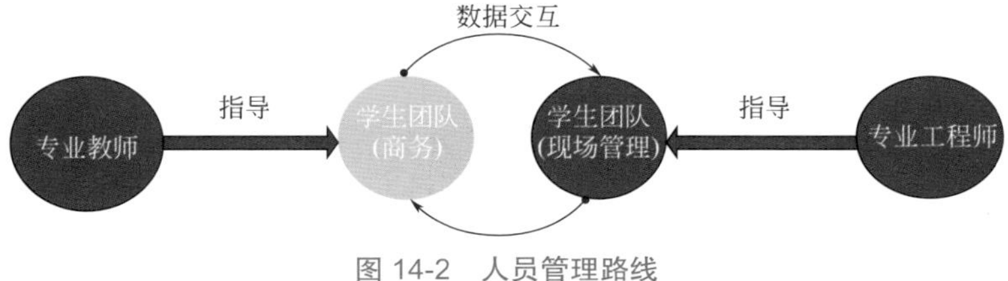

图14-2 人员管理路线

表14-1为参与本项目的主要成员名单。

3. 业绩情况介绍

广西易立特科技有限公司承接了南宁市某休闲山庄（图14-3、图14-4）的BIM建筑设

表 14-1 参与本项目的主要成员名单

序号	姓名	性别	年龄	职务 / 职称	项目角色
1	陆景金	男	22	实习 BIM 工程师	项目模型负责人
2	黄圳波	男	22	实习 BIM 工程师	项目视频制作负责人
3	刘冠金	男	22	实习 BIM 工程师	项目模型负责人
4	孟萍萍	女	22	实习 BIM 工程师	项目图形负责人
5	欧晨丰	女	22	实习 BIM 工程师	项目文字编辑负责人
6	雷金连	女	22	实习 BIM 工程师	项目模型渲染负责人
7	潘艳桥	女	22	实习 BIM 工程师	项目模型渲染负责人
8	韦姣妮	女	22	实习 BIM 工程师	项目模型检测负责人

图 14-3 整体鸟瞰图

图 14-4 庭院效果图

计业务，从 2013 年 9 月开始，整合资源，将该街道办事处某村打造成为南宁乃至广西新农村。该山庄项目使用 Revit 建模并利用 BIM 的三维技术在前期可以进行碰撞检查，优化工程设计，减少在建筑施工阶段可能存在的错误损失和返工，BIM 在该山庄项目中起到了提升项目生产效率、提高建筑质量、缩短工期、降低建造成本等作用。

广西易立特科技有限公司还承接了广西防城港市的 BIM 建筑设计业务，总用地面积：1024867.71m^2，总建筑面积为 1338261.69m^2。本次设计的配套设施有：幼儿园、体育馆、社区卫生服务中心、社区文化艺术中心（含物管、会所）、农贸市场。此项目运用 Revit 软件建模出图，效果图由 Lumion 软件制作。如图 14-5 ～图 14-9 所示。

图 14-5 农贸市场效果图

图 14-6 体育馆效果图

图 14-7　社区卫生服务中心效果图

图 14-8　社区文化艺术中心效果图

图 14-9　幼儿园效果图

三、项目情况介绍

1. 项目总结

（1）提前暴露深化设计未考虑周详的问题，发现细节的不足。

（2）指导施工，最大程度实现模块化，大幅度提高施工效率，保证施工质量。

（3）模块化、单元化的实施以及自动生成明细表对整个施工用料用量有个初步的统计。

（4）改变传统的各专业链式合作，为各专业的交流互通提供统一、高效的平台，大大减少沟通成本，提高沟通效率。

2. 项目 BIM 应用技术路线（图 14–10）

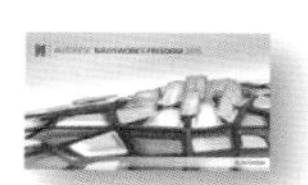

图 14-10　项目 BIM 应用技术路线

主要软件：Revit 2016 与 Navisworks Manage 2016。

其他相关辅助软件及插件：Lumion6.0 可视化渲染软件，天正建筑 2014，Fuzor 和斯维尔 BIM 三维算量等。

3. 三维设计价值点

通过 BIM 设计，其价值点如下。

（1）模型与图纸的关联　设计人员能够根据三维模型自动生成各类工程图纸和文档，并始终与模型保持逻辑关联。当模型发生变化时，与之关联的图纸和文档将自动更新，避免了修改内容在某些图纸中被遗漏的情况，有效保证了设计的质量。

图 14-11　Revit 三维模型图

在 Navisworks 和 Revit 中，模型得到关联，通过检查碰撞设计调整修改模型后，能使模型达到最真实的完美的呈现。如图 14-11、图 14-12 所示。

（2）可视化校审　基于三维模型可模拟工程完建场景，实现可视化漫游和多角度审查，提高设计方案的可读性和项目校审的精度；

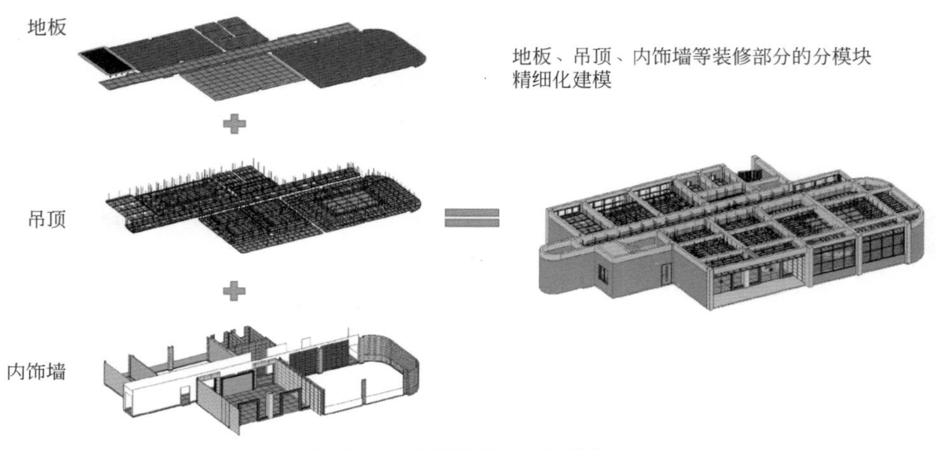

图 14-12　设计阶段——图模合一

传统二维设计图纸表达有死角，如：二维图纸对于管路、桥架爬升、翻折、交叉、穿墙开孔等布置多重的重叠区域为平面线型表达，无法反映空间位置关系，常常造成对图纸的理解错误。三维模型设计可以生成平、立、剖及三维轴测图纸，准确表达重叠位置的上下层位置关系，表达直观形象，更易于理解。

在 Fuzor 中可以实现三维模型可视化浏览，实现对项目整体模型大场景、大数据量的轻量化承载，保证漫游的流畅度。如图 14-13 所示。

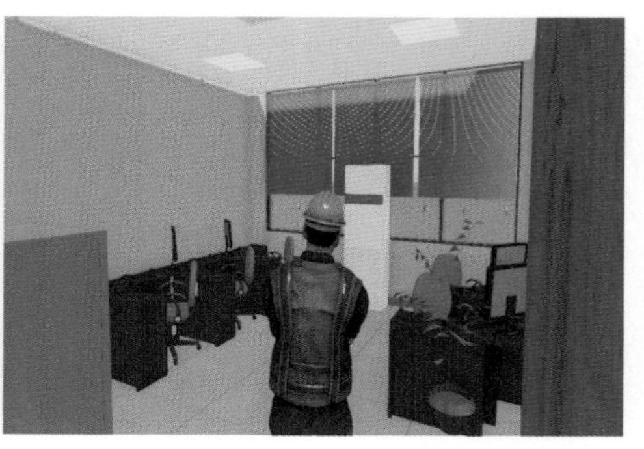

图 14-13　Fuzor 施工总布置模型漫游

（3）智能碰撞检测　在 Navisworks 中，可智能实现各专业模型间的碰撞检测，生成检测报告，有效地减少工程“错、漏、碰、缺”的问题。如图 14-14 所示。

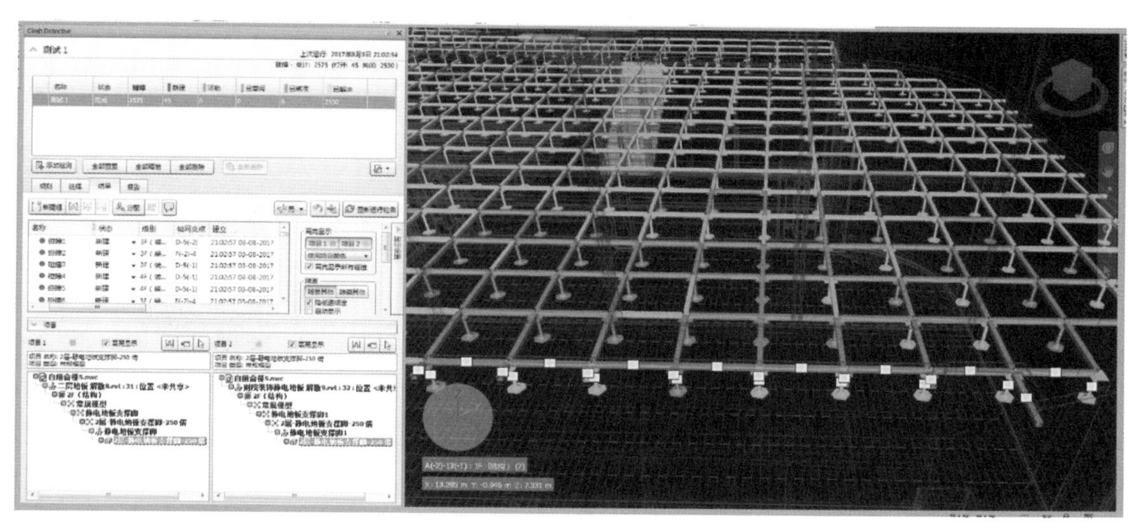

图 14-14　Navisworks 碰撞检查

（4）优化设计　利用三维数字化成果，可通过多视角审视和虚拟漫游等手段，实现工程问题前置，进而完成错误排查和设计优化的工作。

4. BIM 成果展示

如图 14-15 ～图 14-19 所示。

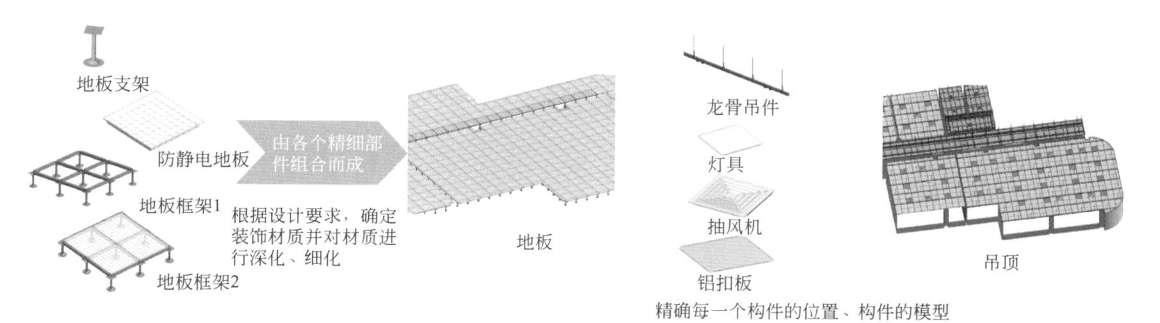

图 14-15　楼层模型效果图

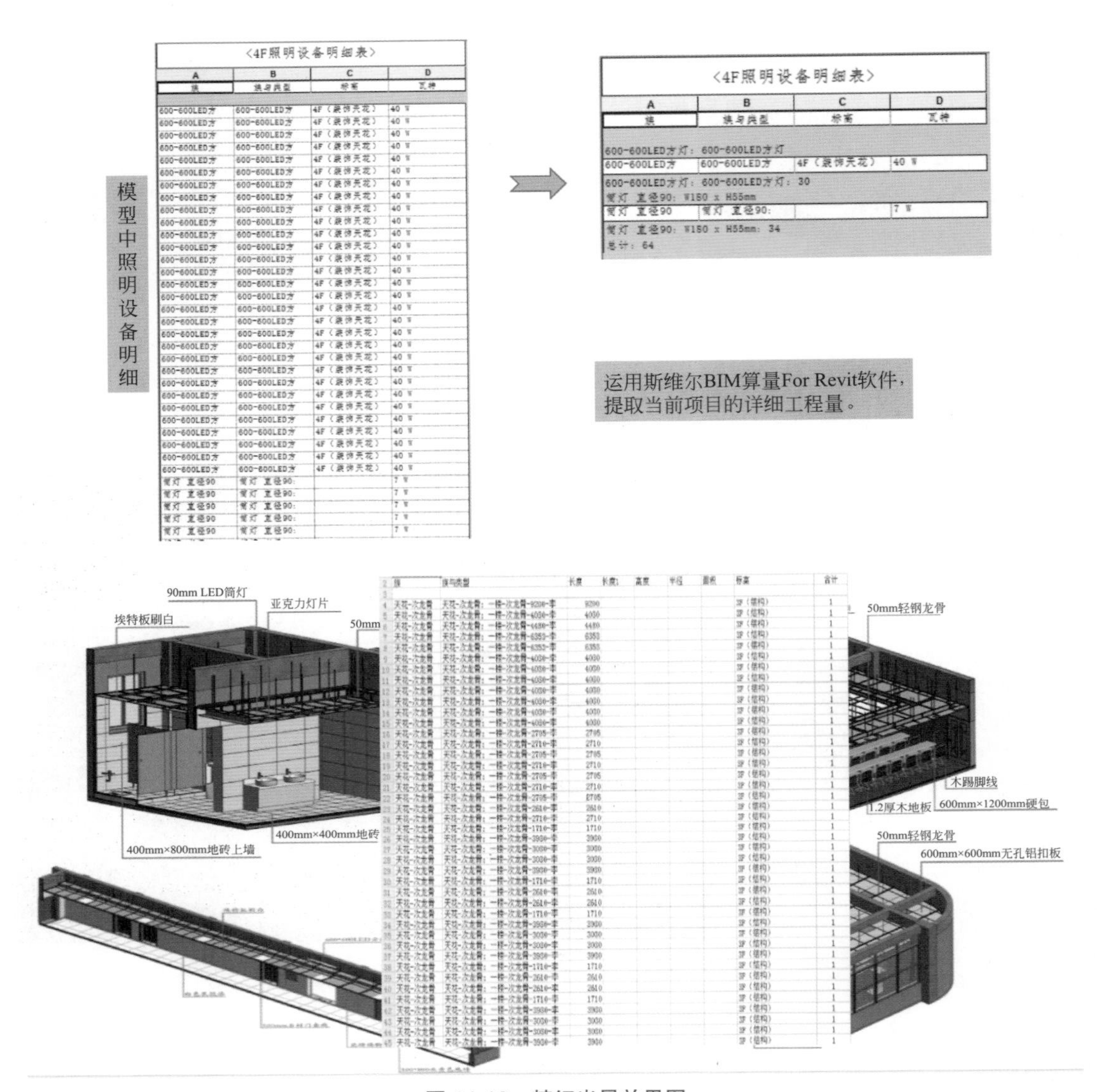

图 14-16 精细出量效果图

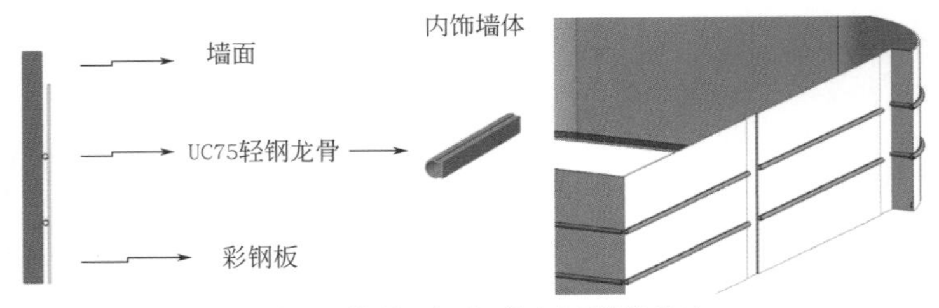

图 14-17 装饰墙面效果图

根据 BIM 模型提取工程量：根据设计阶段 BIM 模型提取构件的工程量及材料信息，避免招标文件编制时的缺项漏项、少算错算问题，为招投标提供依据。

项目名称及规格、型号等特殊要求	单位	数量	单价/元
大芯板 18mm	m²	52.470	36.50
60×240外墙砖	m²	19.044	22.00
400×800米黄色墙砖（卫生间）	m²	405.496	150.00
600×900仿大理石瓷砖	m²	67.184	195.00
800×800米黄色楼梯地砖	m²	40.202	120.00
400×400米黄色地砖	m²	116.338	165.00
600×600仿大理石地砖	m²	78.208	198.00
800×800米黄色地砖	m²	64.480	165.00
800×800抛光砖	m²	375.128	135.00
800×800抛釉砖	m²	179.504	139.00
陶瓷地面砖（波打线）130×800	m²	4.859	153.00
陶瓷地面砖（波打线）200×800	m²	7.255	153.00
陶瓷地面砖（波打线）130×800	m²	37.440	153.00
陶瓷地面砖（波打线）200×800	m²	11.024	153.00
陶瓷梯级砖	m²	175.152	153.00
陶瓷踢脚砖	m²	49.980	150.00
12mm厚强化木地板	m²	320.145	138.00
防静电地板（含配件）	m²	433.092	285.60
大理石板（地面用）	m²	14.825	190.00
土耳其金玫瑰大理石（墙面）	m²	8.772	450.00
花岗岩板（地面用）	m²	10.355	200.00
大理石门套板	m²	17.748	890.00
土耳其玫瑰金大理石（成品）	m²	9.369	450.00
榉木夹板 3mm	m²	63.315	15.12
铝扣板 300×300×0.8	m²	16.065	119.00
微孔铝扣板 600×600×0.8	m²	350.175	133.00
无孔铝扣板 600×600×0.8	m²	580.755	124.00

项目名称及规格、型号等特殊要求	单位	数量	单价/元
AP2动力总配电箱	台	1.000	2900.00
EAP配电箱	台	4.000	320.00
灯带	m	404.560	65.00
型钢（综合）	kg	129.956	2.43
酚醛调和漆（各色）	kg	1.839	12.00
酚醛防锈漆（各种颜色）	kg	2.084	12.50
电缆保护管 SC32	m	4.635	10.77
电缆保护管 SC40	m	12.669	13.20
电线配管 SC15	m	311.369	4.50
电线配管 SC20	m	19.570	5.60
进户电缆保护管埋地敷设 SC150	m	21.115	56.56
感应式台式洗手盆 冷水	个	10.100	865.00
LED方灯600×600 1×40W 220V	套	107.060	250.00
LED方灯600×600（带蓄电池）1 40W 220V	套	24.240	280.00
LED方灯600×600mm 1×13W 220V	套	29.290	75.00
LED方灯600×600mm 1×7W 220V	套	22.220	65.00
LED筒灯 1×7W 220V	套	207.050	115.00
LED圆灯 ϕ300 1×20W 220V	套	19.190	36.50
安全出口标志灯 1×3w 220V	套	14.140	85.00
单向疏散指示灯 1×3w 220V	套	10.100	85.00
双向疏散指示灯 1×3w 220V	套	4.040	85.00
应急照明灯（自带蓄电池） 2×3.5w 220V	套	35.350	88.00
单联单控照明开关（含开关底盒）10A 250V	个	37.740	9.50
二联单控照明开关（含开关底盒）10A 250V	个	33.660	13.20
三联单控照明开关（含开关底盒）10A 250V	个	28.560	19.30

图 14-18　构件的工程量及材料信息

通过设计阶段的模型与施工现场的比对，实现对施工现场的实时管控，减少返工与返工引起的工期及成本问题，实现施工过程的成本管控。

图 14-19　现场管理

四、应用效益分析

本工程采用 BIM 技术形成的三维数字化模型，可以使整个工程各参与方及其他相关人员在短时间内对整个项目取得直观的了解。除此之外，利用数字化模型制作形成的效果图和视频展示，不仅可以作为新员工了解工程的培训材料，加快人才的培养；还可以在对外交流中，作为一项先进的生产力，成为企业的核心竞争力，提高企业形象。

运用 BIM 技术在三维数字化模型中集成各类工程信息，从而保障信息数据的有效性、准确性和一致性。同时，利用三维数字化模型为载体，可视化地开展设计、施工、运维等相关工作，可进一步提高各业务的开展效率和人员的工作沟通效率。

本项目运用 BIM 技术形成的阶段成果还为全生命周期管理系统提供基础支撑。全生命周期管理系统是对目前工程项目现有系统的全面升级，是对国家“两化融合”战略的进一步落实，也使 BIM 技术得到进一步延伸应用，从而形成基于 BIM 模型的可视化管理系统。

五、评价

BIM 应用总体评价如下。如图 14-20 所示。

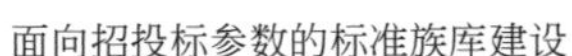

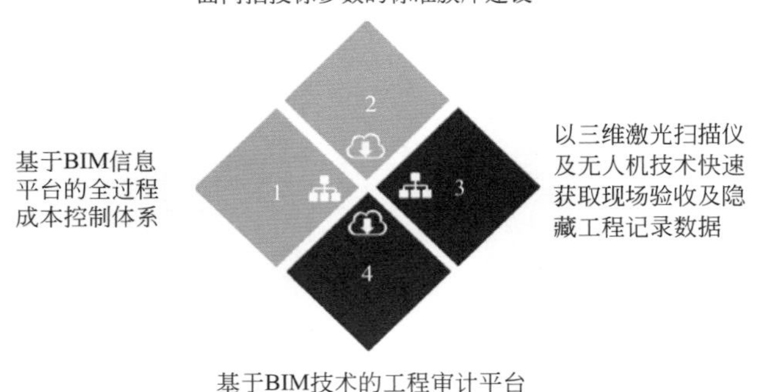

图 14-20 BIM 应用总体评价

广西东盟财经研究中心精装修项目应用 BIM 技术，实现项目全过程的信息化成本控制。从设计阶段到竣工验收，在满足项目功能需求、美观、安全的前提下，让复杂的精装修项目的成本可控。

在施工建造期，通过全生命周期管理平台对质量、进度、安全做到事先预可视、事中实时可视、事后回溯可视，提高施工期管控的效率和质量，减少问题的发生，降低工程费用。

六、BIM 应用环境

硬件应用环境如图 14-21 所示。

操作系统	Microsoft Windows 7专业版(64位/Service Pack 1)
CPU	(英特尔)Intel(R) Xeon(R) CPU E5-2620 v3 @ 2.40GHz(2400...
主板	戴尔0NK5PH
内存	32.00 GB(2400MHz)
主硬盘	1000GB(未知型号 已使用时间：未知)
显卡	NVIDIA Quadro M2000 (4096MB)
显示器	戴尔 DELL SE2416HM 32位真彩色 60Hz
声卡	Realtek 280 High Definition Audio
网卡	Intel(R) Ethernet Connection I217-LM

图 14-21 硬件应用环境

为更好地进行 BIM 设计工作，单位还架设了云平台，利用高性能硬件资源，为 BIM 设计创造优越的硬件应用环境。

七、心得体会

随着 BIM 技术日趋成熟，相信在不久的将来，BIM 技术在施工项目成本控制的应用上可产生更高的效益，提高企业的核心竞争力。

广西财经学院实行产 - 学 - 研相结合，致力于将本校工程管理与工程造价专业学生往工程建设多专业全过程管理应用型人才方向培养，为 BIM 的普及深化工作储备生力军，在广西易立特科技有限公司的带领下，为推动广西建筑行业信息化发展不断奋斗！

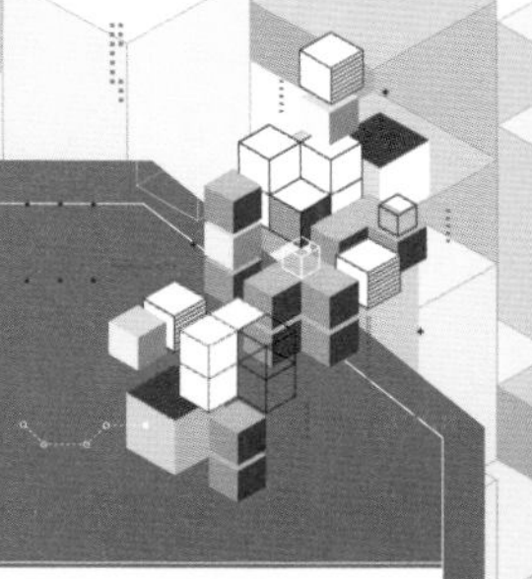

案例十五

广州科技职业技术学院建筑实训楼设计阶段 BIM 应用

广州比特城建筑工程咨询有限公司
珠海市中京国际建筑设计研究院有限公司广州分公司

一、项目概况

1. 项目介绍

本项目位于广东省广州市白云区广从九路 1038 号广州科技职业技术学院内。该工程为建筑实训楼，共十一层。建筑高度为 48.3m，总建筑面积为 15444.40m^2，建筑占地面积 1999.1m^2，为建筑类专业教学楼。

建筑位于两个山体之间，地形狭窄，设计难度大，项目采用现代建筑风格，通过体块的穿插悬挑，形成力度感的现代美学效果，同时也为建筑设计和施工带来一定难度。

2. 业主信息

广州科技职业技术学院（简称“广科院”），位于广东省广州市，是 2004 年在广州医学院南大学院基础上，经广东省人民政府批准、国家教育部备案，广东省教育厅主管的一所普通专科层次的全日制民办高等职业技术院校。学院坐落于广州市白云区钟落潭“广州第二大学城”内，园林式校园，环境幽雅。钟落潭高校园区属广州市绿化生态用地范围，全部建筑采用低密度建设的生态发展模式；相当部分是技术类院校，与广州大学城形成互补态势，成为广州市高等职业技术人才重要培养基地。

广科院现开设有 60 个专业，建有各专业实训室 156 个。

3. 项目开展阶段

本项目从 2014 年 8 月开始，进入设计阶段，2015 年 4 月进入报建阶段，11 月份建筑施工图全部完成。期间开展多轮建筑方案比较，本项目综合了多种设计手段，特别是采用了 BIM 技术介入之后，对场地地形分析、土方平衡，建筑形体推敲，建筑和结构深化设计均提供了一系列的技术辅助，使本项目在尽管斜面较多的情况下，仍然能实现建筑施工图快速和准确出图。

二、BIM 团队介绍

1. 公司简介

广州比特城建筑工程咨询有限公司是由建筑行业精英和专家学者共同发起，致力建筑行业大数据事业的信息科技公司。

公司汇聚了大批经验丰富、设计理念先进、思想活跃、技术严谨的优秀专业人才，形成了稳定的工作架构和科学的设计管理模式，已成为扎根珠三角、面向全国的综合性建筑信息化技术服务企业，为广大业主和设计单位提供了优质的工程咨询服务，树立了良好的企业形象，得到了业主和各级建设主管部门的广泛认可和一致好评。广州比特城建筑工程咨询有限公司在本项目中主要承担 BIM 技术支持工作。

珠海市中京国际建筑设计研究院有限公司于 2006 年 7 月经珠海市工商行政管理局核准注册成立，前身是成立于 1993 年的中国建筑北京设计研究院珠海分院。2007 年 3 月 20 日，经广东省建设厅批准，获得建筑行业（建筑工程）设计乙级资质；2011 年 3 月 25 日，经住房和城乡建设部批准，获得建筑行业（建筑工程）设计甲级资质。主要承担工业及民用建筑设计、小区规划、建筑装饰、建筑幕墙、轻型钢结构工程、建筑智能化系统、照明工程、消防设施工程设计、建设工程总承包、项目管理及相关的技术与管理服务等业务。设有建筑、结构、给排水、电气、暖通等专业，拥有一批经验丰富、技术精深、创新能力强的专业技术人员。现有 11 个珠海设计所，9 个外地分院，员工 320 余人，其中一级注册建筑师 8 名，一级注册结构工程师 10 名，高级职称人员 39 人，中级职称人员 67 人，主要技术人员曾在各甲级设计资质单位从事建筑工程设计多年，并作为专业负责人完成过多项大、中型建筑工程设计，具有丰富的工作经验、较强的专业能力和较高的技术水平。珠海市中京国际建筑设计研究院有限公司在本项目中主要承担项目设计和建筑施工图制作。

2. 团队简介和业绩

本制作团队来自设计单位、BIM 咨询公司和高校，共同努力完成本项目制作。主要参与成员包括罗志华、姚敏丽、黄春伟、曾辉、李桂芳和罗琳。

本项目团队近年来在 BIM 产学研领域相当活跃，主要技术带头人罗志华是广州大学副教授、国家一级注册建筑师、注册城市规划师、广东省城市建筑学会 BIM 专业委员会主任，深圳市建筑信息模型（BIM）专家库首批入库专家、广东省工程勘察设计行业协会岭南与现代建筑专业委员会特聘专家，同时也是广州比特城建筑工程咨询有限公司首席总监，近年来开展建筑设计信息化方面的相关研发，开发“设计管家”等多项实用性工具平台，于 2016 年 8 月在广州开展“BIM 在方案设计和幕墙设计辅助中的应用”技术发布，2017 年 3 月在广州举办“建筑设计信息化整体解决方案”技术发布会，获业界普遍关注。

本项目团队也获得“第十五届中国国际住博会・2016 年中国 BIM 技术交流会暨优秀案例作品展示会”的“最佳 BIM 设计应用奖 优秀奖”。如图 15-1 所示。

荣誉证书

广州比特城建筑工程咨询有限公司/珠海市中京国际建筑设计研究院有限公司：

贵单位在“第十五届中国国际住博会・2016 年中国 BIM 技术交流会暨优秀案例作品展示会”中荣获“最佳 BIM 设计应用奖 优秀奖”。

项　　目：“广州科技职业技术学院 11#建筑实训楼 BIM 辅助应用”

主要完成人：罗志华、姚敏丽、黄春伟、曾辉、李桂芳、罗琳

图 15-1　荣誉证书

三、项目情况介绍

1. 项目应用技术点

（1）场地分析和土方平衡　使用 BIM 的场地设计功能，根据场地规划需要对山地地形进行处理，得出三维设计地形，计算土方填挖量，在方案阶段快速得出不同方案的土方量数据和三维地形效果。在方案前期概念设计中，使用建筑体块表达场地规划方案，并进行多方案比选，主要结合建筑单体功能定义不同类型的概念体量族，通过标高系统和体量参数，提供一系列的参数化方案比选辅助。利用 BIM 的数据统计功能可以清晰计算各项指标，如建筑面积、用地面积等数据，也可以进行有针对性的场地工程量统计。如图 15-2 所示。

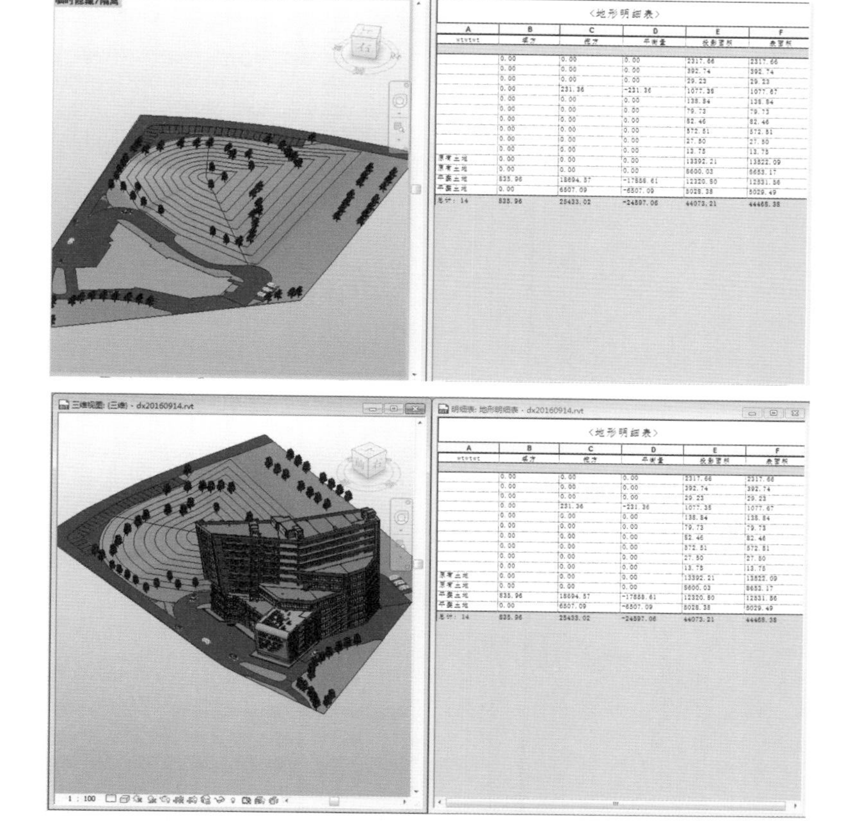

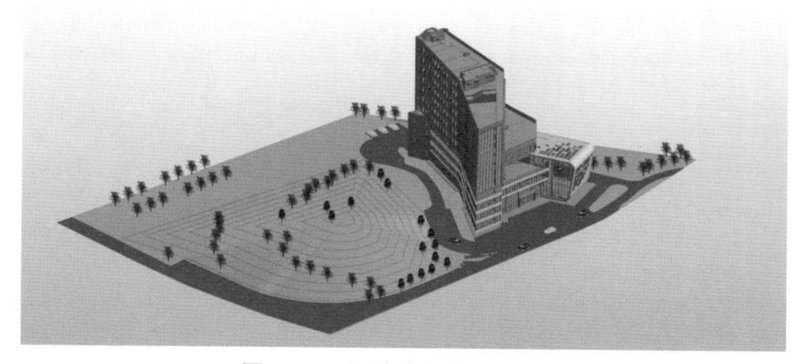

图 15-2　场地分析和土方平衡

（2）概念体量和可视化设计　利用概念体量族，快速准确地生成所需要的形体，并方便地转化为各种 BIM 属性构件。本项目的展览厅和教学主楼部分均存在大量异形设计，BIM 在这过程中的辅助作用价值明显。如图 15-3 所示。

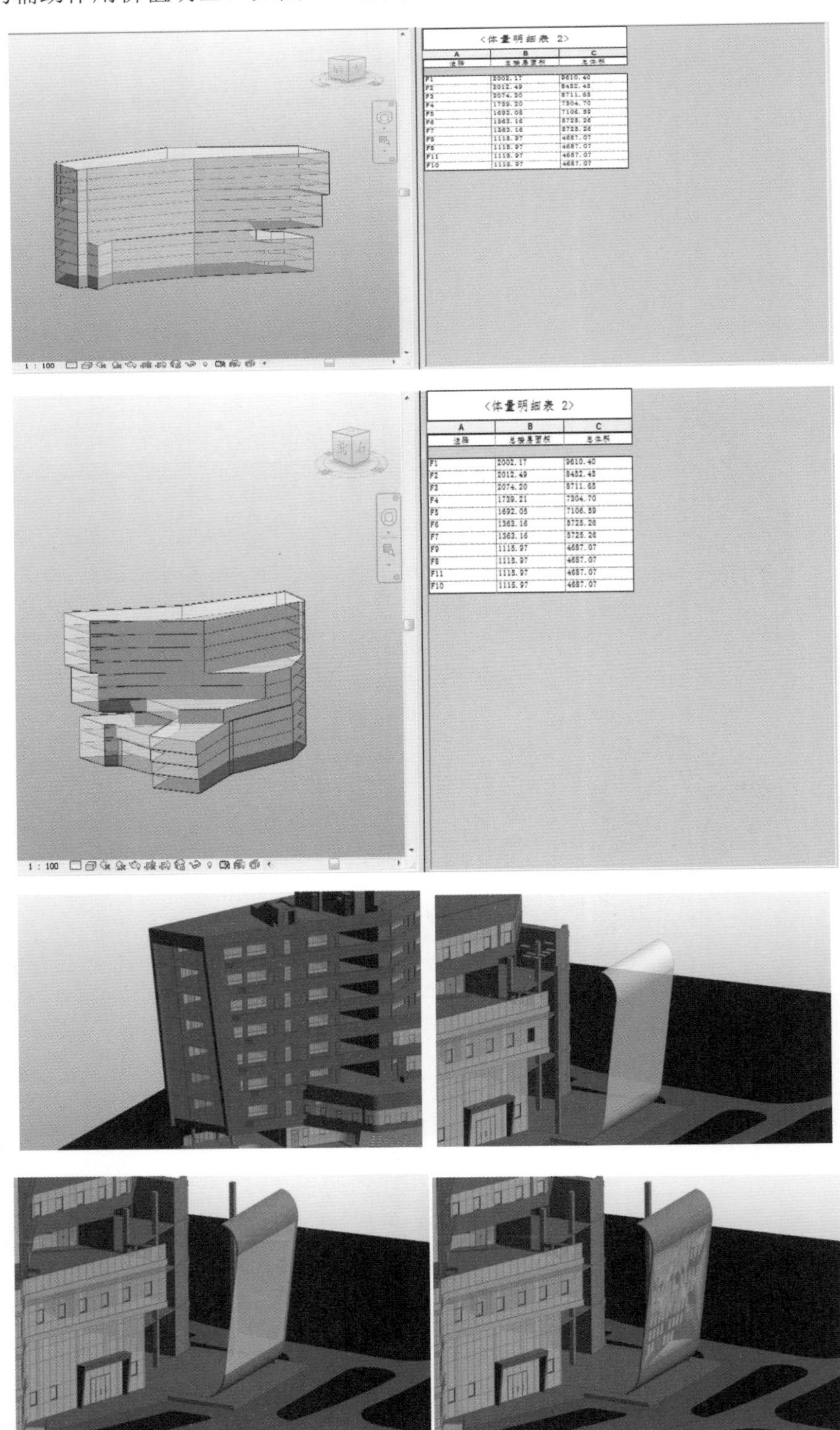

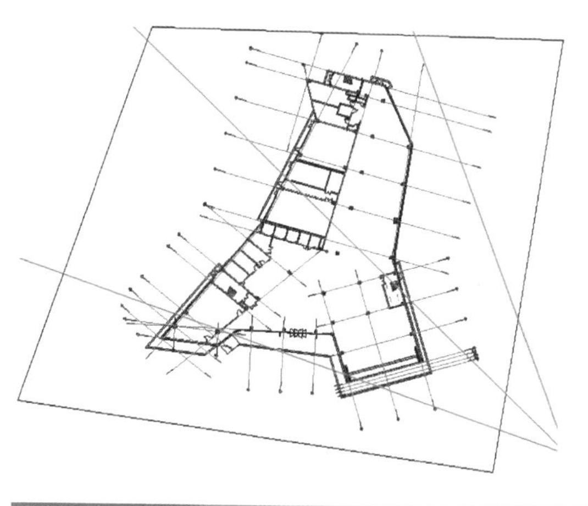

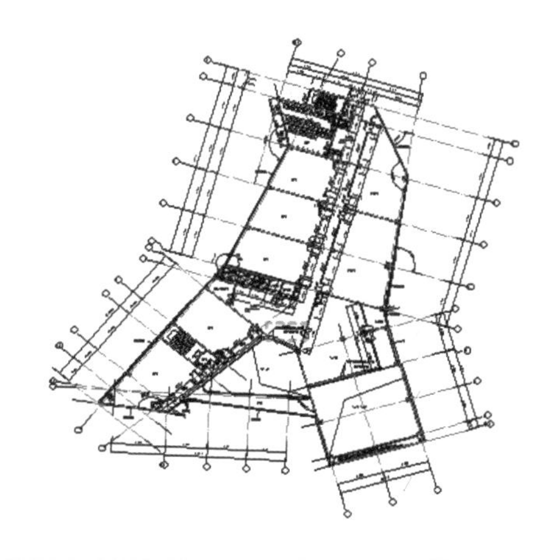

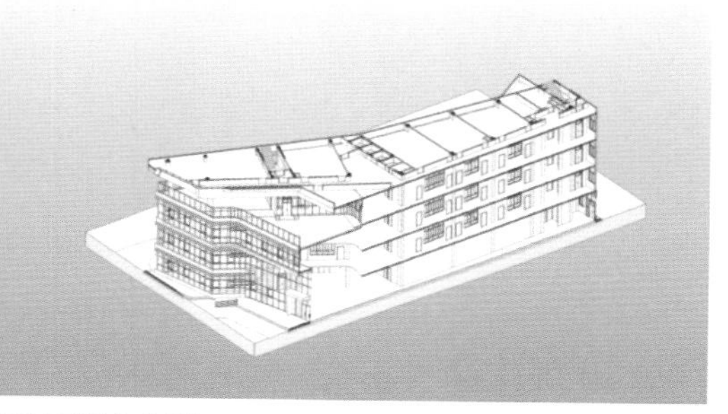

图 15-3　概念体量和可视化设计

（3）设计分析和差错　对设计本身开展各种类型的分析，既包括异形空间效果、室内视点景观方面的分析，也有内部功能方面的分析，如通过图例和天花板功能进行净高检查。结合机电设计，进行碰撞检查和优化设计，输出碰撞检查报告。如图 15-4 所示。

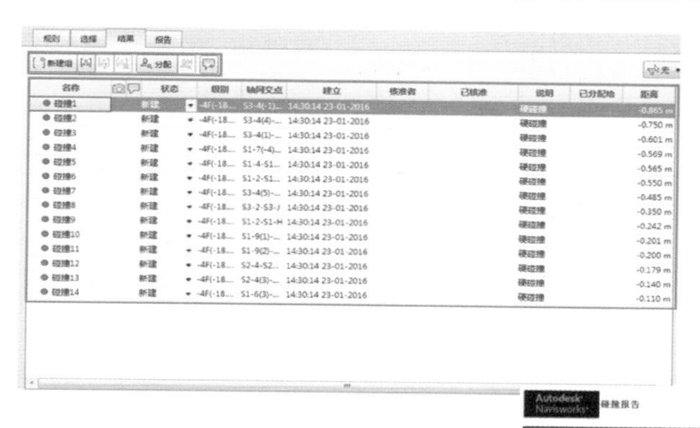

点击碰撞，显示相应碰撞节点的视点

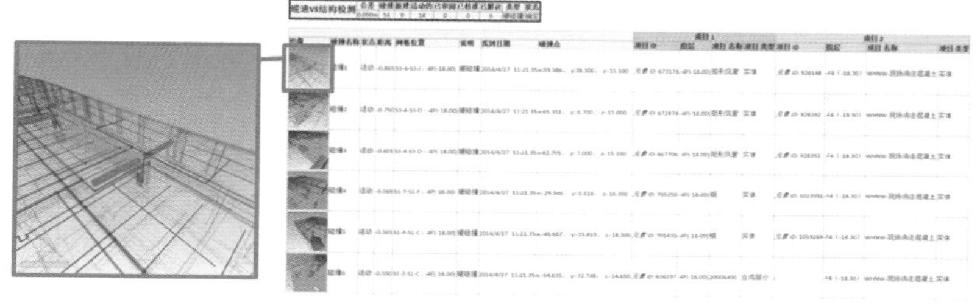

可以导出HTML格式的碰撞报告，直观清晰

图 15-4　设计分析和差错

可在视点直接测量距离

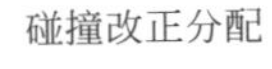

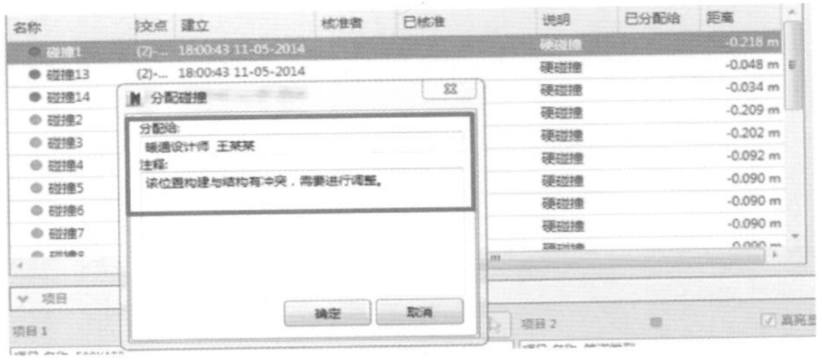

可在视点添加注释

图 15-4 设计分析和差错

（4）渲染辅助和工程出图 在设计过程的整体或局部推敲，采用辅助渲染的方法。按照设计最终成果进行视图设置，并按国家标准出图。如图 15-5 所示。

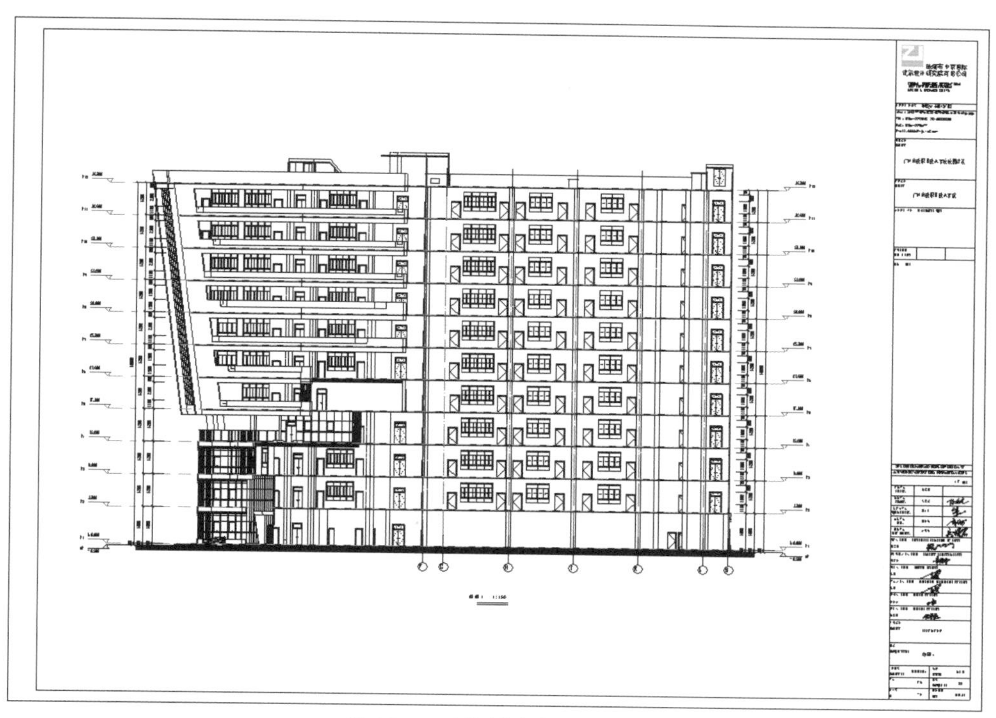

图 15-5 渲染辅助和工程出图

2. BIM 成果展示

如图 15-6 所示。

图 15-6 方案设计效果图

四、应用效益分析

本工程通过 BIM 技术设计和辅助，综合提高了设计和施工的质量和效率，具体如下。

（1）对于异形体方案，能较理想地开展辅助外形设计和辅助空间推敲。

（2）设计人员能够根据三维模型自动生成各类工程图纸和文档，直接提取，并始终与模型保持逻辑关联。当模型发生变化时，与之关联的图纸和文档将自动更新，避免了修改内容的时候某些图纸中被遗漏的情况，有效保证了设计的质量，提高工作效率，减少返工工作量。

（3）各专业设计均针对同一套模型开展设计，所需的设计参数和相关信息可直接从模型获得，保证数据的唯一性和及时性，有效避免重复的专业间提资，减少了专业间信息传递差错，提高了设计效率和质量。

（4）数字化模型的可视化漫游和渲染，多角度审查，有效提高设计方案的可读性和校审的精度。通过碰撞检测，有效减少差错、遗漏等问题，可视化查阅与可追溯性功能提高了效率和质量，对项目建设可产生可观的投资节约。

五、评价

在设计阶段，由于专业相互引用的数据具有唯一性和及时性，因此减少了沟通的误差。三维出图高效地解决了设计方案调整带来的图纸和工程量更新的问题，减少了图纸修改调整的工作量。三维校审解决了建筑内部多专业交叉区域复杂结构、设备、管路集中布置时，二维图纸无法表达清楚带来的校审问题，提高了校审的质量。

在施工建造期，由于提供了三维模型，可以在施工过程中进一步开展施工模拟和进度控制，有利于提高项目设计质量。

六、BIM 应用环境

软件应用环境见表 15-1。

表 15-1　软件应用环境

序号	软件名称	应用的软件功能	序号	软件名称	应用的软件功能
1	AutoCAD	CAD 二维图纸辅助	3	Autodesk 3ds Max	项目模型精细化渲染和效果图制作
2	Autodesk Revit	建筑、结构、机电各专业	4	Lumion	效果图和动画制作

硬件应用环境见表 15-2。

表 15-2　硬件应用环境

序号	品名	规格及配置	数量	序号	品名	规格及配置	数量
1	主板	技嘉 G1.Sniper Z6	1	5	硬盘	WD1TB	1
2	CPU	INTEL I7 4790 盒装	1	6	显示器	AOC 19in	2
3	内存	KINGSTON 8G 骇客神条	1	7	SSD 固态硬盘	威刚 SP900	1
4	显示卡	索泰 GTX760-2GD5	1				

七、心得体会

通过多年来的 BIM 技术和项目实践，积累了丰富的设计经验和成果。在多个项目中实现不同阶段的 BIM 设计，并产生明显效益。

通过 BIM 设计，提升了设计和出图效率。数字化模型通过视图样板的定制，能形成规范化的视图和图纸内容，将三维视图、二维平立剖面视图、工程量明细表进行标准化制作，直接生成图纸，符合行业规范要求，无后期由于图纸之间无法对应而产生的修改工作量。

三维协同设计使各专业在统一的协同平台上进行交互，各专业模型相互参照关联，真正做到各专业并行协同设计，大大提高了设计的效率和质量。

利用数字化模型的三维可视化特点，多视角审视、虚拟漫游和渲染等手段，实现工程问题前置，进而完成各种错误排查和设计优化的工作。另外，数字化模型以一种所见即所得的方式表达设计方案意图，有效提高了工程参与各方的沟通效率。

案例十六
华信中心项目全过程 BIM 应用

上海鲁班工程顾问有限公司

一、项目概况

1. 项目介绍

上海华信中心新建项目位于徐汇区龙华街道，起至范围：东至云谣路，西至规划十一路，南至黄石路，北至规划九路。项目占地面积约 10900.6m^2，项目总建筑面积约 59060.85m^2，其中地上建筑面积 57815.85m^2（其中计容建筑面积 52868m^2），地下建筑面积（核心筒）1245m^2（近期正在调整为约 2510m^2）。建设内容：包括新建大型城市综合体，集甲级商务办公、商业服务设施为一体，作为中国华信的总部大楼。如图 16-1 所示。

图 16-1　项目三维视图

2. 项目开展阶段

本项目为建筑全生命周期BIM应用项目。在设计、招标、施工和运维阶段进行BIM应用。利用鲁班BIM平台的协同共享特点，业主、设计各专业以及BIM团队可对设计BIM模型进行审核，从而发现图纸疑问，提高设计效率和质量。并且通过协同平台，可将BIM模型延续至后续阶段，提取工程量成本信息，指导现场施工交底。在平台中建立项目资料库，将整个项目从设计至最后竣工过程中的档案资料全部进行归档收集，用于后期项目运维。

设计阶段，提前发现设计问题，通过对碰撞点的模拟，快速进行设计各专业的调整。

招标阶段，配合业主进行BIM工程量精算，快速形成招标文件，配合招标。

项目施工阶段，各参建方通过平台进行信息交互，快速反应快速解决现场质量、安全、进度、成本等问题。

运维阶段，形成竣工后运维模型，用于后续资产管理和物业运营维护。

在全生命周期实现BIM的管理和应用，真正实现BIM全生命周期管理，实现BIM应用的价值。

二、 BIM团队介绍

1. 公司介绍

鲁班软件成立于2001年，一直致力于中国BIM技术的研发和推广。鲁班软件近20年一直专注于建造阶段BIM技术项目级、企业级解决方案研发和应用推广。鲁班软件（及下属子公司）已将工程级BIM应用延展到城市级BIM（CIM）应用、住户级BIM应用（精装、家装BIM）。

鲁班软件一直致力于以先进的管理思想与管理技术，特别是以BIM技术为核心的信息化技术，推动中国建筑业进入智慧建造时代，努力成为中国建筑业可持续发展的关键支撑力量。

2009年，鲁班软件将公司的研发重点从BIM的岗位级算量应用，率先向项目级、企业级的BIM系统与平台进行布局，从单机应用转向互联网平台，从单一的算量应用延伸至成本、进度、技术、质量安全和协同管理等方面的106个应用，并从传统的单机软件销售向系统销售商和BIM咨询服务转型，成为建造阶段BIM领航者。

目前，鲁班BIM项目级服务不仅在迪士尼、上海中心、苏州中心、绿地西南中心、三亚亚特兰蒂斯酒店、苏州现代传媒广场、珠海仁恒滨海中心等几百个大型复杂项目中得到深入应用，在乐清湾大桥、郑州商英街地铁站、深圳轨道8号线、九绵高速等基础设施建设项目中的应用也取得了明显成效，形成了一套完整的BIM实施体系和方法论。鲁班BIM团队服务过众多企业，BIM技术应用已成功从项目级应用进入企业级BIM系统平台搭建，在中建、中铁、中冶、中核、各地建工系统、民营建企中，已有一批企业在全集团全面推广应用鲁班BIM技术。

鲁班软件坚持聚焦定位，开放数据。上游可以接受Revit、Tekla、Bentley等满足IFC格式的主流BIM设计数据，下游可导出IFC格式文件，导出到ERP系统及大多数项目管理软件，为建企信息化提供高价值的解决方案。

2. 团队介绍

上海鲁班工程顾问有限公司是上海鲁班软件股份有限公司的全资子公司，公司定位于全过程 BIM 咨询专家。

作为国内最早从事 BIM 咨询与服务的团队，公司充分利用自身的经验优势，依托鲁班软件强大的 BIM 研发能力，致力于为客户提供建设项目全生命周期的 BIM 服务，力求使 BIM 与建筑规划、设计、施工、运维等建设阶段有机结合，为客户提供专业、完整、高效的 BIM 大数据解决方案。

公司定位：全过程 BIM 咨询专家。

公司愿景：推动中国建筑业进入智慧建造时代。

公司目标：让每个工程项目利用 BIM 技术实现精细化管理。

BIM 实施团队成员名单见表 16-1。

表 16-1 BIM 实施团队成员

团队角色	适合人选	姓名	责任
项目总监	BIM 实施总负责人	王永刚	负责项目的执行和具体操作统筹、实施方案的制定，实施进度的把控，项目调研和 BPR 的实施，负责实施方内部工作协调和安排；负责项目实施质量控制；负责各专业 BIM 模型质量控制
区域总监	BIM 实施总监	许燊	负责项目的执行和具体操作统筹、实施方案的制定，实施进度的把控，项目调研和 BPR 的实施，负责实施方内部工作协调和安排；负责项目实施质量控制；负责各专业 BIM 模型质量控制
项目经理	项目经理	张建	负责项目 BIM 技术实施及全程把控，及时反馈协调相关信息（作为项目驻场联系人进行沟通）
机电专业负责人	BIM 工程师	马建华	负责机电 BIM 模型审核，专业技术协调管理，涉及系统服务内容的实施和沟通
土建专业负责人	BIM 工程师	褚庆丰	负责土建 BIM 模型审核，专业技术协调管理，涉及系统服务内容的实施和沟通
钢筋专业负责人	BIM 工程师	王永林	负责钢筋 BIM 模型审核，专业技术协调管理，涉及系统服务内容的实施和沟通
幕墙	BIM 工程师	徐杰	负责幕墙 BIM 模型审核，专业技术协调管理，涉及系统服务内容的实施和沟通
钢构	BIM 工程师	罗国栋	负责钢构 BIM 模型审核，专业技术协调管理，涉及系统服务内容的实施和沟通
动画视频	动画工程师	张艳红	负责项目宣传动画模型创建及制作
土建技术员	BIM 技术员	许佳俊	负责协助土建专业负责人完成各项 BIM 建模及应用工作
钢筋技术员	BIM 技术员	何江龙	负责协助钢筋专业负责人完成各项 BIM 建模及应用工作
机电技术员	BIM 技术员	黄法标	负责协助机电专业负责人完成各项 BIM 建模及应用工作
幕墙技术员	BIM 技术员	徐杰	负责协助幕墙专业负责人完成各项 BIM 建模及应用工作
钢构技术员	BIM 技术员	裘一敏	负责协助钢构专业负责人完成各项 BIM 建模及应用工作

3. 团队业绩

目前，鲁班工程顾问团队已经拥有 BIM 工程师 200 余名，共计成功实施全工程 BIM 项目超过 500 个，服务项目类型包括超高层、市政桥梁、场馆、厂房、污水处理、产业园区、医院、住宅等。并且在各类 BIM 大赛中获取各项奖项。如图 16-2 ～图 16-5 所示。

图 16-2　上海智慧城市建设十大创新应用奖

图 16-3　上海建筑施工行业首届 BIM 技术应用大赛部分获奖证书

图 16-4　上海建筑施工行业第二届 BIM 技术应用大赛部分获奖证书

图 16-5　上海建筑施工行业第三届 BIM 技术应用大赛部分获奖证书

4. BIM 相关登记考试认证

鲁班 BIM 系统平台是中国建设教育协会 BIM 应用等级考试指定软件。如图 16-6 ～图 16-9 所示。

图 16-6　考试认证（一）

全国BIM考评等级	小类划分	考评软件	对应鲁班BIM工程师认证等级
BIM建模考试	设计土建建模	Revit	
	设计MEP建模	Revit	
	施工土建建模	鲁班土建、鲁班钢筋	鲁班BIM建模员(土建)
	施工MEP建模	鲁班安装	鲁班BIM建模员(安装)
专业BIM应用考试	建筑设计BIM应用	Revit、Navisworks	
	结构工程BIM应用	Revit、Navisworks	
	设备工程BIM应用	Revit、Navisworks	
	工程管理BIM应用(包括土建类或安装类)	鲁班BIM系统客户端	鲁班BIM应用工程师(土建或安装)
综合BIM应用	综合BIM应用	鲁班BIM系统及BIM理论	鲁班BIM咨询工程师

图 16-7　考评等级

图 16-8　考试认证（二）

图 16-9　考试认证（三）

三、项目 BIM 应用介绍

1. 项目应用难点

本项目实施存在以下难点。

（1）地下管道及系统多，与周边在建项目存在界面区分问题。

（2）钢结构与主体土建钢筋碰撞节点多，钢构处理节点要求高。

（3）净高要求高，对于管道优化排布要求高。

（4）机电系统多，管道碰撞点多。

（5）参建单位多，项目协同难度高。

2. 项目 BIM 管理架构图

如图 16-10 所示。

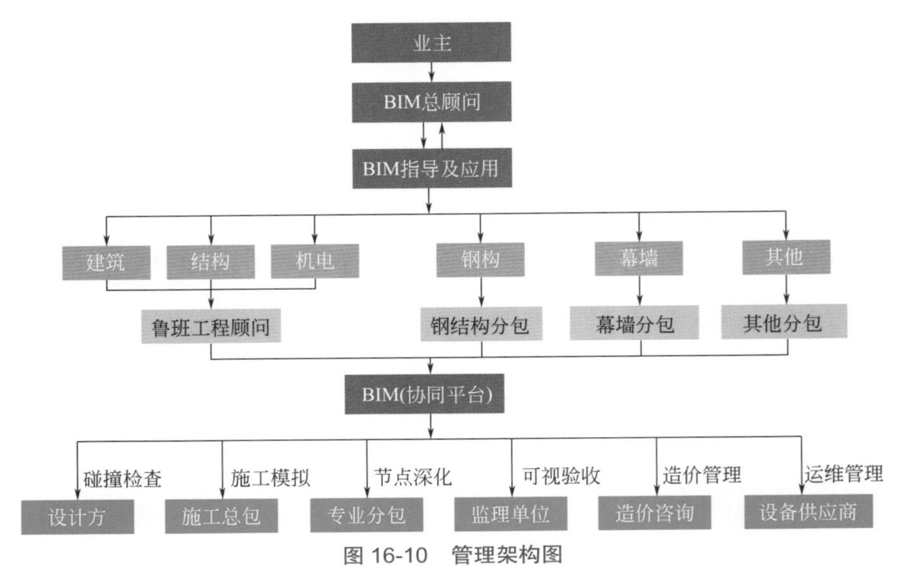

图 16-10 管理架构图

项目各参与方基于鲁班 BIM 协同平台进行信息交互，在系统协同平台搭建期间，会进行各参建方的权限分配设置，后续各单位进场后在甲方同意的情况下进行信息数据调用权限调整。

3. 项目 BIM 应用流程图

根据鲁班 BIM 系统的特点，结合项目特点以及进展，完成设计阶段 BIM 模型，并在设计以及招标阶段先展开应用，取得良好的成效。特别是在前期发现的碰撞问题以及图纸疑问，大大地提升了设计质量和精度，并且利用软件自身本地化的特点进行工程套项，可实现提取符合国标清单以及本地定额的工程量数据。

根据项目情况制定符合本项目的 BIM 应用流程，参建单位人员可依据 BIM 应用流程独立完成其他 BIM 应用，也可指导其他项目人员进行 BIM 应用操作。

通过 BIM 平台使设计、施工、咨询、监理等单位进行信息共享及协同工作，提升现场工作效率，减少沟通成本和管理难度。

如图 16-11、图 16-12 所示。

4. 项目 BIM 应用价值

（1）BIM 系统平台搭建　BIM 系统平台的搭建，制定各参建单位的 BIM 职责和要求，并对各参建方人员进行权限分配，相关人员可以获取与自身权限相关的数据信息。通过对各参与人员进行 BIM 系统培训，使相关人员能熟练从 BIM 系统中获得相关的数据和信息，查看与项目相关的协同信息和反馈解决问题。

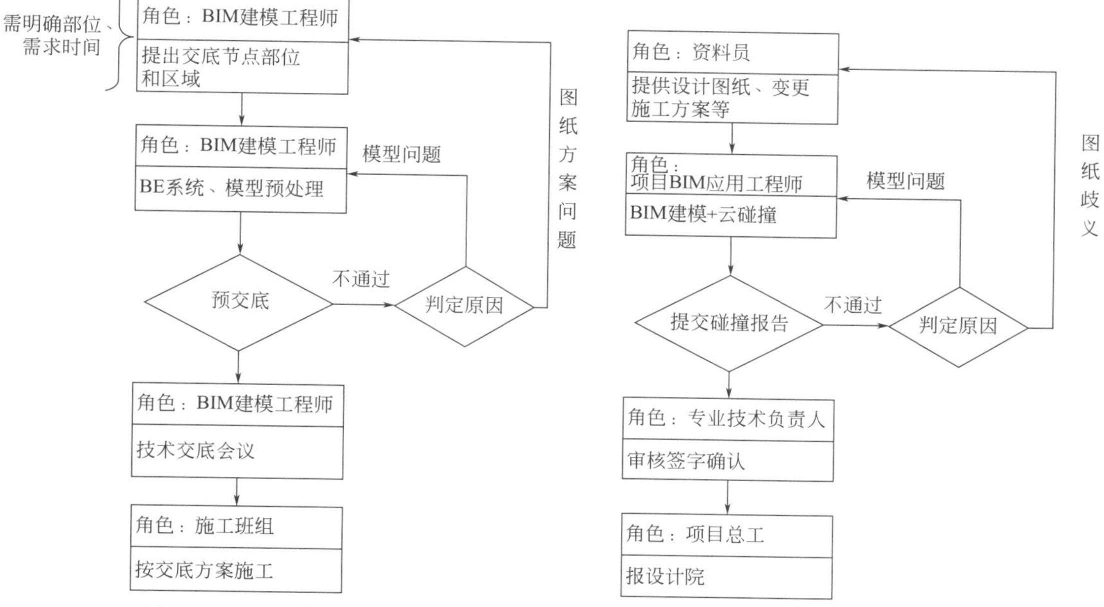

图 16-11　BIM 模型交底流程　　图 16-12　碰撞及管线综合应用流程

（2）模型建立与数据应用　根据项目扩初图纸快速翻译建筑、结构、机电、钢构、幕墙等专业的三维 BIM 模型，通过系统云功能检查等方式，确保模型与图纸的一致性，并对建模过程中发现的问题与设计院进行协同沟通，提前发现问题，提前解决问题，以实现 BIM 提前处理问题的特点。

模型完成后，根据本地定额进行套项，相关拥有数据查看权限的人员可以快速从系统中提取项目工程量数据。如图 16-13、图 16-14 所示。

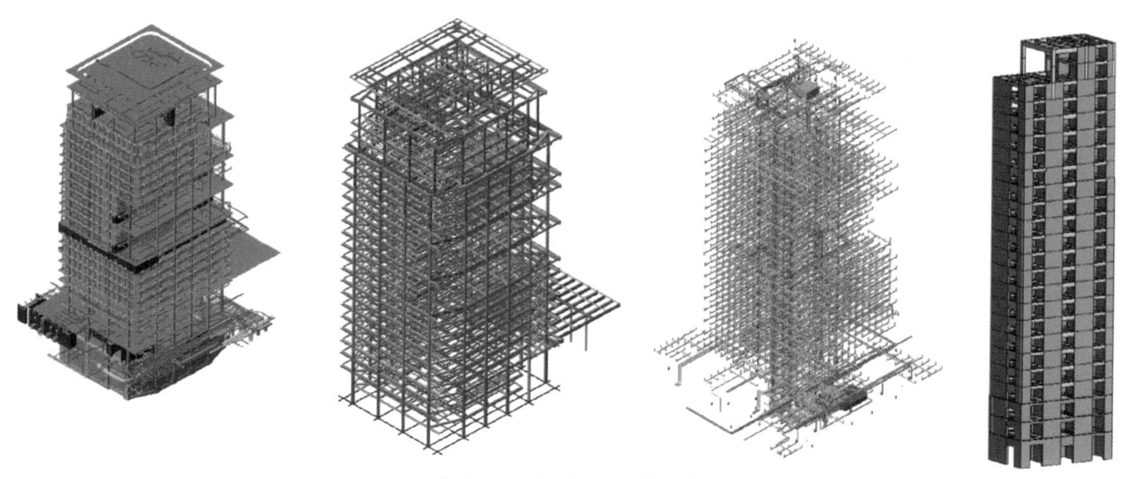

图 16-13　部分 BIM 模型截图

应用分析：建立基于 BIM 的项目协同管理平台，充分利用 BIM+ 互联网的优势，将各阶段 BIM 模型及数据信息在本项目的施工管理中有效地传递，优化项目管理协同和共享模式。

（3）图纸疑问　建立 BIM 模型过程中，发现大量图纸问题，提前发现避免返工、误工等问题，方便后期施工，提升工程质量，提高人员效率。如图 16-15 所示。

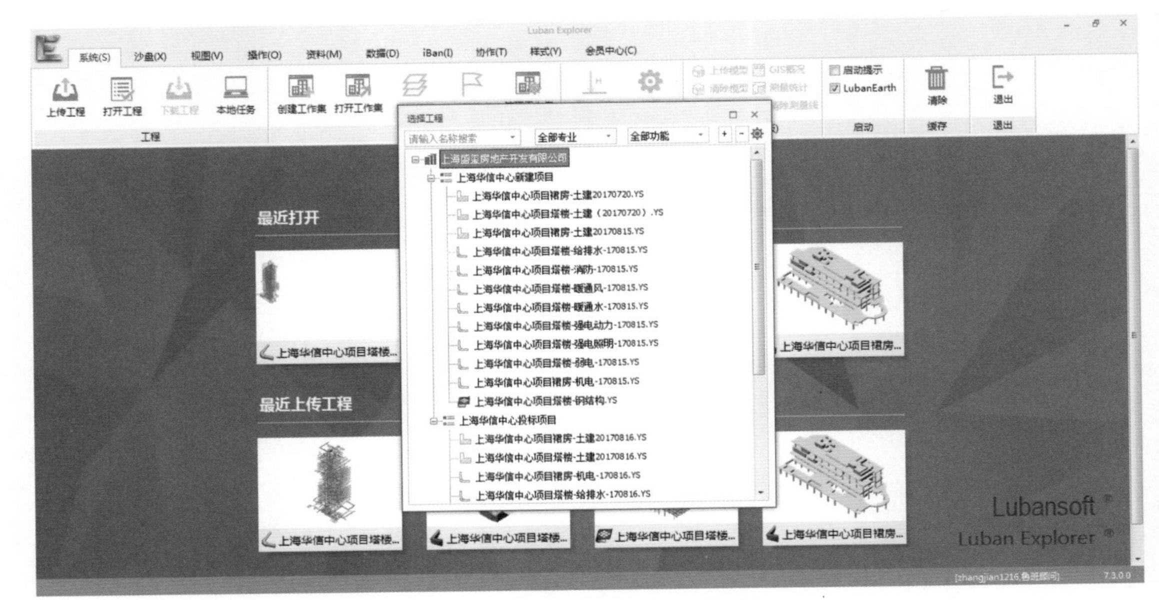

图 16-14　系统后台中模型文件列表

工程名称：上海华信中心新建项目

合计：30处

序号	图纸编号(部位)	图纸问题	处理方法	设计回复
给排水专业				
1	塔楼给排水平面图	在给排水平面图中多处楼层地漏未有立管	无立管处未建模	
2	塔楼水施02-15	N2/N3-NB/NC轴T1L-1与T1L-1′, T1L-2与T1L-2′之间的水平管管径与立管管径不一样	按平面图建模	
3	塔楼水施02-02	生活水箱没有详图	未建模	
4	塔楼给排水平面图	在给排水平面图中多处楼层雨水斗无立管	无立管处未建模	
十层F1L-3废水立管接*DN*100的水平管				

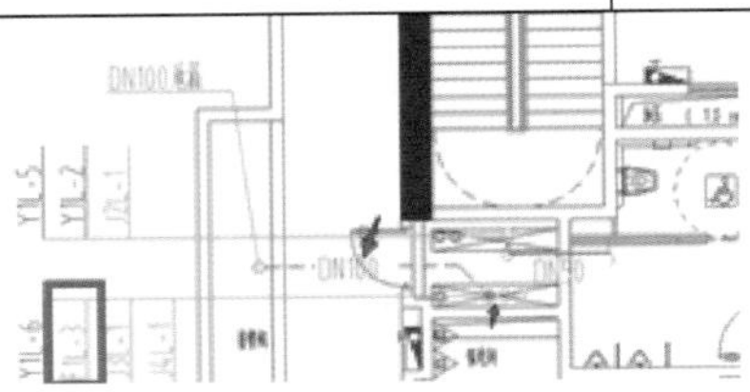

图 16-15　部分图纸疑问截图

应用分析：建模人员不仅仅建立了直观立体的三维模型，还发现了图纸中存在的问题；图纸问题的提前发现，并与设计院及时的沟通，避免对施工工期造成影响。

（4）碰撞点检测查找　在软件系统中设置设计碰撞规则，对翻译后的BIM模型进行软碰撞和硬碰撞检测，筛选出较难以在现场通过空间位置摆放来调整的碰撞点，与设计院进行交流沟通，从而提前调整相关方案，提升项目净高的同时避免后期大量的返工和材料浪费，提升项目质量。

通过检测筛选，共筛选出裙房碰撞点42处，塔楼碰撞点158处。如图16-16、图16-17所示。

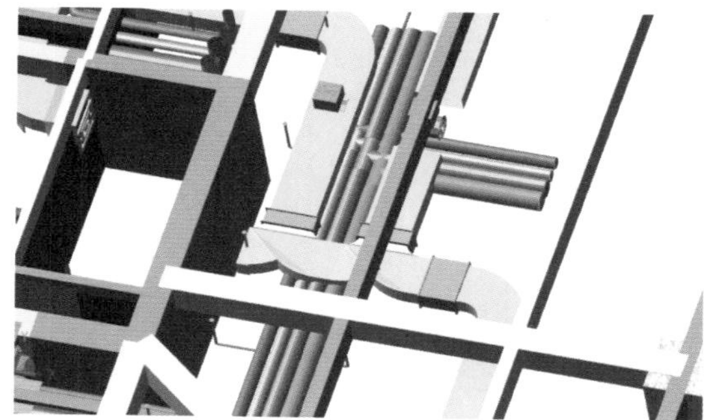

图 16-16　部分碰撞示意

华信项目BIM碰撞问题报告

编号：003

工程名称	上海华信中心新建项目 裙房机电专业	日期	20170906

序号	层数	图纸问题	修改意见
1.	1层	除尘排烟管-1200*500（H底-5800）与桥架-600*200（H底-5900）碰撞 轴网：N-8(-2337mm) / N-M(-2837mm)	BIM深化解决
2.	1层	排风管-630*160（H底-5500）与废水管-DN100（H-5500）碰撞 轴网：N-3(+1555mm) / N-P(-2056mm)	[illegible]
3.	1层	排风管-3000*700（H底-4800）与冷供水管-DN70（H-5500）碰撞 轴网：N-8(-772mm) / N-N(-1152mm)	BIM深化解决

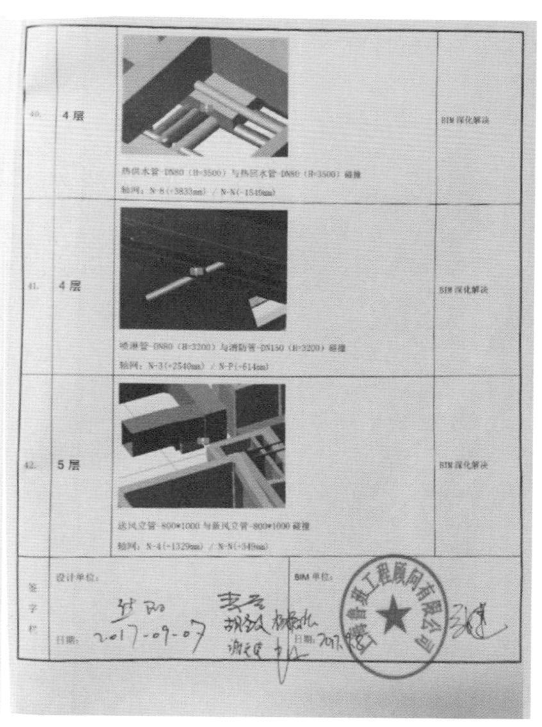

序号	层数	图纸问题	修改意见
40.	4层	热供水管-DN80（H-3500）与热回水管-DN80（H-3500）碰撞 轴网：N-8(+3833mm) / N-N(-1549mm)	BIM深化解决
41.	4层	喷淋管-DN80（H-3200）与消防管-DN150（H-3200）碰撞 轴网：N-3(+2540mm) / N-P(-614mm)	BIM深化解决
42.	5层	送风立管-800*1000与新风立管-800*1000碰撞 轴网：N-4(+1329mm) / N-N(+349mm)	BIM深化解决

签字栏　设计单位：　日期：2017-09-07　BIM单位：　日期：

图 16-17　碰撞报告示意

（5）BIM深化预排布及净高检测　制定机电BIM模型综合排布方案，从而提前预测净高最不利点，通过设计阶段的机电综合深化，提前预判管道留洞以及相应的空间位置，为项目后续现场施工做准备。如图16-18、图16-19所示。

（6）钢筋复杂节点模拟　为了最大程度使钢筋排布合理，加快施工进度，在施工前制作钢筋节点三维模拟，检查钢筋排布合理性。还可在施工前有效地发现钢筋排布问题，优化钢筋排布，为设计及施工人员进行三维可视化交底，节省施工时间，减少下料施工错误。

具体流程如图16-20所示。

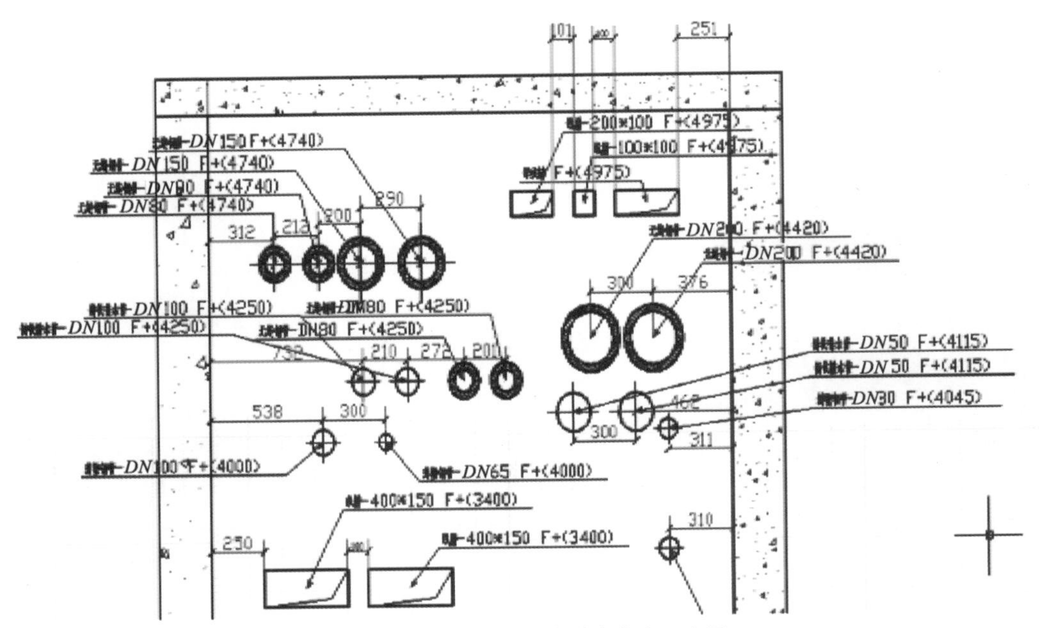

图 16-18 机电综合排布方案示意图

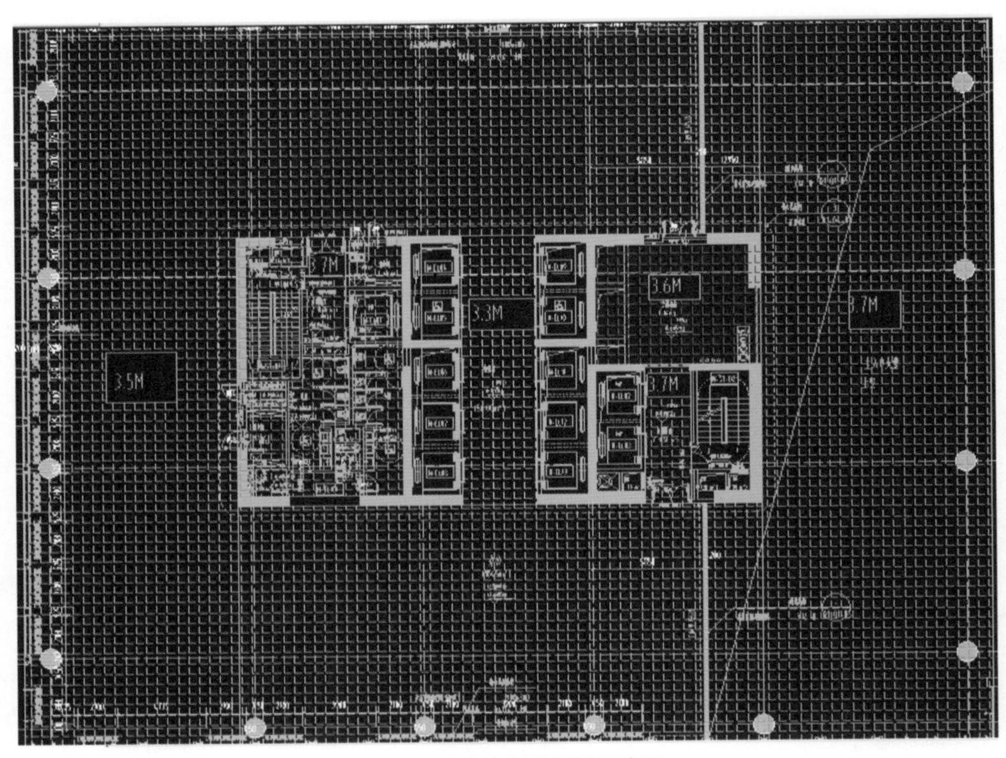

图 16-19 净高划分区域示意图

图 16-20 具体流程

因构件钢筋排布复杂，无法以单个构件进行钢筋排布模拟，应用多个构件进行组合布置，布置时应考虑各构件的锚固关系，以求与现场相同。如图16-21所示。

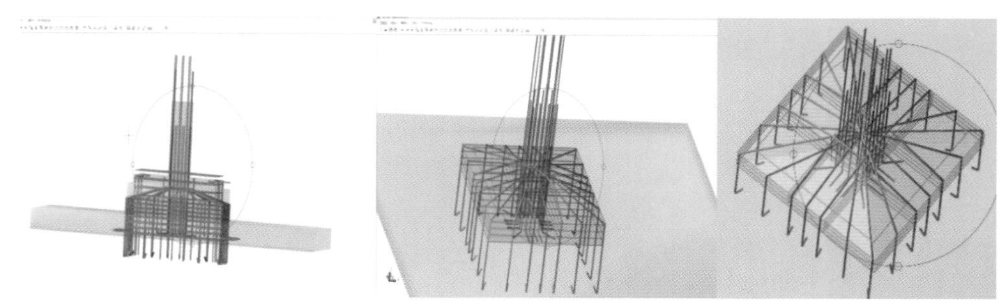

图16-21 钢筋节点示意图

检查钢筋排布是否合理，对于不合理的，与设计单位进行三维交底，确定修改方案。

对完成后的节点进行BE上传定位，对现场施工人员进行三维技术交底。

（7）现场综合管理 利用智能移动终端拍照功能与BIM模型结合，是提升现场可视化管理的一种方便、实用的应用。

现场人员可利用BV随时将工地现场的各种情况拍下来，标注位置、问题性质等各种属性，实时上传到BIM服务器，与BIM模型相关联，管理人员可通过Luban BE（BIM浏览器）实时查看。

（8）后续计划 目前项目主要完成至设计及招标阶段，后续将结合施工过程管理展开相关的BIM应用。

后续计划有现场质量安全管理、二次结构应用、现场资料挂接、工程量应用、预留预埋定位、场地布置模拟等。

四、应用效益分析

本工程通过BIM技术的应用，提升了项目设计和施工的质量和效率，并且提升了对项目的管控能力。

（1）系统平台培训：提高协同效率，提升管理手段。

（2）碰撞点检测：提前发现问题解决问题，避免后续施工造成的返工和浪费。

（3）数据应用：BIM数据应用，并与咨询、招标等单位的数据核对，提升招标工程量精度。

（4）管线深化：提前预判管道安装位置，指导现场快速施工，避免返工和现场机电安装工序混乱的情况。

（5）净高检测：通过对机电管道的优化排布，提升项目净高。

（6）质量安全应用：通过制度与BIM系统的结合应用，提高现场问题整改率，提高项目质量并确保现场安全施工。

（7）钢筋钢构节点优化：预先模拟节点处理并交底，避免工期延迟和材料浪费。

（8）平台协同：保证数据的唯一性和及时性，有效避免重复的专业交互，减少了专业间信息传递差错，提高了沟通效率和质量。

五、BIM应用总体评价

在设计阶段，利用鲁班BIM系统平台进行信息交互，确保信息交互的实时和统一，避免出现版本不一、信息不对称造成的效率问题。通过三维 BIM 模型的交底，对于一些有争议部分进行多方讨论，有效地解决图纸问题，减少后续的变更签证。参建方 BIM 职责和权限的分配，促进项目 BIM 落地和应用，实现 BIM 自身固有的价值之余，降低管理难度系数。

快速有效地通过 BIM 模型来进行项目管理工作的沟通，实现了 BIM 的提前发现提前沟通提前解决的特点。

而在施工建造阶段，通过前期设计阶段的 BIM 应用，对质量、安全、进度、成本等方面进行管控，让项目建造可预见，建造质量可控制，建造问题可判断。达到 BIM 辅助项目管理和施工的特点。

BIM 的核心价值在于提供了建筑业全产业链一直需要的数据承载平台：成功构建了 7 个维度的结构化数据库；数据粒度达到构件级，甚至更细（如一根钢筋的实体）。基于此，可以往上增加任何建筑物的数据，使所有的信息结构化、可计算。如图 16-22 所示。

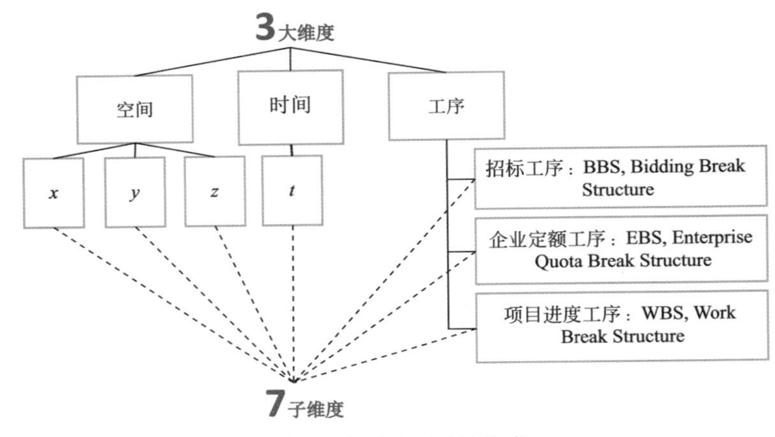

图 16-22 7D BIM 的构成

这一核心价值解决了建筑业一直面临的大难题：海量数据的处理、计算、管理和共享；大量技术问题无法及时发现处理；工程所有人员、组织的协同难题。

六、BIM 应用环境

1. 软件应用环境

项目中使用了不同的 BIM 软件进行模型建立及现场应用。如图 16-23 ～图 16-25 所示。

图 16-23 鲁班系统后台

图 16-24 鲁班建模端

图 16-25 鲁班 BIM 应用端

（1）建模阶段

① 鲁班土建软件：建立土建建筑专业 BIM 模型（含一次结构、二次结构、装饰）。

② 鲁班钢筋软件：建立土建钢筋专业 BIM 模型。
③ 鲁班安装软件：建立安装专业 BIM 模型。
④ Revit structure 软件：建立幕墙 BIM 模型。
⑤ Tekla structure 软件 : 建立钢构 BIM 模型。
（2）BIM 应用阶段
① Luban BE 客户端：进行模型浏览、工程量查看、资料管理、照片管理、提醒管理。
② Luban MC 客户端：进行成本与进度综合分析、资源计划提供。
③ Luban iBan 客户端：现场影像资料记录上传、图纸查看。
④ Luban BV 客户端：进度模拟与分析。
⑤ Luban BW 客户端：碰撞检查、管线综合优化、漫游。

2. 软件分析

项目应用 BIM 技术之后对各个 BIM 软件的优缺点进行了分析。具体如下。

（1）建模阶段软件分析

① 鲁班土建、鲁班钢筋、鲁班安装软件建模效率高，能够实现 CAD 图纸到模型的快速转化，对于常规建筑建模非常适用。

② Revit 系列软件自由度较大，参数化建模是其最大的特点。使用 Revit 能够很好地处理端部开槽及预留洞绘制，建议异形构件较多的建筑使用。

③ Tekla 软件对于钢结构与钢筋模型建立有独特的优势。利用 Tekla 软件能够灵活地处理钢筋保护层厚度、弯曲半径、搭接与弯折长度设置和钢筋出量，建议钢构及非常规钢筋模型建立使用。

（2）BIM 应用阶段软件分析　利用鲁班 BIM 系统能够很好地进行实物量数据提取、价格数据导入、消耗量指标数据提取、清单定额数据套取等。技术支撑包括设计图纸问题发现、管线综合优化、碰撞检查、施工指导、质量安全管理、进度管理等。

3. 硬件配置应用环境

见表 16-2。

表 16-2　硬件配置应用环境

工作站	基本要求	推荐配置
软件系统	WindowsXP 操作系统 IE6.0 以上版本浏览器	Windows7 旗舰版 IE9.0 以上版本浏览器
硬件系统	处理器：英特尔 P4 2.8GHz 内存：2G 硬盘：500GB 显卡：独立显卡 网卡：1000M	处理器：英特尔 i7 或以上 内存：16GB 或以上 硬盘：1T 或以上 显卡：独立显卡 2GB 或以上显存 网卡：1000M
网络系统	带宽在 512K 以上的 ADSL 或者 FTTB 小区宽带接入（可共享使用）	企业外网 20M 光纤接入
移动端	安卓手机和平板 IOS 手机以及 iPad	手机系统要求：Android4.1 及以上系统；IOS 7 及以上系统 平板电脑系统要求：Android4.4 以上，IOS 8.0 以上 推荐至少 2G 以上 RAM

七、心得体会

BIM 技术在项目管理中应用成功与否，相关的软件系统是基础，配套的专业人员、管理制度、应用流程等才是关键。根据《新鲁班》杂志的调研（图 16-26），施工企业中有近 90% 的人员觉得 BIM 的价值非常大，没有人认为 BIM 没有价值。但目前大部分企业都苦于无从下手，或者还处在尝试摸索的阶段，如何成功实施 BIM，成为目前大家普遍关注的问题。

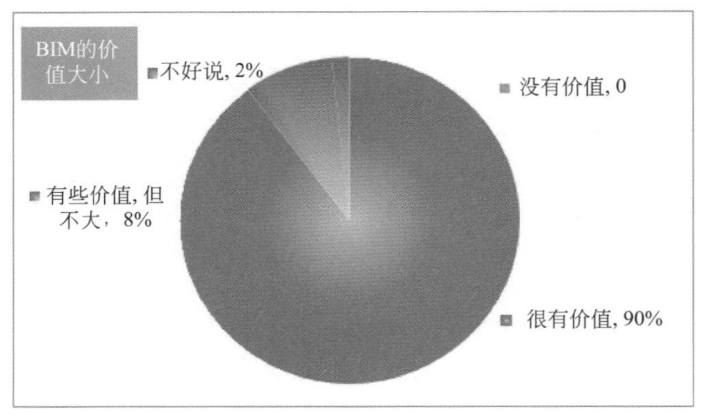

图 16-26 BIM 的价值

单单通过采购 BIM 软件系统是难以真正成功应用的。企业 BIM 实践中会发现软件系统的操作学习相对比较简单，通过一定时间培训，大部分企业员工都会操作。关键在于如何与工作相结合，如何利用 BIM 提供的数据进行管理。甚至有些应用需要其他岗位来提供基础 BIM 模型和完善 BIM 模型，以保证基础数据的准确性和及时性。BIM 应用的过程为“创建”、“管理”和“共享”。不同的岗位在整个应用过程中承担着不同的角色，使用不同的软件系统，只有整体系统性应用才能发挥出价值。直接使用 BIM 软件系统的应用方案已经证明不可行，只有制定完善有效的实施步骤，BIM 才能在企业中落地开花。

通过大量成功项目的实施经验总结，也吸取了大量失败项目的教训，制定了 BIM 成功应用路线图（图 16-27）。当然并不是所有企业按照路线图实施就一定能成功，因为这里还涉及很多客观因素，但至少在成功路线图的指引下企业知道该如何来做，可以帮助企业提高实施应用的成功率。

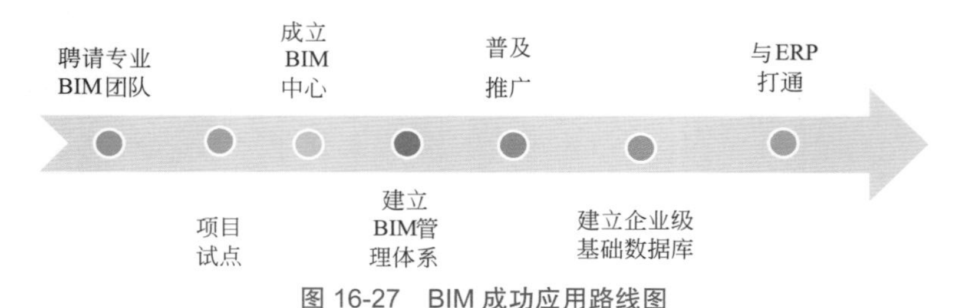

图 16-27 BIM 成功应用路线图

案例十七

商洛文化商业街项目（上上洛·丹江小镇项目）施工阶段 BIM 应用

西安建工第四建筑有限责任公司

一、项目概况

项目简介如下。

该项目位于陕西省商洛市商州区商丹中路西侧，是集商洛地方特色小吃、土特产、民俗文化展示、民俗文化旅游等为一体的复合型文化旅游商业街。总建筑面积 35650m^2，地上面积 19600m^2，地下面积 16050m^2。结构类型为框架结构，仿古街区整体设计，建筑高度 13.80m。其中地上 3 层呈现一心三街十院落格局，铺铺相连，院院相合，街街相通；12 部垂直电梯，30 余个步梯通道连通上下，每个空间均能成为地面临街和空中临街的店铺，人流通达，不受楼层的阻隔；负一层为地下停车空间及设备用房。如图 17-1 所示。

图 17-1　项目效果图

二、BIM 团队介绍

1. 公司简介

西安建工第四建筑有限责任公司是由原西安市第四建筑工程公司改制而来，为西安建工（集团）有限责任公司控股的二级公司，具有房屋建筑工程施工总承包一级资质。主营土木工程建筑、管道安装、装饰装修施工；兼营城市道路和桥梁工程施工。具有承建大、中、小型各类建筑工程施工和装饰装修工程的能力。秉持“肩负城市建设重任，构筑品质生活空间”的企业使命，奋力为地区建设事业贡献力量。

2. BIM 应用团队架构

本项目组建了以项目经理为组长，项目全员参与的 BIM 应用团队，公司 BIM 中心人员进驻项目指导实施，建立了三级管理两级实施的组织体系。如图 17-2 所示。

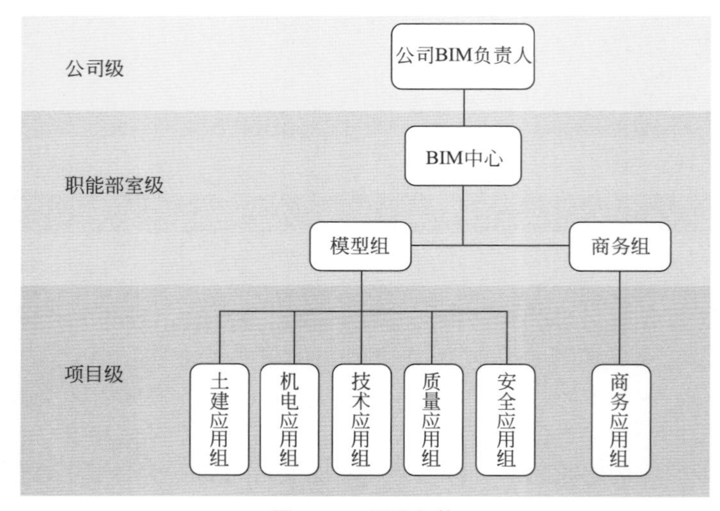

图 17-2 团队架构

表 17-1 为本项目组主要成员名单。

表 17-1 成员名单

序号	姓名	部门	职务及主要职责	备注
1	李明建	总部	总工 /BIM 中心分管副总	高级工程师
2	宁小社	总部	副总经理 /BIM 中心总监	高级工程师
3	付威	项目部	项目经理	一级建造师
4	高红美	BIM 中心	BIM 中心负责人 / 商务	造价工程师、一级建模师
5	刘毅	BIM 中心	BIM 工程师 / 建筑	一级建造师、二级建模师
6	李乐	BIM 中心	BIM 工程师 / 结构	二级建造师、二级建模师
7	邹杰林	BIM 中心	BIM 工程师 / 机电	二级建造师、二级建模师
8	崔鹏	BIM 中心	BIM 工程师 / 机电	二级建造师、二级建模师
9	陶文博	BIM 中心	BIM 工程师 / 综合应用	二级建造师、二级建模师
10	李明洁	BIM 中心	BIM 工程师 / 综合应用	造价员 一级建模师

3. BIM 团队业绩

公司立足长远发展，以提升项目精细化管理、促进企业转型升级为目标，组建公司 BIM 中心。中心人员均由建筑工程专业领域骨干组成，除熟练掌握 BIM 专业技能外，均有过硬的专业技术背景。该项目 BIM 应用为项目创造了显著的经济效益，为企业创造了良好的社会美誉，并获得多方专业认可。如图 17-3 所示。

中国建设工程BIM大赛
証　書

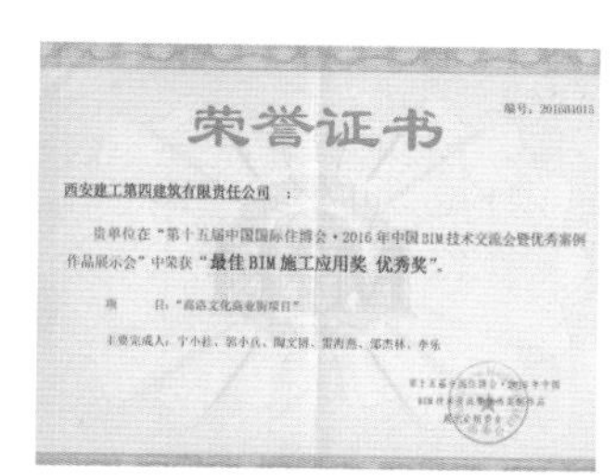
荣誉证书

西安建工第四建筑有限责任公司：

贵单位在"第十五届中国国际住博会·2016 年中国 BIM 技术交流会暨优秀案例作品展示会"中荣获"最佳 BIM 施工应用奖 优秀奖"。

项　　目："商洛文化商业街项目"

主要完成人：宁小社、郭小兵、陶文娟、雷海燕、邹杰林、李乐

陕西BIM发展联盟
陕西省"秦汉杯"首届BIM应用大赛
証　書

华春集团
HUACHUN GROUP
首届"华春杯"BIM技术应用大赛
証書

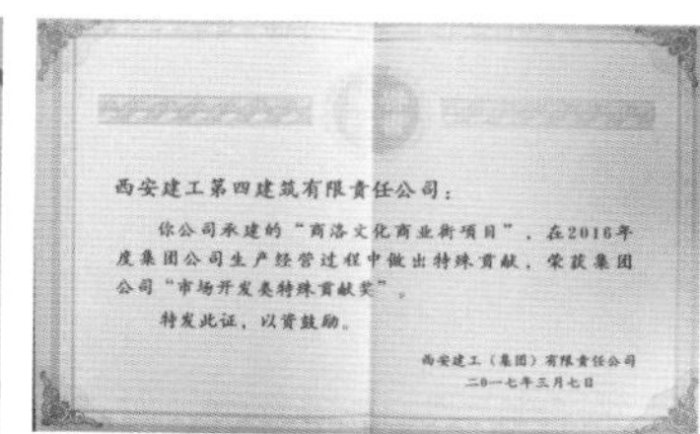
西安建工第四建筑有限责任公司：

你公司承建的"商洛文化商业街项目"，在2016年度集团公司生产经营过程中做出特殊贡献，荣获集团公司"市场开发类特殊贡献奖"。

特发此证，以资鼓励。

西安建工（集团）有限责任公司

二〇一七年三月七日

图 17-3　团队业绩

三、项目 BIM 应用介绍

1. 项目实施难点

（1）公司精细化管理要求和绿色施工要求。

（2）项目前期资金需求量大。

（3）工程任务量大，工期紧：35650m^2，总工期 195 天。

（4）整体为仿古院落设计，结构类型多样，施工工艺复杂。

① 标高跳跃大，总高仅有 13.8m，但结构标高呈现 13 处之多。

② 构件造型多变。仅车库顶板梁就达 382 根，其中不同截面的共计 288 根。

③ 配筋复杂，配筋量大，配筋型号 11 种，加工类型多达 12360 种。

（5）单层地下车库体量较大，地下室车库 16050m^2，内部管线错综繁杂。

2. 项目 BIM 技术应用点

（1）BIM+ 绿色施工

1）三维场布（图 17-4）。

图 17-4　三维场布

商洛文化商业街项目位于商丹循环工业经济园区，紧邻风景优美的丹江，是商洛市的重点项目，园区对施工现场平面规划提出了较高要求。基于公司VI系统，合理布置生活、办公、生产区设施，对现场施工各阶段进行三维布置，形象直观，并对机械设备进出场进行模拟，避免出现施工现场布置“做一步看一步”的混乱局面。

2）节水（图17-5）。

图17-5 节水设计模型

通过三维场地模型建立，对临设周边雨水、基坑排水、各用水点废水回收进行分析，然后利用管沟将上述废水引入沉淀池沉淀后储存至水池，再通过高压变频泵送至各用水点。

在施工现场道路防护栏杆上搭设自动喷淋管线，设置喷淋间断时间，合理节约用水和压尘、降尘、净化路面。既解决建筑工地扬尘、混凝土养护、火灾隐患等问题，同时也达到节约用水的目的。

在现场主要运输道路出入口设置自动洗车装置，出入口设专人负责冲洗，车辆冲洗干净后才能放行，以防止车辆携带泥沙出场而污染周围道路，并设有专人负责出入口的卫生清扫和沉淀池的清理。

3）防尘降噪。

根据工地施工面大，容易扬尘的实际情况，利用BIM优化施工方案，减少扬尘和噪音。项目外墙防水处理中的止水螺杆切除原方案为：利用切割机切除后，再用打磨机进行打磨处理，以确保墙面平整。显而易见，这种方案必然造成大量的扬尘和噪音，是不可取的。公司BIM中心及时与项目部商议更改方案，决定将方案改为：利用废木料制作预埋木块，在止水螺杆两头穿上预埋木块，这样，拆除模板之后，只需要用錾子剔除预埋木块，用电焊机在凹槽内切除伸出墙面的止水螺杆，使用水泥砂浆将凹槽抹平即可。方案确定下来之后，由BIM中心根据新方案建立三维模型向施工人员交底。收到了很好的效果。如图17-6所示。

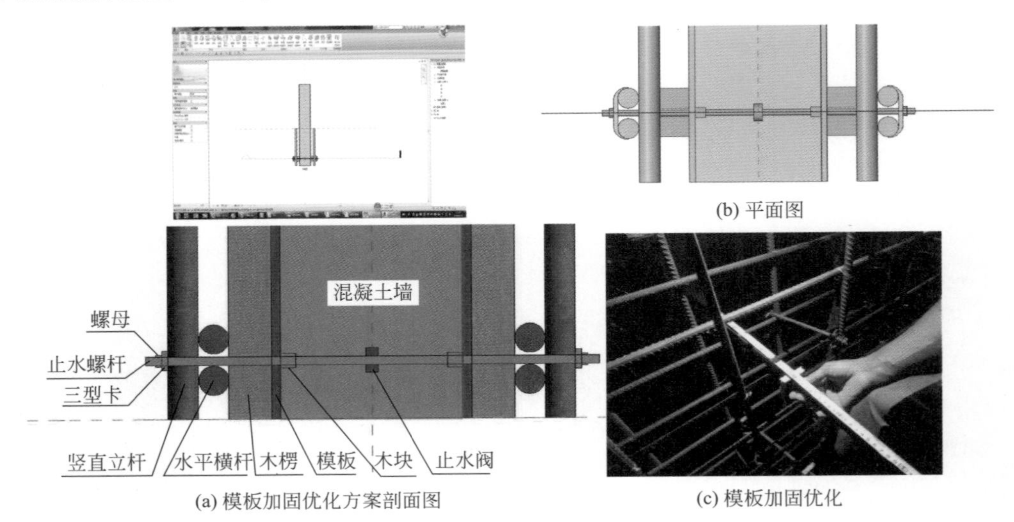

(b) 平面图

(a) 模板加固优化方案剖面图

(c) 模板加固优化

图17-6 防尘降噪

（2）BIM+ 技术方案

1）模架方案优化。

本项目地下车库部分施工的难点之一，是 1950mm 高梁的模架问题。项目为此制定了多套专项方案，BIM 中心使用广联达模架系统对专项方案进行模拟优化，逐一进行验算，最终确定专项模架方案，并组织专家论证，并以此作为交底和质量安全检查的依据，确保了专项方案的顺利实施。如图 17-7 所示。

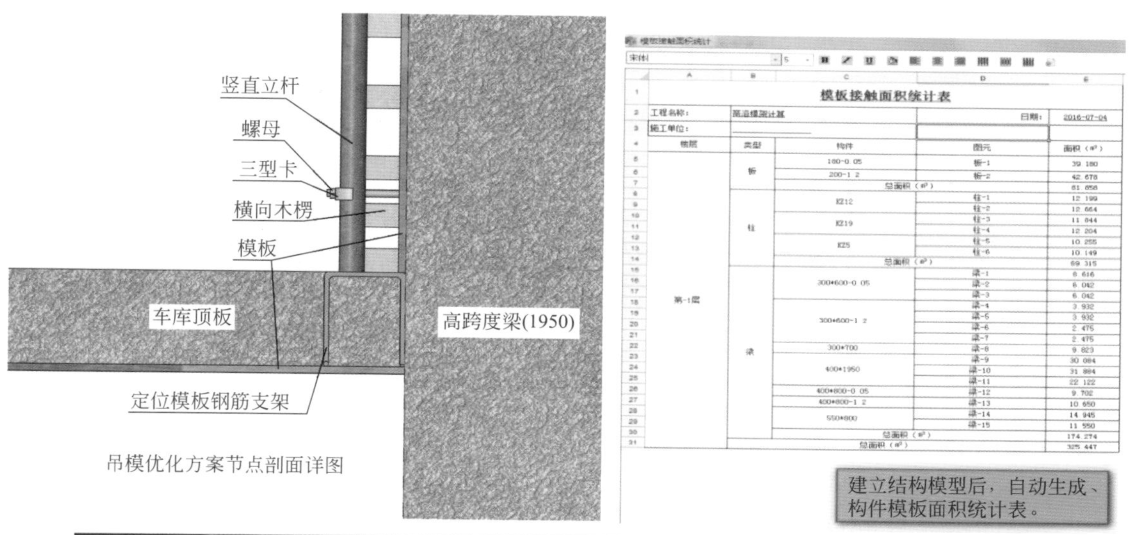

模板接触面积统计表

工程名称：	商洛模架计算		日期：	2016-07-04
施工单位：				
楼层	类型	构件	图元	面积（m^2）
第-1层	板	180-0.05	板-1	39.180
		200-1.2	板-2	42.678
		总面积（m^2）		81.858
	柱	KZ12	柱-1	12.199
			柱-2	12.664
		KZ19	柱-3	11.044
			柱-4	12.204
		KZ5	柱-5	10.255
			柱-6	10.149
		总面积（m^2）		69.315
	梁	300*600-0.05	梁-1	8.616
			梁-2	6.042
			梁-3	6.042
		300*600-1.2	梁-4	3.932
			梁-5	3.932
			梁-6	2.475
			梁-7	2.475
		300*700	梁-8	9.823
		400*1950	梁-9	30.084
			梁-10	31.884
			梁-11	22.122
		400*800-0.05	梁-12	9.702
		400*800-1.2	梁-13	10.650
		550*800	梁-14	14.945
			梁-15	11.550
		总面积（m^2）		174.274
	总面积（m^2）			325.447

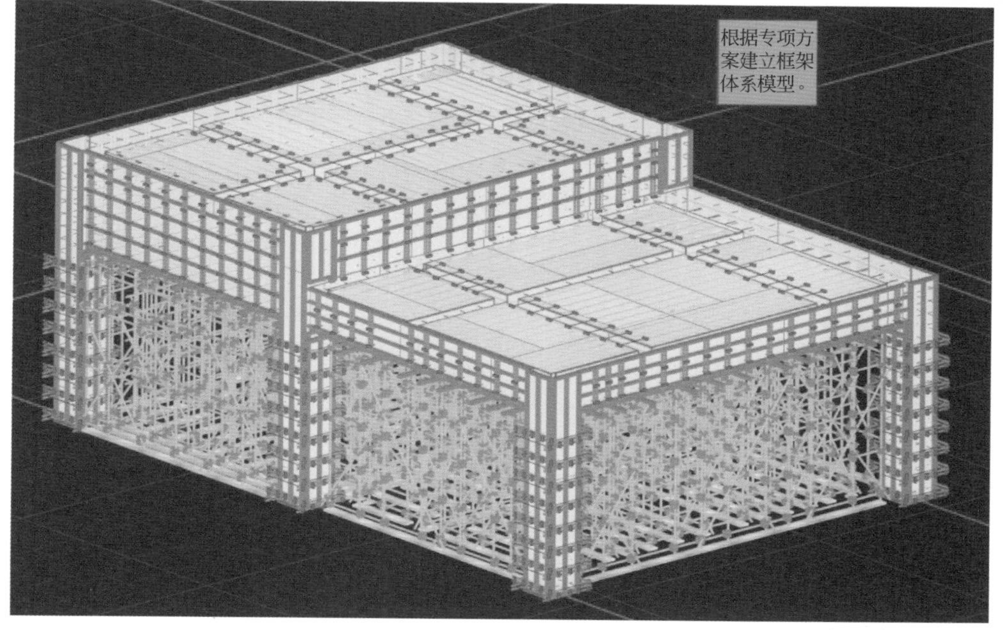

图 17-7 模架方案优化

2）三维交底。

通过项目全专业模型建立，汇集项目 BIM 三维图集，进行三维交底，将设计问题和难点找出，并进行优化解决，避免施工后的更改，节约施工成本，便于后期维护，避免了现场返工造成的成本浪费及工期延误。如图 17-8 所示。

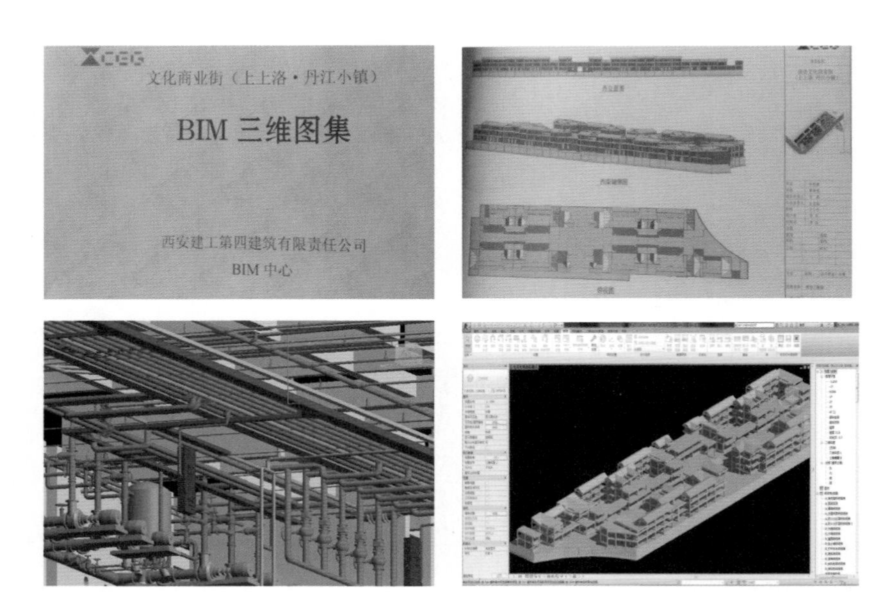

图 17-8 三维图集和可视化交底

3）BIM 模型信息化管理。

将 BIM 模型与二维码技术应用到施工现场，将每一根柱子、每一道梁等构件的信息都录入数据库，每个构件都被赋予一个特定的二维码，通过扫描二维码，相关数据信息就能在手机上呈现出来，实现信息快速的提取与共享。如图 17-9 所示。

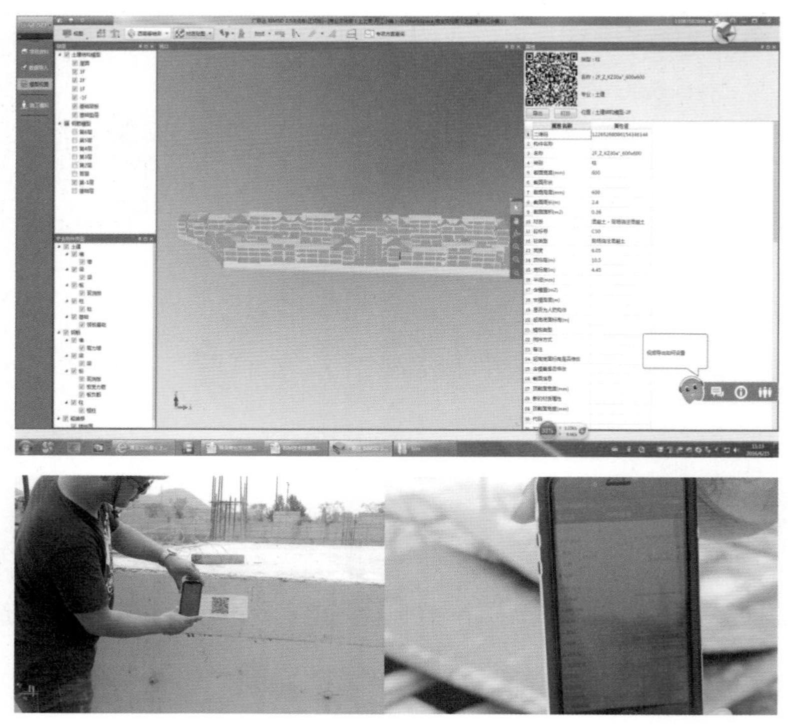

图 17-9 二维码应用

（3）5D 管理平台应用

1）成本控制。

公司与广联达合作，引入广联达 BIM 5D 平台，实现了建筑三维模型与项目有效管理的结合。BIM 5D 集成了项目的造价、进度、变更、质量安全、工况、物资、管理等信息，为项目提供了施工计划与造价控制的所有数据。项目管理人员在施工之前就可以通过 BIM 5D 平台确定不同时间节点的施工进度与施工成本，可以直观地按月、按周、按日看到项目的具体实施情况并得到该时间节点的造价数据，方便项目的实时修改调整，实现限额领料施工，最大限度地体现造价控制的效果。利用 BIM 5D 技术分阶段将项目的收入、项目成本、实际成本进行对比分析，能够以最少的时间实现任意维度的统计与分析，便于找出项目存在的问题，及时有效地控制项目成本。对施工管理过程中材料消耗量进行分析，尤其是计划部分材料消耗量的分析是一大难题。利用 BIM 5D 管理平台，BIM 商务统筹人员可以根据需求提取项目主要材料工程量，形成材料用量总计划，从而预先进行主材的精准采购。本项目中，由 BIM 商务统筹人员按照实际进度，每周从 BIM 5D 平台提取下周材料用量指导材料采购，避免了物资浪费问题，有利于项目资金的合理投入。

2）产值统计与进度分析。

通过项目 BIM 5D 中实际进度录入，在平台中自动汇总出当月项目真实产值，并导出相应表格，实现快速产值申报。使工程项目产值统计与上报的矛盾得以解决。

BIM 5D 平台中还会依据录入的实际进度生成项目计划产值与实际产值增长曲线，对计划产值与实际产值差异分析后，项目管理者能够及时掌握项目整体盈亏情况，改变以往项目管理仅能在结算阶段得知项目盈亏的弊端。

通过 5D 平台，展现项目计划进度与实际进度的模型对比，通过移动端采集项目各关键节点形象进度照片，与按进度计划模拟的三维模型实时比对，随时校核进度偏差，加强项目管控。如图 17-10 所示。

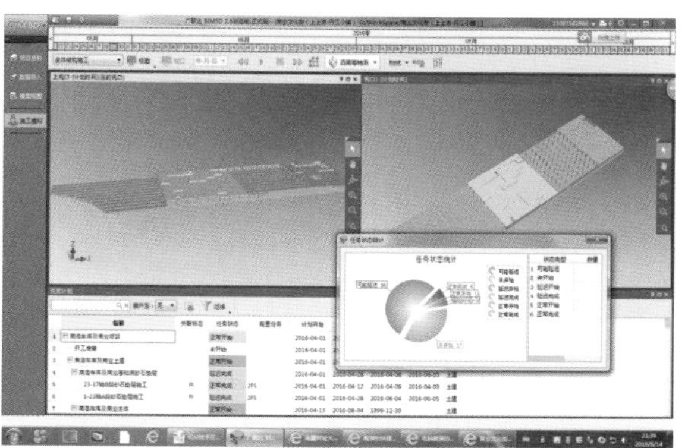

图 17-10 产值统计与进度分析

3）手机移动端应用。

通过广联达 BIM 模型集成和关联图纸资料等关键信息，然后添加项目相关成员，即可进入 BIM 5D 移动终端进行上传和查看资料。现场施工人员发现问题后，及时使用手机端拍照将问题定位到具体楼层图纸，并记录相关信息，然后发送给责任人，责任人收到消息及时查看、整改问题，完成后通知发起人。发起人收到消息后，现场查看复验，确认整改完成，关闭问题；若不合格，重新发送给责任人，直到该问题确认整改完成。同时，施工班组也可以反映管理中存在的问题，并提出窝工索赔的依据。手机客户端简化了工作流程，提供了一种快捷、高效的信息化工作模式，达到多维度、快速、实时解决问题的作用，使项目管理轻量化。如图 17-11、图 17-12 所示。

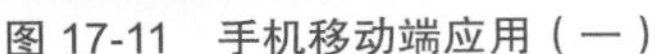

图 17-11 手机移动端应用（一）

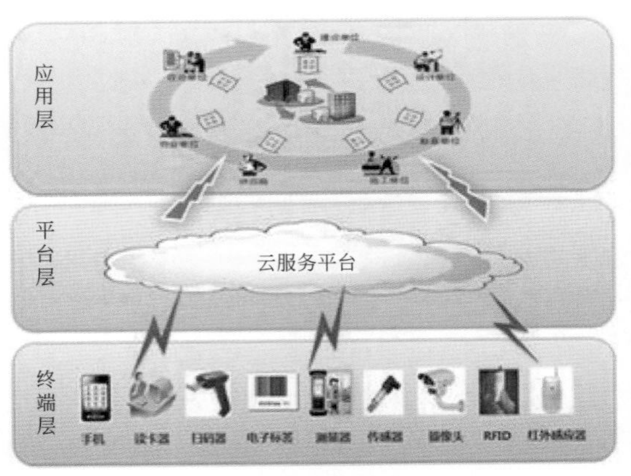

图 17-12 手机移动端应用（二）

质量安全的跟踪检查：通过手机移动端对实际质量安全跟踪检查结果的录入，同步上传云端和 PC 端，在平台中自动汇总出近期质量安全隐患频度曲线，并导出相应图表，实现质量安全隐患的快速筛查，减少管理强度。BIM 5D 平台中还会依据录入的实际质量缺陷点和安全隐患点，对相关责任人落实处罚，并将处罚单流转至商务组并核减对施工队的结算，改变以往项目管理在结算阶段汇总扣款的弊端。如图 17-13、图 17-14 所示。

处罚通知单

地下车库A段23轴-17轴/F-M轴地下室顶板钢筋施工过[illegible]在以下问题：出现大面积顶板底板筋锚固端过长，收头柱子钢[illegible]导致顶板钢筋过高，现场采用电焊机将过长钢筋割掉等诸多[illegible]对材料造成极大的浪费，现对你劳务班组处罚 2000 元以示警告[illegible]在以后施工过程中仍存在以上问题，将加倍处罚，并要求你劳务[illegible]加强施工管理，对钢筋下料过程严格控制。

西安建工第四建筑有限责任[illegible]

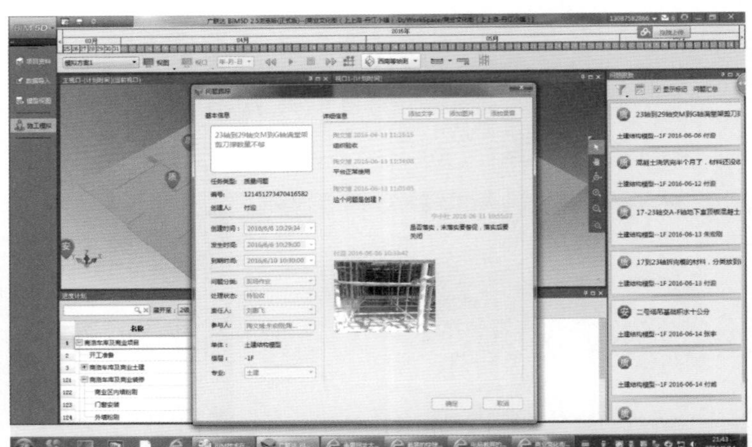

图 17-13 质量安全的跟踪检查（一）

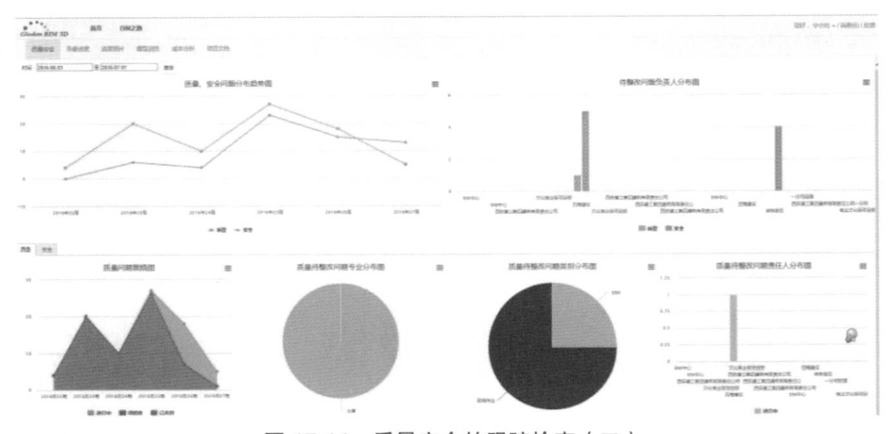

图 17-14 质量安全的跟踪检查（二）

施工进度的实时掌握：通过手机移动端对实际进度照片的定时录入，公司管理层可以实时了解项目的进展情况，并掌握项目的管理情况（文明工地施工情况），实现项目的远程查看，改变了领导凭汇报定乾坤的状态，促使项目负责人责任心不断增强。

利用 BIM 5D 平台公司高管还可以针对施工进度中存在的问题进行评论，对项目经理发出指令，使项目主体责任得以快速落实并将指令的处理结果加以保存，改变以往项目管理时效性差的弊端。

针对问题召开传统工程进展例会，均是以纸质资料和现场查看为主，现在利用 BIM 5D 系统，动态展示项目进展和存在的问题，提高了沟通效率与质量。

四、应用效益分析

1. 节约资金和成本

（1）通过节水系统每月节约用水 1500m^3，此项共节约资金 3 万余元。利用 BIM 模型和模架软件优化模架方案，减少材料使用量，节约资金 50 余万元。

（2）BIM 5D 平台对项目各类数据的合理提取和综合利用，提升了项目精细化管理水平，项目比计划减少资金投入 500 万元。

（3）BIM 5D 平台实现了全方位成本控制、动态进度控制、施工质量控制等，达到了项目全信息化管理模式，精确及时地调控工程项目有序进行，实现了项目成本比预算成本降低 12% 的目标。

2. BIM 人才培养

商洛文化商业街项目的 BIM 技术应用，为公司人才培养积累了经验。项目应用中培养和锻炼 BIM 技术人才，以抓基础建模人员为主，注重培养 BIM 应用人才，发挥好 BIM 的协同应用价值。

3. 行业及社会认可

本项目被商洛市商丹经济园区确定为“BIM 技术应用和文明工地标准化创建观摩工地”。项目 BIM 应用成果分别获得：第十五届中国国际住博会 • 2016 年中国 BIM 技术交流暨优秀案例作品展示会“最佳 BIM 施工应用奖 优秀奖”、陕西省“秦汉杯”首届 BIM 应用大赛一等奖、第二届中国建设工程 BIM 大赛施工应用三等奖。并获得建工集团内部“特殊贡献奖”。

五、评价

通过 BIM 技术的应用，很大程度上提升了施工现场管理水平，改进了施工技术，并有效实现成本管控。本项目在三维模型的基础上，科学合理地进行文明施工、绿色施工，较之传统方法更为严谨合理；在三维模型基础上，通过钢筋翻样、模架系统等专业软件改进施工技术，保证项目完成质量；通过 BIM 5D 管理平台的应用，进行安全、质量、进度实时动态管理，实现项目同步、全面的过程管理；在实时、动态化管理的基础上，通过 5D 平台进行成本管理，即时调整项目资金投入，即时掌握项目收入及成本状况，实现项目成本精细化管理；通过专业软件和 5D 平台的应用和管理，收集项目全面管理数据，为项目总结做好基础工作，并为建立工程数据库提供了详实有效的数据。

六、BIM 应用环境

软件应用环境，见表 17-2。

表 17-2　软件应用环境

序号	软件名称	应用功能
1	Revit 2017	结构、建筑、场布等基础建模
2	广联达土建算量软件 GCL 2013	工程量算量
3	广联达钢筋算量软件 GGL 2013	钢筋算量
4	广联达计价软件 GBQ4.0	工程计价
5	广联达碎片化应用软件（场布、模板等）	施工方案
6	广联达 BIM 5D	平台管理
7	Navisworks 2017	模型整合
8	Project 2013	进度计划
9	Corel Video Studio 12	视频制作

硬件应用环境，见表 17-3。

表 17-3　硬件应用环境

序号	设备名称	详细配置
1	台式机 10 台	处理器：英特尔 i7-6700 内存：32GB 硬盘：256GB 2.5inch SATA 固态硬盘 +2TB 3.5in Serial ATA（7200rpm）硬盘 显示器：24in 专业显示器 显卡：NVIDIA GTX1060 6G
2	笔记本 2 台	处理器：英特尔 i7-6700HQ 内存：32GB 硬盘：256GB SSD+1T 显示器：17.3in 显示器 显卡：NVIDIA GTX1060 6G
3	操作系统	Windows7、Windows10 系统
4	其他主要外设	二维码打印机、手持终端（手机）、Ipad、单反相机等

七、心得体会

通过 BIM 技术进行虚拟建造，将传统施工中的图纸会审、设计变更等环节提前至 BIM 预建造阶段，能够有效提升施工图纸品质，减少工程变更，极大程度上提升了施工组织品质和施工质量。

通过三维模型进行施工模拟，不仅验证和提升了进度排布的合理性，同时更为精细地提取了人材机等资源的使用数据，使得进度计划和资源配置更为科学，真正为施工项目精细化管理提供了有效的工具。

BIM 技术的系统性思维方式和信息化（数据）管理模式，有力地帮助施工管理从粗放式、低技术含量向精细化、现代化方向改进，其应用推广的意义不仅仅是在高端、大型项目中解决难点、重点问题，更在于在常规项目中普及应用，进而提升整个行业的技术水平。通过该项目的 BIM 技术试点应用，深刻体会到，BIM 技术的推广和应用必将引起施工企业深刻的变化，BIM 技术必将对传统施工工艺、管理模式、管理理念产生深刻的影响。

案例十八

上海国际旅游度假区核心区管理中心工程 BIM 技术综合应用

上海申迪（集团）有限公司　同济大学建筑设计研究院（集团）有限公司　上海建科工程项目管理有限公司
上海国际旅游区工程建设有限公司

一、项目概况

1. 项目介绍

上海国际旅游度假区核心区管理中心位于上海国际旅游度假区的南大门。作为园区的门户，考虑具有一定的识别性的设计。利用开放的屋顶绿化、平台、地下广场、地面广场等，为城市提供开放、立体的公共空间。以管理办公为主，结合综合办公、展览会议中心、少量配套商业等的综合性功能，为周边地区的居民、商务人群、园区游客提供全方位服务。放眼未来，充分考虑对环境的影响，努力实现达到国际先进水平的高品质建筑。如图 18-1、图 18-2 所示。

图 18-1　管理中心效果图

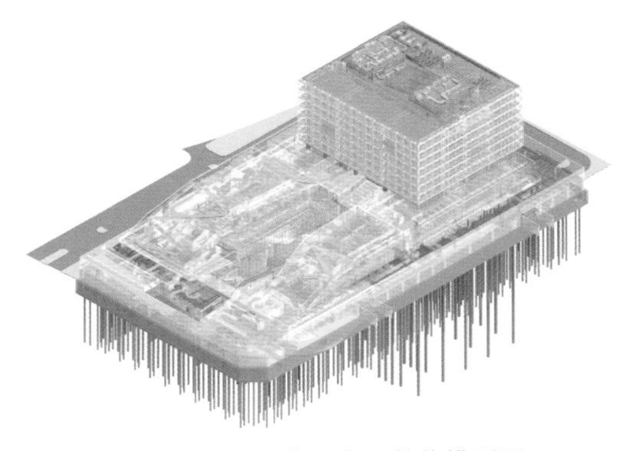

图 18-2　管理中心整体模型图

项目建设总用地面积 22590m²，建筑高度 45m，绿化率 20% 以上，建筑面积约 45180m²（不含地下室）。办公会议楼约 28546m²、办公配套约 17998m²、管理中心约 3560m²、展览中心约 5770m²、停车场及设备约 37181m²，共计约 93055m²（含地下）。本项目功能由游客服务中心、会议会展中心、行政与商务办公、配套商务及停车场等组成（地上 10 层、地下 3 层）。

2. 项目开展阶段

本项目与迪士尼主题乐园遥相呼应，为保持整体协调性，进行了场地分析、设计比选等，并根据 LEED 要求进行采光、能耗等模拟，利用 BIM 技术进行项目可行性验证；在初步设计和施工图设计阶段，利用 BIM 技术分析建筑的合理性，生成明细表统计反映建筑项目的主要技术经济指标，完成各专业碰撞检测和优化；施工准备阶段，根据现场实际情况进行合理的场地排布和进度模拟确定关键性工序，相关专业单位进行模型与图纸深化，为便于各方交流与流程痕迹保留，建立相应的交流平台与管理平台；在施工实施阶段，根据现场实际进度，对比分析后对后续进度进行动态调整，复杂施工步骤进行三维交底，并将施工过程资料上传平台进行管理和协调；BIM 技术的运营管理将增加管理的直观性、空间性和集成度，能够有效帮助建设和物业单位管理建筑设施和资产（建筑实体、空间、周围环境和设备等），进而降低后期运营阶段的运营成本。

说明：上海国际旅游度假区核心区管理中心工程入选“上海市第二批建筑信息模型技术应用试点项目”。

二、BIM 团队及公司介绍

1. BIM 团队

管理中心整体模型图如图 18-3 所示。参与单位主要成员见表 18-1。

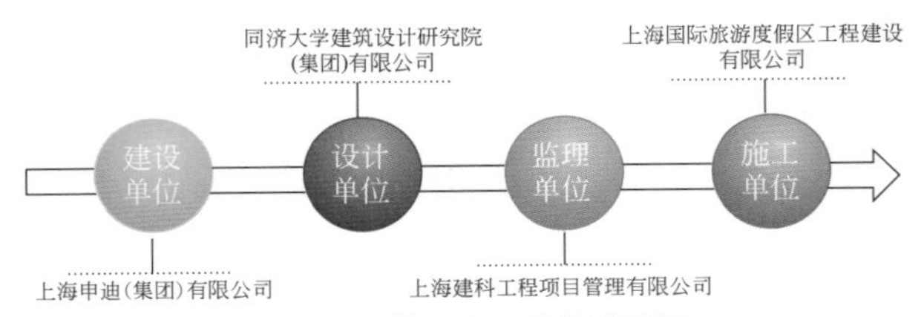

图 18-3 管理中心整体模型图

表 18-1 主要成员

参与单位	单位名称	参与人员	岗位	职责
主要参与单位	上海申迪（集团）有限公司	庞学雷	公司总工程师	项目总负责
		杨炯杰	项目经理	协调项目推进
		何熠	BIM 项目副经理	BIM 协调
		储梦婕	BIM 工程师	BIM 协调
		倪家卿	BIM 工程师	BIM 协调
	同济大学建筑设计研究院（集团）有限公司	张天雨	BIM 副总监	设计 BIM 总负责
	上海建科工程项目管理有限公司	张莹	项目总监理工程师	监理 BIM 总负责
	上海国际旅游度假区工程建设有限公司	顾靖	公司总工程师	总包 BIM 总负责
		周斌	公司 BIM 主管	协调总包 BIM 推进
		唐越	项目工程师	总包 BIM 协调
其他参与单位	上海市安装工程集团有限公司	顾明庆	BIM 工程师	机电 BIM 总负责
	上海旭博幕墙装饰工程有限公司	崔新业	BIM 工程师	幕墙 BIM 总负责

2. 公司简介

（1）建设单位 上海国际旅游度假区管委会作为上海市政府对此区域的行政管理机构，负责统筹协调区域发展规划，组织区域开发建设，搭建政府公共服务平台，提供区域公共行政管理事务。

上海申迪（集团）有限公司是经上海市政府批准设立的国有企业，承担上海国际旅游度假区的土地开发、基础设施建设和相关产业发展任务，同时负责与美方合资合作，共同建设、管理和运营上海迪士尼主题乐园。

（2）设计单位 同济大学建筑设计研究院（集团）有限公司，在中国各省、非洲、南美累计完成近万个工程项目。1986 年以来，共有 500 多个项目获省（部）级以上优秀设计奖，共获得奖项 795 个。近 5 年获奖情况：全国优秀勘察设计金奖 1 个，全国优秀勘察设计银奖 2 个，中国勘察设计协会行业奖 74 个（其中，一等奖 9 个）；教育部优秀设计奖 72 个（其中：一等奖 15 个），詹天佑奖 3 个，中国建筑学会创作奖 13 个。

（3）监理单位 上海建科工程项目管理有限公司成立于 2005 年，是上海建科工程咨询有限公司的国有控股子公司。传承母公司 20 多年成功的品牌业绩以及良好的市场信誉；延续了建科咨询优良的管理模式，更好地发展了项目管理业务并建立了高水平的项目管理专业平台。公司以工程咨询及项目管理为主，涵盖工程监理业务领域，在不断发展中，企业规模领域快速扩大，整体业务及管理能力持续提高。

（4）施工单位 上海国际旅游度假区工程建设有限公司是上海建工集团的全资子公司。公司始终注重科技创新，不断提升综合实力，具备 BIM 技术综合运用、EPC（设计、采购、施工一体化）工程建设管理和国际总承包工程管理能力，先后承建了上海国际旅游度假区的“TL311 通用馆”、“申迪文化中心”等一批标志性项目，树立了良好的社会信誉和质量品牌，在国际总承包项目和大型主题园区项目的前期策划、工程咨询、建设施工方面具有丰富经验和领先优势。

图 18-4 “创新杯”建筑信息模型（BIM）设计大赛“BIM 应用特等奖”

近年来，公司获得了上海市重点工程实事立功竞赛“优秀公司”称号，2015 年“创新杯”建筑信息模型（BIM）设计大赛“BIM 应用特等奖”等一批荣誉（图 18-4）。同时公司也具有工程咨询资质，特别是以 BIM 技术为切入点的工程咨询，在项目建设期间特别注重信息的交互以及保留，不遗余力地进行平台优化建设，只为更好地在项目推进或者在运维期间更好地采集、使用数据，依托 BIM 的参数化特点，结合平台为项目体服务。

三、BIM 技术综合应用情况

1. 项目应用特点

（1）建筑外立面与迪士尼园区协调。项目位于迪士尼乐园南侧，主题乐园城堡与本建筑隔河相望，并且与迪士尼主题乐园酒店仅相隔一个交通环岛。因此，本项目大楼外立面需与乐园周围环境相协调。如图 18-5 所示。

（2）全生命周期BIM运用技术。本项目为有办公、会议、餐饮、商业等多种不同功能的综合体项目，地下室面积大，地下管线复杂，给设计和施工组织带来巨大挑战。从方案设计、初步设计、施工图设计、施工准备、施工实施到运维管理全部制定BIM运用方案，进行BIM应用，通过全过程BIM技术的运用达到减少工程投资，缩减建造周期的目的。如图18-6所示。

图18-5 项目观景平台至迪士尼主题酒店视角

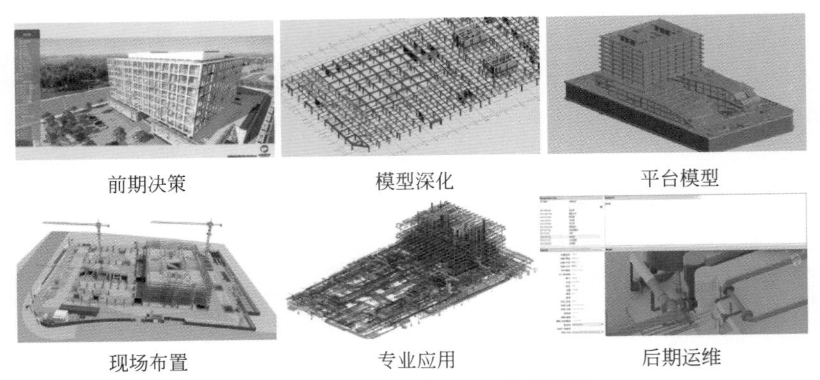

图18-6 全生命周期BIM应用概要

（3）平台协同工作。在项目开始前着手策划BIM运用方案，制定BIM运用管理流程和标准，搭建BIM管理平台，方案设计、初步设计、施工图设计、施工准备、施工实施和运维管理全过程根据需求及功能应用在不同管理平台协同工作，由业主分配权限和各参与方工作界面，完成项目管理。并建立专业的交流平台，方便各方交流与内容留底。如图18-7所示。

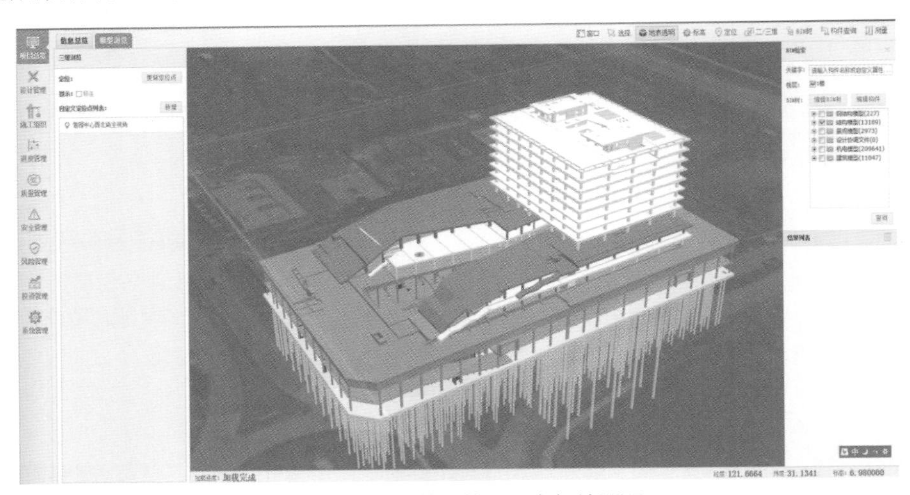

图18-7 项目管理协同平台初始页面

（4）模型传递。在设计阶段过程中需要积极探讨如何做到将含有设计信息的模型顺利传递到施工阶段，可以方便施工单位BIM团队在原有模型上进行深化，减少重复工作。

2. 项目解决方案及应用流程

本工程BIM技术应用由业主主导，由业主制订BIM应用总体方案，提出BIM应用范围、应用深度要求和应用目标，设计、监理、施工（含总承包）、材料供应商、运维等单位协同参与，各参与单位 BIM 技术应用由业主方进行授权和控制，按业主统一要求进行，BIM 应用成果报业主单位审核确认。

业主通过招投标合同条文对参建方 BIM 能力及实施进行约束，建立管理平台、添加管理成员、分配管理权限来实现项目图档管理、轻量化模型浏览、文件管理、流程管理等多方协作，达到项目高效管理的目的。

根据业主授权，不同阶段由相应单位（包括业主）作为阶段性组织者，受业主监督审核，分配相关任务至各协同单位。

采用项目例会制度，各单位之间无法在交流平台解决的分歧在例会中解决，保证 BIM 相关工作进度满足项目开发计划要求。

如图 18-8 ～图 18-10 所示。

图 18-8　上海国际旅游度假区建设项目 BIM 应用总体方案

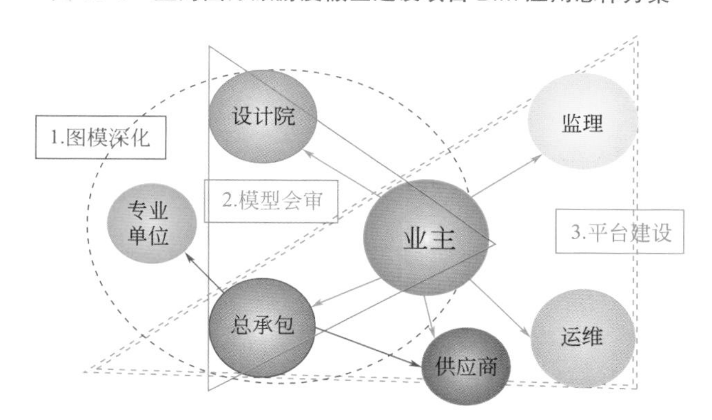

图 18-9　各单位总体职责划分

3. 设计阶段 BIM 应用点

（1）可视化应用　BIM 可视化技术可以让不同专业、不同阶段参与设计的人员更快速、更准确地理解设计产品，这是 BIM 技术最直观的应用点之一。BIM 可视化应用主要分为三维模型展示、三维虚拟漫游两个方面。如图 18-11 ～图 18-13 所示。

（2）协调设计　BIM 协同设计是整个设计过程围绕一个模型开展，各专业模型实时跟进从而实现各专业的实时协同，模型作为有形的质量抓手，方便设计方、业主对设计进行准确把控。全专业、各参与方模型整合在一起，确认单体坐标统一后，各专业围绕同一个模型进行工作，可以最大程度上避免如平立剖对不上、特殊造型表达困难、机电管综片面化、净高失控、预留洞与机电管线走向不一致、大量变更索赔等情况。如图 18-14 所示。

（3）碰撞检测　二维图纸并不能充分反映三维空间的全部信息，所以在设计中避免不了存在构件之间的碰撞，这一问题在复杂空间中尤为突出，而 BIM 模型轻易地解决了这一问题，

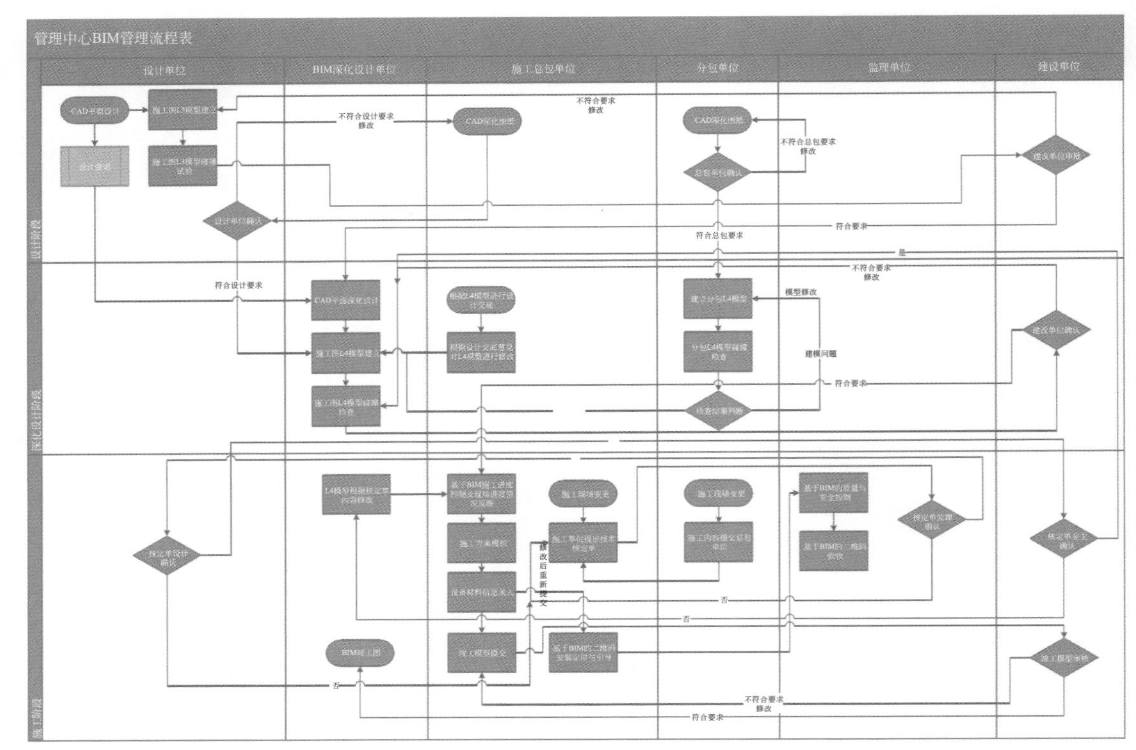

图 18-10　各单位基于 BIM 的协同整体流程

既可直观地观察到模型中的碰撞冲突，又可通过软件本身的碰撞检测功能或者第三方软件（如 Navisworks）来完成，因此极大程度上减少“错、碰、漏”等设计差错，能够直观地表达空间特征，反映实际建造情况。如图 18-15 所示。

（4）异形屋顶空间定位　本项目异形绿坡的定位是设计难点，在以往的二维 CAD 图纸中无法直观且可视化地判断空间上的位置关系，而通过 BIM 的应用可以准确地定位出绿坡中三角面各个角点的空间位置，从而准确地建立各个绿坡与相邻的楼梯，最终优化出整个上人屋面之间的空间关系。

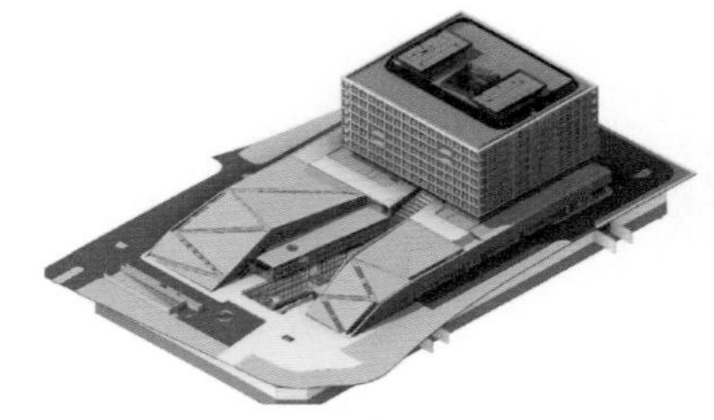

图 18-11　整体模型展示

图 18-12　局部模型展示

图 18-13　虚拟漫游

由于建筑屋面的立体化，结构设计师需要配合建筑设计师开展多块异形楼板组成的结构屋面设计，因而如何保证下部会议会展中心的净高成为难题。以北侧的种植屋面为例，预应力大梁的应用使之无法随屋面楼板任意弯折，如何明确结构框架定位是一个设计难点。在传

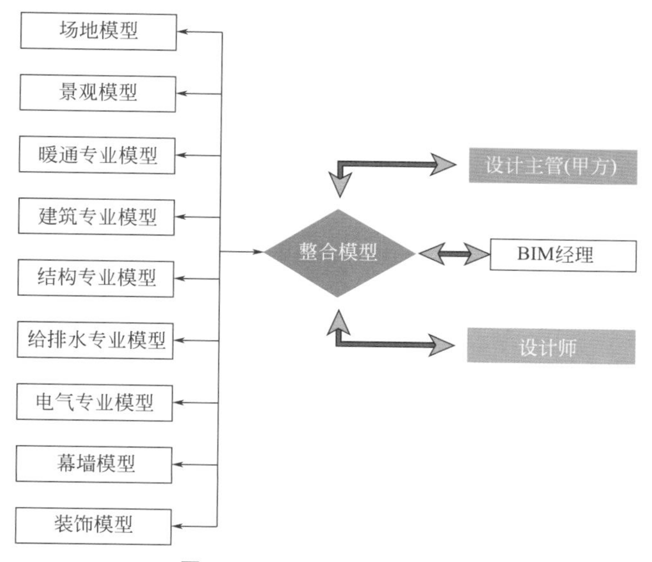

图 18-14　BIM 设计管理模式

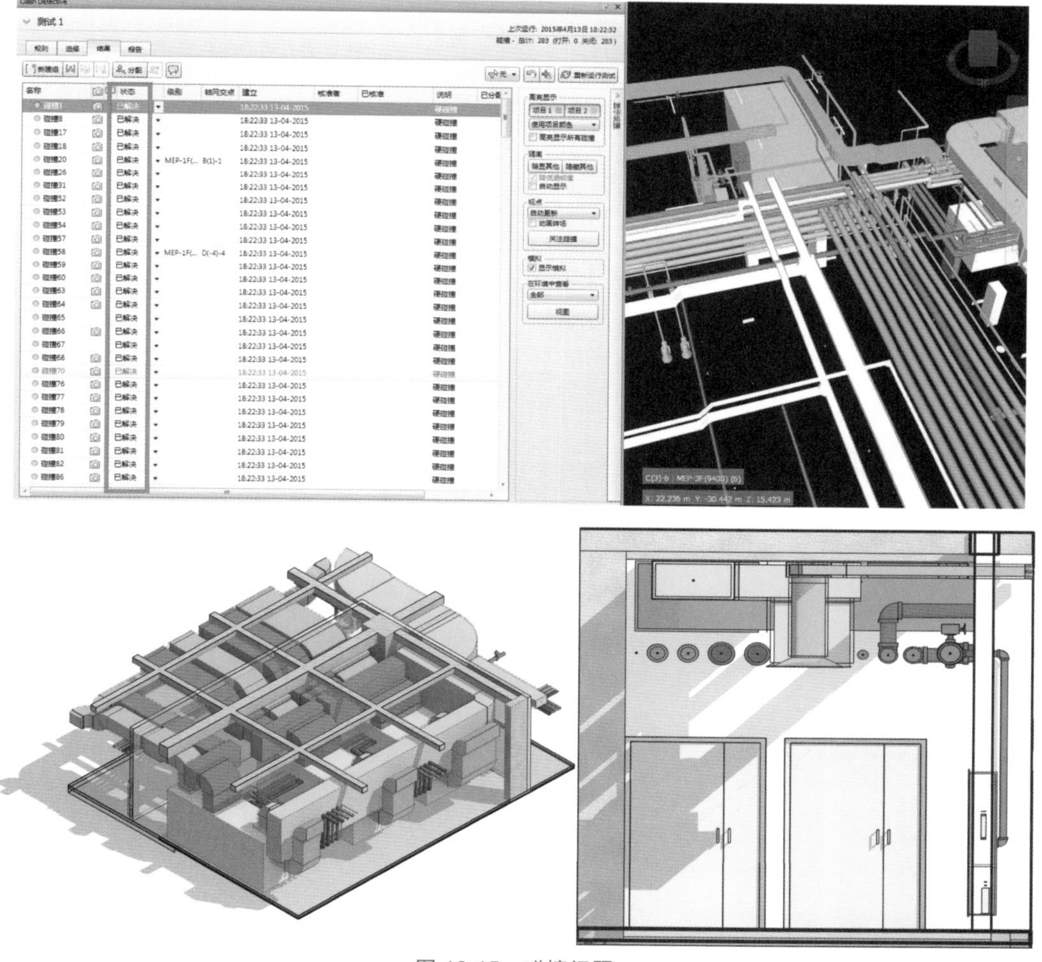

图 18-15　碰撞问题

统二维设计中，结构设计师需反复计算并与建筑师反复校核才能给出较为准确的定位，同时如此异形的结构在计算软件中如何简化也是一个复杂的过程。而通过 BIM 技术的应用，设计师可以抛开二维图纸直接在三维模型中定位结构框架，直观清晰地表达构件的空间关系，保证最大限度满足设计需求。

如图 18-16 所示。

图 18-16　绿坡外观图

（5）设计阶段管线综合及净高分析　在传统设计中，设计对净高的制定通常只是一个局部估算值，无法做到全面考虑综合布线以及每个区域的局部细节，特别是在一些空间布局复杂、具有夹层或挑高、降板处，以及机械车位、作业区或楼梯休息平台、结构加腋处等。往往在二维平面图纸上，由于这些区域无法得到全方位的空间布局观察，所以更容易出现净高考虑不足的问题。利用 BIM 技术全面管线综合，提供了全套的净高分析，使得整座建筑的净高情况一目了然、准确无误。如图 18-17 所示。

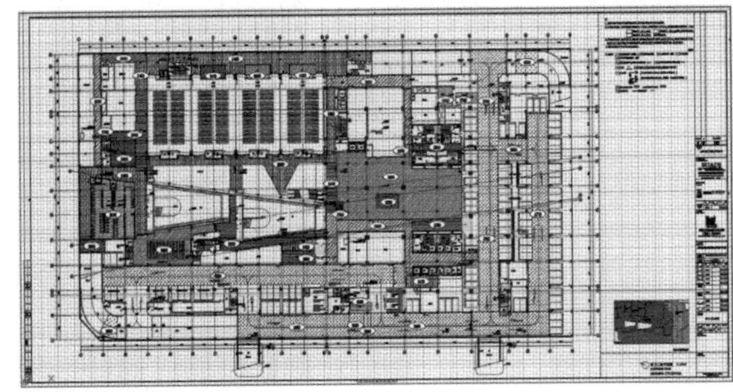

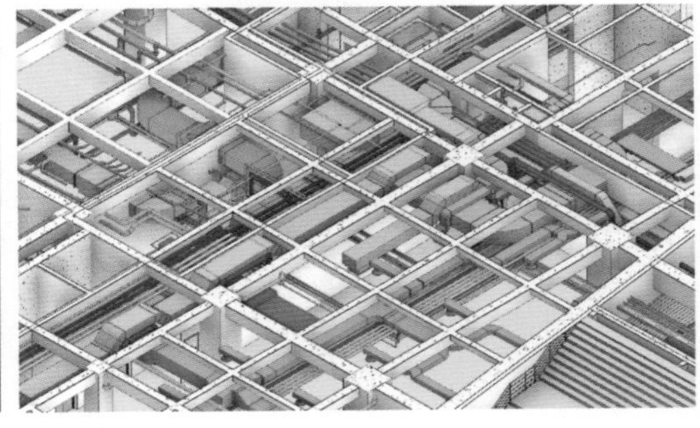

图 18-17　管线综合及标高分析

（6）BIM 出图的应用　在项目中，BIM 做到了模型直接出图并双向反提资。对于施工方关心的管线排布紧张的区域，BIM 直接导出管线综合剖面图给到施工单位，从而确认进一步的深化方案；对于管线综合后管线布置与设计平面图不一致的情况，BIM 直接导出各专业平面图并标注管线综合后的管线标高，反馈给设计师重新计算核准后，使设计出图与 BIM 模型保持一致。

运用 BIM 技术三维出图的优势在于模型修改完全同步，有一处修改，所有涉及此处修改的图纸也同步修改，这相比于传统二维出图，大大节省了出图时间，更是大大降低了遗漏差错，防止各专业间套图过期，或平面图与系统图、详图不统一的疏漏发生。不仅如此，运用 BIM 技术可以做到在任何需要出剖面的位置瞬间导出精准完整的剖面图，这是传统出图方式所无法做到的。如图 18-18 所示。

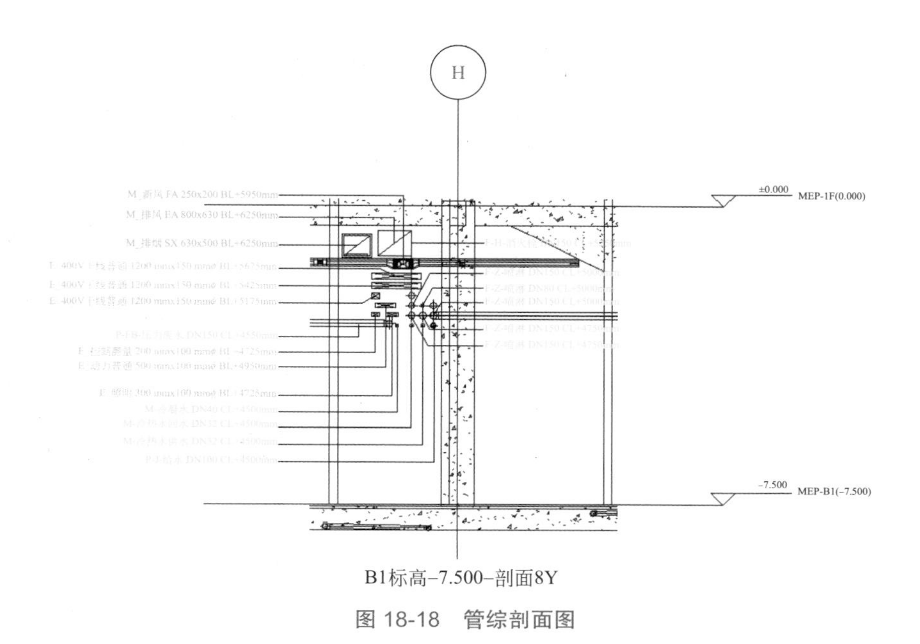

图 18-18 管综剖面图

4. 施工阶段 BIM 应用点

（1）深化设计及碰撞检测 常见的设计深化有机电深化、幕墙深化和钢结构深化，而各专业深化后均需通过碰撞检测，以便提前避让或留洞，减少二次施工。基于 BIM 技术可将建筑、结构、机电等专业模型整合，再根据各专业要求及净高要求将综合模型导入相关软件进行碰撞检查。根据碰撞报告结果对管线进行调整、避让，对设备和管线进行综合布置，从而在实际工程开始前完成机电深化；幕墙深化的重点在于根据现场埋件实际偏移量设计合理的可调节挂码和连接件，以及三维指导异形构件下单加工；同样的，利用钢结构 BIM 模型，在钢结构加工前对具体钢构件、节点的构造方式、工艺做法和工序安排进行优化调整，有效指导制造厂工人采取合理有效的工艺加工，提高施工质量和效率，降低施工难度和风险。如图 18-19 ～图 18-23 所示。

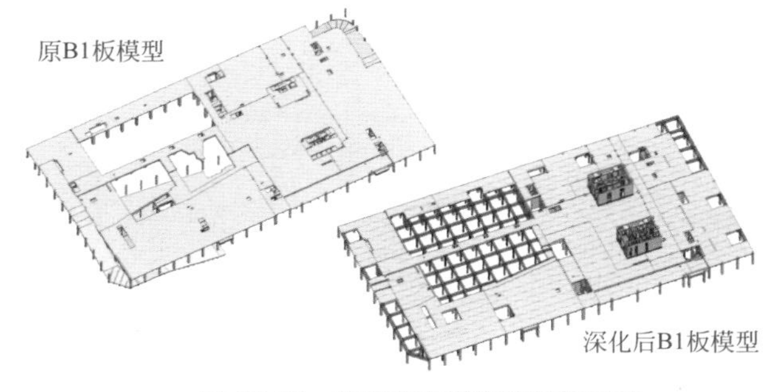

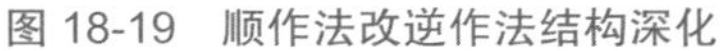
图 18-19 顺作法改逆作法结构深化

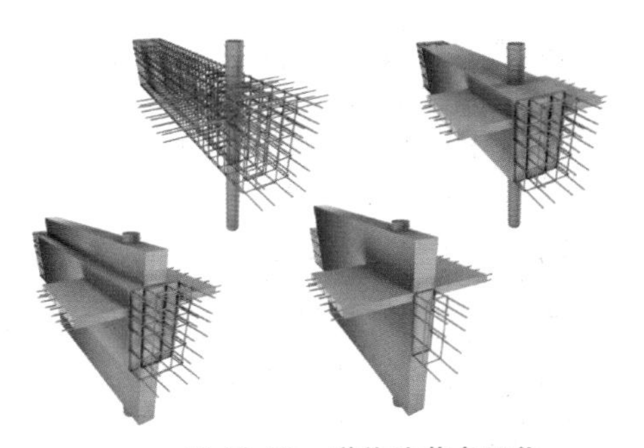

图 18-20 逆作法节点深化

（2）三维交底 一张或多张平面图纸并不能直观地反映出某些复杂节点的形状，逐级交底后易出现偏差，无从针对性地进行施工。若充分利用 BIM 模型的可视化和方便简单的三维标注，并能够直接导出三维视图，通过打印彩图或者直接利用电脑进行现场三维交底，使得现场施工不再仅仅依靠平面图纸，不仅提高了现场施工效率，也可以直接实现对现场操作工人的交底，避免因理解不当而造成的返工现象。比如，通过利用 BIM 技术对脚手架和安全围

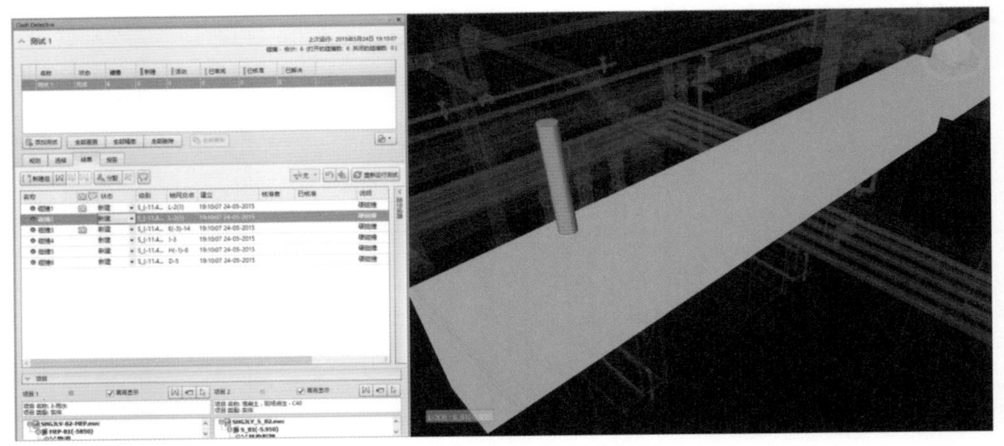

图 18-21 机电与结构碰撞检测

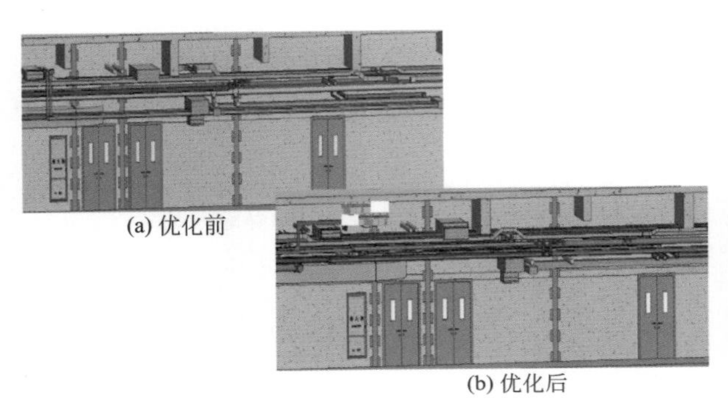

(a) 优化前

(b) 优化后

图 18-22 机电管线优化与净高分析

图 18-23 幕墙埋件深化

护进行模拟搭设，可以提前预算出安全围护所需要的用量大小以及搭设位置的可能性，用来提前解决搭设疑难问题。如图 18-24、图 18-25 所示。

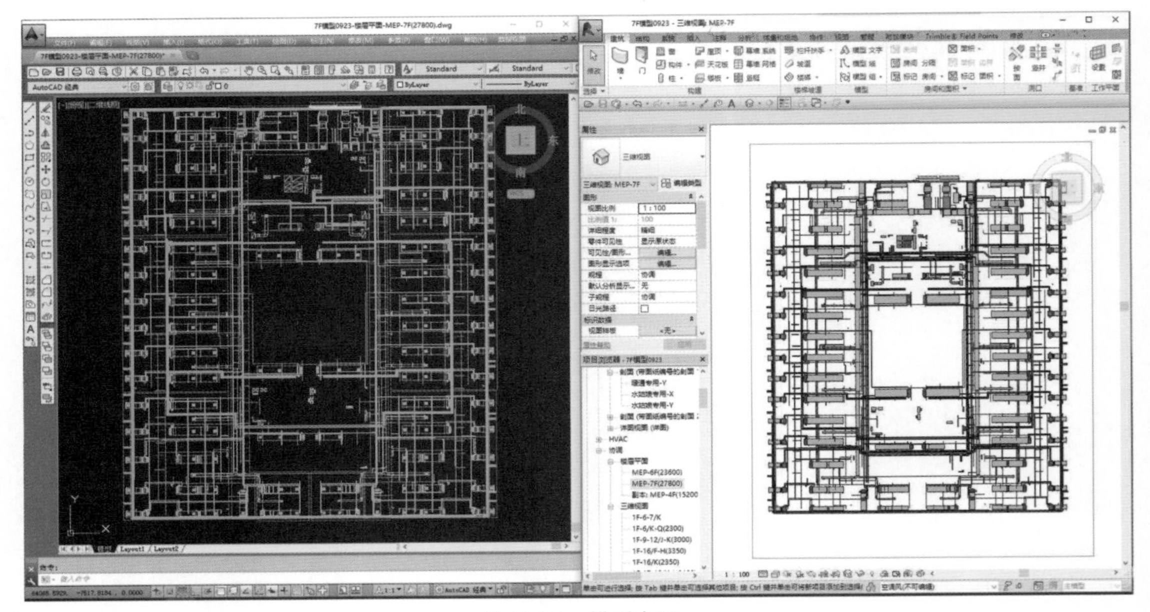

图 18-24 模型出图

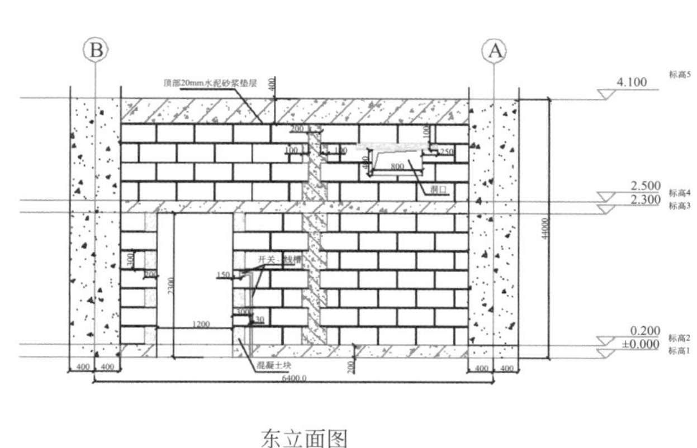

东立面图

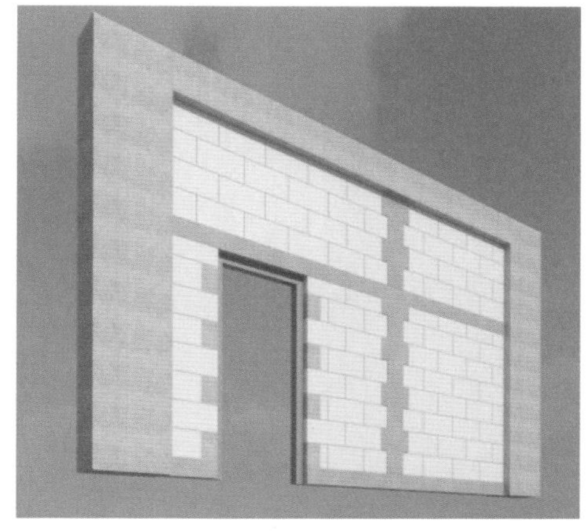

图 18-25　二维、三维结合交底

（3）施工方案模拟及优化　在 BIM 模型的基础上，结合现场的施工环境以及相关的施工工艺流程，通过模型的立方体剖切、动画漫游以及施工模拟，制定出高质量的施工方案，保证施工方案安全可行的前提下，不断进行方案的优化完善。最后，将通过相关软件配合 BIM 模型，输出直观的施工方案模拟效果。还可以对施工管理人员及操作人员进行视频交底，提高共同的认知度，加快施工速度，提高施工效率。如图 18-26 所示。

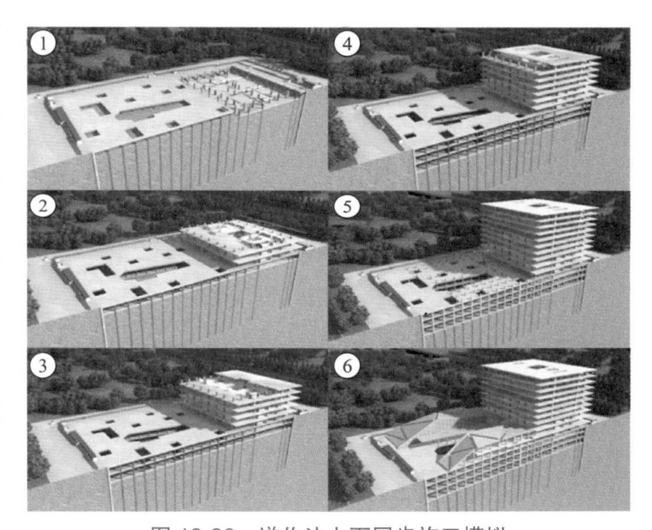

图 18-26　逆作法上下同步施工模拟

（4）平台协同管理　根据需求及功能，本项目由各方共同参与打造项目管理平台，协助项目管理，现场监理人员及施工人员可通过移动端，实施反馈信息至平台。如图 18-27 所示。

图 18-27　项目协同管理平台

（5）工程量计算与成本动态分析　此应用由管理平台提供主要服务，以本工程提供的LuBan工程管理平台为例，在4D进度计划的基础上，通过对建筑每层每个分区每道工序的工程量统计，精确计算各道工序所发生的施工成本，包括材料、人工、机械等发生的费用。通过动态计算任意时间段内计划的工程量，对比和分析，进行实时动态成本管理。同时计划用量也是施工人员调配、工程材料采购等管理的依据。如图18-28、图18-29所示。

序号	项目编号	项目名称	计量单位	工程量			综合单价(元)			合价(元)	
				土建工程8#合同	土建工程8#变更1次	土建工程8#结算	土建工程8#合同	土建工程8#变更1次	土建工程8#结算	土建工程8#合同	土建工程8#变更1次
120	10-1	外墙1砖（文化石饰面）含窗侧	100m2	4.55	4.55	4.55	1846.51	1754.18	2123.49	8393.69	7974.01
121	10-1	外墙1砼（文化石饰面）不含窗侧	100m2	4.28	4.28	4.28	1846.51	1754.18	2123.49	7897.47	7502.60
122	10-1	外墙1砼（文化石饰面）含窗侧	100m2	4.29	4.29	4.29	1846.51	1754.18	2123.49	7919.08	7523.12
123	10-1	外墙2砖（涂料外墙）不含窗侧	100m2	32.52	32.52	32.52	1846.51	1754.18	2123.49	60043.86	57041.68
124	10-1	外墙2砖（涂料外墙）含窗侧	100m2	32.59	32.59	32.59	1846.51	1754.18	2123.49	60182.20	57173.11
125	10-1	外墙2砼（涂料外墙）不含窗侧	100m2	16.60	16.60	16.60	1846.51	1754.18	2123.49	30649.43	29116.97
126	10-1	外墙2砼（涂料外墙）含窗侧	100m2	21.21	21.21	21.21	1846.51	1754.18	2123.49	39162.16	37204.06
127	10-1	管道层外墙面	100m2	3.59	3.59	3.59	1846.51	1754.18	2123.49	6635.10	6303.35
128	10-43	墙面抹灰加钢丝网	100m2	33.85	33.85	33.85	1617.50	1536.63	1860.13	54744.62	52007.39
129	10-74	内墙1砼（乳胶漆墙面）	100m2	1.01	1.01	1.01	8581.89	8152.80	9869.17	8640.71	8208.68
130	10-74	女儿墙内抹灰	100m2	1.29	1.29	1.29	8581.89	8152.80	9869.17	11070.05	10516.55
131	10-74	女儿墙外涂料	100m2	2.09	2.09	2.09	8581.89	8152.80	9869.17	17922.99	17026.84
132	10-74	挑檐外涂料	100m2	3.57	3.57	3.57	8581.89	8152.80	9869.17	30659.45	29126.48
133	10-74	挑檐文化石	100m2	0.58	0.58	0.58	8581.89	8152.80	9869.17	4986.10	4736.79
134	10-74	栏板内抹灰	100m2	2.33	2.33	2.33	8581.89	8152.80	9869.17	20032.61	19030.98
135	10-74	栏板外涂料	100m2	5.73	5.73	5.73	8581.89	8152.80	9869.17	49208.44	46748.03
136	10-74	栏板文化石	100m2	2.04	2.04	2.04	8581.89	8152.80	9869.17	17466.73	16593.39
137	10-77	各种井天棚	100m2	0.31	0.31	0.31	1786.84	1697.50	2054.87	554.72	526.99

图18-28　平台工程量对比分析汇总表

幕墙单元明细表

注释记号	型号	说明	族	族与类型	类型	宽度	高度	面积	成本
WS1002	CT005	全隐框单元式幕墙	WS1002	WS1002:	CT005	1459	4000	5.84	16600.00
WS1002	CT005	全隐框单元式幕墙	WS1002	WS1002:	CT005-009	1459	4000	5.84	16600.00
WS1002	CT005	全隐框单元式幕墙	WS1002	WS1002:	CT005-008	1181	4000	4.72	16600.00
WS1000	CT001	横明竖隐框架式幕	WS1000	WS1000:	CT001-001	1800	4000	7.20	18000.00
WS1000	CT001	横明竖隐框架式幕	WS1000	WS1000:	CT001-002	1800	4000	7.20	18000.00
WS1000	CT001	横明竖隐框架式幕	WS1000	WS1000:	CT001-003	1800	4000	7.20	18000.00
WS1000	CT001	横明竖隐框架式幕	WS1000	WS1000:	CT001-004	1800	4000	7.20	18000.00
WS1000	CT001	横明竖隐框架式幕	WS1000	WS1000:	CT001-005	1800	4000	7.20	18000.00
WS1000	CT001	横明竖隐框架式幕	WS1000	WS1000:	CT001-006	1800	4000	7.20	18000.00
WS1000	CT001	横明竖隐框架式幕	WS1000	WS1000:	CT001-007	1800	4000	7.20	18000.00
WS1000	CT001	横明竖隐框架式幕	WS1000	WS1000:	CT001-008	1800	4000	7.20	18000.00
WS1000	CT001	横明竖隐框架式幕	WS1000	WS1000:	CT001-009	1800	4000	7.20	18000.00
WS1000	CT001	横明竖隐框架式幕	WS1000	WS1000:	CT001-010	1800	4000	7.20	18000.00
WS1000	CT001	横明竖隐框架式幕	WS1000	WS1000:	CT001-011	1800	4000	7.20	18000.00
WS1000	CT001	横明竖隐框架式幕	WS1000	WS1000:	CT001-012	1800	4000	7.20	18000.00
WS1000	CT001	横明竖隐框架式幕	WS1000	WS1000:	CT001-013	1800	4000	7.20	18000.00
WS1000	CT001	横明竖隐框架式幕	WS1000	WS1000:	CT001-014	1800	4000	7.20	18000.00
WS1000	CT001	横明竖隐框架式幕	WS1000	WS1000:	CT001-015	1800	4000	7.20	18000.00
WS1000	CT001	横明竖隐框架式幕	WS1000	WS1000:	CT001-016	1800	4000	7.20	18000.00
WS1000	CT001	横明竖隐框架式幕	WS1000	WS1000:	CT001-017	1800	4000	7.20	18000.00
WS1000	CT001	横明竖隐框架式幕	WS1000	WS1000:	CT001-018	1800	4000	7.20	18000.00
WS1000	CT001	横明竖隐框架式幕	WS1000	WS1000:	CT001-019	1800	4000	7.20	18000.00

图18-29　材料统计表

5. 运维阶段BIM应用点

BIM运维管理是基于竣工模型的后期应用，BIM运维系统集成了很多信息，例如厂家信息、竣工信息、维护信息等。

BIM运维管理主要包含空间协调管理，例如租户管理、空间定位安保人员信息等；还包括设备设施的管理，主要体现在设施的装修、空间规划和维护操作等；其次至关重要的是隐蔽工程管理，能够管理复杂的地下管网；并且能够实现对于紧急情况的模拟，并且在出现紧急情况时实现各个系统联动；此外，通过 BIM 模型还能更加便捷直接地实现对于能耗的监测与分析节能降耗。如图 18-30 所示。

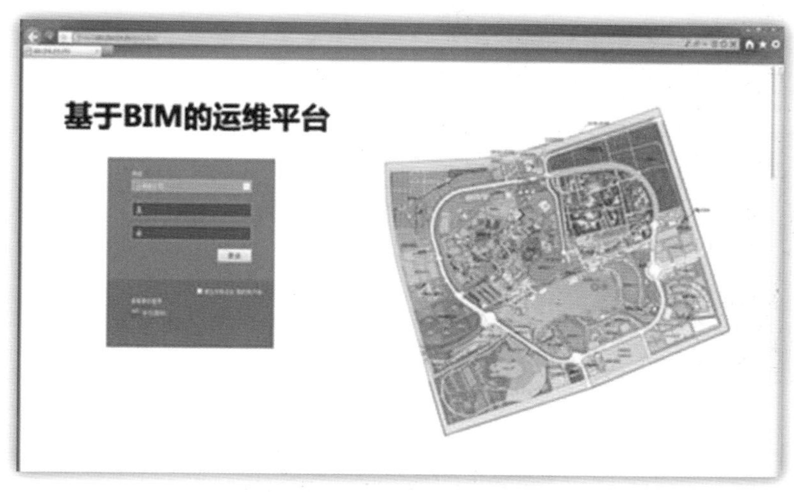

图 18-30　基于 BIM 的运维平台

6. BIM 创新应用成果展示

（1）风环境分析确定建筑体型　将 Revit 模型 DXF 格式传给 Ecotect 软件，进行风环境分析，图 18-31 是上海市 1 ～ 12 月份风环境分析图。通过客观的数据来辅助设计师进行方案调整与优化。通过 Ecotect 对上海进行风环境风频模拟分析，从风频图表中得出西北、东南方向的风频最高。通过这项模拟最终确定带有“风通道”的建筑形体的设计概念。对后期建筑引入自然通风、节能减排有很好的指导意义。

（2）分析地理位置信息得出建筑节能要求　根据 Ecotect 软件，对北纬 31.2° 东经 121.4° 的上海区域，太阳高度角日轨图进行全面的分析，得出本地块最佳朝向的结果，角度偏移 10° 为最佳，本案总图偏移值为 9° 。如图 18-32 所示。

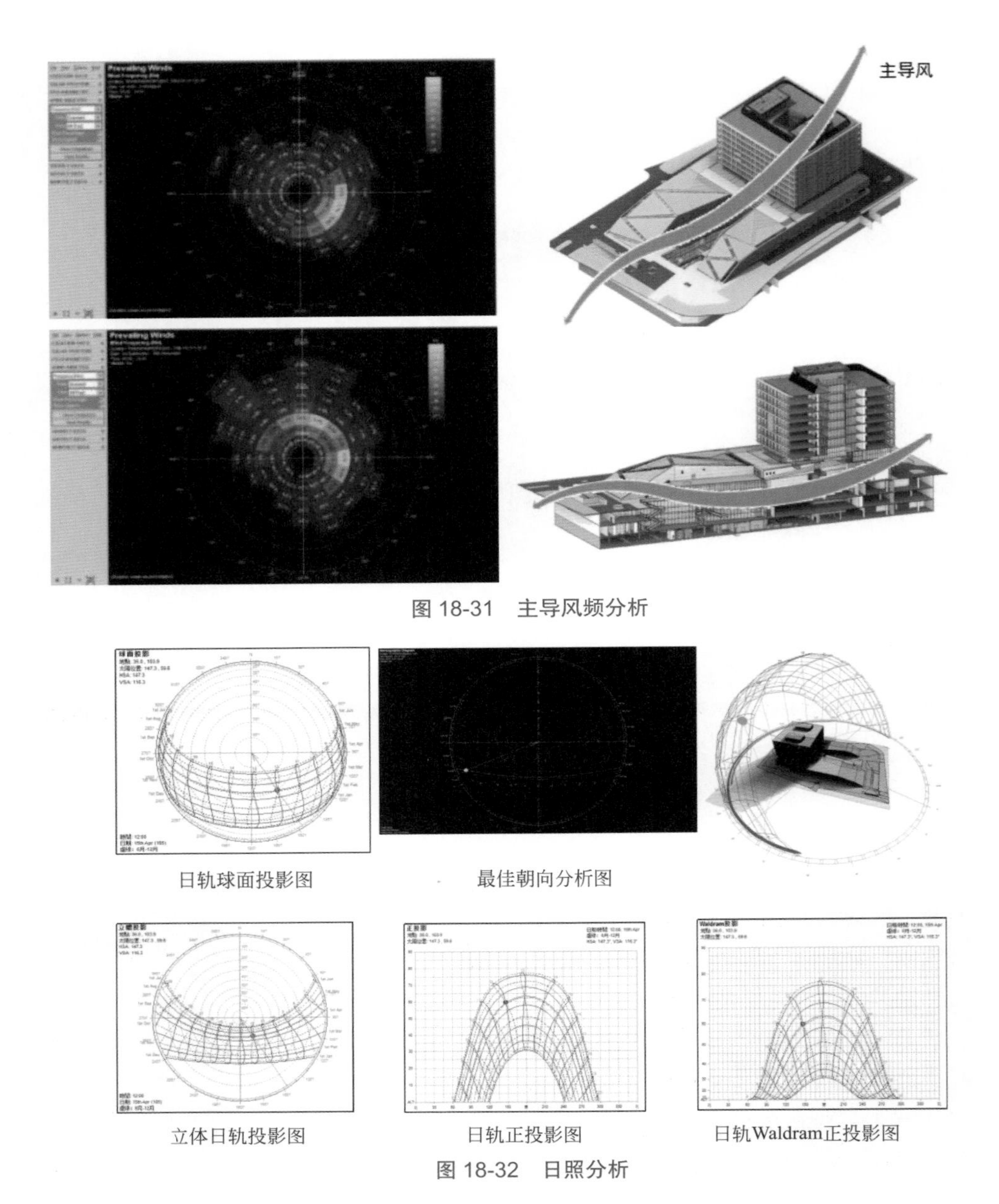

图 18-31 主导风频分析

图 18-32 日照分析

（3）种植绿坡结构框架设计 为了贴合“山峦”和“溪谷”的设计理念，建筑师利用山丘状裙房屋顶，打造 3 层标高的开放式屋顶绿化空间。主楼裙房亦采用绿化平台，积极设置屋顶绿化，形成宛如公园的开放空间，从悬于空中的立方体办公楼内可以眺望园区和远方的城市天际线，体会到独特的景观。

以北侧种植绿坡为例，此处种植绿坡下为功能厅，因为建筑功能需求不允许设置竖向构件，因而跨度达到 25m，同时由于建筑种植屋面的立体化，如何保证功能厅的梁下净高也成为难题。

由于结构跨度达到 25m，一般混凝土结构无法达到要求；考虑到钢结构与混凝土的连接困难，且由于荷载较大，其连接埋件复杂易与框架柱钢筋冲突。因而此处选择预应力混凝土梁。预应力结构很大程度地降低了梁高，使材料性能得到了充分的利用发挥，同时也能很好地减小挠度、控制裂缝，从而满足工程实际的要求。如图 18-33 所示。

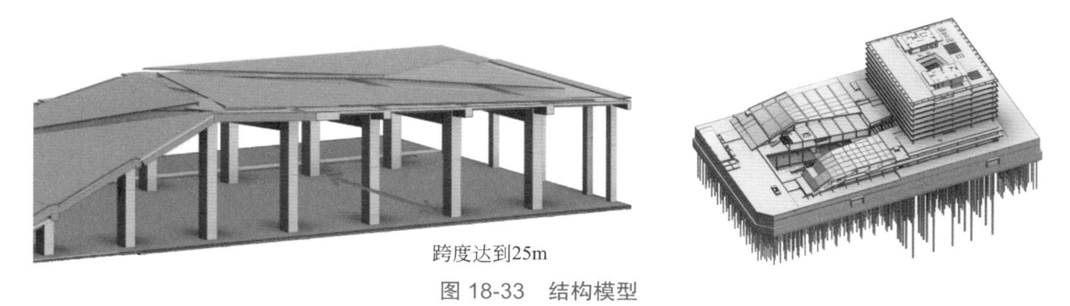

图 18-33　结构模型

（4）系统专业分析　根据对本项目前期 BIM 暖通、给排水、电气等专业的应用，使模型信息化应用于暖通负荷分析、设备信息同步电气动力系统、给水管道沿程水头损失计算、排水立管流量计算，灯具的布置与照度计算同时完成，布置灯具的同时实时观察房间内照明均匀度，根据白天的照度分析来制定灯具的控制策略，各专业信息无缝协同传递，提高了多专业配合的准确性及实时性，降低了因各专业衔接沟通不畅造成的误差，体现了 BIM 设计的意义。如图 18-34 ～图 18-36 所示。

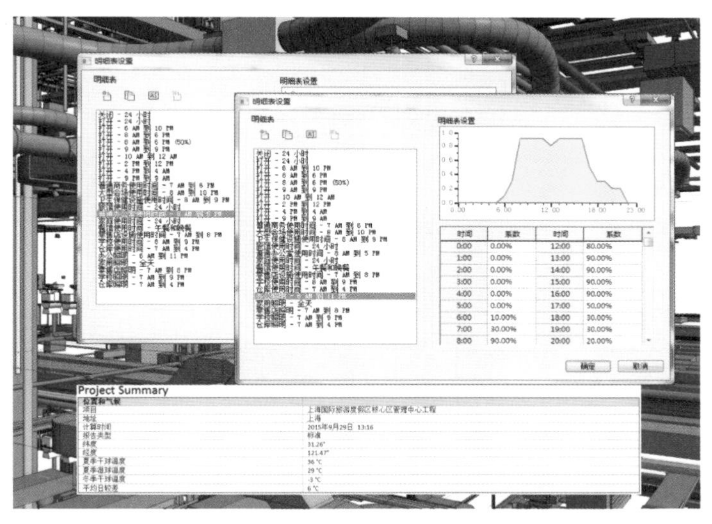

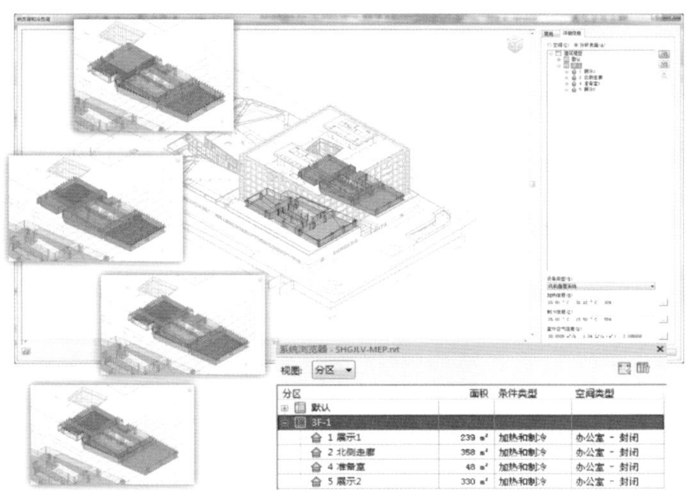

图 18-34　暖通负荷分析

沿程压降计算表

系统名称	族与类型	长度	尺寸	速度	流量	压降	注释
P-J-给水	管道类型:P_钢管	140	40 mm	2.2 m/s	2.5 L/s	101.1 Pa	最不利点
P-J-给水	管道类型:P_钢管	2836	25 mm	0.9 m/s	0.4 L/s	534.0 Pa	最不利点
P-J-给水	管道类型:P_钢管	2296	25 mm	0.9 m/s	0.4 L/s	432.3 Pa	最不利点
P-J-给水	管道类型:P_钢管	96	15 mm	0.8 m/s	0.1 L/s	29.7 Pa	最不利点
P-J-给水	管道类型:P_钢管	124	15 mm	0.8 m/s	0.1 L/s	38.2 Pa	最不利点
P-J-给水	管道类型:P_钢管	934	15 mm	0.8 m/s	0.1 L/s	287.6 Pa	最不利点
P-J-给水	管道类型:P_钢管	536	20 mm	0.8 m/s	0.2 L/s	103.0 Pa	最不利点
P-J-给水	管道类型:P_钢管	10169	40 mm	1.1 m/s	1.2 L/s	1592.4 Pa	最不利点
P-J-给水	管道类型:P_钢管	246	40 mm	1.1 m/s	1.2 L/s	38.5 Pa	最不利点
P-J-给水	管道类型:P_钢管	35	40 mm	1.1 m/s	1.2 L/s	5.5 Pa	最不利点
P-J-给水	管道类型:P_钢管	296	50 mm	1.3 m/s	2.5 L/s	48.6 Pa	最不利点
P-J-给水	管道类型:P_钢管	4060	32 mm	0.9 m/s	0.8 L/s	605.6 Pa	最不利点
总计: 12						3982.7 Pa	

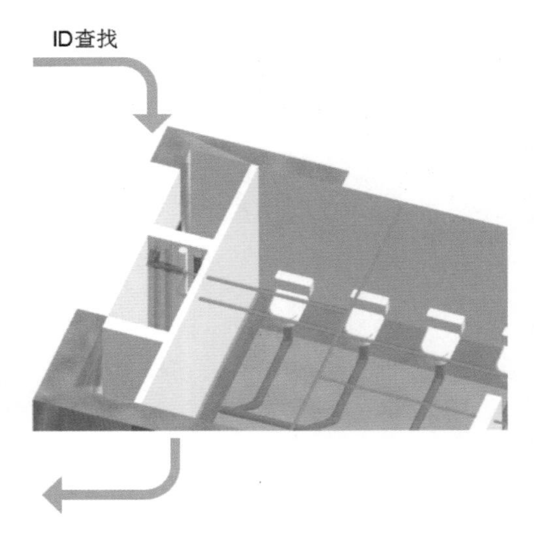

沿程压降计算表

系统名称	族与类型	长度	尺寸	速度	流量	压降	注释
P-J-给水	管道类型:P_钢管	140	50 mm	1.3 m/s	2.5 L/s	25.0 Pa	最不利点
P-J-给水	管道类型:P_钢管	2836	25 mm	0.9 m/s	0.4 L/s	534.0 Pa	最不利点
P-J-给水	管道类型:P_钢管	2296	25 mm	0.9 m/s	0.4 L/s	432.3 Pa	最不利点
P-J-给水	管道类型:P_钢管	96	15 mm	0.8 m/s	0.1 L/s	29.7 Pa	最不利点
P-J-给水	管道类型:P_钢管	124	15 mm	0.8 m/s	0.1 L/s	38.2 Pa	最不利点
P-J-给水	管道类型:P_钢管	934	15 mm	0.8 m/s	0.1 L/s	287.6 Pa	最不利点
P-J-给水	管道类型:P_钢管	536	20 mm	0.8 m/s	0.2 L/s	103.0 Pa	最不利点
P-J-给水	管道类型:P_钢管	10169	40 mm	1.1 m/s	1.2 L/s	1592.4 Pa	最不利点
P-J-给水	管道类型:P_钢管	246	40 mm	1.1 m/s	1.2 L/s	38.5 Pa	最不利点
P-J-给水	管道类型:P_钢管	35	40 mm	1.1 m/s	1.2 L/s	5.5 Pa	最不利点
P-J-给水	管道类型:P_钢管	296	50 mm	1.3 m/s	2.5 L/s	48.6 Pa	最不利点
P-J-给水	管道类型:P_钢管	4060	32 mm	0.9 m/s	0.8 L/s	605.6 Pa	最不利点
总计: 12						3738.5 Pa	

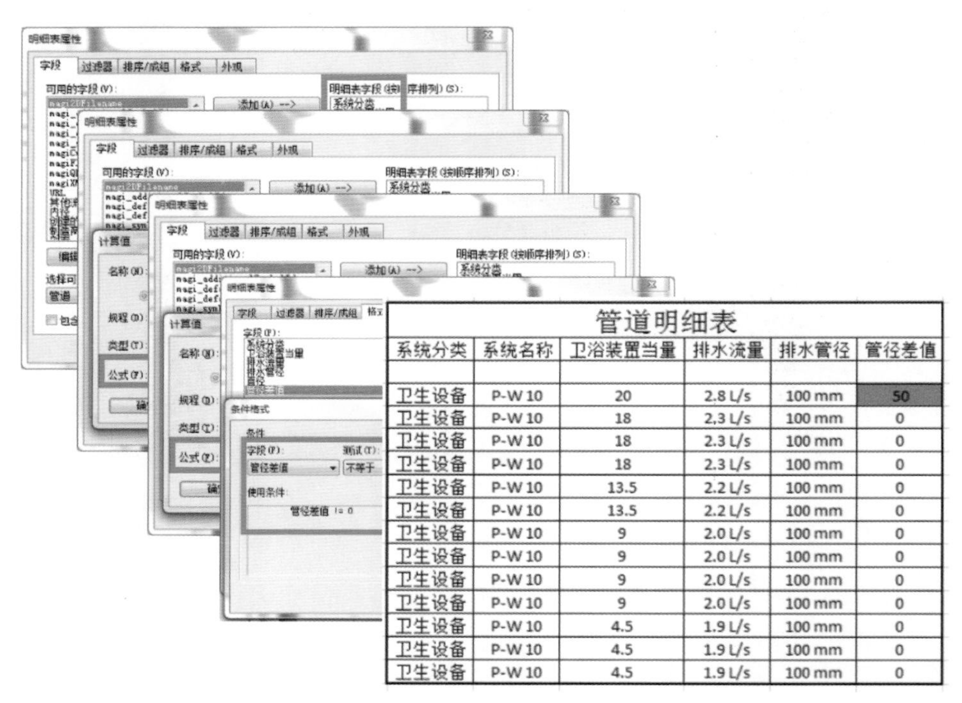

管道明细表

系统分类	系统名称	卫浴装置当量	排水流量	排水管径	管径差值
卫生设备	P-W 10	20	2.8 L/s	100 mm	50
卫生设备	P-W 10	18	2.3 L/s	100 mm	0
卫生设备	P-W 10	18	2.3 L/s	100 mm	0
卫生设备	P-W 10	18	2.3 L/s	100 mm	0
卫生设备	P-W 10	13.5	2.2 L/s	100 mm	0
卫生设备	P-W 10	13.5	2.2 L/s	100 mm	0
卫生设备	P-W 10	9	2.0 L/s	100 mm	0
卫生设备	P-W 10	9	2.0 L/s	100 mm	0
卫生设备	P-W 10	9	2.0 L/s	100 mm	0
卫生设备	P-W 10	9	2.0 L/s	100 mm	0
卫生设备	P-W 10	4.5	1.9 L/s	100 mm	0
卫生设备	P-W 10	4.5	1.9 L/s	100 mm	0
卫生设备	P-W 10	4.5	1.9 L/s	100 mm	0

图 18-35　排水立管流量计算

（5）VDP 模型应用　VDP（虚拟决策平台），可进行项目整体虚拟模拟，将“可视”升级为虚拟空间模拟，效果大大增强。可模拟项目效果、材质替换、运维管理、智能导航、应急预案、人性化功能、灯光日夜替换和景观四季变化等，根据决策达成的共识，更新修改场景，形成项目目标模型。

本项目裙楼幕墙形式复杂，尤其是裙楼 D 系统幕墙样式及选材多方意见无法达成一致，各方协商在幕墙样板施工之前，进行虚拟现实对比分析，将 8 种材质反映在 VDP 模型中，进行效果比选确定，减少了样板修改量。如图 18-37 所示。

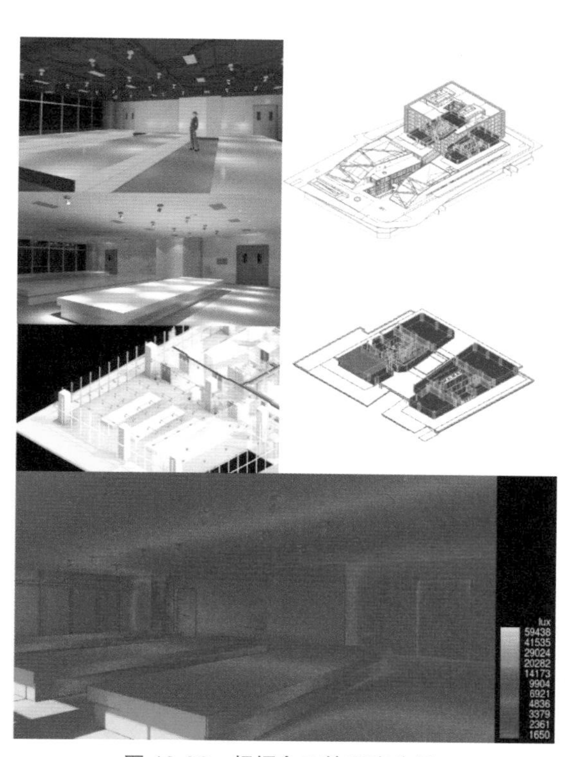

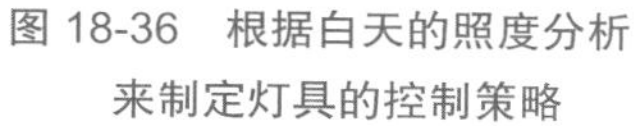
图 18-36　根据白天的照度分析
来制定灯具的控制策略

图 18-37　裙楼幕墙视觉模型

（6）逆作法大型设备行走路线模拟　由于项目采用上下同步逆作法施工，B0 板封闭，仅留下下沉式广场及取土洞口作为地下室设备吊装洞口，且由于施工工期紧张，各专业施工穿插进行，初装工程砌体结构多处施工，机电大型设备进场及安装难度加大，为保证设备行走路线的合理性及可行性，对行走路径和安装形式进行了动态模拟。如图 18-38 所示。

图 18-38　设备行走路线模拟

（7）幕墙单元板块参数化建模　本项目主楼 A 系统为单元幕墙，形式相对统一，但在转角等局部位置有微小差异，并且由于现场结构及埋件偏移，对单元板块需做微调，利用

Digital Project 参数化建模，可通过数据调整，对单元板块进行调整，并且自动生成加工料单，在单元板块安装时，可采用 DP 模型进行三维交底。如图 18-39、图 18-40 所示。

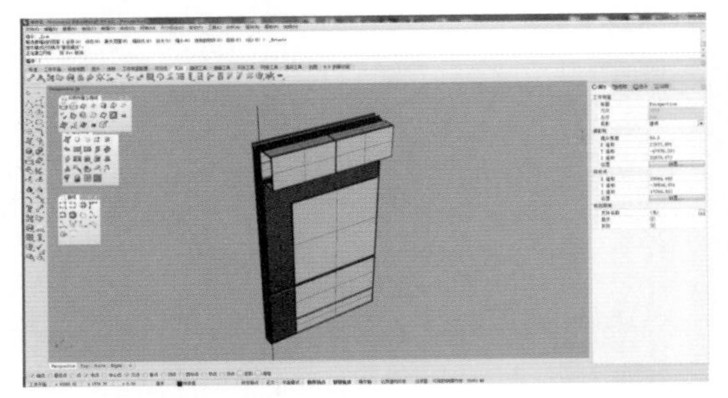

图 18-39 DP 模型转换为 Revit 模型兼用

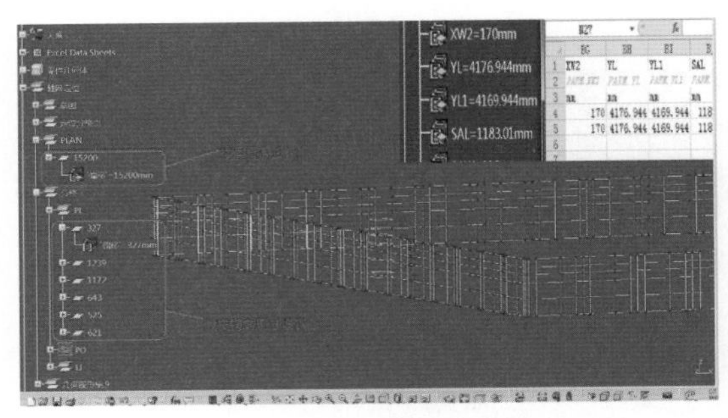

图 18-40 幕墙单元板块参数化建模

7. 拓展应用——BIM 技术在进度、质量、安全、管理的应用

在施工阶段，通过模型对施工进度的模拟控制，通过平台协同的方式对各参与方的信息进行整合，对工程项目的各种问题和情况了如指掌，有助于加强工程项目在施工过程中可预见的风险控制和协调能力。如图 18-41 ～图 18-43 所示。

图 18-41 无人机航拍整体进度

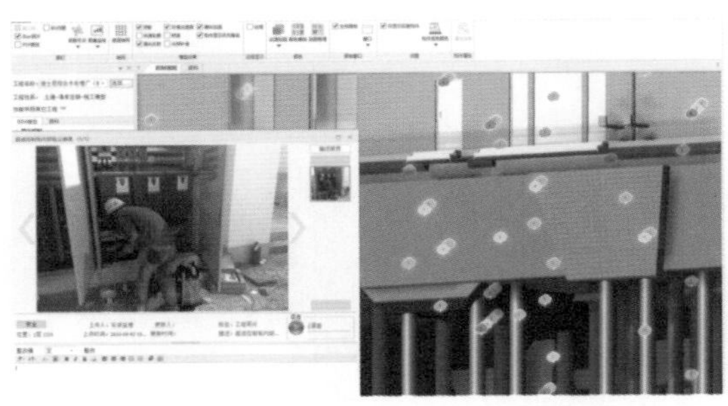

图 18-42 施工过程管理引入协同平台

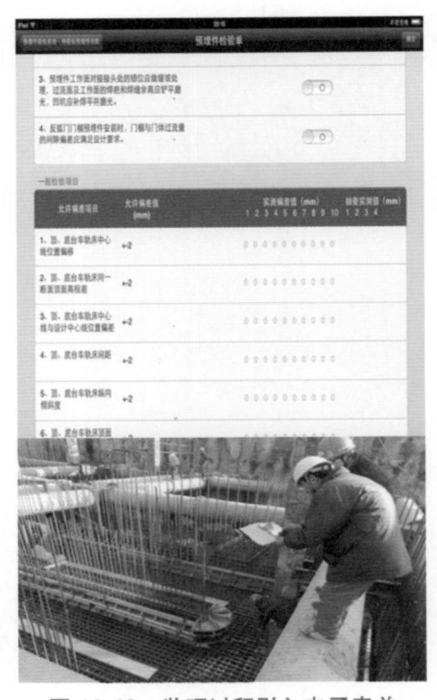

图 18-43 监理过程引入电子表单

四、应用效益分析

1. 经济效益分析

本工程应用 BIM 技术取得了较大的质量效益、经济效益、进度效益。

① 减少设计变更。在设计阶段采用 BIM 决策，在机电工程施工达到 70% 的进度时，至

今发生设计变更仅有2起，分别为人防审图意见和运营商要求进行的被动变更。

② 提前解决碰撞问题。设计阶段BIM工作发现的碰撞点，公司将根据BIM模型碰撞检查后发现的“错、漏、碰”问题，及时反馈给造价咨询单位，造价咨询单位根据统计的碰撞点，按照合同清单及报价进行相关的费用测算。对于图纸错误，则测算因此而减少的返工（被索赔）费用；对于漏项问题，则计算各项增加的成本。从而对采用BIM后减少设计变更对业主方成本控制的价值进行测算。

③ 加快施工进程。在施工过程中，详细记录利用BIM技术进行施工管理后各主要工作的施工效率，与传统施工方法的经验数据进行对比分析，研究施工过程BIM管理产生的工期效益。

个案分析如下。

（1）场地布置优化　由于工程周边道路、河道及既有建筑物的限制，施工现场场地有限，车辆出入、材料堆放等均需考虑得当，才能保证工程施工顺利进行。通过现场场地布置预演可减少实际人工、机械搬运量，在不影响施工的前提下，充分利用有限场地。

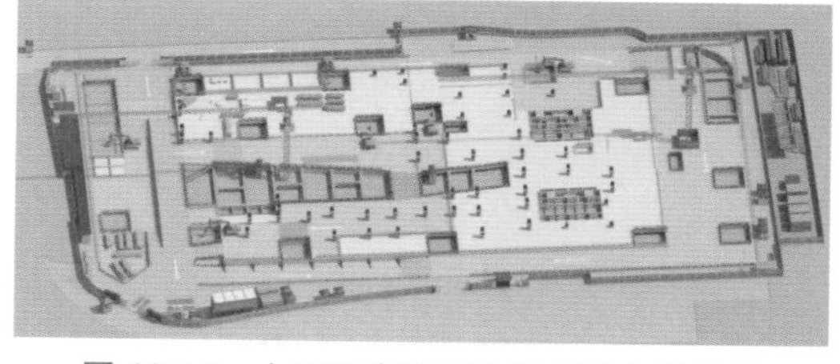

图18-44　上下同步施工阶段场地布置模型

减少大量设备移动费用及较大临时构件搬运期间占道、占地的时间，加快工程进度，节约施工成本。如图18-44所示。

（2）逆作法节点优化　通过建模分析，将逆作法竖向结构回灌节点进行改进。传统竖向结构回筑采用下料漏斗绕柱一圈，浇筑完成后上部柱体整体成漏斗状，需要后期凿除；改进后，在柱顶支设两个小型下料漏斗，柱子回筑完成后，仅多出两个类似牛腿状构造，可直接切除。如图18-45所示。

竖向结构回灌节点优化分析

序号	项目名称	原方案			优化后			节省成本/元
		数量	单价/元	金额/元	数量	单价/元	金额/元	
1	簸箕口施工(混凝土施工、模板)	1837个	300	551100	3674个	80	293920	257180
2	簸箕口凿除、修补(含脚手架)	1837个	200	367400	3674个	60	220440	146960
3	混凝土材料费	540m³	300	162000	137.775m³	300	41333	120667.5
合计								524807.5

图18-45　竖向结构回灌节点优化分析

2. 社会效益分析

BIM 技术的引入能在很多方面为绿色建造提供技术支撑。对于当前的复杂工程设计来说，设计师、施工方工程师都无法面对二维的蓝图将涉及的冲突问题一一查清。返工产生的材料损失、机械台班的损失和窝工引起的资源消耗是巨大的。利用 BIM 创建好的模型可自动检查分析碰撞情况，甚至是软碰撞情况，从根本上杜绝因碰撞引发的资源浪费、能耗损失。

由于工程的复杂性和迪士尼工程的特殊性，工程项目建设中因协同困难产生的工期延误而导致的资源浪费相当巨大。而利用 BIM 技术共享就可做得很好，协同能力提高，加快了工期推进，降低了资源消耗，并且满足了上海迪士尼乐园开园前配套工程的建设进度。

五、评价

BIM 应用总体评价如下。

方案设计阶段：主要 BIM 工作是运用建筑信息模型来完成各项建筑性能分析，完成设计方案的优化，保证建筑风格与迪士尼乐园相协调，并分析了日照、风环境和建筑全年建筑能耗。通过各单项的建筑性能分析保证建筑方案满足绿色两星、LEED 金奖要求。

初步设计与施工图设计阶段：主要运用建筑信息模型的碰撞检测和三维管线综合功能，找出一些设计碰撞和设计纰漏，提出优化意见，在施工图阶段把这些问题解决，避免在施工阶段出现该类问题而影响施工进度。

施工准备及施工阶段：在完成了顺作法改逆作法设计图纸深化与模型修改后，BIM 工作在实际施工前开展，即通过对建筑信息模型完成施工组织设计的优化工作，并对具体复杂部位模型分拆和分析，完成虚拟施工，演示模型应当表示工程实体和现场施工环境、施工机械的运行方式、施工方法和顺序、所需临时及永久设施安装的位置等，提高施工方案审核的准确性，实现施工方案的可视化交底。

运维管理阶段：重点工作是打通 BIM 模型与传统运营平台的数据端口，实现数据交换。采取开发 BIM 运维模块的方式，将运维平台端口和 BIM 运维模块端口打通，实现 BIM 运维。

六、BIM 应用环境

软件应用环境见表 18-2。

表 18-2 软件应用环境

序	软件名称	应用的软件功能
1	SketchUp	方案模型建模
2	AutoCAD	CAD 三维建模，二维图纸合成
3	Autodesk Revit	结构、建筑、机电各专业
4	Autodesk Navisworks	项目整体模型整合、校审、碰撞检查、漫游、施工模拟及动画制作
5	Autodesk Ecotect	项目环境分析
6	Autodesk 3DS Max	项目整体模型整合、渲染、效果图及动画制作
7	Tekla Structures	钢结构建模
8	DP（Digital Project）	幕墙单元板块参数化建模
9	工程项目协同管理平台	项目各参建方协同管理平台
10	Luban	工程算量

硬件应用环境见表 18-3。

表 18-3　硬件应用环境

序	硬件名称	应用的硬件功能
1	台式计算机	项目日常工作
2	图形工作站	项目整体模型整合、渲染及动画制作
3	2K 投影显示系统	建设单位 BIM 中心会议配置
4	触摸控制显示系统	建设单位 BIM 中心会议配置
5	移动端	包括 Ipad、手机等移动设备应用于现场管理
6	Trimble BIM 全站仪	将 BIM 模型中的数据直接转化为现场精确点位，项目幕墙安装应用
7	DJI Inspire 无人机	项目场地、安全危险源、施工进度管控

七、心得体会

目前在国内的建设领域，采用的项目交付方式依旧为传统的，如设计 - 建造（DB）、设计 - 招标 - 建造（DBB）、建设 - 管理（CM）等方式，建设项目参与者由于缺乏长期而稳定的合作关系，信息资源共享困难等原因，使得设计和施工通常处于独立运行的状态。各参建方之间往往只追求自身利益的最大化，而互相规避风险、推卸责任。IPD 模式作为一个全新的理念，已经得到了越来越多的关注。IPD 主要涵盖四个方面思想：集成的思想，集成人、各系统、业务结构和实践经验，促进工程建设整体一体化；合作的思想，组建一个基于信任、协作和信息共享的项目团队，使各参与方风险共担、收益共享；全生命周期的思想，各参与方在各阶段共享知识；精益的思想，最大限度地减少返工和浪费、降低成本以及缩短工期，达到最优的项目目标。

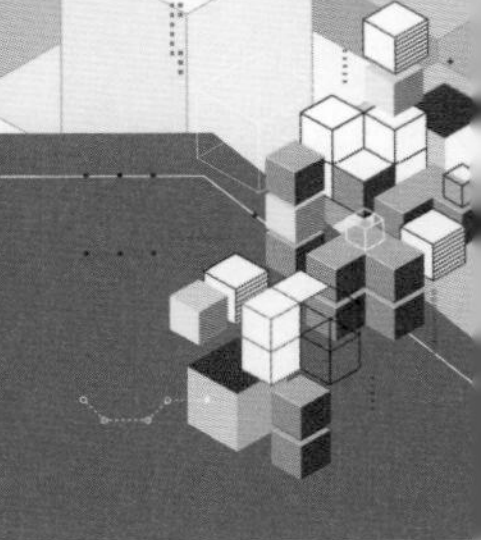

案例十九

世界妈祖文化论坛永久性会址旅游项目施工阶段 BIM 应用

中建海峡建设发展有限公司

一、项目情况介绍

1. 项目概况

世界妈祖文化论坛永久性会址旅游项目位于福建省莆田市湄洲岛中部，北接湄洲国际大酒店，西邻湄洲大道，东临环岛东路，南靠如意路，总用地面积为35084.21m^2，总建筑面积为35100m^2，包含论坛会议中心（中间的单体）、酒店接待中心（左边的单体）和媒体会务中心（右边的单体）。如图19-1所示。

图19-1 世界妈祖文化论坛永久性会址远景效果及位置图

2. 项目开展阶段

世界妈祖文化论坛永久性会址项目，2017年3月8日，项目完成全球概念方案招标，业主要求会议中心2017年9月30日之前必须交付，2017年11月初举办世界妈祖论坛使用。酒店和媒体中心2017年11月份交付使用。

二、BIM 团队介绍

1. 公司简介

中建海峡建设发展有限公司（简称“中建海峡”）具有房屋建筑工程施工总承包一级、市政公用工程施工总承包一级、地基与基础工程专业承包一级、建筑装修装饰工程专业承包一级、建筑幕墙工程专业承包一级、钢结构工程专业承包一级、金属门窗工程专业承包一级资质。公司现有职工约 2000 人，具备专业技术职称和执业资格人员 1450 人，其中，建造师（项目经理）和其他执业资格人员 210 名，高中级职称人员 350 名，初级职称人员 520 名，公司下设十三个分支机构，分布在福州、厦门、广东、江西、天津、西安、江苏、海南等地。

近年来，公司坚持以科学的发展观统揽全局，不断调整经营结构和经营布局，形成了以福建为中心，华南、西北为两翼、长江三角、京、津、唐及环渤海地区为经营战略的经营格局。企业的各项指标逐年提升，建造出了厦门海关业务楼、福州市中级人民法院审判大楼、南昌凯莱大酒店、东莞龙泉大酒店、西安中心血站、宝鸡文理学院、福建师大体育馆、三亚亚龙湾中心广场、福州平安保险大厦、福州市东南区水厂、福州万象商业广场、福州市洋里污水处理厂、青州造纸厂、福建中银大厦、福建省外贸中心、龙岩体育馆等一大批高、大、新、特、难工程。公司先后被评为全国重合同守信用企业、全国质量管理优秀企业、全国建筑业新技术应用先进集体、全国设备管理优秀企业、全国“安康杯”竞赛活动先进单位、全国 QC 活动先进集体、全国模范职工之家、全国建设系统精神文明建设先进单位、福建省先进建筑业企业、福建省文明单位、3A 级信用企业等荣誉称号。

公司坚持“科学管理、文明施工、保质守约、用户满意”的质量方针，严格按照质量、安全、环境三个体系文件的要求，开展各项管理工作，实现了企业的和谐发展。先后创鲁班奖、闽江杯、榕城杯优质工程 400 多项，创国家 QC 成果、省市文明工地、省部级工法 150 多项，做出了骄人的业绩，为做强做大中国建筑打下了坚实基础。

公司扎根福州 30 多年来，连年稳居福建省市场行业第一名，福建省省级房屋建筑工程施工总承包预选承包商名录第一名，福建省建筑业企业综合排名第一名，是福建省总承包 20 强企业，福建省优先扶持的 15 家企业之一。

2. 团队简介

中建海峡建设发展有限公司的 BIM 工作起源于 2012 年年底，2013 ～ 2015 年为摸索期，2015 年底成立 BIM 工程应用中心。妈祖项目为公司下派 BIM 工程应用中心团队驻场服务项目。

表 19-1 为参与本项目的主要成员的名单。

3. 团队业绩情况介绍

建立项目级工作站 1 个，培养技术人员 60 余人，其中核心人员 15 人，形成了初级应用能力。

（1）开展 BIM 研讨会　举办中建海峡 2012 年三期 BIM 技术研讨会。

（2）开展 BIM 技术培训班　2012 年举办的三期 BIM 技术培训会，分别为福州奥体中心 BIM 培训班、安庆体育场 BIM 培训班、周口电视塔 BIM 培训班。

表 19-1 主要成员名单

序号	姓名	性别	年龄	职务 / 职称	项目角色
1	王耀	男	46	项目指挥长 / 高工	项目的总负责人
2	郑兴	男	44	项目经理 / 高工	项目施工负责人
3	刘火生	男	36	BIM 工程总监 / 高工	BIM 工作负责人
4	高磊	男	30	BIM 工程师	机电、土建建模、整合及调整应用
5	杨昆	男	28	BIM 工程师	
6	黄志鹏	男	29	BIM 工程师	幕墙建模及应用
7	雷建雄	男	26	BIM 工程师	机电、土建建模
8	赵天卉	女	26	BIM 工程师	机电、土建建模
9	陈凤海	男	32	幕墙项目经理 / 工程师	幕墙施工负责人
10	尹明磊	男	28	土建技术负责人 / 工程师	总包土建技术负责人
11	刘俊杰	男	42	安装技术负责人 / 高工	安装施工负责人

（3）开展项目试点 BIM 试点如图 19-2 所示。

(a) 福州奥体中心项目BIM试点

(b) 厦门世侨中心项目BIM试点

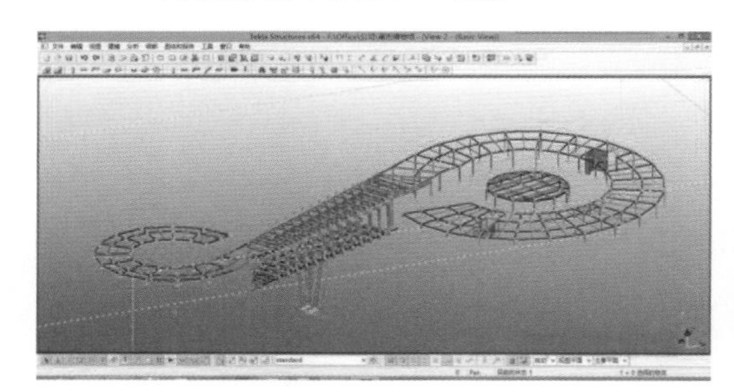

(c) 莆田博物馆项目BIM试点

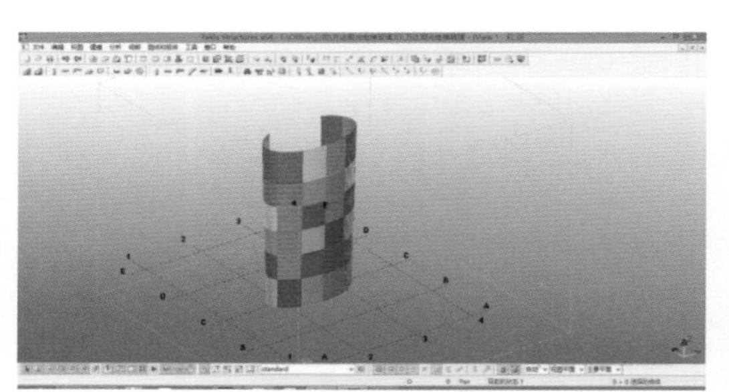

(d) 余姚万达广场项目BIM试点

图 19-2 中建海峡开展的 BIM 试点

（4）外部 BIM 交流 中建海峡 2012 年 4 月在上海参加 BIM 邀请赛。

（5）已经取得的 BIM 荣誉 福州市海峡奥林匹克体育中心项目获得“2013 年度中国建筑业建筑信息模型（BIM）邀请赛优秀项目奖”。论文《基于 Revit 平台创建大体量工程 BIM 实施策略研究》荣获 2012 年“大体量 高难度土木工程技术质量成果研讨会”优秀论文鼓励奖。如图 19-3 所示。

（6）BIM 技术认证和培训 中建海峡先后有 5 人通过 Autodesk 公司设定的全球认证考试，获得了相关证书。有 12 个人通过有关机构培训并考试合格。

图 19-3　荣誉

三、项目情况介绍

1. 项目应用难点

（1）本项目采用 EPC 工程总承包 +BIM+ 装配式的集成创新管理模式，这在海峡公司及福建省内是首例，在整个建筑业也不多见，基本没有成熟的经验可以借鉴。

（2）分包单位较多，七家分包单位，分别包括中建钢构、中建装饰、中建海峡市政、中建海峡装饰、中建海峡机电等，需要高效率的协调配合，完成既定目标。

（3）地理位置特殊，位于莆田市秀屿区南侧，无桥梁道路，交通运输环境苛刻，设备材料运输入岛需要使用大型轮渡码头。

（4）总进度极其紧张，世界妈祖论坛会将于 11 月初在本工程会议中心举行，从桩基到竣工完成工期只有 163 天。

（5）劳动力需求极其紧张且岛内劳动力有限，需要抽调岛外劳动力，并需在岛上提供必要生活设施，劳动力保障成为一大难点。

（6）采用成品隔墙施工，采用内填充墙，减免湿作业施工，加快施工进度。

（7）群塔作业进场安装拆除较为复杂，4 台大塔，2 台小塔。

（8）3~4 月梅雨季节施工地基基础，7、8 月份台风季节施工，岛内外运输受天气影响较为严重。

2. 生产管理体系

本项目由中建海峡建设发展有限公司（以下简称“中建海峡”）、莆田中建建设发展有限公司（以下简称“莆田中建”）、厦门中建东北设计院（以下简称“厦门院”）三家联合体承接，中建海峡（厦门）公司（以下简称“厦门公司”）实施施工。莆田中建建设发展有限公司、厦门中建东北设计院、中建海峡（厦门）公司均为中建海峡建设发展有限公司的下属法人单位。项目部由中建海峡副总经理任总指挥，厦门院院长任副总指挥兼设计负责人，厦门公司执总任副总指挥兼施工项目经理，莆田中建董事长任副总指挥兼外联负责人。

施工项目部设 BIM 工程总监，下辖 BIM 工作部。

项目 BIM 工作组设置在 BIM 工程总监管理职责下，履行总承包管理 BIM 应用实施职能，前期对接设计，中期与其他业务部门沟通协作，后期实施 BIM 运维工作。将各分包 BIM 工作纳入统一管理，履行对各专业分包管理职能。

建筑设计负责人长期驻场。设计驻场工作部、BIM 工作部、合约商务部、现场工作部、采购监造部平行对接、沟通，协同工作，BIM 工作嵌入到项目管理中。以此建立 EPC 工程总承包架构，融合了设计、采购、施工三项职能。按照设计牵头、施工主导、计划为先的原则开展工作。如图 19-4 所示。

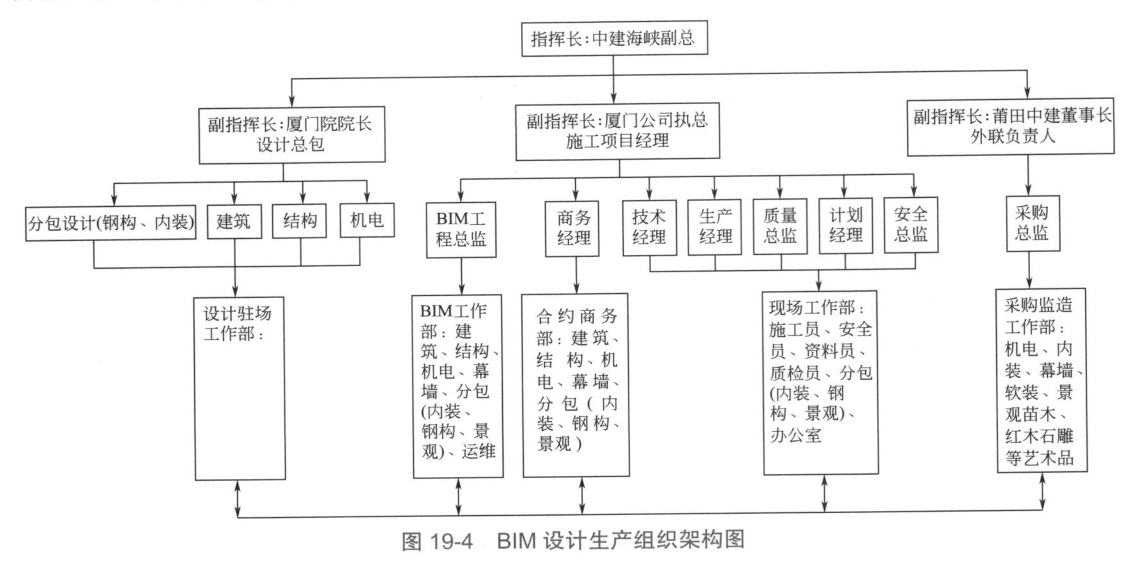

图 19-4 BIM 设计生产组织架构图

3. 项目解决方案及应用流程

根据项目的特点，分为地质桩基、建筑、混凝土结构、钢结构、机电、玻璃幕墙、内装修、室外景观等专业。土方桩基用 Rhino+Grasshopper，建筑和混凝土用 Revit，钢结构用 Tekla，机电专业用 Revit+ 鸿业 Space，玻璃幕墙分成两部分，上部的帷幔用 Rhino+Grasshopper 参数化建模，内装修用 Revit ，钢筋用广联达 GGJ 施工下料软件。在 Navisworks 软件中进行项目整体模型整合，进行三维可视化校审、虚拟建造、进度模拟等工作。借助 BIM 360 云平台，开展项目参建各方的信息共享与协同工作。

4. BIM 应用价值点

（1）土方及桩基　读取地勘报告生成土方模型，用参数化方法建立土方模型，按照桩基施工图建立桩基模型。调整分析后得出桩基工程量。如图 19-5 ～图 19-7 所示。

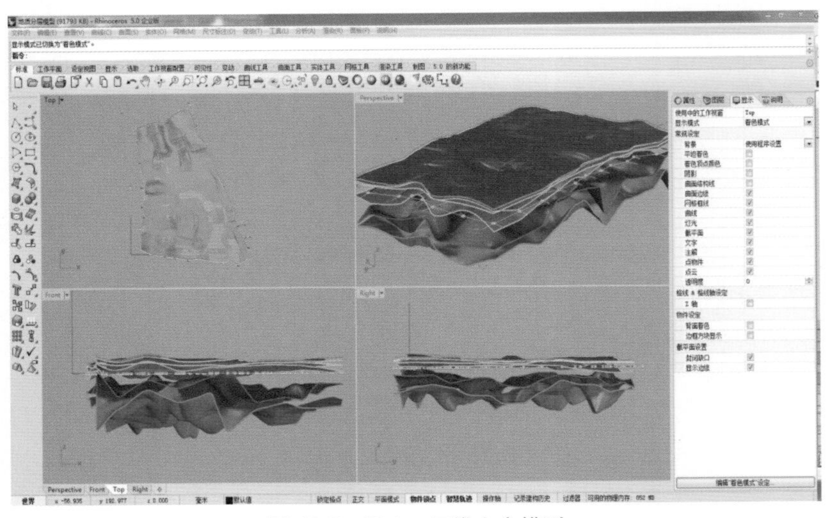

图 19-5 Rhino 三维土方模型

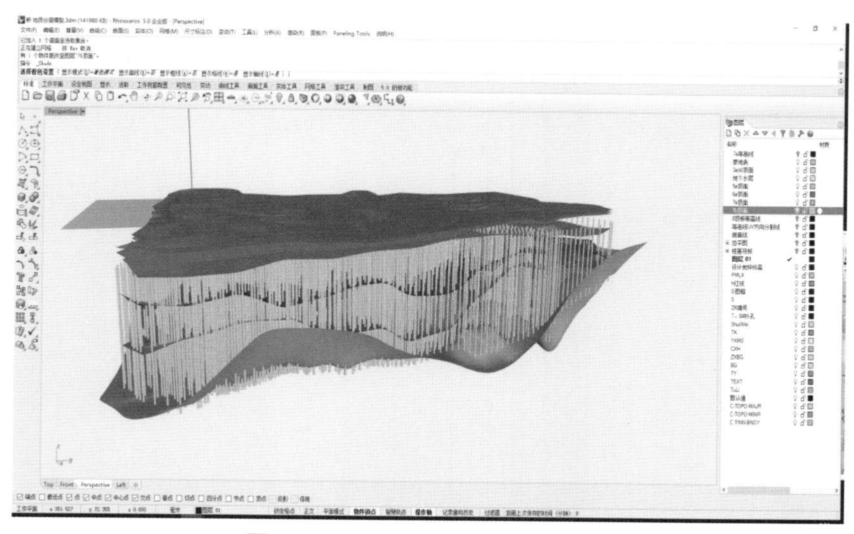

图 19-6　Rhino 三维土方及桩基模型

桩底标高与桩长1213.xlsx

P3桩汇总表　单位m

说明：P3桩底标高按进入碎块状强风化岩(7b)下4*d计算，当遇到中风化岩层(8a)时，则按进入8a下1*d计算。

桩号	桩顶标高	桩底标高(7b下4*d)	桩底标高(8a下1*d)	桩长
C639	-9.70	-50.35		40.65
C64	-10.00		-38.31	28.31
C640	-9.70	-50.61		40.91
C641	-9.70	-50.66		40.96
C642	-9.70	-50.82		41.12
C643	-9.70	-51.25		41.55
C644	-9.70	-51.46		41.76
C645	-9.70	-51.79		42.09
C646	-9.70	-52.00		42.30
C647	-9.70	-52.84		43.14
C648	-9.70	-53.16		43.46
C649	-9.70	-53.78		44.08
C65	-10.00		-38.48	28.48
C650	-9.70		-52.86	43.16
C651	-9.70	-53.79		44.09
C652	-9.70		-53.13	43.43
C653	-9.70	-53.38		43.68
C654	-9.70	-53.37		43.67
C655	-9.70	-52.81		43.11
C656	-9.70	-53.14		43.44
C657	-9.70	-52.45		42.75
C658	-9.70	-52.78		43.08
C659	-9.70	-52.88		43.18
C66	-10.00		-38.36	28.36
C660	-9.70	-53.20		43.50
C661	-9.70	-52.71		43.01
C662	-10.30	-53.11		42.81

P1桩　P2桩　P3桩

P3桩小于设计下限22米的桩号汇总表　单位m

桩号	桩长	与设计22米相差
A1	16.50	5.50
A106	21.24	0.76
A107	21.57	0.43
A108	21.46	0.54
A11	16.10	5.90
A12	16.10	5.90
A13	17.24	4.76
A134	20.62	1.38
A135	21.69	0.31
A14	16.70	5.30
A15	17.09	4.91
A16	16.48	5.52
A17	18.18	3.82
A18	18.50	3.50
A19	19.18	2.82
A2	16.50	5.50
A20	19.82	2.18
A21	19.71	2.29
A22	19.71	2.29
A26	19.03	2.97
A27	19.06	2.94
A278	18.43	3.57
A279	19.07	2.93
A28	20.09	1.91
A280	20.78	1.22
A29	20.19	1.81
A3	16.50	5.50
A30	19.25	2.75
A31	20.53	1.47

桩长

图 19-7　桩基工程量

（2）钢筋施工下料　根据项目施工图纸，按部位、楼层及构件类型分析提取钢筋型号，编制项目钢筋分布统计表。通过项目钢筋分布统计表，分析项目各类钢筋型号分布，分析各型号钢筋在项目结构施工阶段的应用部位和应用构件，便于项目根据实际生产需要进行钢筋采购。此外，还会就项目钢筋分布统计表编制钢筋总体趋势图，以便项目管理人员能够清晰地了解不同的钢筋型号所对应的楼层，方便现场对于钢筋的管理。如图 19-8、图 19-9 所示。

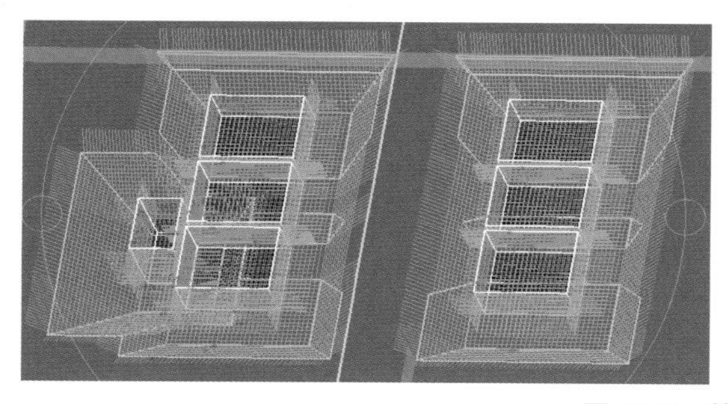

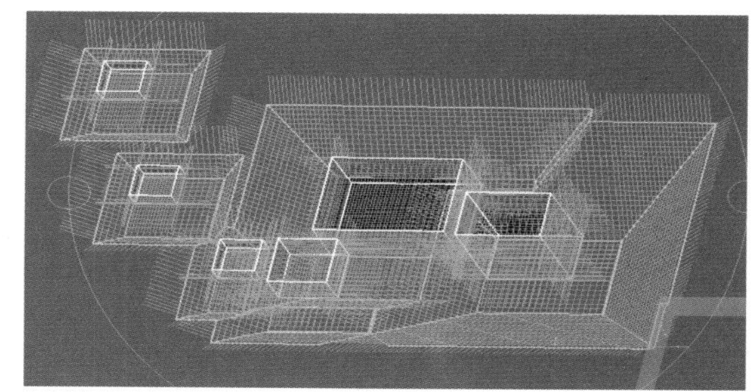

图 19-8　基坑钢筋模型

工程部位：基础层　默认流水段　柱

钢筋编号	规格	钢筋图形	断料长度mm	根数	合计根数	总重kg	备注
构件名称：1#柱-1KZ1					构件数量：2		
构件位置：2-B轴/2-2轴；2-B轴/2-6轴							
单根构件重量：176.29		总重量：352.58					
1	Φ25	380 2660	3040	3	6	70.224	全部纵筋插筋.1
2	Φ25	380 1900	2280	8	16	140.448	全部纵筋插筋.2
3	Φ25	380 1640	2020	8	16	124.432	插筋.1
4	Φ12@100	760 760	3280	3	6	17.476	柱外箍.1
构件名称：1#柱-1KZ1					构件数量：8		
构件位置：2-C轴/2-1轴；2-D轴/2-2轴；2-B轴/2-1轴；2-A轴/2-1轴；2-A轴/2-2轴；2-D轴/2-6轴；2-A轴/2-6轴；2-B轴/2-13轴							
单根构件重量：171.516		总重量：1372.127					
1	Φ25	380 2620	3000	3	24	277.2	全部纵筋插筋.1
2	Φ25	380 1800	2180	8	64	537.152	全部纵筋插筋.2
3	Φ25	380 1600	1980	8	64	487.872	插筋.1
4	Φ12@100	760 760	3280	3	24	69.903	柱外箍.1
构件名称：1#柱-1KZ1a					构件数量：2		
构件位置：2-B轴/2-7轴；2-A轴/2-7轴							
单根构件重量：132.862		总重量：265.724					
1	Φ25	380 1700	2080	8	16	128.128	全部纵筋插筋.1
2	Φ25	380 1570	1950	8	16	120.12	插筋.1
3	Φ12@100	760 760	3280	3	6	17.476	柱外箍.1
构件名称：1#柱-1KZ1a					构件数量：2		
构件位置：2-D轴/2-1轴；2-C轴/2-13轴							
单根构件重量：136.866		总重量：273.732					
1	Φ25	380 1800	2180	8	16	134.288	全部纵筋插筋.1
2	Φ25	380 1600	1980	8	16	121.968	插筋.1
3	Φ12@100	760 760	3280	3	6	17.476	柱外箍.1
构件名称：2#柱-1KZ3					构件数量：2		
构件位置：2-C轴/2-2轴；2-C轴/2-6轴							
单根构件重量：101.952		总重量：203.905					
1	Φ20	300 1640	1940	4	8	38.334	全部纵筋插筋.1

工程部位：基础层　默认流水段　墙

钢筋编号	规格	钢筋图形	断料长度mm	根数	合计根数	总重kg	备注
构件名称：1#墙-JLQ-电梯墙					构件数量：2		
构件位置：2-A轴-2-B轴/2-6-2-7轴；2-B轴/2-6-2-7轴							
单根构件重量：65.623		总重量：131.246					
1	Φ12@150	180 620	800	22	44	31.256	墙身插筋
2	Φ12@150	180 1610	1790	22	44	69.939	墙身插筋
3	Φ12@150	180 3060 180	3420	2	4	12.148	墙身水平钢筋
4	Φ12@150	330 3170 330	3830	2	4	13.604	墙身水平钢筋
5	Φ8@450*450	180	340	16	32	4.298	墙身拉筋
构件名称：2#墙-JLQ-电梯墙					构件数量：1		
构件位置：2-A轴-2-B轴/2-6-2-7轴							
单根构件重量：57.995		总重量：57.995					
1	Φ12@150	180 620	800	19	19	13.498	墙身插筋
2	Φ12@150	180 1610	1790	19	19	30.201	墙身插筋
3	Φ12@150	180 3060 180	3420	4	4	12.148	墙身水平钢筋
4	Φ8@450*450	180	340	16	16	2.149	墙身拉筋
构件名称：3#墙-JLQ-电梯墙					构件数量：1		
构件位置：2-B轴/2-6-2-7轴							
单根构件重量：111.934		总重量：111.934					
1	Φ12@150	180 620	800	38	38	26.995	墙身插筋
2	Φ12@150	180 1610	1790	38	38	60.402	墙身插筋
3	Φ12@150	180 5460 180	5820	2	2	10.336	墙身水平钢筋
4	Φ12@150	330 5520 180	6030	2	2	10.709	墙身水平钢筋
5	Φ8@450*450	180	340	26	26	3.492	墙身拉筋
构件名称：4#墙-JLQ-电梯墙					构件数量：1		
构件位置：2-A轴-2-B轴/2-6-2-7轴							
单根构件重量：0.269		总重量：0.269					
1	Φ8@450*450	180	340	2	2	0.269	墙身拉筋
构件名称：5#墙-JLQ-电梯墙					构件数量：1		
构件位置：2-B轴/2-6-2-7轴							
单根构件重量：112.29		总重量：112.29					
1	Φ12@150	180 620	800	38	38	26.995	墙身插筋

图 19-9　钢筋下料单

（3）机电设备房精细化策划　提前按照鲁班奖的要求对设备机房进行策划，确保“一次成优”。如图 19-10 所示。

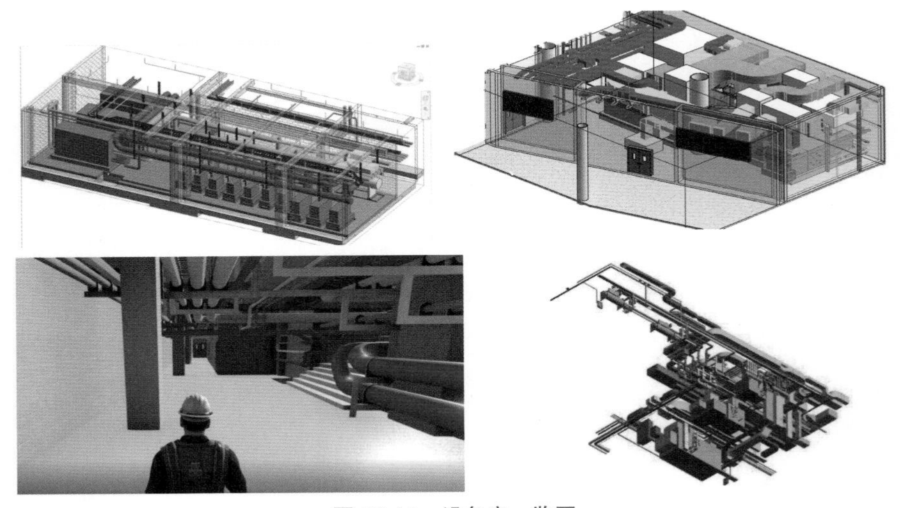

图 19-10　设备房一览图

（4）ALC 隔墙板预留孔洞　本项目内墙采用 ALC 隔墙板，装配式施工，减少现场湿作业。由于 ALC 隔墙板不宜在现场开孔，在 BIM 模型策划分析管道穿越隔墙板的孔洞，提前在工厂加工好。如图 19-11、图 19-12 所示。

（5）地下综合管廊的优化　为保证施工进度及质量控制，在三栋主体建筑物的下方设置了一条宽 5.2m、高 3.2m 的综合管廊，连通酒店地下室的设备房、会议中心上部管线和媒体中心上部管线及其屋面的机房。酒店地下室连接管廊入口处很复杂，经过多次策划分析，选取三种方案，最终选定方案三，出具材料明细表，直管段进行简单的预制施工。如图 19-13 ～图 19-15 所示。

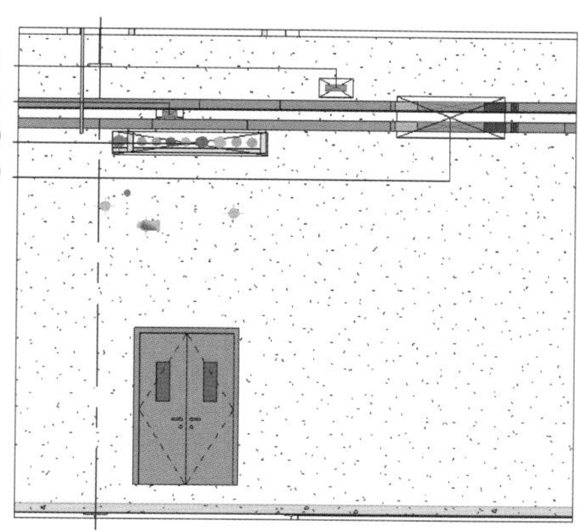

图 19-11 管道穿越隔墙板立面图（一）

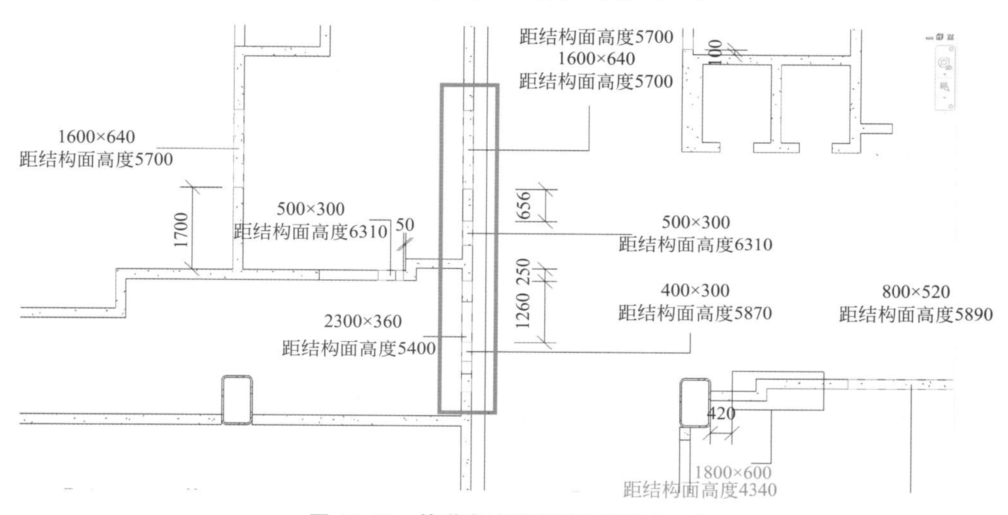

图 19-12 管道穿越隔墙板平面图（二）

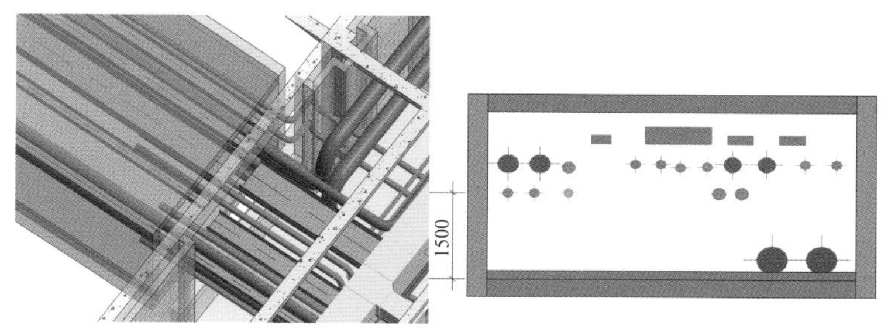

图 19-13 方案一

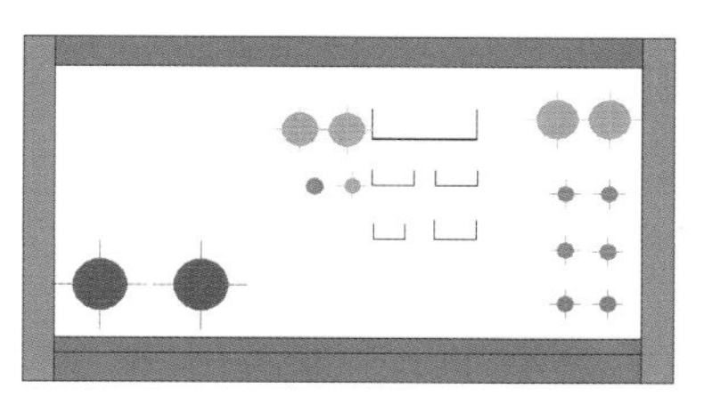

图 19-14 方案二

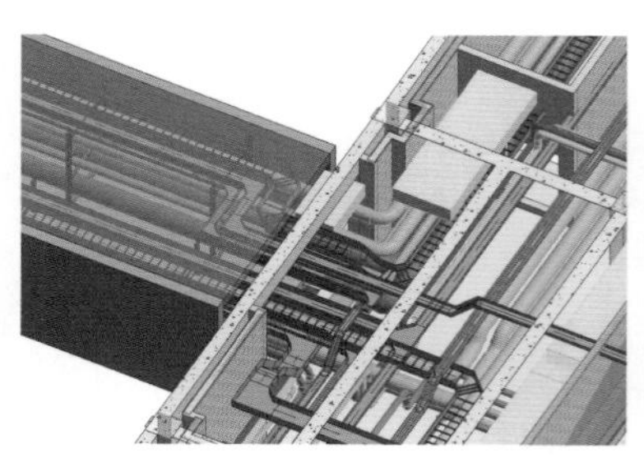
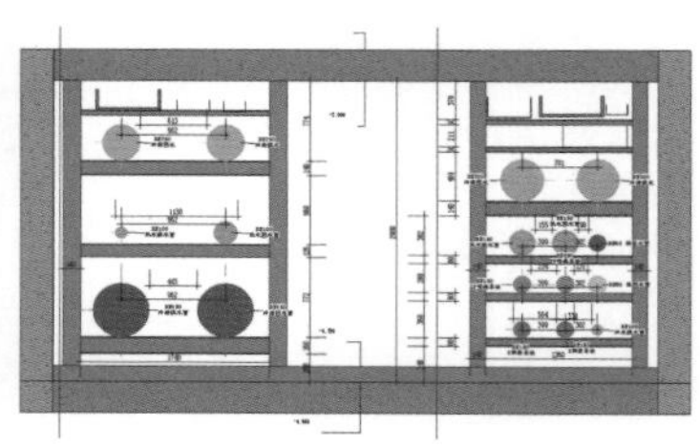

图 19-15 方案三

（6）助力采购工作 用 BIM 技术对异形、狭小空间的设备及其管线进行虚拟建造，确定设备的最大物理允许尺寸，提供给采购组。如图 19-16 所示。

（7）幕墙帷幔的参数化施工深化设计 方案设计幕墙只有一张效果图。屋檐帷幔设计为波浪造型，每跨帷幔由若干根贴合屋檐曲线的圆弧形铝合金管组成。为满足建筑美学要求，每跨波浪的弯曲度、长度、高低点既相似又不同。这给帷幔的深化设计、制作、安装带来了重重困难。如图 19-17 所示。

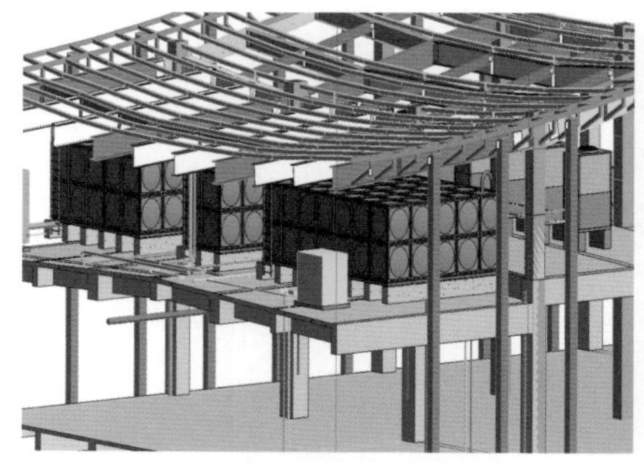

图 19-16 异形屋面的设备基础

图 19-17 幕墙的效果图

同一跨内各根铝管的弯曲半径必将不同，一方面由此增加生产加工、现场安装难度；另一方面，增加生产安装成本、拖延施工工期。

经分析，有三个难点：①帷幔在工厂里的加工周期要 3 个月，不能满足总工期 6 个月的要求；②效果图和 CAD 平面图均不能提取构件下料表；③无法确定安装定位参数。

利用参数化方法建立幕墙帷幔模型，与钢结构模型组合进行碰撞检查，反复调整无误后分别出具料单和定位参数。如图 19-18 所示。

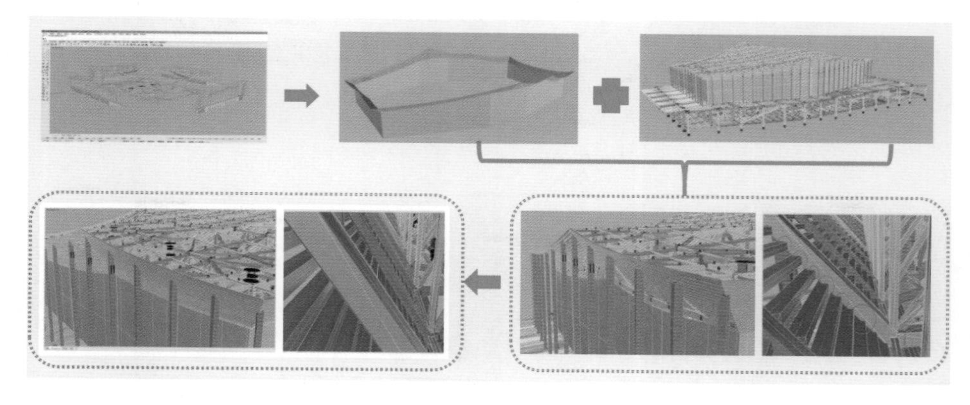

图 19-18 参数化建模及调整

（8）内装模型和机电模型的策划分析　本项目吊顶造型比较复杂，存在大量的“人字形”吊顶，净高要求高。将内装修和机电模型进行虚拟建造，分析调整完毕后分别出具料单后进场施工。如图 19-19 所示。

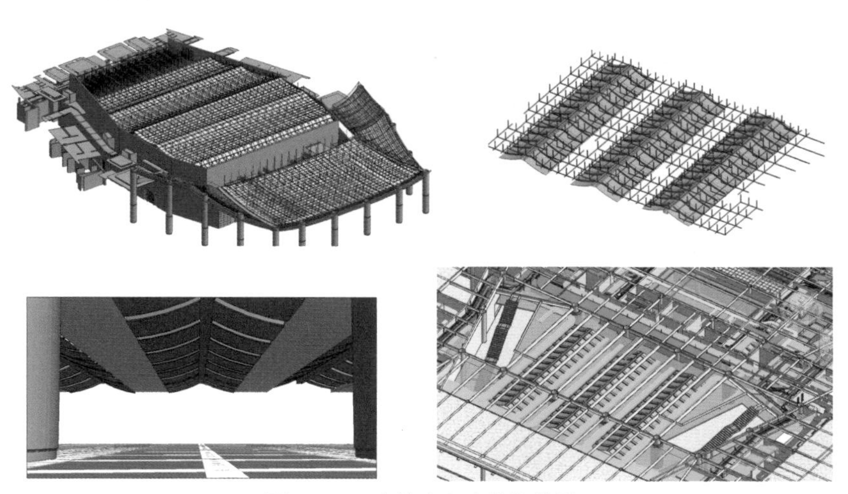

图 19-19　会议中心内装修模型

（9）项目全流程展示　采用场景模拟、渲染、配音及后期处理等专业化制作技术，对工程进行多角度、全方位模拟展示，全面提高项目展示宣传效果、提高项目知名度与影响力。如图 19-20 所示。

图 19-20　模型渲染剖面图

（10）基于 BIM 的运维管理系统　项目在智能化设计中，设计了基于 BIM 的运维管理系统，选用国际通用的 Archibus 运维管理平台，打造出软硬件一体化的物业综合管理平台，重点实施资产管理、设备设施管理和空间管理，利用“云 + 网 + 端”方式，搭建了企业项目协同 BIM 运维平台。如图 19-21 所示。

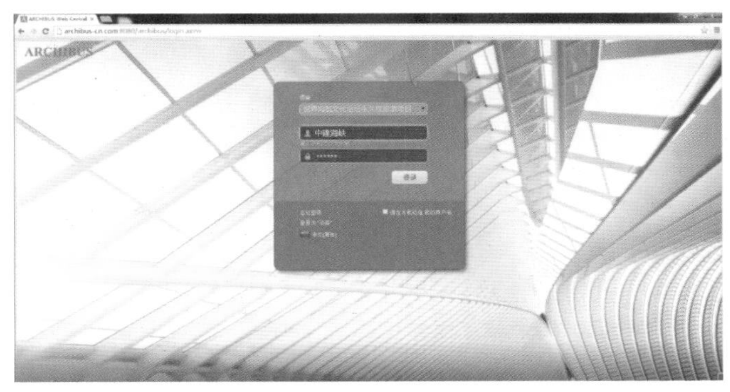

图 19-21　基于 BIM 的运维管理系统

5. BIM 成果展示

（1）幕墙出图（图 19-22 ～图 19-26）。

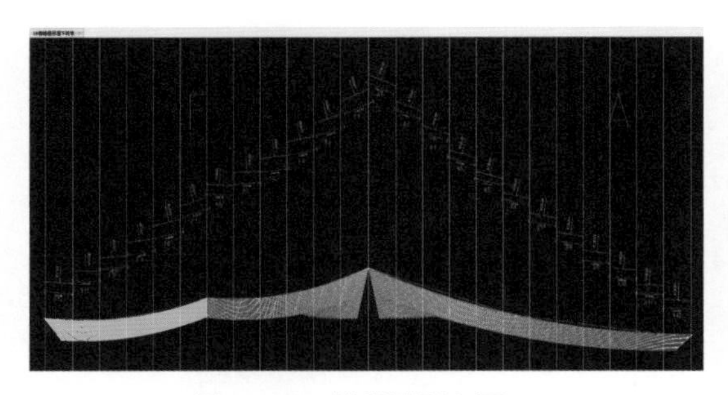

图 19-22　帷幔模型立面

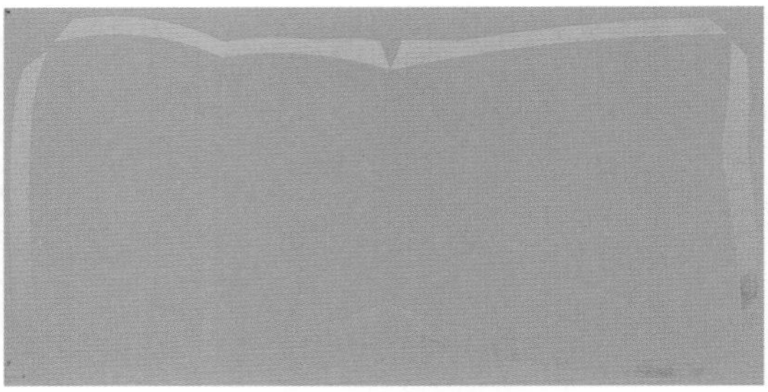

图 19-23　帷幔模型鸟瞰图

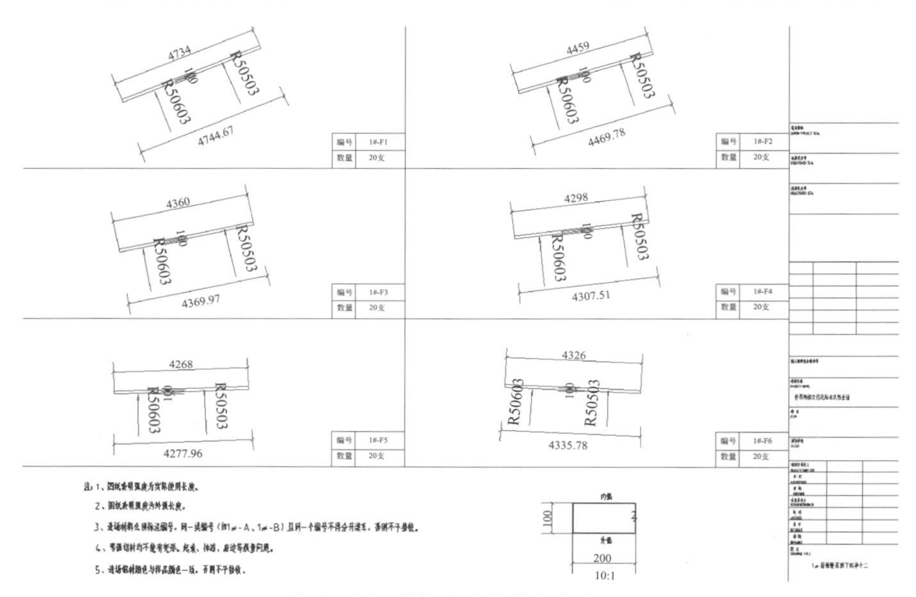

图 19-24　帷幔铝方通的料单（一）

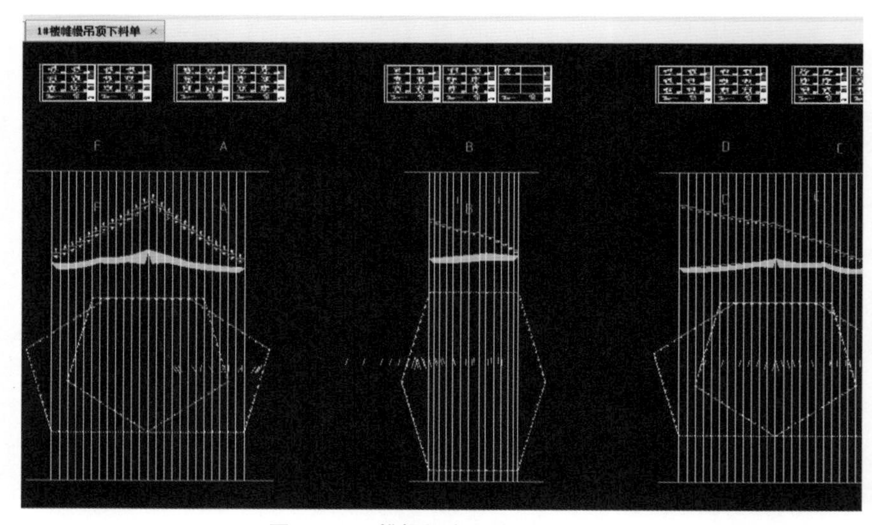

图 19-25　帷幔铝方通的料单（二）

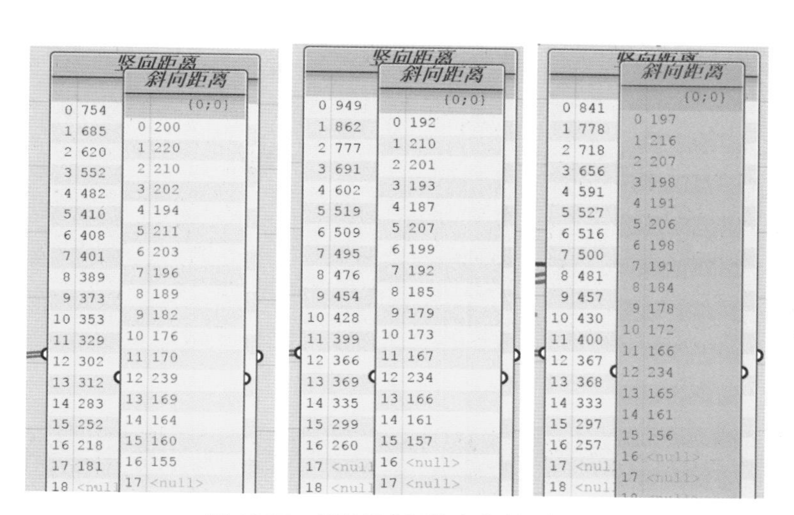

图 19-26　帷幔铝方通的安装定位参数

（2）机电出图（图 19-27 ～图 19-31）。

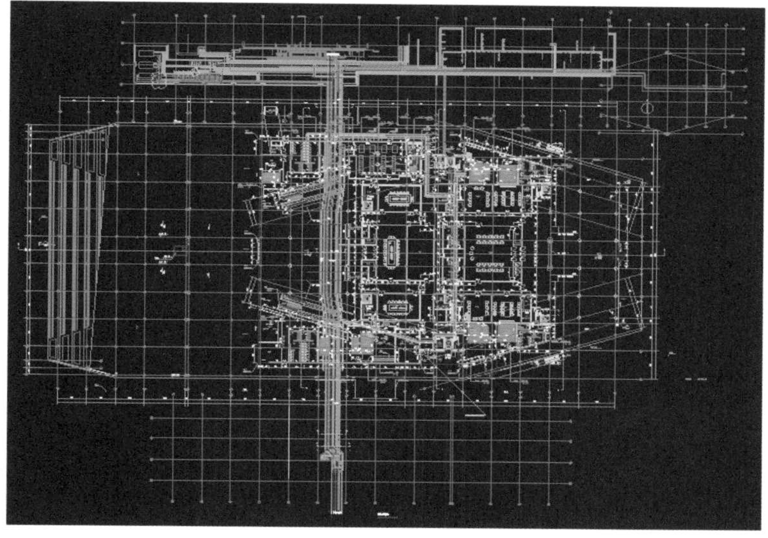

图 19-27　管廊平面图

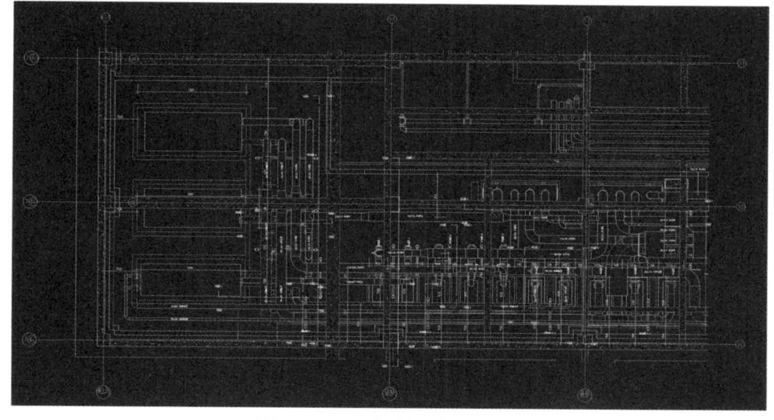

图 19-28　冷冻机房平面图

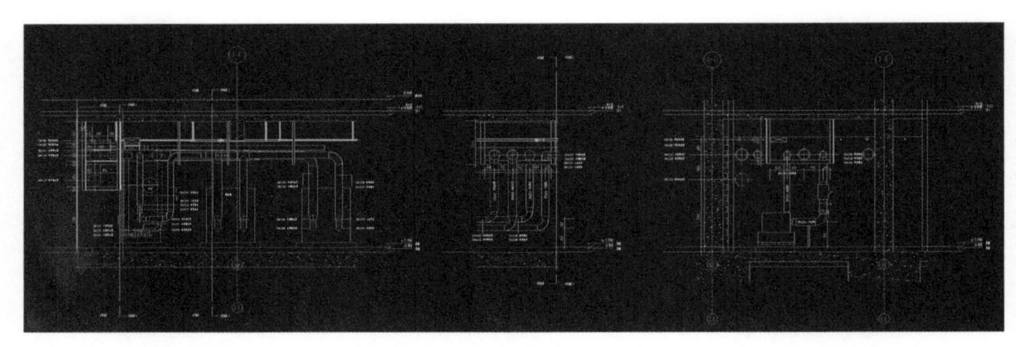

图 19-29 冷冻机房立面图（一）

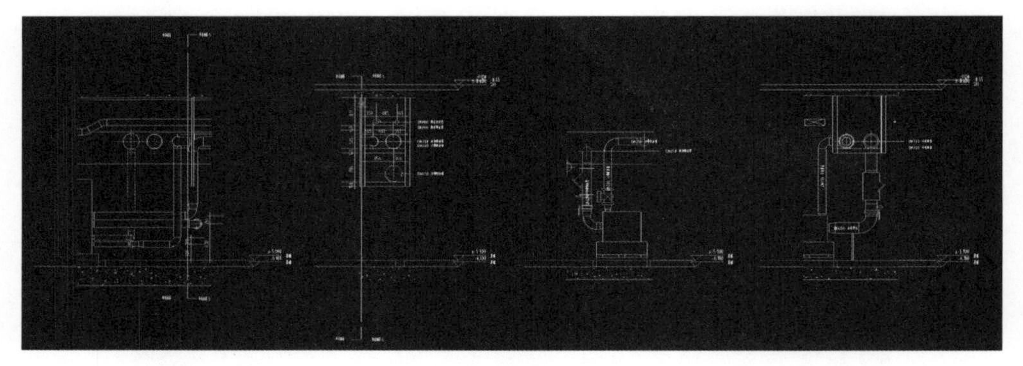

图 19-30 冷冻机房立面图（二）

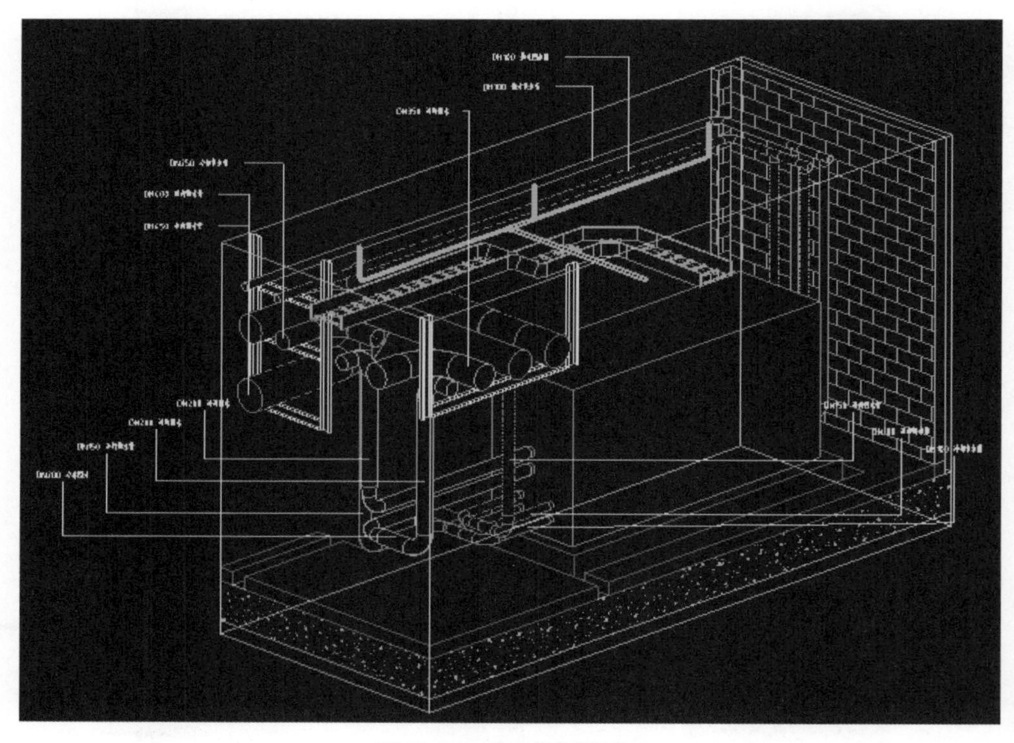

图 19-31 冷冻机房轴测图

四、应用效益分析

1. 经济效益分析

本工程通过 BIM 技术设计及综合应用，提高了设计和施工的质量和效率，取得了如下效益。

（1）幕墙帷幔模型通过参数化设计监理 BIM 模型，优化调整后，将帷幔在工厂里的加工周期从 70 多天缩短到 20 天。为后续工序节省了大量宝贵的时间。通过幕墙模型和钢结构模型的综合优化，保证了幕墙施工零返工、零整改。

（2）通过机电模型和内装修模型的虚拟建造和策划分析，机电施工零返工。与同类项目相比，减少返工整改费用 200 万元。

（3）机电设备房通过模型进行创优策划，一次成优，节省 100 万元。

（4）建立基于 BIM 的运维管理平台，有利于实体项目完工后快速移交给业主，施工方人员快速退场，节省人力资源开支。提高业主后期管理效能。

2. 社会效益分析

本工程是福建省首例 EPC 工程总承包 +BIM 的实施项目，从开工至今接待各级政府及行业组织的来访 100 多次，在莆田地区乃至整个福建影响极大，带动市场效应非常好。

项目建设受到了社会各界的高度认可，莆田市政府用“建造速度最快、设计品质最高、质量标准最高、性价比最高、建设手续最完备、双方指挥部配合最好”的“六最”对项目成果给予充分肯定。

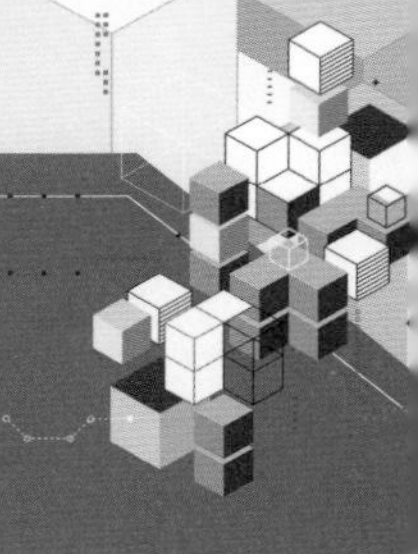

案例二十

四川大剧院项目 BIM 应用

成都晨越建设项目管理股份有限公司

一、项目概况

1. 项目介绍

四川大剧院项目是四川省项目管理总承包项目，BIM 应用示范项目，是四川省十二五文化改革发展时期省级重大民生工程。

四川大剧院采用别具汉风蜀韵的风格，充分展现天府成都深厚的历史人文底蕴。建成后将是天府成都展示文化内涵和提升城市形象品味的标志性建筑，是四川省的艺术殿堂和文化地标。四川省锦城艺术宫迁建——四川大剧院建设项目位于成都市天府广场，人民东路和人民中路交汇处，总建筑面积 59000.41m^2。地上剧场部分为三层，辅助功能区部分为六层，地下建筑四层。建成后内含 1601 座大剧场，450 座小剧场，总人数约 800 人地下电影城，建筑标准为甲等特大型剧场。四川大剧院建设项目是开拓四川文化事业发展新局面，建设先进文化的需要，是提升城市文化品位，建设西部重要文化中心的需要。如图 20-1 所示。

图 20-1　四川大剧院效果图

2. 业主信息

四川省锦城艺术宫是四川省文化厅直属事业单位，是四川省最大的现代演出基地，具有 A 级营业性演出许可证，可开展涉外演出经纪业务的演出经纪机构。

锦城艺术宫始建于 1987 年，是目前四川省内最大的综合性多功能剧场。公司位于成都市中心的“天府广场”，占地 18850m^2。艺术宫各类设施基本能满足国内外各类文艺团体演出、举办展览、开展多门类艺术培训等。能承接交响音乐会、舞蹈、歌剧、话剧、戏曲、会议及讲座等各类文化艺术活动，剧场效果堪称全国一流。自落成投入使用以来，锦城艺术宫已接待过 30 多个国家的演出院团和上千场各类高端演出，先后主办了大量高品位高质量的演出，演出涵盖了几乎所有的艺术形式，繁荣了四川的文艺舞台，被誉为西南的演出中心，成都的艺术殿堂。

3. 项目开展阶段

为了提高项目管理水平，保障项目顺利实施，本项目将 BIM 作为核心技术，更好地服务建筑全生命周期。将 BIM+PM+ 大数据融合，创新出基于 BIM+PM 全生命周期、全专业的一体化协同管控平台，在项目全生命周期里提供全过程全专业的 BIM 管控服务，实现精细化管理，从而保证项目的成本、进度和质量控制，达到缩短工期、节约投资、提高质量的目标。

二、BIM 团队介绍

1. 公司简介

2004 年 8 月，成都晨越建设项目管理股份有限公司（以下简称“晨越建管”）应运而生，自成立之初就开宗明义以建设项目管理为主营业务。2015 年 7 月 20 日，公司顺利挂牌全国股份转让系统，成为第一家挂牌的工程管理公众公司，晋身“中国工程管理第一股”，2016 年 6 月，进入新三板创新层。经过 13 年发展，已累计为业主完成逾千个建设项目的工程管理任务。

公司已发展成为具备 27 项专业资质（15 项甲级资质、12 项乙级资质）的综合性、专业化工程管理公司，即一等工程项目管理资格、招标代理甲级资质、中央投资项目招标代理甲级资质、政府采购（货物、服务）代理甲级资质、政府采购（工程招标）代理甲级资质、房屋建筑工程监理甲级资质、市政工程监理甲级资质、公路工程监理甲级资质、水利水电工程监理甲级资质、化工石油监理甲级资质、水利部水利工程施工监理甲级资质、人民防空工程建设监理甲级资质、工程造价咨询甲级资质（晨越造价）、军工涉密工程管理资质（晨越造价）、铁路工程监理资质、机电安装监理资质、工程咨询资质（建筑、市政工程、生态建设和环境工程、土地整理、公路五个专业）、文物保护工程监理、四川省省级能源审计机构、环保工程专业承包资质等。

公司为“国家高新技术企业”、“成都市企业技术中心”、“四川省 BIM 专业委员会执行造价咨询行业重质量守信用 AAA 级十佳示范单位”、“四川省建设工程项目管理协会副会长单位”、“四川省房地产协会副会长单位”，并连续多年荣获“中国建筑业优秀监理品牌企业”、“全国先进工程监理企业”、“全国政府放心用户满意十佳优秀招标代理机构”、“成都市政府投资项目评审工作优秀咨询机构”等荣誉称号。

2. 团队简介

公司于 2009 年引进 BIM 技术，并于同年成立 BIM 技术研究中心（简称 CYBIM）。CYBIM 专注于以 BIM 技术应用为核心，为建筑设计及工程咨询领域提供专业的 BIM 咨询服务。服务的内容包括 BIM 咨询服务、BIM 培训服务、BIM 软件产品三大类。

晨越 CYBIM 多年来专注于 BIM 技术的应用与研究，为建设工程项目提供专业的全过程 BIM 咨询服务，负责起草及编写四川省建设工程项目管理 BIM 实施应用章程及导则；受建设厅委托承办每年“西部 BIM 高峰论坛”，全面负责“西部 BIM 门户”网站的建设。如图 20-2 所示。

表 20-1 为参与本项目的主要成员的名单。

晨越BIM | 承办BIM高峰论坛

晨越始终走在行业前端，引领和推动四川省以及中国西部BIM的发展，与四川省住房和城乡建设厅举办三届BIM高峰论坛，获得西部兄弟省市、四川省建设系统以及业内各界企业高度赞誉，国内外媒体高度关注。

2014年12月18日第一届BIM高峰论坛

2015年12月18日第二届BIM高峰论坛

2016年12月27日第三届BIM高峰论坛

图 20-2

表 20-1　项目主要人员名单

姓名	职务	工作年限	主要经历	备注
潘志广	项目经理 / 设计阶段负责人	10	类似项目（武汉秀场等）	
林亚星	BIM 土建专业负责人	5	涡轮院项目	
李阳	BIM 土建建模工程师	5	类似项目（武汉秀场）	
罗智	机电专业负责人	7	类似项目（武汉秀场）	
郑天良	BIM 机电建模工程师	5	涡轮院项目	

3. 团队业绩情况介绍

晨越 CYBIM 是中国西部第一家专业从事 BIM 咨询服务、BIM 培训、BIM 软件销售的公司，在国内率先创新出基于 BIM+PM 及 BIM+ 造价的全生命周期、全专业智能建管平台，探索 BIM+ 装配式建筑的新型建筑产业化管理模式。同时也是美国 Autodesk ATC、工业和信息化部、人力资源和社会保障部、中国建设教育协会、中国图学学会五大培训考试中心，已培养 BIM 工程师超过 3000 人。

晨越 CYBIM 是四川省 BIM 专业委员会执行主任单位、四川省住房和城乡建设厅科技创新应用示范单位。

如图 20-3 ～图 20-5 所示为晨越 CYBIM 业绩展示。

图 20-3　晨越 CYBIM 业绩（一）

图 20-4　晨越 CYBIM 业绩（二）

图 20-5　晨越 CYBIM 业绩（三）

三、项目情况介绍

1. 项目应用难点

大剧院项目结构复杂，总包管理难度大；工程专业分包多，包括土建、幕墙、钢结构、机电安装、弱电智能化、舞台机械设备、舞台声光电、外围景观及附属工程等，各专业工序交替施工，协调难度大。如何有效推动总承包管理朝向更精细化、信息化的施工主流模式，是一项重大难题。

2. 生产管理体系

如图 20-6 所示为 BIM 设计生产组织架构图。

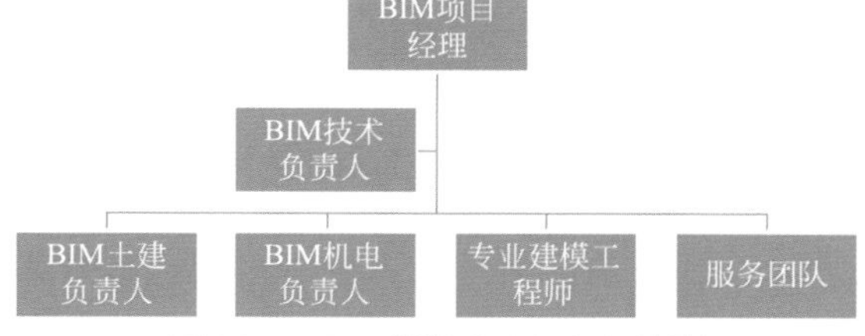

图 20-6　BIM 设计生产组织架构图

3. 项目应用大纲及应用流程

如图 20-7、图 20-8 所示。

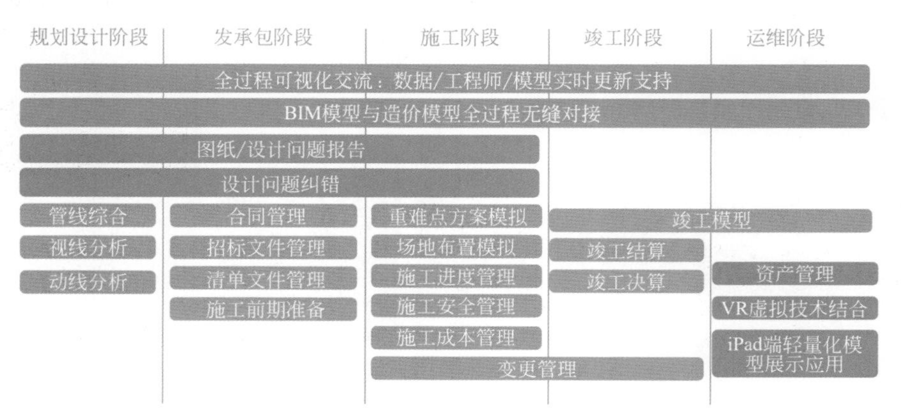

图 20-7 BIM 应用大纲

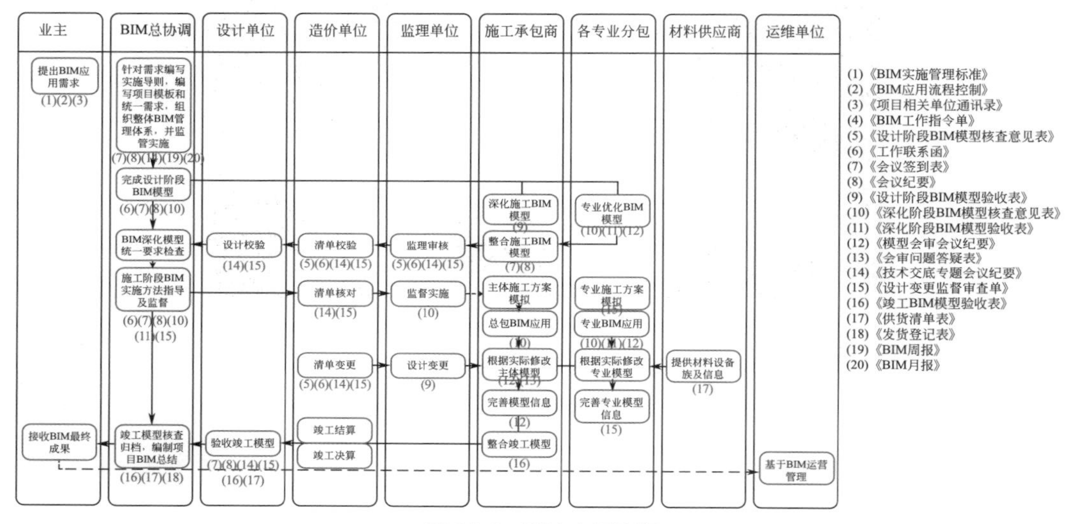

图 20-8 BIM 应用流程

4. BIM 运用价值点

（1）CYBIM 标准 在项目组努力下，历时半年，形成了一套四川大剧院的 BIM 全过程 BIM 应用实施标准、服务体系和管理流程：《四川大剧院 BIM 实施管理标准》《四川大剧院 BIM 实施细则》《四川大剧院 BIM 模型技术标准》《四川大剧院团队管理岗位职责》《四川大剧院参与方 BIM 应用指引》《四川大剧院 BIM 培训实施细则》《四川大剧院 BIM 交付标准》《四川大剧院 BIM 管理流程表单》《四川大剧院 BIM 文档资料管理细则》…… 在国家和四川省的某些 BIM 标准还未形成之前，晨越标准为这些标准的编制起到了推进和借鉴作用。

（2）管理创新 BIM+PM 团队利用 BIM 模型，形象直观地向全体管理人员和参建单位进行管理交底，指导各个参与方熟悉图纸，并充分理解设计意图，各方意见便于迅速统一，提高了管理效率。所有例会（工地例会、进度例会、方案例会）使用 BIM 进行可视化交流，提高专业间的沟通协调及决策效率。如图 20-9 所示。

（3）搭建新的沟通平台　依托互联网，利用 BIM 和云技术，搭建一个开放的中央数据库平台，将所有参加单位和管理的各个环节全部整合在平台上，实现全程协同工作和全生命期的管理。晨越利用自主研发的中央数据库，将全过程全专业的所有信息和数据保存到中央数据库，对所有参与方进行三级授权，对数据和信息进行整合和分析，形成大数据，在每个阶段为所有参与方提供科学真实的数据分析支持。让各个专业各个参与方应用同一个平台进行管理，降低了管理难度，提高了管理效率。如图 20-10 所示。

图 20-9　BIM 可视化项目例会

图 20-10　沟通平台界面图

（4）BIM+ 造价的应用　针对 BIM+ 造价的结合进行了探索，与国内知名造价软件公司展开了利用 BIM 模型进行算量的合作。大大减少了造价员的工作量并提高了算量精度，做到了模型的最大化利用。并且，尝试在 CIMS 系统中开发针对算量软件的接口，直接把数据读取到 CIMS 系统中进行工程物料的管理，通过信息系统对现场施工成本进行动态的管理，具体如下。

① 对已完成施工项的实时工程量统计（资金使用情况）。

② 即将施工的施工段工程量（资金使用计划）。

③ 根据资金使用计划及施工安排进行物资管理。

如图 20-11 所示。

11	构造柱	构造柱模板面	Sm+SCZ	41.1 m^2
12	构造柱	构造柱体积	Vm+VZ	5.21 m^3

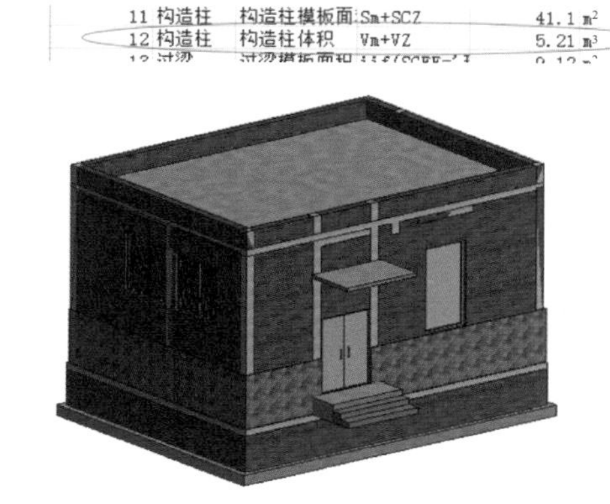

斯维尔内部人员算量(斯维尔和Revit对比量)

1	板	49.79	50.02	-0.230000000000004
2	板	7.14	7.11	0.029999999999999
3	窗	13.6		
4	窗	11.2	24.80	0.000000000000000
5	窗	1		
6	窗	4		
7	窗	1		
8	窗	3		
9	窗	1		
10	构造柱	32.48	32.59	-0.110000000000007
11	构造柱	3.92	3.88	0.040000000000000
12	过梁	8.98	8.88	0.100000000000000
13	过梁	0.58	0.58	0.000000000000000
14	梁	6.42	7.10	-0.680000000000000
15	梁	0.83	0.86	-0.030000000000000
16	门	5.04	5.04	0.000000000000000
17	门	1		
18	门	1		
19	墙	35.04	34.71	0.329999999999998
20	圈梁	8.6	8.74	-0.140000000000001
21	圈梁	1.76	1.77	-0.010000000000000

测试报告

图 20-11　BIM 算量界面图

（5）管综优化　项目团队优化百余处多系统交界处复杂节点，梳理管线近千余根。利用最新可视化编程软件技术，对所有梁进行净高分析和动态着色显示，便于管综工程师进行调整。管综总计优化面积 36000 余平方米，涉及构件 15000 余个，包括强弱电、给排水、暖通三大专业，包含强电、弱电、消防喷淋给水、水幕消防系统、消火栓管网、水炮消防系统、生活给水、污排水、雨排水、废排水、热给水、中水循环利用等近 20 个子系统。优化位置、标高及走向，提升净空，节约材料消耗。通过 BIM 模型，整体、统一考虑和协调各个专业管线的空间位置，进行综合排布，提出优化解决方案。通过三维管线综合调整将大量不可预见的错误解决在施工之前的阶段，减少返工、保障建设质量，预先提供各子项中走廊等各区域能控制的吊顶高度，为二次装修提供参考依据。如图 20-12 所示。

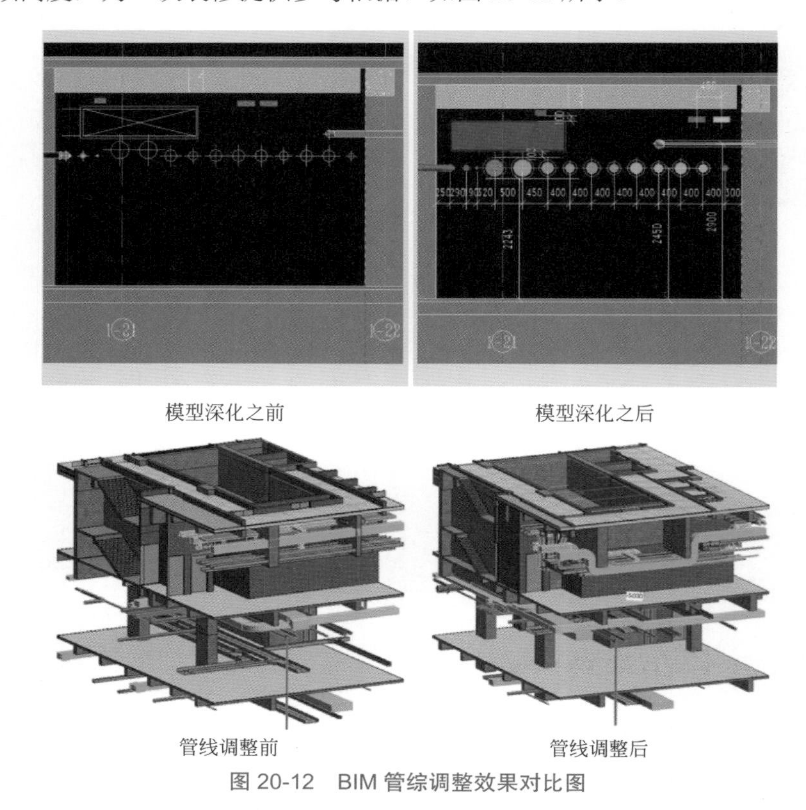

图 20-12　BIM 管综调整效果对比图

（6）协助观众视线分析　观演类建筑尤为关键的一点是观众座位的视线分析，借助 BIM 软件参数化的特性，将观众厅座位给予一定排布逻辑，同时通过编写计算规则，计算设计方案中每一个座位观众的水平视角、最大俯角，通过逻辑判断，找出不符合剧院设计规范的位置，为设计优化提供依据。通过参数的变换，及时进行布置的调整，求解到最佳座位布置方案。如图 20-13 所示。

（7）人流、车流排查　对于传统的图纸纠错，采用了最新软件进行检测，模拟建筑设计的人流和车流动线进行全面排查，取得了良好的效果。如图 20-14 所示。

（8）设计优化　再优秀的设计院的设计图纸也难免出现“错、漏、碰、缺”等传统错误。通过 BIM 找出各专业问题，累计 478 个（建筑、结构、安装）问题报告，优化报告 200 余页。

（9）施工阶段的 BIM 运用　通过 4D 施工进度模拟，及时发现现场的施工进度和计划进度的偏差，从而及时调整施工方案。通过周报、月报的形式向业主汇报施工及BIM进度情况。见表 20-2。

图 20-13　BIM 视线分析示意图

图 20-14　车流动线错误排查视频截图

表 20-2　两种方式效果对比表

项目	传统方式	BIM 方式
进度依据	经验＋进度要求	依据工程量的工作进度安排
物资分配	粗略	精确
控制方式	通过关键节点控制	精确控制每项工作
现场情况	做了才知道	事前已规划好，仿真模拟现场情况
工作交叉	以自己专业为准	各专业按协调好的图纸和模型施工

（10）BIM 对安全管理的协助　通过 BIM 模型对现场的技术及劳务人员进行安全交底，发现现场的重大危险源，并实现水平洞口危险源自动识别，对危险源识别后通过辅助工具自动进行临边防护，对现场的安全管理工作给予了很大的帮助。通过 BIM 模型配合监理单位对现场进行安全检查。

（11）BIM 对项目变更管理的协助　当变更发生时，运用 BIM 进行统计变更前和变更后以及不同的变更方案产生的相关工程量的变化（成本），为设计变更的审核提供数据参考；当出现变更时，通过 BIM 直观反映可能存在对其他专业带来的影响；当出现变更时，通过 BIM 评估变更对施工计划和工期带来的影响。

（12）BIM 助力材料选型　大剧院有复杂的功能和组织结构，规划有屋顶空间。然而屋顶空间正面朝南，是整个剧院阳光得热最多的一部分，在玻璃屋顶的选材上有需要商榷的地方。运用能耗分析软件进行建筑能耗分析，运用可视化软件进行材质选型。如图 20-15 所示。

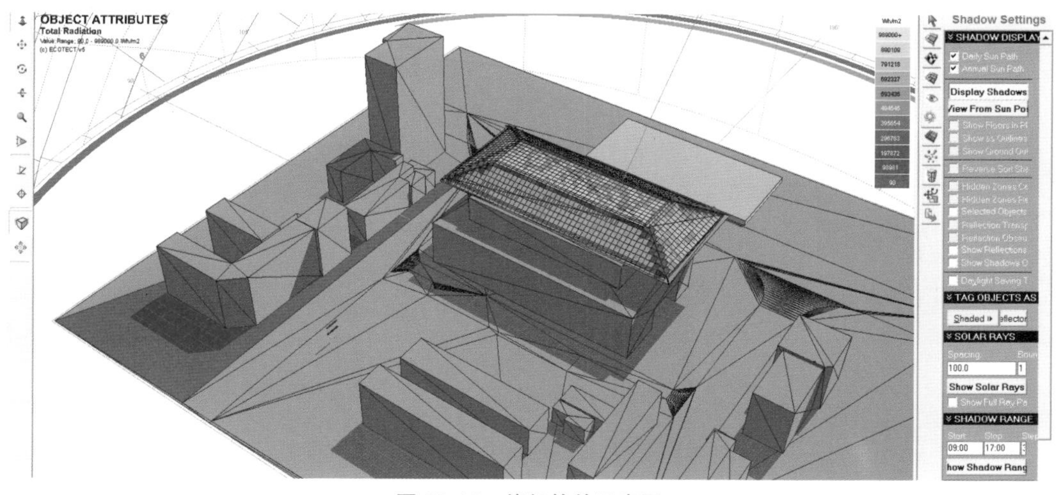

图 20-15　能耗软件示意图

（13）BIM 在工业化预制中的应用　工业化预制，通过模型预先模拟组装，调试出最为合理的构件尺寸，对构件进行工业化生产，使其达到设计效果。幕墙石材镂空设计是本项目设计的一大亮点，为了有效地实现设计意图，通过 BIM，指导石材精细加工和安装，使其达到设计效果。如图 20-16 所示。

图 20-16　镂空设计示意图

（14）塔吊方案模拟　大剧院建筑面积 59000m^2，总用地面积仅 11000 余平方米，且地处市中心，毗邻天府广场，几乎没有可借用的周边面积。针对大剧院场地周围复杂的场地环境条件，利用 BIM 进行塔吊方案模拟，确保文明施工、安全施工。进行了场地布置和物料模拟，结合 CIMS 系统进行物流系统管控。如图 20-17 所示。

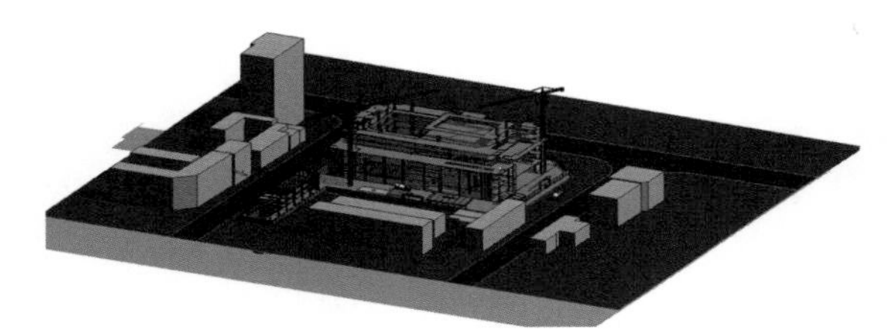

图 20-17　塔吊方案模拟示意图

（15）施工放样的应用　利用模型进行现场放样，提高施工精确度，减少操作空间和所需施工员数量，减小现场布置难度。如图 20-18 所示。

▲ 当使用者走入工作现场中的特定放样点，BIM 360 Layout 可提供第一人称，即建筑模型的沉浸式检视。

图 20-18　施工放样模拟示意图

5. BIM 成果展示

（1）项目整体剖面图（图 20-19）。

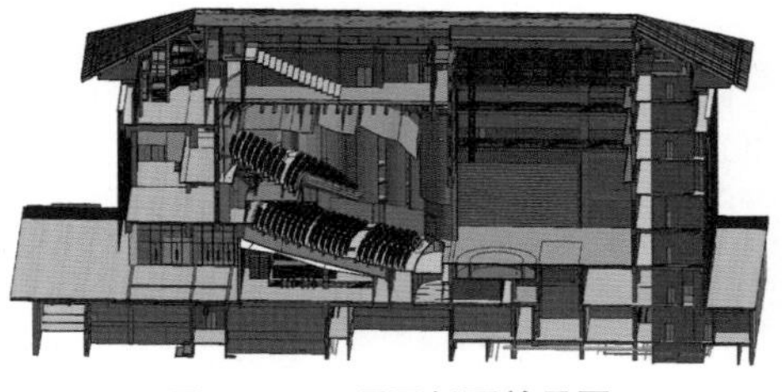

图 20-19　项目剖面效果图

（2）后期运维交付图（图 20-20、图 20-21）。

图 20-20　运维效果图（一）

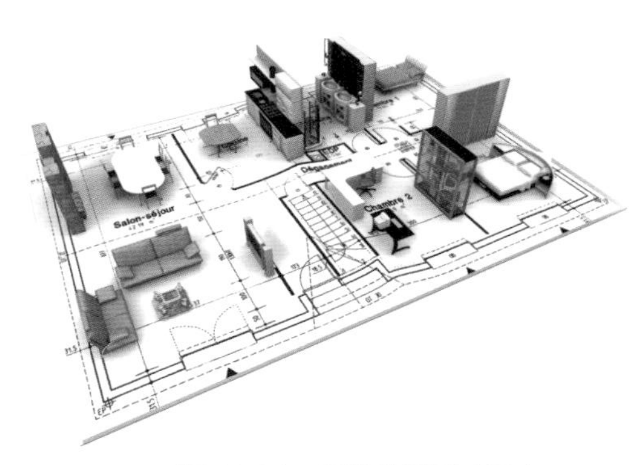

图 20-21　运维效果图（二）

（3）三维图（图 20-22）。

图 20-22　三维图

四、应用效益分析

1. 经济效益分析

通过使用 BIM，预计将为四川大剧院带来以下效益。

① 利用可视化技术，降低沟通成本 90%。

② 通过前期图纸纠错和管线深化，减少施工中变更一半以上。

③ 通过现场物料布置和管控，减少 20% 的物料损失。

④ 通过基于 BIM 信息技术的现场管控，缩短工期 15%。

如图 20-23 所示。

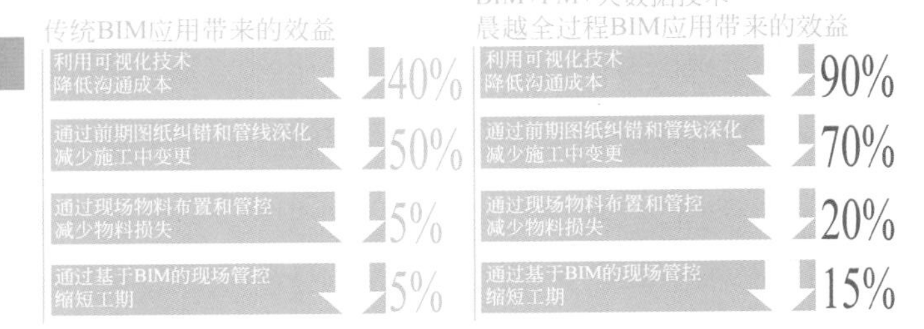

图 20-23　模式对比图

2. 社会效益分析

本项目 BIM 研究已经获得了 2016 年科技立项，已正式获得了四川省科技厅认可，四川省科技厅会专门拨发项目资金扶持项目的研究。通过对四川大剧院的 BIM 应用，创新出基于 BIM+PM 全生命周期、全专业的一体化管控服务体系，同时积累大量的数据信息，形成大数据平台，对全国类似公共文化设施建设（大剧院、图书馆、博物馆、美术馆等）起到示范作用和借鉴作用。

五、评价

BIM 应用总体评价如下。

晨越将 BIM 技术、工程项目管理经验和信息数字技术融合，在国内率先创新出基于 BIM+PM 全生命周期、全专业的一体化协同管控平台，从规划、勘察、设计、采购、施工、竣工到运维的全生命周期里提供可视化全息协同、高效科学性能分析、全专业项目管理、全生命周期管控等服务，为项目实现精细化管理，提高效率，缩短工期，节约投资，围绕 BIM 进行信息数字化的生产协作，完成建筑全产业链的高度整合。

六、BIM 应用环境

1. 软件应用环境

见表 20-3。

表 20-3 软件应用环境

序号	软件名称	应用的软件功能
1	AutoCAD	CAD 三维建模，二维图纸合成
2	AutoCAD Civil 3D	各专业开挖设计
3	Autodesk Inventor	各专业建筑物结构建模及出图
4	Autodesk Revit	结构、建筑各专业
5	Autodesk Navisworks	项目整体模型整合、校审、碰撞检查、漫游、施工模拟及动画制作
6	Autodesk InfraWorks	项目整体模型整合、渲染、施工总布置、效果图及动画制作
7	Autodesk Vault	项目多专业协同设计、项目文件管理、人员权限管理
8	BIM 360 Glue	云端共享协同工作、模型轻量化、碰撞检查、漫游、文件共享
9	Autodesk 3DS Max	项目整体模型整合、渲染、效果图及动画制作

2. 硬件应用环境

硬件基本要求：现场配置至少一台具有 16G 内存、4.00Hz 主频处理器、2G 显存专业图形显卡以上配置的台式电脑，和至少一台具有 8G 内存、2.6Hz 主频处理器、1G 显存专业图形显卡以上配置的移动工作站，和至少两台 iPad air 以上配置的移动端设备。

为更好地进行 BIM 设计工作，单位还架设了云平台，利用高性能硬件资源，为 BIM 设计创造优越的硬件应用环境。

七、心得体会

BIM 是技术、是工具、是方法、是系统，更是未来从业人员必须掌握的一种技能，只有学以致用，方能知行合一。专注于 BIM 技术的研究与创新，深入研究 BIM 技术与 IT 技术、互联网、大数据的结合，在 BIM+ 项目管理、BIM+ 造价、BIM+ 互联网、BIM+ 数字工地、BIM+ 大数据、BIM+GIS 数字城市等领域需专业的研究及应用，配合自主研发的“基于 BIM+PM 的一体化协同管理平台”，为项目实现全过程信息化、精细化管理，以 BIM+ 为核心，结合项目管理进行全过程的信息化生产协作，完成建筑全产业链的整合。

案例二十一

中美信托金融大厦设计阶段BIM应用

CCDI · 悉云

一、项目概况

1. 业主信息

上海中星（集团）有限公司（以下简称“中星集团”）是一家具有一级房地产开发资质的综合性国有企业。公司成立于1982年，其前身是上海市居住区开发中心，1998年年底正式改制为上海中星（集团）有限公司。目前是上海地产（集团）有限公司的全资子公司。

三十多年来，中星集团始终坚持以“改善居住环境”为目标，以“改变城市面貌”为己任，先后打造了仙霞、田林、中原、彭浦等40多个大型居住区、74块基地，开发建设了近150个项目，开发面积超过3400万平方米，相当于一个中等规模的城市。

中星集团用自己的实际行动赢得了市场的认可和社会的赞誉，截至2016年，中星集团已连续30年获得上海市重大工程实事立功竞赛优秀公司，2010～2012年又成为沪上住宅赛区第一家获得“金杯公司”三连冠称号的国有大型房地产企业。

2. 项目介绍

项目名称：中美信托金融大厦项目。

项目地点：上海市虹口区吴淞路31号街坊。

工程等级：甲类大型办公建筑，由地下四层地下室，地上五层商业裙房，东西两栋办公塔楼等组成。

总建筑面积：122611.68m^2（其中地上建筑面积86498.23m^2，地下建筑面积35497.16m^2）。

建筑高度：东塔楼建筑高度62.5m，地上15层；西塔楼建筑高度96.3m，地上23层；裙楼高约22.5m，地上5层；地下室4层，开挖深度为19.55m。

如图21-1所示为项目效果图。

图21-1　中美信托金融大厦项目效果图

3. 项目开展阶段与 BIM 开始时间

BIM 咨询服务时间从施工图设计阶段开始，历经施工阶段，以项目竣工为截止时间。

二、BIM 团队介绍

1. 公司介绍

上海悉云信息科技有限公司（以下简称“悉云科技”）是由 CCDI 投资成立的基于 BIM 的管理咨询服务公司，致力于为工程行业提供基于 BIM 的最佳解决方案。作为工程行业 BIM 实践先行者，悉云科技通过大量 BIM 工程实践，提炼行业最佳 BIM 实践经验，总结工程 BIM 实施的最佳模式，凝练行业 BIM 方法论，推动工程行业 BIM 落地。悉云科技参与编制了多项国家及行业 BIM 标准，为行业 BIM 发展提供了从理论到实践的方法路径。目前业务板块包括：企业级 BIM 战略规划，项目级 BIM 策划及实施，BIM 协同管理平台开发、集成与实施等。

2. 主要业绩情况（表 21-1）

表 21-1 主要业绩情况

项目名称	项目面积	项目名称	项目面积
南京证大喜玛拉雅中心	58.34 万平方米	合肥恒大中心	18.76 万平方米
深圳平安金融中心	48.8 万平方米	合肥恒大中央广场	17.69 万平方米
武汉绿地中心	71.2 万平方米	济南恒大国际金融中心	44.8 万平方米
北京中国尊	43.7 万平方米	上海中美信托金融大厦	12.26 万平方米
上海徐汇滨江西岸传媒港	71.2 万平方米	上海世茂滨江文教商业区	6.69 万平方米

三、项目 BIM 情况介绍

1. BIM 应用点

（1）全专业建模　依据华东院建筑、结构、暖通、电气、给排水各专业施工设计图建立和修改维护 BIM 模型，消防支管 *DN*50 以下支末管线不建模，其余机电管线在模型中体现。组织施工单位根据施工深化图纸对上述模型进行深化，根据设计院提供的设计变更及业主认可的现场签证变更对施工模型进行相应的变更维护，直至完成最终的施工模型。如图 21-2 所示。

图 21-2 中美信托金融大厦项目全专业模型

（2）碰撞检测　在三维模型环境中，通过软件自动侦测和人工观察可以比传统的二维环境更容易发现不同设计专业之间的冲突，针对碰撞点进行分析排除合理碰撞后，针对碰撞点进行讨论，并在施工前预先解决问题，节省施工时不必要的变更与浪费，大大减少复杂公共建筑在多方配合、快速建设的前提下可能带给施工阶段的设计风险。如图 21-3 所示。

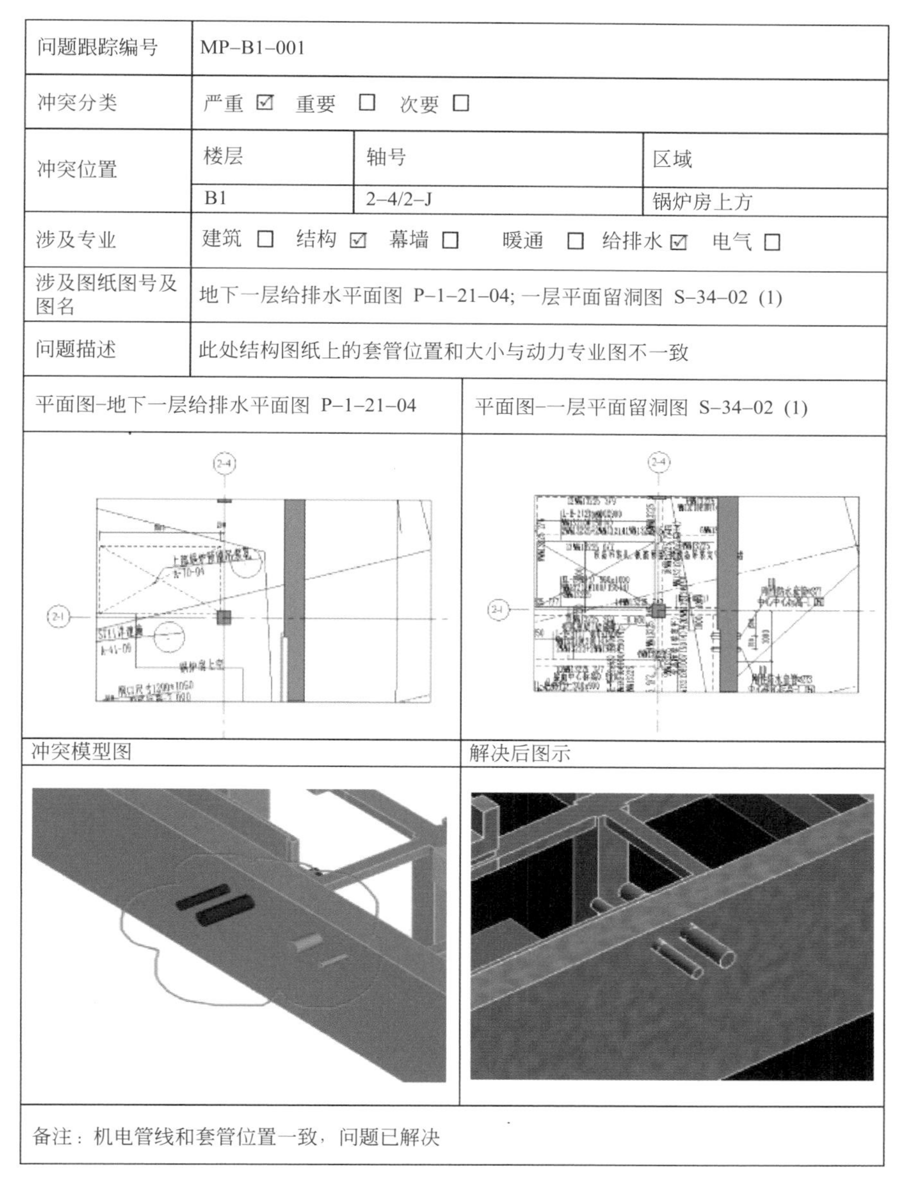

问题跟踪编号	MP–B1–001		
冲突分类	严重 ☑ 重要 ☐ 次要 ☐		
冲突位置	楼层	轴号	区域
	B1	2–4/2–J	锅炉房上方
涉及专业	建筑 ☐ 结构 ☑ 幕墙 ☐ 暖通 ☐ 给排水 ☑ 电气 ☐		
涉及图纸图号及图名	地下一层给排水平面图 P–1–21–04; 一层平面留洞图 S–34–02 (1)		
问题描述	此处结构图纸上的套管位置和大小与动力专业图不一致		

平面图–地下一层给排水平面图 P–1–21–04	平面图–一层平面留洞图 S–34–02 (1)
冲突模型图	解决后图示

备注：机电管线和套管位置一致，问题已解决

图 21-3 中美信托金融大厦项目冲突分析报告

（3）净高报告 依托专业的设计行业背景和丰富的施工现场协调经验，基于施工图阶段 BIM 模型对项目机电管线进行管线综合设计，利用三维建筑和结构模型，通过优化设备管线在建筑结构空间中的布置，提高设备管线的空间利用率，降低成本，提升项目建成后的空间品质，确保各功能区域的净高符合地产开发商的需要。如图 21-4 所示。

（4）管线综合 利用 BIM 技术，通过搭建各专业的机电 BIM 模型，设计师能够在虚拟的三维环境下方便地发现设计中的碰撞冲突，从而大大提高了管线综合的设计能力和工作效率。这不仅能及时排除项目施工环节中可能遇到的碰撞冲突，显著减少由此产生的变更申请单，更大大提高了施工现场的生产效率，降低了由于施工协调造成的成本增长和工期延误。如图 21-5 所示。

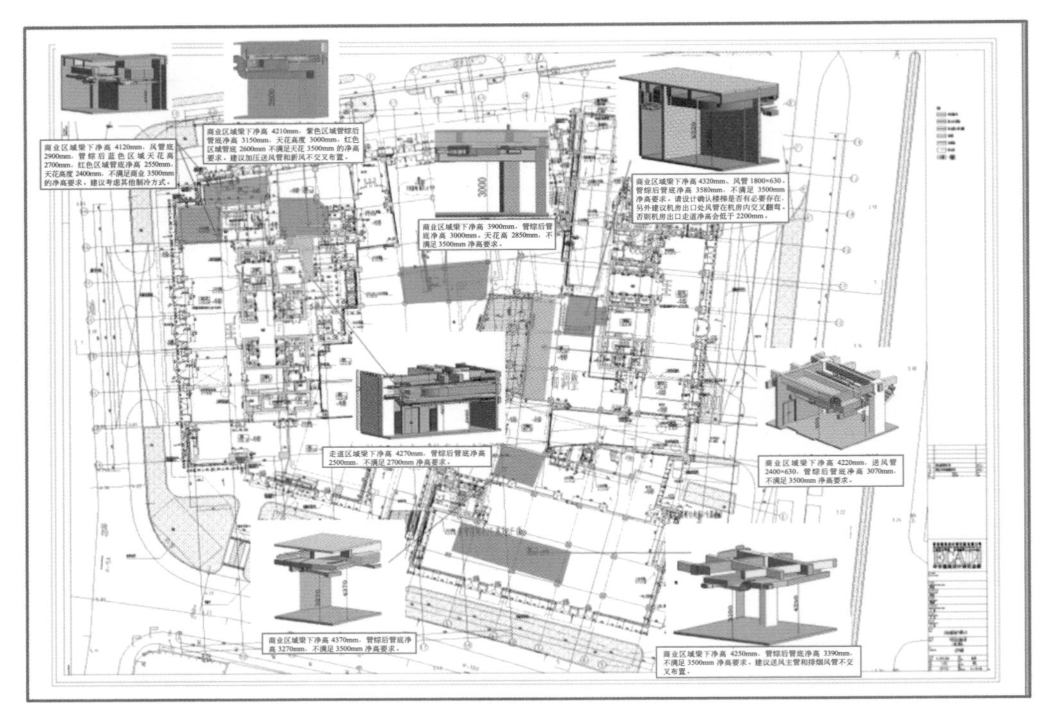

图 21-4　中美信托金融大厦项目净高分析图

（5）性能分析　利用 BIM 技术，建筑师在设计过程中创建的虚拟建筑模型已经包含了大量设计信息（几何信息、材料性能、构件属性等），只要将模型导入相关的性能化分析软件，就可以得到相应的分析结果，原本需要专业人士花费大量时间输入大量专业数据的过程，如今可以自动完成，这大大降低了性能化分析的周期，提高了设计质量，同时也使得设计公司能够为业主提供更专业的技能和服务。如图 21-6 所示。

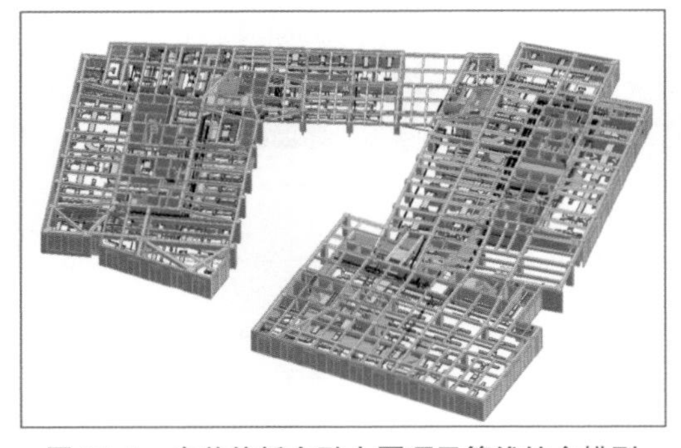

图 21-5　中美信托金融大厦项目管线综合模型

图 21-6　中美信托金融大厦项目室内自然通风情况分析

（6）虚拟漫游与 VR　BIM 漫游动画，是虚拟现实技术与 BIM 技术结合的新兴产物，在民用建筑、工业建筑、商城酒店建筑等多种行业发展迅速。由于有 3I 特性——沉浸感、交互性和构想性，使得沿用固定漫游路径等手段的其他漫游技术和系统无法与之相比。虚拟建筑场景漫游（或称建筑场景虚拟漫游）是虚拟漫游的一个代表性方面，是虚拟建筑场景建立技术和虚拟漫游技术的结合。运用 BIM 漫游技术，可使客户对建筑、场地的精确位置有直观的认识，重点区域的漫游动画，可以对管线密集区、施工重点难点区域进行预浏览，以满足业主日益上升的建筑要求。如图 21-7 所示。

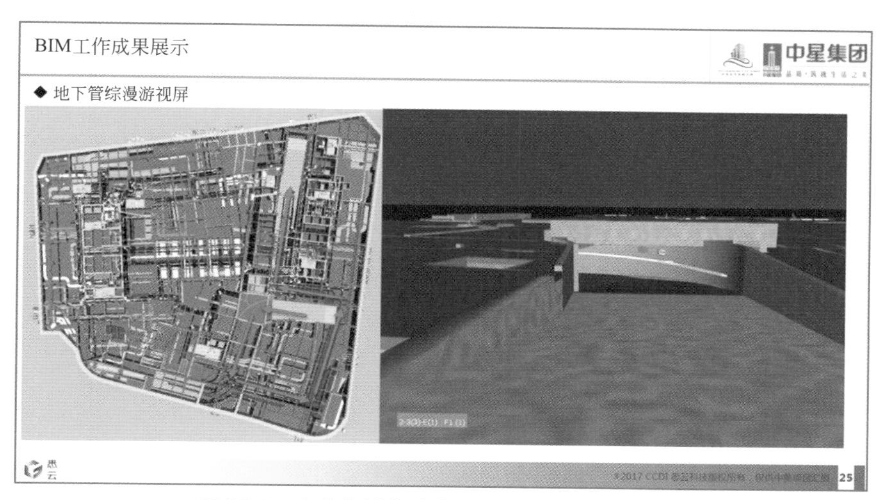

图 21-7 中美信托金融大厦项目 BIM 漫游与展示

2. 项目亮点

在中美信托金融大厦项目上存在以下管理难点。

① 项目参与设计方众多，项目信息量大，管理有难度；

② 文件种类多，数量大、版本更新快，文件、模型的版本查找和调阅费时费力；

③ 信息传递速度慢，流转不及时，容易造成信息滞后和缺失；

④ 审查、批准流程执行不规范；

⑤ 不能及时看到最新版的模型和图纸，不能有针对性地在模型和图纸上添加批注，并将处理后的信息及时传递给相关项目参与人员；

⑥ 项目现场管理缺乏有效的技术手段，进度与质量管理的工作效率较低；

⑦ 目前的项目管理软件系统多，各系统相互间兼容性差，工作效率低，错误多风险大。

针对以上管理难点，悉云科技在中美信托金融大厦项目上使用了国际知名的基于 BIM 的项目协同管理平台——Aconex，同时为保证平台使用效果，项目组委派了专业的 BIM 工程师到现场给客户团队进行 Aconex 平台培训以及其他 BIM 相关软件培训。

Aconex 平台在工程项目管理上有以下突出优势。

① 根据各项目参与方的工作性质、责任和工作范围等，在系统上注册后设定各自相应的上传、阅览、审批、更改等权限。如图 21-8 所示。

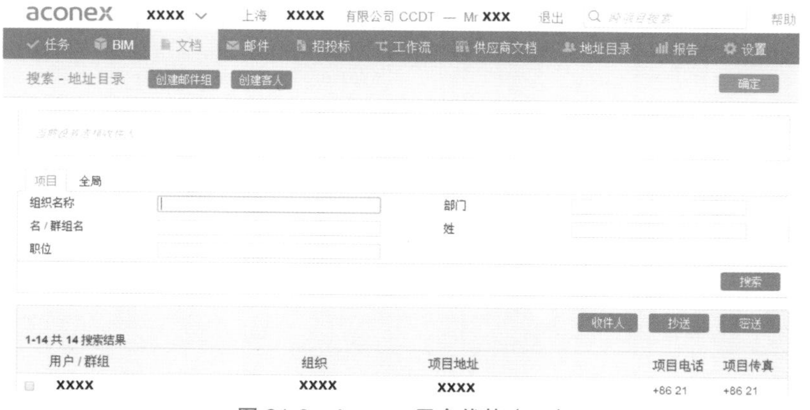

图 21-8 Aconex 平台优势（一）

② 文件一改传统的文件夹形式保存方式。文件以标签方式保存在文件库内，文件（包括图纸和 BIM 模型）检索调阅方便快速，系统自动同步记录并标注保存更新版本。只能更新，不可删除的文件管理功能，保证了文档保存的完整有序和可追溯性。

③ 文件传递不再需要另外的邮件发送接收过程，直接在系统的文档栏中创建邮件组或添加收件人，然后进行选取即可发送，收阅邮件也一样可以在系统中完成。如图 21-9 所示。

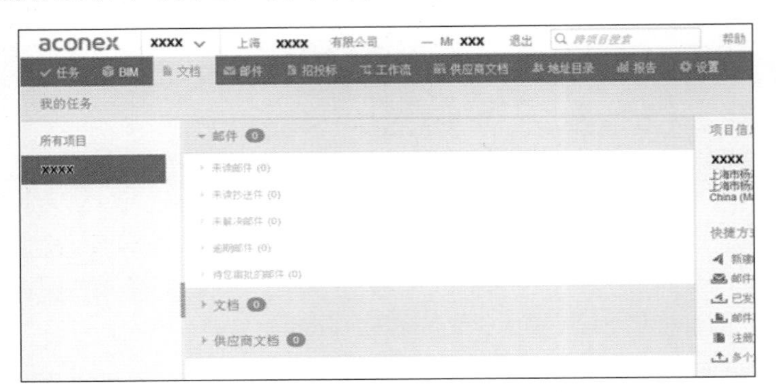

图 21-9 Aconex 平台优势（二）

邮件管理也非常方便，还增加了要求回复时间和提示功能，以方便及时处理邮件。

④ 审查、批准流程，审批内容、日期，审批人的办理情况，明确清晰。如图 21-10 所示。

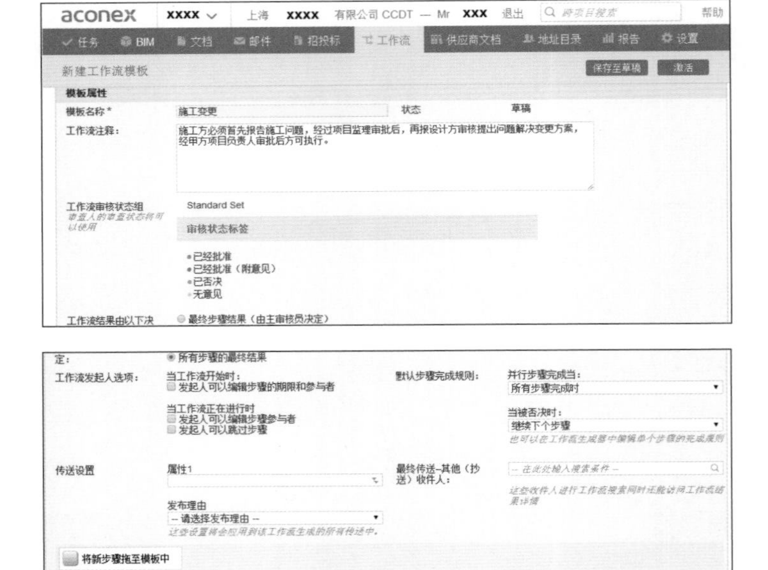

图 21-10 Aconex 平台优势（三）

⑤ 可直接调阅 BIM 模型，选择视角，缩放模型大小，添加批注，并可直接在系统上以邮件方式发给收件方，方便交流。因模型软件放在云端，故而对终端设备的硬件要求不高，也不会影响浏览模型的速度（网络影响除外）。如图 21-11 所示。

⑥ 在有无线网络覆盖的条件下，可使用移动终端对项目现场实施管理，可方便快捷地将现场实际情况与系统中的图纸、模型进行比对核查。

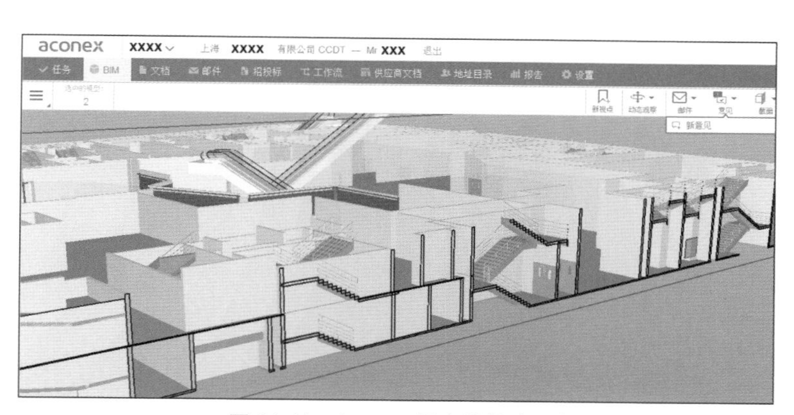

图 21-11　Aconex 平台优势（四）

⑦ 大数据云技术支持，完整的系统管理，快速高效。

Aconex 数据管理平台总结如下。

中美信托金融大厦项目采用 Aconex 协同管理平台进行日常的项目多方管控，得到了业主对平台应用的高度支持，并采用 BIM 模块中的意见功能和 Aconex 邮件与团队进行日常的沟通联系。中星集团对平台在项目的定位明确，对各主要功能理解较深，各参与方对于 BIM 模型问题的讨论与沟通频繁，例如 BIM 团队与华东院之间在平台上对于冲突问题的交流解决，使得 BIM 平台的高效、直观、数据完整的特点在项目中得以全面发挥。

项目过程中，悉云科技委派专业 BIM 工程师进行 Aconex 平台模型管理、模型意见管理、送审版图纸上传、日常邮件管理、日常答疑。平台上累计上传超过 450 多份文件、超过 150 多份邮件来往、累计 70 多份 BIM 模型文件、累计 200 条 BIM 模型意见，共 12 家单位在该项目中注册。此外悉云还提供了 BIM 相关软硬件的咨询服务，包括前期规划咨询服务（调研、启动会、参加周例会等）。

同时也看到了平台的不足和需要改进之处：参与方对平台功能的掌握程度和日常使用次数差距比较大，业主与主要设计方在使用 Aconex 平台时能保持高频率、高效率的工作状态、其余参与方使用频率较少。

四、BIM 应用环境

软件应用见表 21-2。

表 21-2　软件应用

软件名称	主要功能应用
AutoCAD	施工图载体，其他软件与一线施工对接纽带
Autodesk Revit	建模、模型几何分析、CAD 图纸输出、工程量清单
Autodesk Navisworks	碰撞检测、模型集成
Sketch Up	方案设计
Synchro	施工进度计划管理、工程数据共享
Lumion、Twinmotion	场景动画渲染、3D 可视化
Pathfinder	人员应急疏散分析
Ecotect	建筑能耗、日照分析
Aconex 平台	邮件应用、文档管理、模型浏览、问题跟踪、轻量化应用端

硬件应用见表21-3。

表21-3 硬件应用

硬件名称	厂商	配置		数量	功能
塔式服务器	华硕	CPU	E5-2620 v3	1	作为FTP服务器、域控服务器、文件服务器
		内存	DDR4 32G		
		硬盘	10T		
		显卡	无		
塔式工作站	华硕	CPU	i7-6700k	1	作为虚拟桌面，代理日常建模终端
		内存	DDR4 16G		
		硬盘	1T+256G		
		显卡	GTX1060		
移动工作站	华硕	CPU	i7-6700k	1	脱离云网络建模应急补充
		内存	DDR4 16G		
		硬盘	1T+256G		
		显卡	k2000		
千兆交换机	思科	48口1000Mb/s		2	主干核心
路由器	思科	—		1	网络行为控制

五、BIM应用心得总结

通过将BIM与传统设计结合，有效打破数据传递的瓶颈。对模型进行碰撞检查、虚拟漫游，在施工未进行时管线综合排布，提前发现施工中存在的问题，减少设计误差，极大地节约了施工周期与成本。

本项目中创新性地运用了Aconex平台管理，在项目实施阶段BIM团队和设计院都可以针对设计中的问题在平台上进行发起问题，以及后期的跟踪和解决问题。有了全专业的数据模型，项目的所有参与方都可以同时参与到同一处问题点进行优化设计协调。同时，业主对平台应用的支持、对平台在项目的定位明确、对各主要功能理解较深，都是推动BIM项目突破管理方面障碍的重要因素，同时有赖于先进的BIM技术，可以减轻BIM操作人员的工作量，提升效率与准确度。

BIM